쉬운타이베이여행

이지 city 타이베이

저자 소개

손오공, 츠토무(朴雄 · Ung Park)
만화 〈내 남자친구 이야기〉의 등장인물
원숭이 '츠토무'라는 별명을 가지고
괴짜로 살아가던 제1의 인생.
군 전역 후, 바리스타가 된 제2의 인생.
그리고 머나먼 호주의 시골마을로 떠났다가
평생의 반려 에이브릴을 만나 제3의 인생을 살아가고 있다.
사람 좋고 맛있는 음식 즐비한 타이완 타이베이에서
앞으로 에이브릴과 함께 어떤 인생을 살아가게 될까?
Go with the flow!
블로그 blog.naver.com/ung3256

관음보살, 에이브릴(劉科妤 · Ke-Yu, Liu)
타이완 사범대학교 프로젝트 어시스턴트를 하던 중
잠시 호주 여행을 떠났다가 '츠토무'를 만났다.
현재 타이베이 민박 앳홈(at home)과
타이완 현지 투어 '근두운'을 운영 중인 슈퍼우먼!
꿈으로 가득한 몽상가이자 신비주의자 츠토무에게
생명을 불어넣어 주는 가장 친한 친구이자
아내, 어머니 그리고 신(神).
www.facebook.com/avril.tsutomu

Let's meet in Taipei

•

호주 워킹홀리데이 막바지, 우리는 또 다른 여행을 계획하고 있었다.
그리고 에이브릴이 물었다.
"한국 들어가기 전에 타이베이에 갈 거야?"
나는 그냥 무심한 듯 되물었다.
"타이베이에는 뭐가 있는데?"
"음 타이베이 101 타워가 있고, 그리고 음식이 참 맛있어!"
에이브릴은 그녀의 트레이드마크인 참한 웃음을 짓는다.
나의 그녀 에이브릴의 도시, 타이베이.
도시 이름 외에는 아는 것이 없던 곳.

그리고 마침내 2012년 3월,
신비하면서도 포근한 공기가 느껴지던
타오위엔 국제공항에 도착했다.

타이베이에 두어 달 머물며 느낀 것은
즐비한 맛있는 음식들, 옛것과 새로운 것의 조화,
그리고 무엇보다 친절한 사람들이 많다는 점이다.
소소한 감동들이 바람을 타고 반짝이는 보물섬.
'타이베이, 여기 살고 싶다'는 바람대로
지금 이곳에 살고 있다.

타이베이를 경험한 사람들은 하나같이 말한다.
맛있는 음식, 멋진 문화
그리고 좋은 사람들이 있는 도시라고.

간결하면서도 우아한 치파오를 입은 아름다운 여인을 닮은 그곳,
그럼, 우리 타이베이에서 만나요.

Thanks a Million to

책이 나오기까지 밤낮없이 수고해주신 이지앤북스 출판사 관계자 여러분.
타이베이 앳홈, 근두운을 찾아주신 게스트 여러분과 블로그를 통해 항상 응원해주시는 애정 이웃님들.
말하지 않아도 알아주는 나의 친구들과 사랑하는 나의 누나 박윤희,
그리고 그 누구보다 항상 옆에서 돌봐주는 사랑하는 나의 아내 에이브릴(劉科妤)과
2017년 4월, 내 삶에 가장 큰 선물로 지구에 도착한 아들 환담(峘潭).
정말 고맙습니다.

CONTENTS

chapter 2

TRANSPORTATION

타이베이 교통 정복

chapter 3

TRAVELING COURSE

타이베이 추천 여행 코스

chapter 4

WALK AROUND

타이베이 지역 정보

chapter 5

STAY

타이베이 숙소

chapter 6

PLANNING

준비한 만큼 편안한 여행

이지 city 타이베이

일 러 두 기

정보 수집

2020년 2월까지 수집한 자료를 바탕으로 레스토랑, 카페 등은 오랜 기간 운영한 곳에서 비교적 최근에 오픈한 곳 그리고 여행자들과 현지인들 사이에 유명한 곳까지 두루 선정했습니다. 타이완에는 20~30년 이상 운영하는 가게들이 많아 소개하는 가게들이 쉽게 사라지지는 않습니다만 야시장의 점포들은 수시로 변하거나 주인이 바뀌어 맛이 변하기도 한답니다. 혹여 책 속 내용과 다른 부분이나 잘못된 정보가 있다면 너그러이 양해 부탁합니다. 또한 ung3256@naver.com 메일로 알려주시면 더욱 고맙겠습니다.

외국어 표기

현지인의 발음을 기준으로 한글, 한자와 영문 및 병음 표기를 하였습니다. 영문표기가 없는 경우 병음만을 표기하였고 반대로 영문표기만 있는 경우에는 한글과 영문만 표기하였습니다. 혹시 길을 찾기 힘들 때는 책을 펼쳐 현지인들에게 한자를 보여주면 도움이 될 것입니다. 현지인 발음은 최대한 비슷하게 중국어 사전을 참고해 표기했지만 한자 발음에는 성조가 있어 현지인들이 이해하지 못하는 경우도 있으니 한자를 보여주세요.

별도 대형 지도 첨부

처음 타이베이를 찾는 여행자들도 쉽게 찾을 수 있도록 준비했습니다. 그래도 어렵다면 구글맵의 영문표기로도 찾을 수 있어요. 간혹 중국의 지명이나 명칭과 겹치는 곳도 있으니 영문명 뒤에 반드시 'Taipei'를 붙여주세요. 검색도 안 된다면 당황하지 말고 책을 들고 현지인에게 도움을 요청하세요. 타이완 사람들은 정말 친절하답니다.

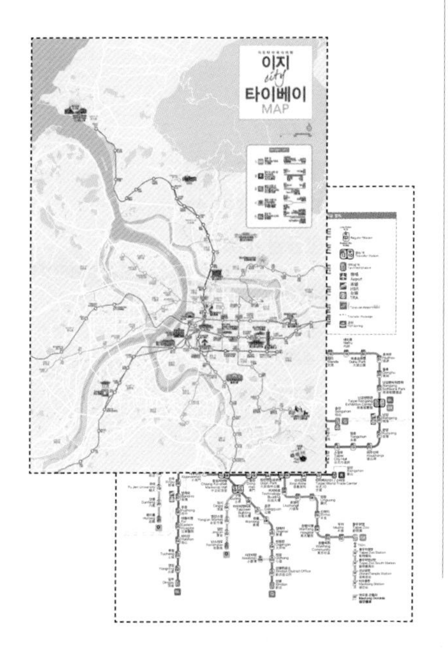

레스토랑 예산

예산은 타이완 공식 화폐인 'New Taiwan dollar(뉴 타이완 달러)'를 줄여 NT$로 표기했습니다. 인당 100NT$ 미만의 경우 '$', 100NT$-499NT$의 경우 '$$' 그리고 500NT$ 이상의 경우 '$$$'로 표기했으니 대략적인 가격대를 고려해 예산을 책정하세요.

숙소 정보

우리나라 여행자들에게 인기 많은 타이베이의 호스텔을 비롯해 위치 좋고 가격 좋은 호텔 그리고 타이베이에 사는 친척이나 가족처럼 친절한 한인 민박을 추려 보았습니다. 타이베이의 수많은 숙소 중 몇 곳에 지나지 않지만 취향에 맞는 숙소를 선택할 때 참고해 더욱 즐거운 타이베이 여행이 되길 바랍니다.

추천 일정

타이베이 여행은 보통 2박 3일에서 3박 4일 정도의 일정으로 여정을 계획하는 사람들이 많습니다. 그 일정에 맞는 여행코스를 추천해보았어요. 이 일정에 근교 지역을 더하면 멋진 타이베이 여행을 즐길 수 있습니다. 또한 지역 정보를 참고해 MRT 라인을 중심으로 자신만의 일정을 계획해 보세요. 추천 일정을 변형하여 나만의 타이베이 여행을 계획하면 더 쉽습니다.

교통 정보

타오위엔 국제공항에서 타이베이 시내로 이동하는 방법 그리고 타이베이 MRT(지상철 · 지하철), 버스, 택시 등 대중교통 이용법을 정리했답니다. 사실 알고 나면 쉽지만, 한자를 읽기 어려울 때는 버스보다 영어표기가 잘 되어있는 MRT를 추천합니다. 또한 거리는 가까운데 환승을 하거나 도보 이동 거리가 멀다면 택시가 편리하고 좋습니다. 다만 택시 기사와 의사소통을 할 때는 영어가 잘 통하지 않을 수 있는데, 이때는 목적지 주소를 보여주는 게 가장 편합니다.

지역 정보

지역 정보는 타이베이 기차역 즉, 타이베이처짠(台北車站)을 중심으로 동서남북 그리고 기차역 주변의 중심지역으로 나누었습니다. 동북, 동남, 서북, 서남 등 사이에 끼인 지역들은 환승이 편리하고 가까울 경우 동과 서 지역에, 멀리 떨어진 곳은 남과 북에 포함했습니다.

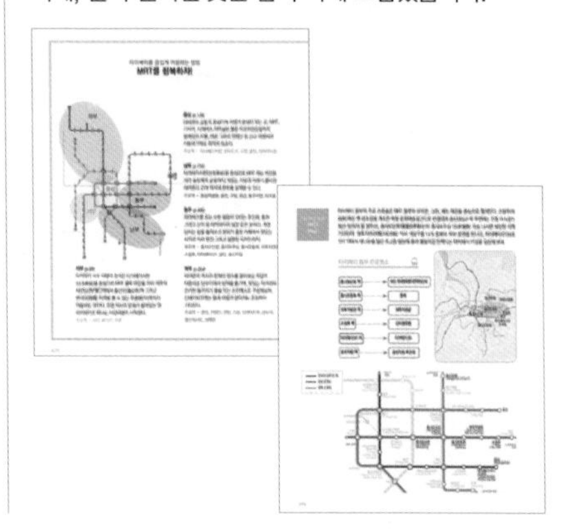

타이베이에서 꼭 해봐야 할
버킷리스트
맛있는 음식 천국
타이베이 식도락 여행으로
3kg 늘리기
도교 사원 점복(운세) 보기
룽산쓰도 보고
소원도 빌고

샹! 소리 나와서 샹산(象山)이라고?
타이베이 야경 보면
그런 소리는 쏙 들어가
아름답기로 유명한
단수이 석양
그저 멍하니 바라보기

하늘에 마음을 담아
스펀 천등 날리기
수많은 인파를 뚫고
지우펀 홍등 야경 인증사진 찍기

낮보다 밤
타이베이 야시장
대모험
타이베이에서 꼭 해봐야 할
버킷리스트
현지인들과 어울려
시끌벅적 르어차오(熱炒)
타이완 맥주로
아쉬운 여행 마무리

타이베이 들여다보기

1

타이완의 매력 I ♥ TAIWAN

타이완은 잘 모르는 미지의 나라, 단지 연인의 나라에 지나지 않았다. 하지만 지금의 타이완은 파스텔톤 무지개처럼 다채로워 말로 다 표현할 수 없는 매력이 넘치는 나라이다. 소박하고 고즈넉한 풍경, 골목골목 나는 흙내음, 풀 내음, 맛있는 음식 그리고 무엇보다 친절한 타이완 사람들! 나는 타이완과 사랑에 빠질 수밖에 없는 운명이었다.

맛있는 음식

타이완하면 가장 먼저 떠오르는 이미지가 있다. 바로 샤오롱바오(小籠包)! 그리고 이를 포함한 딤섬(點心)은 중화권에서 으뜸으로 인정받고 있다. 그뿐만 아니라 사면이 바다인 섬나라답게 산해진미로 만들어진 해산물 요리부터 뉴러우멘(牛肉麵), 훠궈(火鍋) 그리고 맛있다는 말로 부족한 망고 빙수까지! 타이완 여행에서 빠질 수 없는 야시장에서는 샤오츠(小吃, 간단한 요리)들이 발길을 사로잡는다. 밤새 이야기해도 모자랄 만큼 맛있는 음식이 즐비한 타이완! 거기다 가격까지 저렴하다. 어쩌란 말이냐?

소박하고 정감 넘치는 문화

타이완을 홍콩이나 중국으로 생각하는 사람들이 많다. 물론 같은 중화권이지만 다들 처음 타이완에 도착하는 순간 무언가 다르다는 것을 느끼게 된다. 중국과 달리 조용한 분위기와 깨끗한 거리, 소박한 풍경이 있고, 때론 단호박 같은 홍콩 사람들과 달리 친절한 사람들까지, 며칠 머물다 보면 소박하고 정감 넘치는 그들만의 문화에 흠뻑 빠지게 된다. 타이완을 몇 번이고 다시 찾는 여행자들과 그렇게 시작된 여행으로 타이완에 살게 된 이들은 타이완 사람들이 오랜 시간 동안 만들어 온 그들만의 물질적 정신적 산물과 말로는 다 설명할 수 없는 타이완만의 문화에 사로잡힌 것이다.

열린 마음과 뜨거운 정 타이완 사람들

타이완의 가장 큰 매력은 바로 사람들이다. 어느 여행에서건 사람이 사람에게 받는 감동은 오래도록 기억에 남는다. 맛있는 음식과 소박하고 뜨거운 정이 서려 있는 개성 넘치는 문화, 여기에 거리에서 만나는 순하디 순한 고양이와 강아지들까지. 이러한 타이완의 매력들은 자연과 어울려 살아가는, 놀라울 정도로 순박한 타이완 사람들의 마음과 뜨거운 정이 있었기에 가능했다. 운명처럼 다가온 그녀에 이끌려 타이완과 사랑에 빠졌듯, 여행에서 만나게 될 타이완 사람들은 당신에게 운명처럼 다가와 다시 또 타이완을 찾게 할 것이다.

타이베이 들여다보기

2

타이베이를 더 깊이
축제

등불 축제 Lantern Festival & 핑시 천등 축제 Sky Lantern Festival Pingxi

[매년 음력 1월 1일부터 약 한 달간]

등불 축제는 매년 음력 새해 첫날부터 타이완 전역 사원과 특정 지역에서 열린다. 그 중 가장 유명한 핑시 천등 축제는 핑시 마을에서 총 3일간 열리는데 매년 날짜는 조금씩 변경된다. 밤하늘을 수놓는 등불의 아름다움에 빠져보자! 구글에서 Taiwan Lantern Festival Dates로 검색하면 된다.

네이후 폭죽 축제 Neihu Fireworks [정월 대보름, 음력 1월 15일]

타이베이 네이후(內湖) 지역에서 열리는 폭죽 축제로 도교 신(神)들이 정월 대보름 밤 나들이를 나와 폭죽놀이를 하며 사람들의 액운을 쫓고 복을 빌어 준다. 단순히 즐기는 불꽃놀이가 아닌 말 그대로 폭죽을 거리에 마구 터뜨리기 때문에 근접해서 분위기를 즐기려면 긴 옷과 수건 등을 준비하는 것이 좋다.

*참고 영상 blog.naver.com/ung3256/220291808780

중원절 Ghost Festival [음력 7월 15일, 한 달간]

음력 7월 15일에 천국과 지옥문이 열려 영혼들이 땅으로 내려온다고 한다. 성묘와 같이 산자가 찾아가는 것이 아니라 영혼이 산자의 집을 찾아온다. 음력 7월 한 달간, 영혼을 위로 하는 행사가 곳곳에서 열리고 특히 대형 마트에서 할인 행사를 진행하니 짜러푸(Carrefour) 쇼핑을 놓치지 말 것!

금기사항 : 물가에 가지 말 것, 일찍 귀가할 것, 여행, 결혼, 이사 등 새로운 일은 피할 것, 식사나 유흥을 권하지 말 것.

중추절 Mid-Autumn Festival [음력 8월 15일, 추석]

온 가족이 함께 보름달을 보며 소원을 빌고 달을 닮은 웨빙(月餅)을 먹는다. 지금은 바비큐를 함께 구워 먹기도 한다. 중추절은 우리나라의 설과 같은 춘절에 비해 가족과 함께 조용하고 소박하게 보낸다.

타이베이 101 불꽃 축제 Taipei 101 fireworks [양력설 1월 1일 자정]

매년 1월 1일 자정이면 타이베이 101에서는 새해를 알리고 축하하는 불꽃 축제가 열린다. 세계 각국에서 한자리에 모인 사람들이 함께하는 카운트다운과 함성, 아름다운 불꽃! 타이베이와 사랑에 빠지고 세계와 사랑에 빠진다.

타이완의 국경일

양력설 : 1월 1일
음력설 : 1월 1일(음력, 전통 설날)
2.28 평화 기념일 : 2월 28일
청년의 날 : 3월 29일
어린이날 : 4월 4일
청명절(성묘) : 춘분으로부터 15일 후
노동절 : 5월 1일
단오절 : 음력 5월 5일
스승의 날(공자 생일) : 9월 28일
중추절(추석) : 음력 8월 15일
쌍십절(타이완 건국 기념일) : 10월 10일
영토반환일(일본으로부터 반환) : 10월 25일
쑨원(국부) 생일 : 11월 12일
제헌절(크리스마스) : 12월 25일

*공휴일 및 기념일이 토, 일요일과 겹칠 경우 대체 휴일은 없음.

타이베이 들여다보기

3

그들의 종교이자 철학 **도교**

타이완의 도교는 17세기에 불교와 함께 널리 전파되었다. 먼저, 도교를 요약해보면 신선 설을 중심으로 고대 민간신앙, 음양오행, 의술, 점성술, 풍수지리, 도가와 유가 사상을 보태고 그것에 불교를 본받아 조직화하고 교리를 만들어 종교로 자리매김했다. 건강하게 오래 사는 삶을 주목적으로 현세의 길복을 추구한다. 유교, 불교는 물론 다른 신앙까지 포괄적으로 받아들여 포용성이 강하다. 그 특성과 같이 타이완 사람들은 모두를 넓은 이해로 안으며 평화롭게 더불어 살아간다.

그들은 누구일까?

도교의 신(神)

도교에서는 헤아릴 수 없이 많은 신을 모시고 있다. 신, 신선, 인간과 동물이 신이 되기도 한다. 그리스 신화를 떠올리면 좀 더 이해가 쉬운데 그만큼 닮은 부분이 많다. 그 중 대표적인 도교의 신들을 만나보자.

위황쌍디

옥황상제 **玉皇上帝**

도교에서 받드는 최고의 신, 도교 하늘의 지도자이다. 그리스 신화의 주신(主神), 제우스와 닮았다. 위황쌍디는 대부분의 도교 사원에서 상(像)을 따로 두지 않고 하늘을 향해 제를 올리지만, 곳에 따라 위황쌍디를 모신 사원이나 제단을 마련한 곳도 있다.

관쓰인부사

관세음보살 **觀世音菩薩**

곤경에 처한 중생을 구제하여 몸과 마음을 편안하고 즐겁게 하는 자비와 지혜의 여신 관쓰인부사는 불교 신이지만 도교에서도 모신다. 대표적인 예로 룽산쓰의 본존불이 관쓰인부사이다. 그리스 신화의 아프로디테와 닮았다.

마주

마조 **媽祖**

관세음보살의 현신으로 그녀의 오빠들이 바다에서 풍랑을 만났을 때 놀라운 영력으로 구하였다 전해져 항해자의 수호신으로 추앙받고 있다. 섬나라인 타이완 전역에서 숭배되고 있다. 그리스 신화의 테티스를 닮았다.

관썬따디

관성대제 **關聖大帝**

삼국시대 촉나라, 관우 장군을 높여 부르는 것으로 삼국지를 읽었다면 모두가 좋아하는 인물이다. 삼국시대의 인물 중 가장 먼저 신으로 추대되어 추앙받고 있다. 관우 장군은 충성과 정직, 용기의 모범으로 중국식 주판을 발명한 것으로 전해져 상업의 신으로 그리고 뛰어난 지략가로서 공부의 신으로도 모신다. 그리스 신화에서는 날개가 달린 모자와 신발을 신고 하늘을 나는 헤르메스와 용맹과 지혜를 겸비한 위대한 영웅으로 죽은 후 신의 반열에 오른 헤라클레스가 적토마를 타고 청룡언월도를 휘두르는 관우 장군과 닮았다.

바오선따디

보생대제 **保生大帝**

의학의 신으로 추앙받는 바오선따디는 979년 푸젠성(福建省)에서 태어나 오본(吳本)이라는 이름을 쓰던 실존 인물이었다. 일생 의술을 베풀고 세상을 다스려 많은 사람을 구했다. 그리스 신화의 아스클레피오스와 닮았다.

투디공

토지공 **土地公**

행운과 덕, 생산을 상징하는 땅의 신으로 타이완 전역에서 볼 수 있다. 술을 워낙 즐겨 긴 수염을 달고 달큼하게 술기운이 오른 듯이 항상 웃고 있는 모습이 정겹다. 그리스 신화의 데미테르 여신을 닮았다.

위에라오

월하노인 **月下老人**

달빛 아래 노인이라는 이름답게 사랑을 관장하는 신으로 지팡이를 짚고 항상 복숭아를 들고 다닌다. 운명의 붉은 실로 부부가 될 인연을 엮어 준다. 그리스 신화의 에로스라 할 수 있지만, 성격은 전혀 다르다.

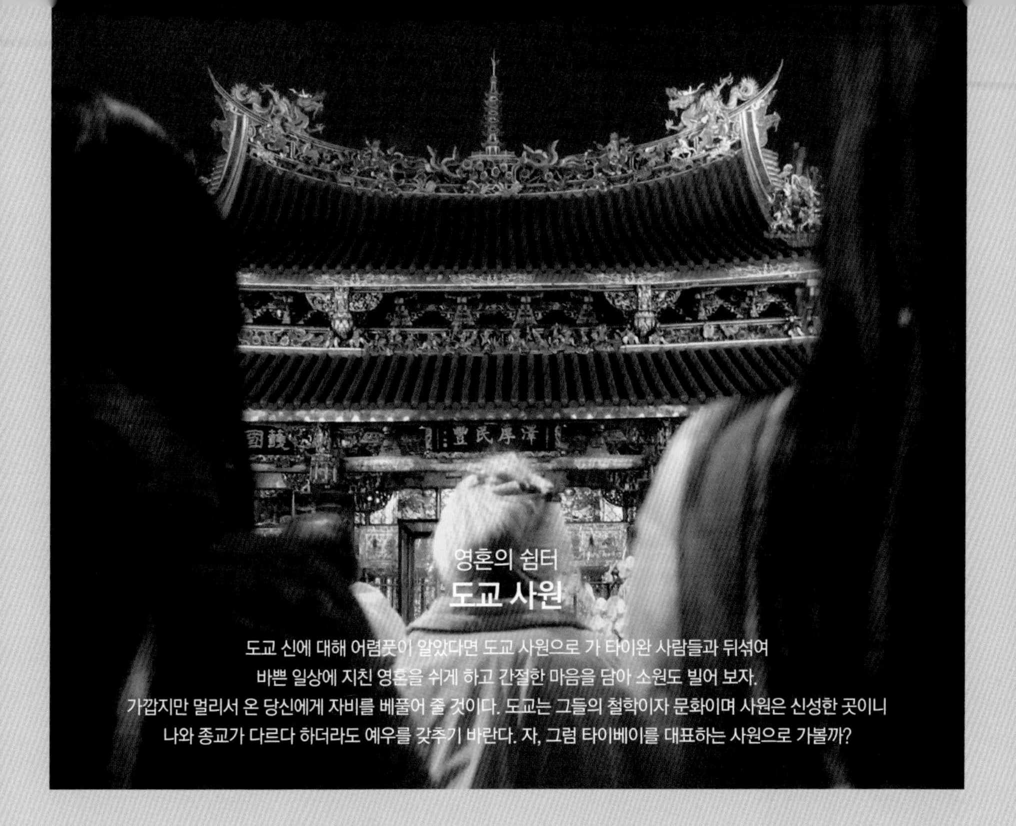

영혼의 쉼터

도교 사원

도교 신에 대해 어렴풋이 알았다면 도교 사원으로 가 타이완 사람들과 뒤섞여
바쁜 일상에 지친 영혼을 쉬게 하고 간절한 마음을 담아 소원도 빌어 보자.
가깝지만 멀리서 온 당신에게 자비를 베풀어 줄 것이다. 도교는 그들의 철학이자 문화이며 사원은 신성한 곳이니
나와 종교가 다르다 하더라도 예우를 갖추기 바란다. 자, 그럼 타이베이를 대표하는 사원으로 가볼까?

관우를 모시는 사제들의 기도

싱톈공 행천궁

行天宮 Xingtian Temple

이곳에서 관우 장군의 역할은 상업으로 직장인부터 사업가의 발걸음이 끊이질 않는다. 사업을 하면서 신의 즉, 믿음과 의리가 있어야 거래가 이어지지 않겠나? 사제, 효로생(效勞生)들의 도움을 받아 영험한 기운을 갑옷으로 두르자!

소원을 말해봐!

망가 롱산쓰 맹갑 용산사

艋舺 龍山寺 Longshan Temple

타이베이에서 가장 오래된 도교 사원으로 영험하기로 유명한 관세음보살이 모셔져 있어 현지인과 여행자 모두에게 사랑받고 있다. 고즈넉한 사원의 모습은 밤이 더 아름답다.

가장 위대한 스승, 공자

타이베이스 콩먀오 타이베이시 공묘

台北市孔廟 Confucius Temple

중국 고대의 가장 위대한 철학자이자 성인으로 존경받고 있는 공자를 만나는 곳이다. 공자의 소박한 성격을 나타내고자 여느 사원에 비해 화려함이 덜하다. 공자의 가르침을 되새겨 삶의 방향을 깊이 생각해보자.

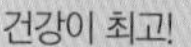

건강이 최고!

따롱통 바오안공 대룡동 보안궁 **大龍峒 保安宮 Baoan Temple**

의학의 신(神)에게 사랑하는 사람들의 건강을 기원하자. 무엇을 추구하던 바르고 행복한 삶을 위해서는 건강이 뒷받침되어야 한다. 유네스코 '아시아 태평양 문화유산 보존상'을 수상할 정도로 사원 자체가 문화 · 예술적 가치가 높아 박물관을 방불케 한다.

동남아에서 가장 큰 관우

취안지탕 권제당

勸濟堂 Quanji Temple

진과스를 간다면 꼭 가봐야 할 곳으로 동남아에서 가장 큰 관우 동상을 만날 수 있다. 이곳 관우 장군은 공부로 시험을 앞둔 학생과 식상인이 많이 찾는다. 3층에 올라 바라보는 탁 트인 전망은 예술이다. 사원에 사는 애교 많은 줄무늬 고양이와도 안냥~

타이베이 들여다보기

4

입이 즐거운 타이베이의 밤

타이베이 야시장

夜市

맛있는 먹거리가 너무나 많은 타이베이의 끝판왕! 바로 야시장이다. 먹고 또 먹어도 입이 즐거운 타이베이 밤의 끝을 잡고~

士林夜市

1 스린예스

사림 야시장 Shilin Night Market

타이완 10대 야시장이자 타이베이를 대표하는 야시장으로 그 규모도 어마어마하다. 언제나 사람으로 넘쳐나는 스린예스를 탐험해 보자! (p.294)

⇧ 타이완 명물 지파이를 대표하는

하오따따지파이 (p.295)

⇦ **왕자처즈감자, 왕즈치쓰마링수** (p.295)

饒河街夜市

2 라오허제예스

요하가 야시장 Raohe Street Night Market

타이완 10대 야시장! 600m 길이로 타이베이에서 두 번째로 큰 야시장이다. 100년 노점에서 굴 곱창 국수는 꼭 먹어 보자! *(p.236)*

3 닝샤예스

영하 야시장 Ningxia Night Market

寧夏夜市

북부 타이완 10대 야시장 중 1위에 랭크 된 영화 <청설>의 배경이 되었던 그곳! 역사가 50년이 넘은 노점이 20곳이 넘는다! *(p.280)*

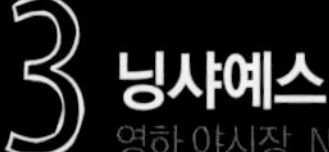

타이완의 특산물인 굴과 곱창이 만난 100년의 비결이 느껴지는 곱창 국수
동파하오100년 라오뎬
(p.238)

오징어순대 같은 볶음밥을 채운
오징어

화덕 만두!
푸저우 쓰 주 후쟈오빙
(p.237)

튀긴 취두부
샤강 밍포우 초또우푸
(p.237)

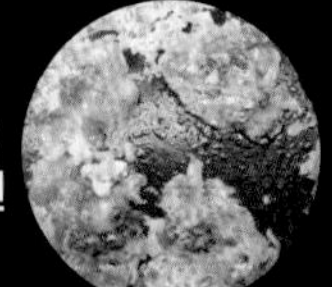

굴 부침개 맛집
라이찌커자이젠
(p.280)

華西街夜市

4 화시제예스

화서가 야시장 Huaxi Street Night Market

타이완 10대 야시장이자 타이베이에서 가장 오래된 야시장이다. 다른 야시장과 다른 먹거리들을 구경하는 재미가 쏠쏠하다. 용산사에서 소원도 빌고 야시장도 구경하고! *(p.112)*

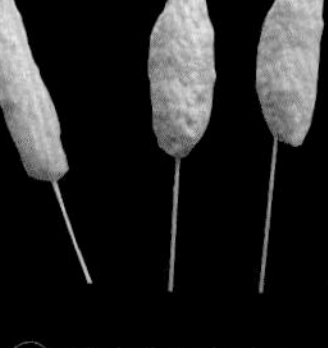

망가예스의 명물
청새치 살로 만든 수제 어묵 *(p.112)*

基隆廟口夜市

5 지룽먀오커우예스

기륭 묘구 야시장 Keelung Temple Night Market

타이완 10대 야시장으로 우리나라 인천과 같은 타이완에서 두 번째로 큰 항구도시, 지룽에 있다. 지룽 여행의 백미는 바로 지룽먀오커우라고 할 정도로 이름난 야시장이다. *(p.354)*

먀오커우를 대표하는 맛집
No.58 톈썬푸 잉양산밍쯔
(p.355)

항구도시 지룽답게
싱싱한 해산물 요리
라오빙나이요우팡씨에
(p.355)

板橋南雅夜市

6 반챠오난야예스

판교 남아 야시장

Banqiao Nan Ya Night Market

타이베이와 신베이에서 핫한 야시장, 린자화위엔(林家花園)을 둘러볼 때 들리면 좋다. 우리나라 여행자들이 에어텔로 많이 이용하는 이수 호텔과 가깝다. *(p.118)*

좋은 맛 취두부

하오웨이따오초우또우푸

(p.119)

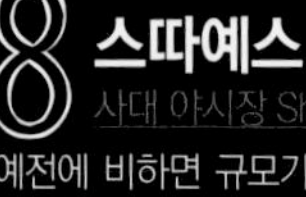

公館夜市

7 공관예스

공관 야시장 Gongguan Night Market

아름다운 캠퍼스를 자랑하는 세계적 명문, 타이완 대학의 낭만을 즐기기에 더없이 좋다. 이곳에 간다면 천산딩(陳三鼎) 버블티는 무조건 마셔라! *(p.177)*

師大夜市

8 스따예스

사대 야시장 Shi da Night Market

예전에 비하면 규모가 줄었지만, 대학생과 유학생들로 가득한 젊은 야시장이다. 용캉제와 함께 둘러보기 좋고 레고 마니아라면 스따예스에 있는 삐마이짠(必買站) 레고 매장에는 꼭 가보자! *(p.173)*

스따예스의 마스코트

떵롱루웨이 *(p.174)*

타이베이 들여다보기

5

식도락 천국
타이베이 미식 여행

그 나라를 깊이 알아가는데 빠질 수 없는 한 가지, 음식이다.
타이완 음식에는 타이완 사람들의 문화가 녹아 있다. 특히 타이완의 수도, 타이베이에서는 각 지방의 음식을 다양하게 맛볼 수 있어, 음식으로 타이완을 엿볼 수 있다. 고수, 샹차이(香菜)가 두렵다고? 개인마다 차이는 있겠지만, 수많은 타이완 음식 모두 샹차이를 쓰는 것은 아니니 걱정하지 말고 도전해보자! 계속 되뇌게 되는 맛있는 타이베이 여행 시작!

TAIPEI FOOD 1

小吃

부담없이 간단하게 먹는
샤오츠

1 산주러우샹창
산저육향장 山豬肉香腸

산돼지로 만든 타이완 소시지! 마늘과 함께 먹으면 맛있는 삼겹살을 먹는 느낌이다. 어떻게 소시지에서 이런 맛이 나지? 눈을 동그랗게 뜨게 될 것이다!

2 주시에까오
주혈고 猪血糕

돼지피로 만든 떡에 매콤한 소스와 콩가루를 묻혀 존득존득 맛 좋다. 상차이도 조금 뿌려주는데 싫다면 "부야오 샹차이"를 외쳐라!

먀오커우 주시에까오
묘구 주혈고 廟口猪血糕

시루떡에 매콤한 소스와 콩가루를 묻혀서 먹는 맛. 30년 된 노점의 주시에까오는 다른 곳보다 더 쫀득하니 아주 맛있다. 타이완 사람의 영양 간식! 츠요공 입구에 위치.*(p.237)*

라이찌커자이젠
뢰기가자전 賴記蚵仔煎 Lài jì hézǐ jiān

닝샤예스에서 제일 유명한 맛집. 타이완 특산물 중 하나인 굵고 싱싱한 굴을 사용해 만드는 굴 부침개! *(p.280)*

3 커자이젠
가자전 蚵仔煎

타이완의 특산물인 굴로 만든 전(煎)으로 국민 영양간식이다. 닝샤예스(寧夏夜市)의 명물, 라이찌커자이젠(賴記蚵仔煎)에서는 혼자서 3장도 거뜬하다. 맥주 안주로도 좋다!

4 또우쟝
두장 豆漿

타이완은 전통 아침 식사로 두유와 함께 간단한 빵이나 달걀 밀전병을 먹는다. 여기에 시원한 또우쟝 한 잔이면 하루가 상쾌하다. 따뜻한 또우쟝부터 소금이나 설탕이 들어간 또우쟝 등 종류가 다양하다.

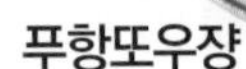

푸항또우쟝
부항두장 阜杭豆漿 Fù háng dòujiāng

〈원나잇 푸드트립〉에서 이연복 셰프도 맛있게 먹고 간 푸항또우쟝은 현지인은 물론 중화권 및 일본 여행자들에게 인기가 많아 매장 밖으로 이어진 긴 줄을 서야 한다. *(p.244)*

TAIPEI FOOD 2

초또우푸

취두부 臭豆腐

이름만 들어도 모두가 인상을 찌푸리는 초또우푸! 작가 역시 잘 먹지 못하지만 튀긴 초또우푸는 자다가 생각날 정도로 반해 버렸다. 튀긴 초또우푸에 타이완식 백김치와 간장소스를 곁들여 먹는다. 우리나라 두부 튀김 같은 맛.

하오웨이따오초우또우푸

호미도취두부 好味道臭豆腐
Hǎo wèidào chòu dòufu

특히 하오웨이따오의 취두부는 아주 좋은 맛이다! 타이완 백김치 그리고 특제 소스와 함께 한 입 가득 씹으면 '걱정하지 말아요 그대', 좋은 맛 취두부이다. 반챠오 지역에서 아주 유명한 맛집이라 웨이팅은 기본! *(p.119)*

구자오춰

고조조 古早厝
Gu Zao Cuo

구자오춰의 초또우푸는 생각보다 냄새가 그리 강하지 않다. 토핑으로 올라오는 바삭하게 튀긴 멸치와 다진 돼지고기 그리고 버섯 볶음 등과 잘 어울린다. *(p.375)*

샤강 밍퐁 초또우푸

하항 취두부 下港 名彭 臭豆腐

말만 들어도 냄새가 나는 것 같은 초또우푸! 하지만 라오허제 예스에서는 튀긴 초또우푸를 꼭 먹어보자! 냄새도 심하지 않고 우리나라 두부전의 겉을 바삭하게 익힌 듯한 식감에 맛 간장과 타이완 백김치를 곁들여 먹는데 다음에 생각나서 또 찾게 된다. *(p.237)*

마라훠궈

마랄화과 麻辣火鍋

기본 육수와 들어가는 재료가 조금씩 다르다뿐이지 우리나라의 샤부샤부라고 생각하면 된다. 특히 타이완의 훠궈는 매운 육수인 마라훠궈가 유명한데 맑은 육수와 함께 두 가지 육수를 한 번에 즐길 수 있고 육류, 해산물, 다양한 채소 등 싱싱한 재료와 하겐다즈, 맥주, 음료까지 뷔페로 즐길 수 있어 더욱 인기다.

Shabu-Shabu

마라딩지마라위엔양훠궈

마랄정급마랄원앙화과 馬辣頂級麻辣鴛鴦火鍋 Mala Yuanyang Hotpot

타이베이에 모두 6개 지점을 운영중인 마라(馬辣)는 마라(麻辣)훠궈 뷔페계의 스타인 만큼 현지인부터 우리나라 그리고 일본 여행객들 모두에게 유명하다. 다른 훠궈 뷔페 식당에 비해 접근성이 좋으며 좀 더 늦게까지 영업 한다. (Open 11:30 ~ 02:00) *(p.128)*

톈와이톈징즈훠궈

천외천정치화과 天外天精緻火鍋 Tian Wai Tian Hotpot

타이베이에서 우리나라 여행자들 사이에 가장 유명한 마라훠궈 뷔페. 육수가 준비되었다면 쇼케이스에 진열된 다양한 고기부터 해산물, 야채 그리고 음료 등도 먹을 수 있을 만큼 마음껏 가져다 먹으면 된다. *(p.129)*

마라훠궈를 더욱 맛있게 즐길 수 있는 장(醬) 만들기 비법 (자작하게 만드는 것이 포인트!)

1.간 마늘

2.간 무

3.파

4.맛 간장

5.식초

더 맛있게 즐기는 샤오롱바오

여행지에선 무엇이든 알고 보면 더 재밌고 알고 먹으면 더 맛있다. 음식에는 그 역사와 문화가 고스란히 묻어 있고 어떻게 하면 더 맛있게 먹을 수 있을까 하는 모두 다 다른 입맛 덕에 음식도 진화한다. 설명이 너무 거창했다. 특히 맛있기로 유명한 타이완 샤오롱바오를 더 맛있게 즐기는 방법은 아주 간단하다. 찍고 찢고 맛보고 즐기고!

1. 작은 접시에 생강 채를 담고 취향에 따라 간장과 식초를 붓는다.

2. 샤오롱바오를 초간장에 살짝 찍는다. (고유의 육즙 맛을 즐기고 싶다면 X)

3. 샤오롱바오를 숟가락에 얹은 뒤 젓가락으로 만두피를 살짝 찢어 육즙이 흘러나오게 한다.

4. 샤오롱바오 위에 생강 채를 얹어 육즙과 함께 맛있게 먹는다. (육즙에 데지 않게 소심한다.)

Dimsum

샤오롱바오 맛집 Best4

우리가 흔히 만두라고 말하는 딤섬(點心)을 대표하는 메뉴로 만두피가 얇고 돼지고기의 진한 육즙이 입안 가득 퍼지는 것이 특징이다. 중화권에서도 타이완 샤오롱바오가 최고! 돼지고기 소가 기본이고 새우나 채소와 두부로 만든 소 등 그 종류가 다양하다.

1 항저우샤오롱탕바오

항주소룡탕포 杭州小籠湯包
Hangzhou Xiaolongbao

육즙이 풍부한 샤오롱바오 한 입에 입 안 가득 퍼지는 풍미가 흐뭇한 미소를 만들어 낸다. 타이완을 대표하는 음식 중 하나인 샤오롱바오를 알뜰한 가격에 만나보자. *(p.186)*

3 황롱좡

황룡장 黃龍莊
Huánglóng zhuāng

깔끔한 맛과 합리적인 가격으로 현지인들이 사랑하는 곳이다. 담백한 육즙이 가득한 돼지고기 샤오롱바오와 함께 이곳에서 유명한 것은 바로 채소 만두, 수차이자오(素菜餃)! *(p.187)*

2 딘타이펑

정태풍 鼎泰豐
Din Tai Fung

우리나라뿐 아니라 세계적으로도 명성이 자자한 샤오롱바오 맛집, 1958년 노점으로 시작해 오늘에 이르렀다. 용캉제에 위치한 본점에서 먹어보길 추천한다. *(p.192)*

4 러톈황차오

락천황조 樂天皇朝台灣
Paradise Dynasty

러톈황차오는 아시아의 이름난 맛집이다. 우리나라 여행객에게 생소하지만 진한 육즙이 일품인 샤오롱바오부터 다양한 딤섬 요리와 사천요리 등 중화요리의 향연을 적당한 가격에 고품격으로 즐길 수 있는 곳이다. *(p.253)*

Noodle

타이베이에서 꼭 먹어봐야 할 면 요리

1 牛肉麵

뉴러우멘 [우육면]

부드러운 소고기가 두툼하게 듬뿍 든 소고기 탕면으로 육개장처럼 매콤한 맛이 있고 갈비탕처럼 맑은 국물에 깔끔한 맛이 있다.

라오장뉴러우멘뎬

노장우육면점 老張牛肉麵店
lǎo zhāng niúròu miàn diàn

현지인들에게 뉴러우멘 맛집을 물어보면 하나같이 라오장을 말한다. 약간 맵지만, 간이나 향은 그리 강하지 않아 우리나라 여행자의 입맛에도 OK! *(p.199)*

용캉뉴러우멘

영강우육면 永康牛肉麵
Yong-Kang Beef Noodles

이연복 셰프도 반한 두툼하고 연한 소고기를 듬뿍 올려주는 우육면 맛집이 바로 이곳. 이미 여행자에게 많이 알려진 곳이다. 국물이 짠 편이지만 소고기가 어우러져 전체적인 맛의 조화가 훌륭하다. *(p.199)*

량멘

면을 찬물에 식히지 않고 바람에 탁탁 털어 식힌다. 간 마늘 듬뿍, 땅콩소스와 특제 간장 그리고 거기다 기호에 맞게 식초와 매운 고추기름을 넣고 비비고 비벼서 후룹!

영지량멘

영길량면 永吉凉麵 Yǒngjí liáng miàn

작가 부부의 단골집이자 타이베이 현지인 맛집으로 우리나라 비빔국수와 비슷한데 땅콩소스를 사용한다. 고기나 어묵 등 다른 고명이 첨가된 것보다 가장 기본인 채 썬 오이 고명만 올린 량멘을 추천한다. *(p.257)*

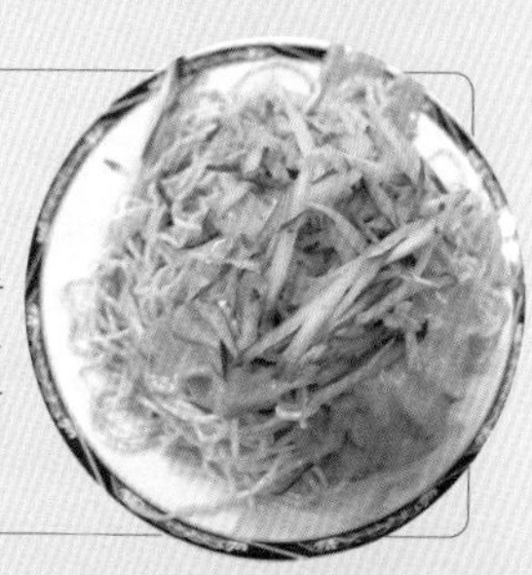

3 炸醬麵

짜지앙몐

달고 짠 우리나라 자장면에 비해 심심하고 담백하다. 국물이 없는 짜지앙몐은 조금 빽빽한 감이 있어 뉴러우탕(牛肉湯)과 함께하면 좋다.

용캉다오샤오몐

영강도삭면 永康刀削麵
Yong-Kang Sliced Noodles

이연복 셰프가 극찬한 쫄깃한 식감의 도삭면은 널찍하니 우리나라의 수제비와 비슷하다. 이곳에서는 무엇보다 대만 전통 짜지앙몐(炸醬麵)을 맛볼 수 있다. *(p.195)*

4 蚵仔麵線

커짜이몐셴 [가자면선]

타이완의 특산물, 바로 굴로 만든 국수다. 안타깝게도 요즘은 비싼 굴 대신 대창을 사용한 따창몐셴이 대부분이다. 하지만 라오허제예스(饒河街夜市)의 100년 노점, 동파하오(東發號)로 가면 맛볼 수 있다. 매콤한 소스를 약간 곁들이면 해장에도 좋다!

동파하오100년 라오뎬

동발호 100년 노점 東發號 百年 老店
Dōng fā hào bǎinián lǎo diàn

타이베이서 가장 맛있는 곱창 국수! 매콤한 소스, 간마늘, 흑 식초를 기호에 맞게 곁들여 후룩 한입 해보자. 맥주를 부르는구나! 해장으로도 아주 그만이다! *(p.283)*

아종몐셴

아종면선 阿宗麵線
Ā Zōng Miàn Xiàn

한 번도 와보지 않은 사람들도 이야기를 듣거나 사진 또는 TV 프로그램으로 벌써 만나 본 그곳. 1975년에 문을 연 아종센이다! 테이블, 의자 하나 없는 이곳에서 모두가 줄 서서 기다리고, 서서 곱창 국수를 후루룩 넘긴다. *(p.125)*

TAIPEI FOOD 6

Nougat Cracker

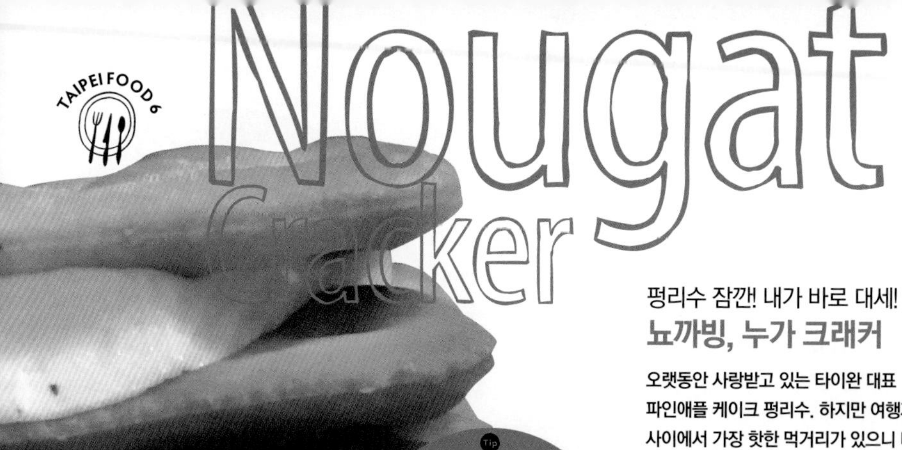

펑리수 잠깐! 내가 바로 대세!
뇨까빙, 누가 크래커

오랫동안 사랑받고 있는 타이완 대표 파인애플 케이크 펑리수. 하지만 여행자들 사이에서 가장 핫한 먹거리가 있으니 바로 누가 크래커! 쫀득하지만 엿보다 부드럽고 많이 달지 않은 누가를 짭조름하고 담백한 크래커나 파가 들어간 채소 크래커로 감싸 샌드 형태로 만든 먹거리다. 비슷한 듯 색다른 맛으로 여행자들의 마음을 사로잡고 있다. 말 그대로 요즘 대세! 펑리수보다 라이트하고 가격까지 부담없어 좋다. 펑리수 잠깐! 내가 바로 대세!

Tip
누가(Nougat)는 비 결정체 캔디의 일종으로 건과일, 견과류 그리고 초콜릿 등을 섞어 만든 우리나라 엿 같은 형태의 디저트. 크래커에 들어가는 누가는 좀 더 부드러우며 주로 아몬드 파우더, 크랜베리 등을 섞어 만든다. 치즈, 말차 누가 등 다양하게 출시되고 있다.

타이베이 대표 누가 크래커

미미

지우펀 55번

타이베이 여행에서 누가 크래커 하면 절대 빠질 수 없는 곳이 있으니 바로 누가 크래커를 알리기 시작한 용캉제의 미미와 이것 때문에 지우펀 간다는 말이 있을 정도로 인기 있는 지우펀 55번. 두 곳 모두 빠질 수 없는 타이베이 여행지라 둘 다 먹어보고 비교해보길 추천한다. 미미 크래커는 채소 크래커의 파 향이 강하게 느껴져 짠단이라고 한다면 지우펀 55번은 한층 부드러운 단짠! 절로 손이 가 어느새 보면 한 통 끝! 그나저나 타이베이 여행이 두 번째라 지우펀까지 가기가 그런데 어떻게 할까? 고민이라면 샛별처럼 반짝반짝 빛나는 곳이 있으니!! 바로?!

(p.197)

(p.388)

Tip 단탄단탄 커피 맛 누가 그래커, 세인트 피터!
블로거를 통해 이름을 알리고 방송에서도 한입에 쏙 들어가는 커피 맛 누가 크래커로 유명해진 단수이 세인트 피터가 여행자에게 접근성이 더욱 쉬운 용캉제에 분점을 냈다. (p.197)

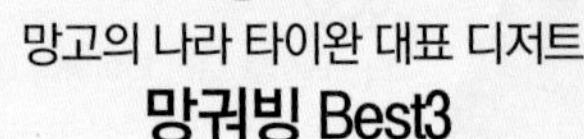

망고의 나라 타이완 대표 디저트

망궈빙 Best3

두말하면 잔소리다. 망고의 나라 타이완을 대표하는 전 세계가 사랑하는 디저트 망궈빙. 타이베이가 원조다! 6월에서 9월 애플 망고 시즌에는 하루에 한 번은 꼭 먹어보자.

❶

망고 빙수의 원조가 아니라구!

스무시

아이스 몬스터가 궈푸지녠관으로 옮겨가고 같은 용캉제(9號)에 있던 스무시가 이곳에 분점을 냈다. 원조 망고 빙수 가게로 알고 찾는 발걸음이 멈추지 않자 이곳을 본점으로 운영하고 있다. *(p.200)*

❷

가격 대비 가장 맛 좋은 망고 빙수

싱춘산숑메이또우화

우리나라 여행자들 사이에서 아이스 몬스터, 스무시와 함께 타이베이 3대 빙수에 이름을 올리고 있는 곳으로 연유와 우유가 들어간 부드러운 눈꽃 빙수가 유명하다. *(p.124)*

❸

타이완 망고 빙수의 원조

아이스 몬스터

귀여운 망고 아저씨 캐릭터와 세련된 인테리어로 새롭게 이전 오픈한 아이스 몬스터는 CNN 선정, 세계 10대 디저트로 현지인과 여행객 모두에게 사랑받고 있다. *(p.193)*

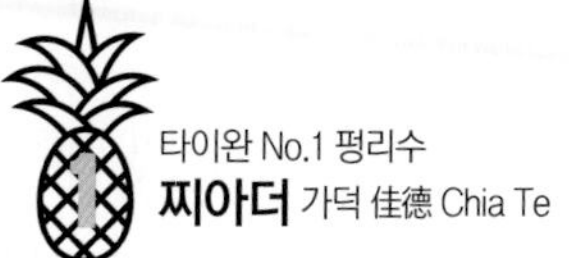

타이완 No.1 펑리수
찌아더 가덕 佳德 Chia Te

타이베이를 넘어 타이완을 대표하는 펑리수로 1975년 개업한 후 맛을 위해 지점을 내지 않고 본점 한 곳만 운영하고 있다. 여행객뿐만 아니라 현지인들에게도 사랑받고 줄 서서 기다리는 진풍경을 자아낸다. 찌아더의 크랜베리 펑리수를 가장 추천한다. 크랜베리와 파인애플 과육이 함께 들어 있는데 아주 잘 어울린다. 다른 펑리수 제과점과 달리 다양한 맛의 빵을 선보이고 있고, 6개 세트부터, 12개, 20개 세트까지 구성할 수 있어 원하는 맛을 골라 담을 수 있다. 풍부한 과육을 감싸고 있는 부드러운 빵은 씹었을 때 식감이 훌륭해 우리나라 입맛에 가장 잘 맞는다는 평이 자자하다.

Tip 가장 인기 있는 펑리수와 크랜베리 펑리수의 경우, 반반 구성 세트로 구매를 원한다면 일일이 담을 필요 없이 계산대에서 바로 얘기하면 된다. 구매 후 반품할 수 없고 신용카드 결제는 600NT$이상 가능하다.

Ⓐ 105台北市松山區南京東路五段88號
No.88, Sec. 5, Nanjing E. Rd., Songshan Dist., Taipei City 105
Ⓣ 02 8787 8186 Ⓞ 07:30 ~ 21:30 Ⓦ www.chiate88.com Ⓒ $$ ~ $$$
Ⓐ MRT 난징산민(南京三民) 역 2번 출구 나와 직진, 도보 2분

TAIPEI FOOD 8

Pineapple Cake
펑리수의 모든 것

프랑스 바게트, 영국 스콘, 호주 미트파이 등 나라를 대표하는 빵이 있다. 타이완은 무엇이 있을까? 바로 모두가 가장 먼저 떠올리게 되는 파인애플 케이크, 펑리수(鳳梨酥)!

파이애플 과육이 입안 가득 따르릉!
써니힐 Sunny Hills

펑리수의 숨은 고수, 아는 사람은 다 아는 써니힐이다. 찌아더와 더불어 타이베이에 매장이 단 한 곳이라 찾아가기 힘든 곳이 바로 여기! 맛있는 곳은 일부러 찾아가야 한다는 것을 실감케 해주는 곳이다. 예쁜 매장도 그렇지만 차와 함께 펑리수를 시식할 수 있어 써니힐 방문 자체가 타이베이 여행이 된다. 손으로 손질한 파인애플 과육을 듬뿍 넣어 씹히는 맛이 아주 일품이다. 포장 상자와 에코백 같은 가방이 예뻐 선물로도 좋다. 일정상 매장 방문이 어렵다면 타오위엔 국제공항 터미널 2, 2층에 있는 써니힐 To go 매장을 이용하면 된다.

Tip 써니힐은 3,000NT$ 이상 구매시 호텔로 무료 배달해 준다. service@sunnyhills.com.tw 로 이름, 날짜, 호텔 주소 및 전화번호, 수문 양을 중문 또는 영문으로 보내고 주문 확인 메일을 받은 후 호텔 프런트 데스크에 현금을 맡기면 끝. 온라인 숍을 이용할 경우는 카드 결제 가능.

Ⓐ 105台北市松山區民生東路五段36巷4弄1號
No.1, Aly. 4, Ln. 36, Sec. 5, Minsheng E. Rd., Songshan Dist., Taipei City 105
Ⓣ 02 2760 0508 Ⓞ 10:00 ~ 20:00 Ⓦ www.sunnyhills.com.tw Ⓒ $$ ~ $$$
Ⓐ MRT 난징산민(南京三民) 역, MRT 샤오지단(小巨蛋) 역 또는 MRT 송산지창(松山機場) 역 등 가까운 역에서 택시로 이동.

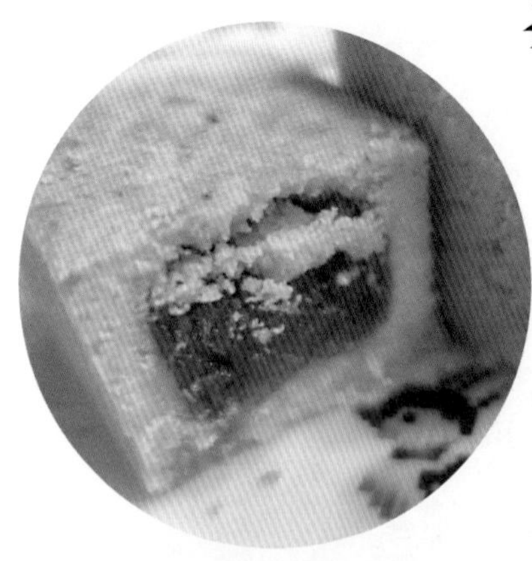

예쁜 펑리수

3 더 나인 The Nine

개당 50NT

단품으로 선물하기 손색없을 만큼 예쁜 포장이 특징! 여행자들 사이에 오쿠라 호텔 펑리수로 알려져 있다. 버터 향이 나는 부드러운 빵은 파인애플 과육과 함께 조화롭다. 가격은 비싼 편이지만 매력적인 포장으로 구매할 가치가 충분하다. 매장에 들어서면 펑리수 외에도 눈길을 사로잡는 누가와 유리 용기에 귀여운 캐릭터가 그려진 푸딩 또한 지갑을 열게 한다.

Ⓐ 104台北市中山區南京東路一段9號1樓
1F., No.9, Sec. 1, Nanjing E. Rd., Zhongshan Dist., Taipei City 104
Ⓣ 02 2181 5138 ⓞ 10:00 ~ 20:30 Ⓒ $ ~ $$$ Ⓐ MRT 중산(中山) 역 3번 출구 나와 직진, 진행 방향대로 사거리 건너 직진. 오쿠라 프리스티지 호텔 1층. 도보 5분.

귀여운 미니 펑리수

4 선메리 Sunmerry

12入 150NT$

20여 개 매장이 있어 타이베이 여행에서 가장 자주 볼 수 있는 펑리수! 그 중 가장 찾기 쉬운 매장은 타이베이 여행에서 빠질 수 없는 용캉제에 있으니 참고하자. 선메리는 호두가 들어가 달지 않으며 고소하고 씹히는 맛이 좋은 펑리수와 다른 제과점과 차별화된 한 입에 쏙 들어가는 미니 펑리수가 가장 인기가 많다.

Ⓐ 106台北市大安區信義路二段186號
No.186, Sec. 2, Xinyi Rd., Da'an Dist., Taipei City 106
Ⓣ 02 2392 0224 ⓞ 07:30 ~22:00 Ⓦ www.sunmerry.com.tw Ⓒ $ ~ $$
Ⓐ MRT 동먼(東門) 역 5번 출구 나와 용캉제(永康街) 입구에 있다. 도보 1분.

찹살떡 VS 펑리수

5 쇼우신팡 수신방 手信坊 Shou Xin Fang

10入 360NT$

선메리와 같이 접근성이 좋아 우리나라 여행자들에게 인기 있는 쇼우신팡이다. 펑리수로 상을 여러 번 수상했을 정도로 파인애플 과육이 가득 차 있고 빵 맛이 좋다. 하지만 씹었을 때 부스러기가 많이 떨어져 전체적인 식감을 방해하는 것이 조금 아쉽다. 현지인들에게 펑리수보다는 찹쌀떡으로 사랑받는 곳으로 색도 곱고 쫀득하니 맛있다. 더불어 누가 크래커, 망고 젤리 역시 판매하고 있어 한 번에 먹거리 쇼핑 완료!

Ⓐ 100台北市中正區北平西路3號1樓
1F., No.3, Beiping E. Rd., Zhongzheng Dist., Taipei City 100
Ⓣ 02 2312 0798 ⓞ 10:00 ~ 22:00 Ⓦ www.3ssf.com.tw Ⓒ $$
Ⓐ 타이베이처짠(台北車站) 1층에 있다. (타이베이 기차역 1층 광장, 상가)

타이베이 들여다보기

6

바운스 바운스, 타이베이의 밤

우리나라와 같이 동이 틀 때까지 불을 밝히며 잠들지 않는 나라는 극히 드물다.
특히 타이완 사람들은 술에 취해 비틀거리는 사람을 거의 찾아보기 힘들 정도로 술을 많이 마시지 않는다.
타이완에서 술은 대화하기 위한 그리고 즐기기 위한 하나의 도구이다.
그래서일까 타이베이의 클럽은 우리나라 여느 클럽의 어지러운 모습은 찾아보기 힘들어
클러버 여행자의 관점에서 다른 나라에 비해 안전하고 건전하게 즐길 수 있다.
색까지 맛있는 칵테일이나 흥을 돋우는 맥주와 함께 바운스! 비트에 몸을 맡겨 보자! Drop the beat!

타이베이 No.1

옴니 Nightclub

타이베이 클럽 문화를 이끌었던 럭시(Luxy)가 2015년 5월 22일, 옴니(Omni)로 재탄생하였다. 타이베이 클럽 문화를 경험하기 좋은 곳으로 현지인과 외국인 모두에게 사랑받지만, 특히 외국인 여행자들에게 인기가 높다. 한류 열풍에 힘입어 우리나라 가수들이 타이베이 쇼케이스 장소로 많이 이용하고 있고 특히 세계적으로 유명한 닥터 드레, 스눕 독 등 힙합 레전드와 아티스트, DJ들의 공연도 열리는 곳이다. 골목 곳곳에 맛집부터 개성 넘치는 숍과 카페가 숨어 있는 동취(東區)의 중심 종샤오둔화(忠孝敦化)에 있어 여기저기 둘러보고 타이베이의 밤을 즐기기에 좋다. 수요일은 Ladies Night! 여성 무료입장!

Ⓐ 106台北市大安區忠孝東路四段201號5樓
Ⓦwww.omni-taipei.com

쏟아지는 칵테일

프래니 Franny Taipei (BABE 18)

대중적인 음악으로 모든 클러버들이 편안하게 즐길 수 있는 프레니는 우리나라 여행자에게 부르기 쉬운 베베18로 많이 알려져 있다. 프레니의 매력은 칵테일과 음료를 무제한으로 즐길 수 있다는 것! 마치 끊임없이 쏟아지는 폭포처럼 자신의 컵이 비면 바텐더에게 주문해 다시 채워오면 된다. 컵을 잃어버리거나 부주의로 깨면 다시 입장요금을 내고 티켓을 받아 컵과 교환해야 한다. 입장요금은 요일과 시간, 성별에 따라 다르다. 최근 이름을 바꾸고 리브랜드하면서 조금 더 나아졌을 거라는 기대가 든다.

Ⓐ 110台北市信義區松壽路18號B1
B1, No.18, Songshou Rd., Xinyi Dist., Taipei City 110

타이베이에 취하다

웨이브 WAVE CLUB Taipei

타이베이 현지 클러비들이 사랑했던 미스트 MYST를 이어 ATT4FUN의 새로운 명소로 떠오르고 있다. 여느 클럽과 달리 월요일을 제외하고 항상 문이 열려 있어 짧은 일정에 시간이 없는 여행자들이 타이베이 클럽을 경험하기에 좋다. 우리나라 클럽 수준에는 조금 못 미치는 듯 호불호가 나뉘기는 하지만 무엇보다 이곳은 무제한 프리 드링크가 가장 큰 매력이다. 요일마다 다른 이벤트가 진행되기 때문에 클럽 페이스북 페이지를 꼭 확인하고 가자. (ATT4FUN 외부 스타벅스 옆)

Ⓐ 台北市信義區松壽路12號
No. 12, Songshou Rd., Xinyi Dist
Ⓦwww.facebook.com/waveclubtaipe

1. 공바오지딩 宮保雞丁

매운 태양초, 땅콩과 함께 닭고기를 볶아 낸 타이완식 매운 닭고기 볶음이다. 매운맛을 즐기는 우리나라 여행자들의 입맛을 만족시키고 맥주 안주로도 아주 그만이다.

2. 차오판 炒飯

타이완을 찾는 대부분의 우리나라 여행자들이 하나같이 만족하는 볶음밥으로 가장 무난하게 먹을 수 있다. 허기진 배를 달래기에 아주 그만이다.

3. 차오칭차이(콩신차이) 炒青菜(空心菜)

말 그대로 채소볶음이다. 담백하고 씹는 맛이 좋아 향에 민감한 사람들도 만족하는 콩신차이(空心菜)는 철분과 비타민C, 칼슘이 많은 영양 만점 채소다. (식당에 따라 콩신차이가 없을 수도 있다)

4. 췌이피따창 脆皮大腸

좋아하는 사람들은 두 손 들고 환영하는 타이완식 대창구이다. 함께 제공되는 새싹과 함께 소금 후추에 살짝 찍어 먹으면 부드럽고 고소하니 맛이 좋다.

타이베이의 밤을 거닐다 보면 100이란 숫자와 르어차오(熱炒)라고 쓰인 간판이 홍등과 함께 빛나고 있는 모습을 볼 수 있다. 왁자지껄한 식당 안으로는 낮은 테이블에 앉아 다양한 음식과 타이완 맥주를 즐기는 현지인이 가득하다. 타이완 전역에서 찾아볼 수 있는 타이완식 대폿집, 르어차오는 밤마다 사람들로 북적인다. 타이완 사람들이 르어차오라는 이름대로 간단한 볶음 음식과 함께 식사도 하고 타이완 맥주도 한 잔 기울이며 그간 있었던 이야기를 주고받는 곳으로 타이완 서민문화를 경험할 수 있다. 또한, 다양한 음식들을 한 접시에 100NT$부터 즐길 수 있어 100원 주점이라 불리기도 한다. 음식 재료에 따라 다르지만 대부분 저렴해 부담 없다. 보통 편의점이나 대형 마트에서 보던 것과 달리 좀 더 다양한 종류의 타이완 병맥주를 시원하게 맛볼 수 있으니 타이베이의 밤에 흠뻑 젖어 보자.

Tip

대부분 르어차오에는
영어 메뉴가 없다.
식당마다 이름이 조금씩 다르긴 하지만
비슷한 음식을 내기 때문에
여기서 소개하는 메뉴만 보여줘도
고개를 끄덕이며 주문을 도와줄 것이다.
작가가 르어차오에 가면
주문하는 메뉴를 소개한다.

5. 옌수롱주

오징어 입을 튀겨 소금 후추에 버무려내는 음식. 튀긴 여의주라는 이름으로 작가가 가장 좋아하는 맥주 안주 중 하나이다.

6. 샤오마지

닭고기를 먼저 튀겨 썰어 만든 타이완식 닭튀김 요리로 새콤달콤한 소스와 함께 우리 입맛에도 잘 맞다.

7. 하마탕(거리탕)

탕 하나는 있어야 한다면 생강 채를 넣어 적당히 칼칼하고 담백한 조개탕, 하마탕(蛤□湯)을 추천한다. 약간 쌀쌀한 타이베이 겨울여행에 더욱 좋다.

8. 옌카오칭위

술집 단골 메뉴인 고등어구이다. 타이완의 고등어구이는 비린내도 많이 나지 않고 맛도 좋아 밥반찬으로도 그만이다. 레몬즙을 뿌려주면 더욱 맛이 좋다.

타이베이 들여다보기

8

친숙해서 더 쉽고 재밌는 **편의점의 맛**

친숙함에 세계 어디를 가도 쉽게 찾게 되는 편의점, 이색적인 음료나 도시락을 고르고 맛보는 재미가 있다. 특히 타이완의 편의점은 일본처럼 다양한 먹거리로 여행자를 사로잡는다. 색다른 나만의 편의점 음료와 간식거리를 찾아보자!

Tip
지점에 따라 시즌별로 출시하는 소프트아이스크림을 발견한다면 꼭 한번 맛보자!

도시락

편의점 도시락 마니아들에게 타이완은 보물섬이다. 면류부터 밥, 냉동식품까지 간단하게 전자레인지에 데우거나 그냥 뚜껑만 열어 먹으면 끝! 열대과일을 담은 과일 도시락, 샌드위치, 삼각김밥까지 닮은 듯 다른 타이완 편의점의 도시락 세계로 빠져보자!

만한 뚜뚜하오 滿漢 嘟嘟好

만한 소시지

우리나라 줄줄이 비엔나 소시지와 또 다른 매력을 가진 단짠의 환상적인 조합! 마늘이 적절하게 섞여 있어 소시지의 풍미가 깊다. 게다가 방부제를 첨가하지 않은 진공 질소 충전으로 포장해 신선한 소시지를 안심하고 먹을 수 있다.

요우티엔쥐엔 有田眷 유전권

100% 순미(米)로 만든 과자. 저지방, 콜레스테롤 0%의 건강한 간식이다. 바삭한 식감에 김이 고소한 맛까지 더해주어 맥주 안주로 완벽하다. 지퍼식 포장으로 위생적이고 편리하다시되었으니 한번 맛볼까?

Tip
만한 뚜뚜하오 소시지와 요우티엔쥐엔 그리고 타이완 맥주까지, 함께 먹으면 절묘한 단맛과 짠맛의 조화를 느낄 수 있다. 주의, 꼭 소시지는 데워 먹을 것!

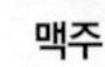

맥주

타이완 최초의 맥주, 클래식부터 맛보자! 우리나라에 들어와 있는 과일 맥주와 그외 다양한 종류의 맥주가 타이베이의 밤을 더욱 즐겁게 해 줄 것이다. 일본 맥주도 우리나라 편의점보다 훨씬 저렴하다. 애주가들 모여!

컵라면

우리나라와는 또 다른 컵라면의 세계, 뉴러우몐의 건더기 스프에는 큼직큼직한 고기가 덩어리째 들어 있다. 우리나라 라면들과 비교해가며 먹어보는 재미도 쏠쏠하다.

주스

열대기후의 나라답게 과일 주스와 채소 주스 등 종류가 어마어마하다. 구아바, 죽순, 패션프루트 등과 다양한 과일을 섞은 믹스 프루트, 과일과 채소를 섞은 주스까지 있다.

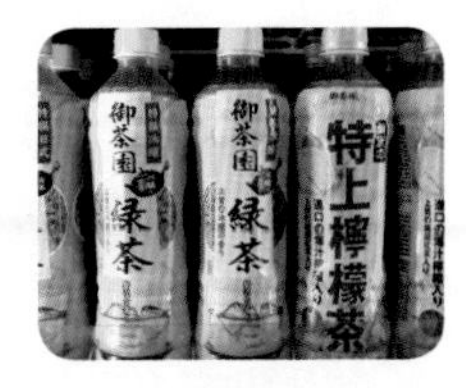

차

차의 나라, 타이완답게 우롱차부터 녹차, 홍차 등 간단하게 마실 수 있는 차 음료를 다양하게 판매하고 있다. 설탕이 들어간 것이 싫다면 우탕(無糖)이라는 글자를 확인하자.

Take a break
Let's Café

커피

편의점마다 카페를 운영하고 있다. 커피는 한잔해야겠는데 주변에 카페가 보이지 않는다면 편의점으로 가자. 가격에 한 번 놀라고 맛에 또 한 번 놀라는 양질의 원두커피를 마실 수 있다.

타이베이 들여다보기

9

타이베이 여행에서 만나는 **재미있는 외래어 표기**

타이베이 도심을 거닐다 보면 만나는 익숙한 영문 간판들.
그런데 하나가 더 있다?! 저건 뭘까?!
어떤 것은 음을 따서 써 글자 자체에는 아무 의미가 없는 것도 있고
어떤 것은 뜻을 해석해 중국어로 표기한다. 모르고 보면 쉽게 지나칠 수
있지만 알고 보면 타이베이 여행의 묘미를 더한다.

버거킹 漢堡王 한바오왕
Hànbǎowáng Burger King

스타벅스
星巴克 싱바커
Xīngbākè STARBUCKS

서브웨이 潛艇堡
천딩바오
Qiántǐngbǎo Subway

케이에프씨
肯德基
컨더지 Kěndéjī KFC

패밀리 마트
全家 천자
Quánjiā Family Mart

이케아 家家居
이자자쥐
yíjiājiājū IKEA

모스버거 摩斯漢堡
모스한바오 mósībǎo Mos Burger

피자 헛 必勝客 삐셩커
Bìshèngkè Pizza Hut

도미노 피자 達美樂披薩
따메이러 피자 Dáměiyuè pīsà Domino's Pizza

까르푸 家樂福
짜러푸
jiālèfú Carrefour

맥도널드 麥當勞
마이땅라오
Màidāngláo Mcdonald

레고 樂高
르가오
lègāo Lego

Tip. 또 다른 재미있는 외래어 표기가 있는지 눈여겨보자. 더욱 재미있는 타이베이 여행이 될 것이다.

타이베이 들여다보기

10

있어야 할 건 다 있는
드러그 스토어부터 대형 마트까지

타이베이 쇼핑하면 빠질 수 없는 것이 있다. 드러그 스토어에서는 우리나라에서 구할 수 없거나 더욱 저렴한 화장품과 미용 제품들을 만날 수 있고, 대형 맡에서는 타이완에서만 구할 수 있는 식료품과 특산물이 '여기요!'하고 손을 흔든다. 사야 할 것들이 너무 많은 것도 타이베이 여행에서 고민이라면 고민이다. 지금부터 빈 캐리어를 무엇으로 채워볼까? 가볍게 떠나 무겁게 돌아오라!

DrugStore

드러그 스토어 쇼핑 리스트 Best 8

◀시세이도 퍼펙트 휩
Perfect Whip

일본은 물론 우리나라 여성들에게도 지속적인 사랑을 받는 클렌징폼으로 일본 현지나 우리나라보다 저렴한 가격에 구매할 수 있어 타이베이 쇼핑 필수 아이템 중 하나.

Tip 알아두면 유용한 꿀팁

퍼펙트 휩 : 화장을 지운 상태에서 사용하는 민얼굴 세안용이다

퍼펙트 더블 워시 : 화장을 지우는 동시에 세안할 수 있다.

▼멘소래담 아크네스
Mentholatum acnes

멘소래담이라면 바르는 파스, 소염진통제를 모두 떠올릴 테지만 알만한 사람은 모두 아는 클렌징폼도 있다. 피부의 노폐물과 피지까지 깨끗하게 클렌징 해주어 민감한 피부를 가진 사람에게 효과가 좋아 사랑받는 아이템. 일반부터 약용, 미백까지 다양한 제품군을 갖추고 있다.

◀시세이도 마죠리카 마죠루카 마스카라
Shiseido Majolica Majorca Mascara

속눈썹을 더욱 길고 풍성하게 만드는 마법의 마스카라로 번짐이 적어 더욱 인기가 높은 제품. 퍼펙트 휩과 함께 우리나라 여성들에게 인기 있는 아이템이다.

◀마이 뷰티 다이어리 흑진주 팩
My Beauty Diary Black Pearl Mask

우리나라 여행자들 사이에서 타이완이 그리 알려지지 않았을 때, 홍콩 여행 쇼핑 필수 아이템으로 먼저 알려진 흑진주 팩. 뛰어난 보습력을 자랑한다. 타이완 브랜드인 만큼 이제는 타이베이 쇼핑 필수 아이템으로 기억하자. (2상자 또는 3상자 구매 시 할인 행사를 많이 하니 잘 살펴보자.)

◀비오레 코팩
Biore

가장 높은 곳에 있어 가장 먼저 눈에 띄는 코의 피지, 짜면 모공만 넓어질 뿐이다. 이제 남녀노소 모두 비오레 코팩! 피부에 자극적이지 않아 더욱 인기가 높다.

코스메드 康是美 Cosmed

마치 곳곳에 있는 편의점처럼 쉽게 찾을 수 있는 타이완 No. 1 드러그 스토어로 때마다 할인 행사나 1+1 등의 프로모션도 진행해 생각보다 더욱 저렴하게 미용 제품을 구매할 수 있는 곳이다. 화장품, 미용 제품 외에도 건강식품, 간단한 약품, 세면도구 등 생필품도 있다.

왓슨스 屈臣氏 Watsons

1828년 홍콩에서 시작해 동남아시아 전역으로 퍼져나간 드러그 스토어 왓슨스! 이제는 우리나라에서도 친숙해 매장으로 들어서는 발걸음이 더욱 가볍다. 코스메드와 함께 타이베이에서 가장 쉽게 발견할 수 있는 드러그 스토어이다.

▶멘소래담 립밤
Mentholatum Lip Balm

건조한 입술을 보호해 줄 립밤, 다른 브랜드를 사용해도 튼 입술이 쉽게 촉촉해지지 않는다면 정답은 멘소래담이다. 우리나라 드러그 스토어나 인터넷 숍을 통해 구할 수도 있지만 쉽지 않다. 타이완 드러그 스토어에는 립밤부터 립 아이스, 립 퓨어 등 종류도 많다. 당신의 촉촉한 입술을 위해!

◀키스 미 마스카라 & 아이라이너
Kiss Me Mascara & Eyeliner

우리나라 여성들 사이에서 이미 필수 아이템으로 자리 잡은 키스 미 마스카라와 아이라이너. 포장에 그려진 공주처럼 속눈썹을 길게 만들어 준다. 울어도 화장이 잘 번지지 않는다는 슈퍼 워터 프루프 제품이 인기다. 우리나라 드러그 스토어에서도 판매하지만, 타이완이 좀 더 저렴하다.

▶하다라보 고쿠쥰 로션
Hada Labo Gokujyun Lotion

일본에서 4초에 1병이 판매된다는 피부 보습의 기적! 하다라보 고쿠쥰 로션! 피부에 깊은 촉촉함을 주어 건조할 틈을 주지 않는다. 고 보습 로션 고쿠쥰으로 피부 관리를 해볼까?

타이완 피지오 台灣啤酒
Taiwan Beer

타이완이라면 절대 빠질 수 없는 맥주! 우리나라 여행자들에게 인기 있는 망고 맥주는 전 세계 망고 맥주 중 단연 최고다. 외에도 파인애플, 포도 등 과일 맥주와 꿀 맥주도 있다. 타이완 최초 맥주로 목넘김이 부드러운 클래식을 추천한다.

숑바오베이 熊寶貝 Snuggle
Scented Bag

곰돌이 방향제로 타이완 필수 쇼핑 아이템에 이름을 올리고 있는 숑바오베이. 작은 크기에도 방향 효과가 좋아 더욱 인기가 높다. 6가지 향이 있고 옷장, 신발장, 욕실, 자동차 방향제 등 다양하게 활용할 수 있다.

알아두면 유용한 꿀팁

2,000NT$ 이상 구매 시 5% 세금 환급을 받을 수 있다. (환급 금액에 14%는 신청비) 세금 환급 신청서 작성 시 여권 및 구매 영수증이 필요하고 해당 창구에서 신청서를 작성해준다. 출국 심사 전 세금 환급 창구에서 키오스크 기계를 이용해 셀프 신고, 세관 확인 후 환급받으면 된다. *키오스크 이용은 한글 메뉴가 있어 쉽다. 출국장에서 海關申報 / 退稅 Customs Declare / Tax Refund 안내 표지판을 따라가면 된다. 타오위엔 국제공항 T1은 1층, T2는 2층에 있고 24시간 운영된다. 송산 국제공항 역시 세금을 환급받을 수 있다. 백화점 등 쇼핑 시 세금 환급 가능 여부를 꼭 확인해보자(한 매장 2,000NT$이상 구매 시).

Supermarket

대형 마트 쇼핑 리스트 Best 8

만한따찬뉴러우멘 滿漢大餐牛肉麵
Manhandacan Beef Noodles

타이완의 맛이 그리운 여행자에게 그만이다. 완한따찬 라면을 보면 우리나라 라면에 회의감이 들 정도로 두툼한 소고기가 들어있다. 4가지 맛이 있는데 그중에 매콤한 완한따찬마라궈뉴러우멘(滿漢大餐麻辣鍋牛肉麵)이 한국인 입맛에 잘 맞다.

농림수산부에서는 건조, 조림 가공식품에 관해서도 엄격하게 관리하고 있다. 금지된 품목이니 여행지에서만 즐기시길! 가격 차이는 크지만 현재 한국 편의점에서 판매되고 있다

헤이런야가오 黑人牙膏 Darlie

전 세계 많은 이에게 사랑받고 있는 치약, 헤이런 야가오(黑人牙膏)! 타이완을 대표하는 브랜드로 우리나라 여행자에게도 타이완 필수 쇼핑 아이템이 되었지만, 유해성분 논란이 생겼다. 현지에서도 한 품목에 대해 국가에서 시정 조처를 내렸고 이후 다시 국가 품질을 인증했다. 오리지널 버전은 어떠한 이슈도 있으며 여전히 타이완 국민 치약으로 사랑받고 있다.

진먼 가오량지오 金門高粱酒 Kinmen Kaoliang Liquor

타이완 특산물에 하나로 고량주로 유명한 중국에서조차 없어서 못 마실 정도로 인기가 높다. 우리나라보다 절반 이상 저렴한 가격으로 구매할 수 있어 애주가를 위한 선물로 제격이다. 화학첨가물 없이 오로지 수수로만 만들어져 숙취가 없다. 다만 한국 소주와 같이 원샷은 절대 금물! 고량주는 한 잔을 두세 번 나눠 마셔야 한다. 알코올 도수는 38도보다 58도를 권한다. 용량과 도수에 따라 가격이 다르며 프리미엄은 좀 더 비싸다.

밀크티 Milk Tea

타이완에서 쇼핑 아이템으로 이름을 항상 올리는 밀크티! 독보적인 선두주자 3시 15분(3:15)과 함께 타이완 카페 브랜드인 미스터 브라운에서 나오는 밀크티(Mr. Brown Milk Tea)가 인기가 높다.

Tip

대형 마트에서 웬만하면 구매하지 말아야 할 것이 바로 펑리수와 누가 크래커! 공장에서 만들어져 나와 가격은 저렴하지만 그만큼 저렴한 맛이다. 저렴하게 선물하려다 되려 역효과가 날 수 있다.

커퀘이징띵 京濃精錠
Cabagin-Kowa Tablet

양배추 소화제로 잘 알려진 일본 국민 위장약 카베진이다. 소화제로서도 좋고 비타민처럼 매일 복용해도 위를 튼튼하게 해주어 좋다. 우리나라에도 수입 판매되고 있지만, 가격 차이가 크다. 일본 현지만큼은 아니더라도 타이완에서도 저렴하게 구매할 수 있다.

망궈동 芒果凍
Mango Jelly

타이완이라면 망궈(芒果), 바로 망고이다. 망고를 이용해 만든 디저트, 맥주 그리고 쫀득쫀득 달콤한 망고 젤리! 자꾸만 손이 가는 이 친구는 선물용으로도 아주 그만이다. 양갱처럼 만들어진 망고 젤리는 즙 때문인지 기내 반입이 되지 않는다. 수화물로 부쳐야 하니 참고!

짜러푸 家樂福 Carrefour

우리나라에서는 2006년 이랜드 그리고 다시 2008년 홈플러스로 인수되어 추억 속으로 사라진 대형 마트 까르푸일지 모르지만, 타이완에서는 가장 많이 찾는 대형마트 중 하나이다. 특히 시먼딩(西門町)에 있는 꿔에린(桂林)점은 우리나라 여행자들에게 인기 있는 물품들을 따로 전시한 부스가 있을 만큼 타이베이 쇼핑에서 빠질 수 없는 곳이다.

Ⓐ 108台北市萬華區桂林路1號
No.1, Guilin Rd., Wanhua Dist.
Ⓣ 02 2388 9887
Ⓞ 24hr
Ⓐ MRT 시먼(西門) 역 1번 출구로 나와 뒤돌아선 후(시먼홍러우 반대 방향) 대로에서 오른쪽으로 직진, 도보 10분.

따룬파 大潤發 RT Mart

타이완 섬유 기업인 룬타이(潤泰) 그룹이 만든 대형 마트로 타이완 내에서 짜러푸와 어깨를 나란히 하고 있다. 짜러푸는 우리나라 여행자들이 많이 몰려 물건이 부족할 때도 있으니 상대적으로 여행자가 적고 현지인이 많이 이용하는 따룬파를 추천한다. 종샤오푸싱(忠孝復興)이 여행자에게 가장 접근성이 좋다.

Ⓐ 104台北市中山區八德路二段306號
No.306, Sec. 2, Bade Rd., Zhongshan Dist.
Ⓣ 02 2779 0006
Ⓞ 07:30 ~ 23:00
Ⓐ MRT 종샤오푸싱(忠孝復興) 역 1번 출구 나와 뒤돌아 나오는 사거리에서 왼쪽으로 직진, City Link 지하 2층, 도보 10분.

린커우 산징 아웃렛

림구삼정 林口三井

Ⓐ244新北市林口區文化三路一段356號
No.356, Sec. 1, Wenhua 3rd Rd., Linkou Dist., New Taipei City 244
Ⓣ02 2606 8666
Ⓞ일 ~ 목요일 11:00 ~ 21:30, 금, 토요일 11:00 ~ 22:00
ⒶMRT 타이베이처짠(台北車站) 역 Z3 출구 나와 타이베이시짠A(台北西站A棟) 옆 궈다오커윈타베이종짠(國道客運台北總站) 6번 정류장에서 산총커윈(三重客運) 1210번을 타고 타이베이리두(台北麗都) 정류장에서 하차.
Ⓦwww.mop.com.tw

타이완에도 멋진 아웃렛이 문을 열었다. 타이베이 네이후(內湖)에도 아웃렛이 있지만, 그 규모가 작아 현지인 외에는 잘 찾지 않았다. 린커우 산징 아웃렛에는 약 150여 개 브랜드와 푸드 코트, 카페, 레스토랑 그리고 영화관까지 알차게 구성되어 있어 타이베이를 찾는 여행자들에게 새로운 관광 명소로 떠오르고 있다. 일부 품목은 해외 직구보다 더 저렴하게 구매할 수 있고, 우리나라에서 볼 수 없는 브랜드나 같은 브랜드라도 다른 디자인을 찾아보는 재미가 있다. 게다가 청핀수뎬(성품 서점)도 입점해 있으니 타이베이 도심에서 놓쳤다면 구경해보자. 작가의 경우 나이키 팩토리와 지샥, 빔스, 레고 등은 꼭 들러보는 브랜드 숍이다. 버스를 타고 가는 것이 걱정된다면 버스 기사님께 린커우 산징(林口三井) 아웃렛으로 간다고 말씀드리면 된다. 대부분의 친절한 타이완 버스 기사님들은 목적지가 되면 알려주신다. 무엇보다 타오위엔 공항과 타이베이 도심 중간에 있어 귀국편 이용 시 타오위엔 국제공항 MRT를 이용하면 편리하니 쇼퍼홀릭 여행자는 조금 일찍 길을 나서자. 커뮤터(Commuter, 통근 MRT)로 A9 린커우(林口站) 역에서 내려 무료 셔틀 버스를 이용하면 되고 도보로도 이동할 수 있다. 자, 그럼 지갑을 열어볼까?

타이베이 들여다보기

11

꼭 먹어야 할 악마의 열매

타이완은 아열대와 열대 기후가 함께 있어 동남아보다 과일의 종류가 더 다양하다. 게다가 가격까지 저렴하고 지형도 망고를 닮아 그야말로 과일의 섬! 원피스에 나오는 악마의 열매를 닮은 신기하고 다채로운 열대과일들이 가득하다. 재래시장에 가면 산지에서 바로 올라온 싱싱한 과일을 저렴한 가격에 구매할 수 있으니 꼭 맛보길 바라고, 관광명소의 과일가게에서는 가격은 비싸지만 다양한 종류의 손질한 과일을 용기에 담아 판매하고 있어 여행자들이 손쉽게 먹을 수 있다. 자, 그렇다면 타이완에서 꼭 먹어야 할 과일, 악마의 열매는 무엇이 있을까?

1 이글이글 열매
아이원 망궈 애플 망고 愛文芒果

타이완 애플 망고는 전 세계에서 알아주는 특등급! 당도와 과즙이 풍부하고 열량은 낮아 다이어트에 좋고 혈액을 깨끗하게 만들어 동맥경화, 빈혈, 암 예방에 효능이 있다. 비타민도 풍부한 영양 만점 애플 망고! 6월과 9월 사이 불타는 듯 뜨거운 타이완의 여름, 하지만 걱정 없다. 애플 망고는 여름철 원기 회복에도 아주 그만이다. 포트거스 D 에이스에 이어 사보처럼 이글이글 열매 애플 망고 먹고 불타오르는 타이완 모험!

2 고무고무 열매
빠러 구아바 芭樂

포도과에 속하며 잉카인들이 고산지대에서 기르고 즐겨 먹었던 잎, 나무껍질 등 모두 건강식 및 약용으로 이용할 수 있는, 버릴 것 하나 없는 신비한 열매다. 병충해에 강해 무농약으로 재배할 수 있다. 비타민과 철분 등 각종 영양소가 풍부하고 껍질 그대로 먹거나 주스나 술로 담가 마신다. 췌장 기능 개선 그리고 당뇨병에 효능이 좋다. 원피스 루피의 고무고무 열매 버프처럼 구아봐는 최고의 과일이다.

3 미끌미끌 열매
리엔우 련무 蓮霧

단맛은 적고 과즙이 많은 아삭아삭 씹는 맛이 일품인 조롱박을 닮은 타이완 대표 과일이다. 혈액순환에 좋고 혈압강하에 효능이 있어 고혈압에 좋다고 한다. 특히 피로를 완화해주고 정신을 안정시켜 집중력을 좋게한다고. 영문으로는 왁스 애플, 워터 애플이라고 하는데 수분 함량이 높고 열량이 낮아 다이어트나 피부미용에도 효과가 있다고 한다. 미끌미끌 열매 먹고 미녀가 된 알비다와 같이 리엔우 먹고 아름다운 타이완 모험!

4 사람사람 열매(대불)
스쟈 석가 釋迦

타이완 동부 지역인 타이동의 특산물로 석가모니의 머리를 닮았다고 해서 붙여진 이름의 과일이다. 겉은 단단해보이지만 부처의 자비처럼 속은 부드럽다. 영문으로는 슈가 애플이라 불릴 정도로 달콤하다. 위를 튼튼하게 하고 성질이 차가워 더위로 인한 열사와 열독에 좋다고 한다. 전 해군원수 센코쿠처럼 사람사람 열매 스쟈 먹고 자비로운 타이완 여행!

타이베이 들여다보기

12

또 다른 여행을 위한 **타이완 마사지**

자고로 여행이란 많은 곳을 보고 바쁘게 다니는 것도 좋지만, 무엇보다 일상의 쉼을 위해 떠나온 것인 만큼 여독을 풀어주는 것 또한 중요하다. 모든 여행자가 동남아시아를 여행할 때 빠짐없이 하는 것이 바로 발 마사지! 타이완의 발 마사지를 아직 경험해보지 않았다면 이제껏 받아 온 것과 전혀 다른 신세계를 경험할 것이다. 열정을 다해 발가락부터 다리까지 꾹꾹 눌러 지압해 줘 아픈 듯 시원해 몸 둘 바를 모른다. 처음에는 아플 수도 있지만 갈수록 혈이 풀려 시원하고 잠도 솔솔 온다. 그렇게 한 번 받고 나면 개운한 기운이 온몸을 감싼다. 내일의 또 다른 여행을 위해, 오늘 열심히 몸을 지탱해준 발과 다리에 휴식을 선물하자. 여행의 피로야, 가라!

작가 부부의 단골집

103천자주티양셩후이관

전가족체양생회관 全家足體養生會館 Quánjiā zú tǐ yǎngshēng huìguǎn

현지인에게 사랑받는 곳으로 몸 곳곳을 시원하게 꾹꾹 눌러주어 탁하던 머리도 맑아지고 안되던 소화도 잘된다. 때가 맞으면 천쟈(全家)의 마스코트 고양이도 만날 수 있어 더욱 반가운 곳이다. MRT 영춘(永春) 역과 가까이 있어 시먼딩이나 여느 번화가에 있는 마사지 숍에 비해 가격이 저렴해 발 마사지와 전신 마사지를 함께 받는 것을 추천한다. 주변으로 영춘스창(永春市場)과 라오허제예스(饒河街夜市)가 있어 재래시장과 야시장 구경을 할 수 있고, 길 건너 스톤 에스프레소 바와 산스랑(三四郎) 일식 선술집도 있어 영업시간에 맞춰 커피나 시원한 생맥주 한 잔으로 타이베이의 하루를 마무리하기 좋다. 발 마사지(40분) 350NT$, 발 마사지+전신 마사지(70분) 700NT$

Ⓐ110台北市信義區松山路285號 No.285, Songshan Rd., Xinyi Dist
Ⓣ02 2756 6575 ⓞ10:00 ~ 02:00
ⓐMRT 영춘(永春) 역 5번 출구 나와 왼쪽 직진,
스톤 에스프레소 바 대각선 맞은편에 있다. 도보 5분.

타이베이, 발 마사지의 시작

화시제

화서가 華西街 Huaxi Street

방콕 마사지의 시작이 왓포 마사지라면, 타이베이의 발 마사지는 이곳 화시제(華西街)가 시작이다. 타이베이의 시작이 되었던 롱산쓰(龍山寺)가 있는 옛 타이베이, 망가(艋舺)에서 오랫동안 자리를 지켜온 마사지 숍들이 많다. 저렴한 가격에 시원한 발 마사지를 받을 수 있어 많은 사람이 화시제를 찾고 있다. 타이베이 여행에서 반드시 들리는 관광명소답게 한국어 설명이 되어 있어 더욱 편리하다. 롱산쓰의 야경과 함께 화시제예스를 둘러보다 야시장 골목 안, 곳곳에 자리 잡은 마사지 숍에서 발 마사지를 받고 숙소로 돌아가 타이베이에서 꿀잠을 청하면 된다. 마사지 구성과 가격이 숍마다 조금씩 다르니 마음에 드는 곳으로 들어가면 된다. 발 마사지+어깨, 목 마사지(40분) 299NT$ ~ 400NT$

Ⓐ110台北市信義區松山路285號 No.285, Songshan Rd., Xinyi Dist
Ⓣ02 2756 6575 ⓞ10:00 ~ 02:00
ⓐMRT 영춘(永春) 역 5번 출구 나와 왼쪽 직진,
스톤 에스프레소 바 대각선 맞은편에 있다. 도보 5분.

시먼딩에 어둠이 내리면

황자빠리

황가합리 皇家峇里 Royal Bali

가이드 북마다 소개되어 우리나라 여행자들에게 가장 많이 알려진 곳이다. 한국어 설명이 잘 되어 있고 숙소를 선택할 때도 가장 먼저 고려하는 지역인 시먼딩(西門町)에 있어 편리하게 이용할 수 있다. 게다가 한국에서 왔다고 하면 우리나라 여행자들이 좋아하는 스타일로 적당히 힘 조절을 해준다고! 이름처럼 인도네시아 발리 스타일로 꾸며져 있어 타이베이에서 또 다른 나라를 만날 수 있다. 발 마사지(40분) 500NT$

Ⓐ 108台北市萬華區昆明街82號
No.82, Kunming St., Wanhua Dist.
Ⓣ 02 6630 2525 ◎ 10:00 ~ 03:00
Ⓐ MRT 시먼(西門) 역 6번 출구 나와 직진,
쿤밍제(昆明街)에서 오른쪽으로 직진, 도보 6분.

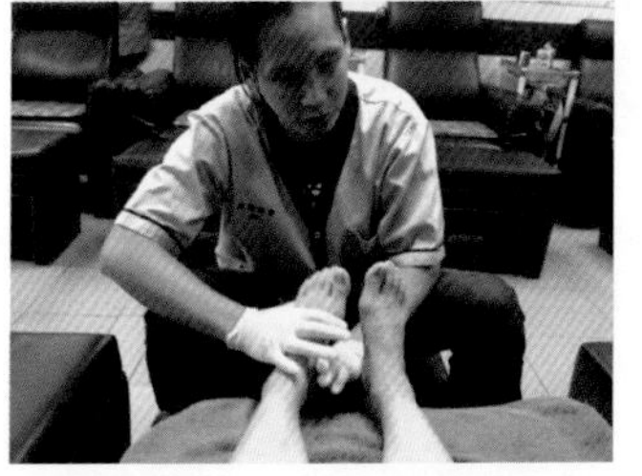

단수이 석양과 함께

칭안안모

경안안마 慶鋑按摩 Qìng ǎn ànmó

거닐기 좋은 단수이(淡水)라지만 생각보다 넓고 언덕도 올라야 해 발과 다리의 피로도가 높은 관광명소이다. 보통 오전에 신베이터우(新北投)와 온친지구를 둘러보고 단수이를 거닐며 아름다운 석양을 바라보다 땅거미가 내리면 스린예스(士林夜市)와 야시장을 보는 것으로 하루 일정을 계획하는데, 말이 쉽지 이 세 군데만 돌아보아도 해도 상당한 체력을 소모하게 된다. 야시장으로 향하기 전 더욱 즐거운 여행을 위해 잠시 들려 피로를 풀자. 이곳도 타이베이처짠의 쩐하오망요안모와 같이 시각장애인이 마사지 전문가로 있다. 머리, 어깨, 등허리, 팔, 발 마사지 등 부위별(20분) 200NT$

Ⓐ 251新北市淡水區公明街46號 No.46, Gongming St.,Tamsui Dist.
Ⓣ 02 2621 3300 ◎ 10:00 ~ 23:00
Ⓐ MRT 단수이(淡水) 역 1번 출구로 나와 단수이환허따오루(淡水環河道路) 즉, 단수이강을 따라 가면 있다. 도보 5분.

용캉제를 거닐다

주톈디

족천지 足天地 Zú tiāndì

용캉제(永康街)에서 맛있는 식당과 카페를 탐방하다 보니 어느덧 숙소로 돌아갈 때가 되었다. 돌아가기 전 마사지를 받고 싶다면 바로 이곳이다. 발 마사지 또는 목, 어깨 그리고 전신 등 선택할 수 있다. 용캉제 골목골목 둘러보며 지친 피로를 풀었다면 바로 위에 있는 스무시에서 망고 빙수 또는 길 건너 용캉쉐이궈위엔에 신선한 생과일주스로 마무리하자. 더할 나위 없이 완벽한 타이베이의 하루 완성! 발 마사지(40분) 660NT$

Ⓐ 台北市大安區永康街15號 B1
B1, No.15, Yongkang St., Da'an Dist.
Ⓣ 02 3322 3380
Ⓞ 11:00 ~ 23:00
Ⓐ MRT 동먼(東門) 역 5번 출구 용캉제 스무시 매장 지하 1층. 도보 2분.

미로에서 탈출!

쩐하오망요안모

진호맹우안마 真好盲友按摩站 Blind Person Massage

타이베이처짠, 미로 같은 출입구 한쪽에 안마 의자들이 줄지어 있다. 기차역을 오가며 타이베이 여행 중이거나 숙소가 근처라면 잠깐 들러 여행에 지친 근육을 풀어주기 더없이 좋고, 한국으로 귀국 선 발 마사지 한 번이 아쉽다면 들려도 좋은 곳이다. 이곳 역시 단수이 칭안안모와 같이 시각장애인이 마사지 전문가로 있다. 저렴한 가격에 부담 없이 마사지를 받기 좋다.

Ⓐ 台北市市民大道一段100號地下室 Y1區域(13號廣場)
No.100, Sec. 1, Civic Blvd., Zhongzheng Dist
Ⓣ 02 2558 8900 Ⓞ 11:00 ~ 21:00
Ⓐ MRT 타이베이처짠(台北車站) 역 Y1번 출구 가는 길에 있다. (지하도)

슈퍼모델

류신유의 타이베이

류흔유 Hsin-Yu, Liu

타이완 슈퍼 모델

劉欣瑜

류신유는 타이완과 홍콩을 주 무대로 중국과 한국, 일본 등 아시아를 비롯해 영국, 프랑스, 터키, 오스트리아, 이탈리아, 스페인, 남아공, 그리고 미국까지 세계를 무대로 하는 타이완 슈퍼 모델이다. 타이완 ELLE, Vogue, Bazaar, Marie Claire, Figaro, Grazia 등 다양한 매거진의 화보와 L'Oreal, HSBC, DHC, CANON, EDWIN 등 광고를 촬영하고 Chanel, Gucci, Dior, Fendi, Stella, McCartney 등 세계적인 브랜드의 무대에 올랐다.

www.facebook.com/liuyuhy.fans 劉欣瑜 Liuyuhy (류신유 페이스북 팬 페이지)
hsinyu626@gmail.com

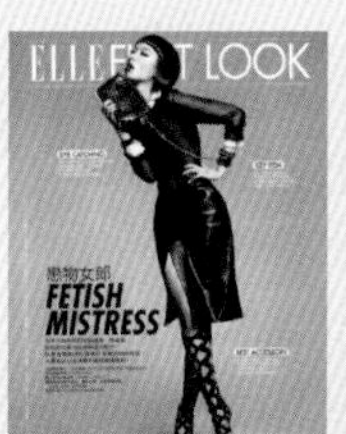

[셀럽 인터뷰 Celeb Interview]

세계를 무대로 일상과 여행을 함께하는 슈퍼 모델, 류신유(劉欣瑜).
한국의 경리단길과 가로수길을 거닐기 좋아하고, 특히 삼계탕을 애정하는 털털한 그녀가
여행을 앞둔 우리나라 여행자들에게 타이베이만의 매력을 전했다.

타이베이의 매력이란?

옛것은 아끼고 새로운 것을 기꺼이 받아들여 고유문화로 녹여내는 열정과 활력이 넘치는 도시, 무엇보다 이렇게 멋진 타이베이를 만들어가는 친근하고 친절한 타이완 사람들이라고 생각해요. 따뜻하고 열린 마음을 가진 타이완 사람들을 타이베이 여행에서 만나게 될 거에요!

타이베이를 찾는 여행자에게 소개하고 싶은 곳이 있다면?

여행에서 관광명소도 좋지만 저는 여유롭게 길을 거니는 것을 즐긴답니다. 특히 푸진제(富錦街)와 중산(中山) 그리고 타이베이 101빌딩 주변을 자주 가는데 골목마다 특유의 분위기가 주는 느낌이 좋아요. 그러다 여기다 싶은 끌리는 카페로 들어가 커피 한 잔을 하고 개성 있는 액세서리 숍으로 들어가 나만의 액세서리를 찾아보기도 하죠. 마치 보물섬에 도착한 해적 선장과 같이 호기심 가득한 눈빛으로 말이에요. 때로는 기대만큼 충족시키진 못하지만 어때요? 그게 바로 여행이잖아요.

타이베이를 찾는 여행자에게 소개하고 싶은 음식이 있다면?

타이완은 열대와 아열대 기후와 섬이라는 지형적 특성상 다양한 음식 재료가 풍성한 곳이에요. 타이완에서 나는 신선한 채소와 싱싱한 해산물, 과일, 특산물 등으로 만들어진 모든 음식을 소개하고 싶지만, 그 중에서도 영양 만점의 다양한 타이완 과일과 타이완의 화산지형에서 나는 커피는 꼭 드셔보시길 추천합니다.

타이베이를 찾는 여행자에게 하고 싶은 말이 있다면?

따자하오(大家好)! 안녕하세요, 류신유입니다. 이렇게 인사드리게 되어 너무 반갑습니다. 타이베이를 찾아주시고 사랑해 주시는 여러분 덕에 더욱 활력이 넘치는 타이베이가 되고 있어요. 매력이 넘치는 도시, 타이베이! 여러분의 애정과 관심으로 많이 찾아주시길 바랍니다. 저 또한 타이베이에 걸맞은 더욱 친근하고 친절한 타이완 사람이 될 수 있도록 할게요! 항상 건강하시고 언제나 즐거운 날, 무엇보다 행복한 타이베이 여행하세요! 타이베이는 언제나 여러분을 환잉광린(歡迎光臨)! 환영합니다. 고맙습니다. 씨에씨에(謝謝).

호주 감성의 자연주의

울루물루

Woolloomooloo

호주 시드니 동쪽에 있는 울루물루(Woolloomooloo)의 지명을 이름으로 한 호주 감성의 자연주의 레스토랑으로 간단하게 커피와 음료를 즐길 수 있고, 무엇보다 천연재료와 수제 소시지 등을 이용한 호주식 브런치가 유명하다. 송산 공항과 가까운 카페 거리 푸진제(富錦街)와 시먼(西門)에서도 다른 콘셉트의 디자인과 메뉴로 울루물루를 만날 수 있다. 시먼딩 지점에는 멋진 그라피티(Graffiti)도 볼 수 있어 멜버른의 호시어 레인을 떠올리기도 한다. 타이베이에서 호주를 만나는 색다른 경험, 특히 배낭여행이나 워킹홀리데이 등으로 호주를 경험했던 여행자에게 더없이 반가운 곳으로 호주 감성을 느끼기에 충분하다.

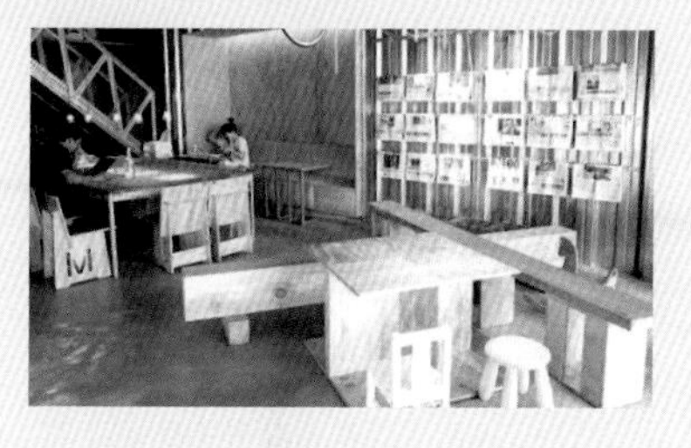

Ⓐ 110台北市信義區信義路4段379號
No.379, Sec. 4, Xinyi Rd., Xinyi Dist.
Ⓣ 02 8789 0128 Ⓒ $$ ~ $$$
Ⓞ 일~목요일 07:30~00:00, 금, 토요일 07:30~02:00
Ⓐ MRT 타이베이 101/스마오(世貿) 역 1번 출구 나와 직진 도보 도보 5분

선물과 같은 날마다 행복

에브리데이 이즈 어 기프트

手作工作室 Everyday is a Gift

모든 액세서리를 수작업으로 만드는 공작실(工作室)로 나만의 액세서리를 구할 수 있는 곳이다. 무엇보다 본인이 직접 디자인해 액세서리로 만들 수 있다는 것이 매력으로 공작실 디자이너들이 만드는 법 하나하나 친절하게 알려준다. 직접 만든 작품을 볼 때마다 타이베이 여행을 더욱 행복한 추억으로 떠올리게 될 것이다. 특히 기념일에 찾은 타이베이라면 비단 위에 꽃을 더한다. 'Everyday is a gift' 매일매일이 선물이라는 이름이 참 마음에 드는 곳으로 방문하지 않더라도 이 이름을 떠올리며 여행과 일상을 비롯한 모든 날들이 선물이 되었으면, 그리고 항상 행복하길 바란다.

Ⓐ 110台北市信義區光復南路465-1號2樓
2F., No.465-1, Guangfu S. Rd., Xinyi Dist.
Ⓣ 02 2720 7536 Ⓞ 13:00~20:00(월요일 휴무) Ⓒ $$$
Ⓐ MRT 타이베이 101/스마오(世貿) 역 1번 출구 나와 직진, 육교가 있는 큰 사거리 건너 진행방향 직진, 오른쪽 광푸난루(光復南路)를 따라 가면 있다. 도보 7분
Ⓦ www.facebook.com/everydayisagifttw

사케의 향연

센죠야오

선주효 先酒肴 Senn

타이완 스타일의 고급스러운 이자카야로 맛있는 일식과 수많은 종류의 사케를 만나볼 수 있는 곳이다. 타이베이의 셀럽(Celeb)은 물론, 단골 고객층이 두터운 곳으로 입소문이 퍼져 더욱 인기가 높다. 평소 보지 못했던 사케들이 쇼케이스를 가득 메우고 있는데 그야말로 사케의 향연이다. 사케를 즐기는 여행자에게는 새로운 사케를 구경하는 것만으로 즐거운 곳으로 무엇을 마셔볼지 행복한 고민에 빠질 것이다. 싱싱한 재료를 사용해 정갈하게 내어주는 음식 또한 눈과 입을 모두 즐겁게 해주니 더없이 반갑다. 부모님을 모신 가족 여행부터 연인, 부부여행 또는 친구와 함께하는 여행까지 모두에게 행복한 타이베이의 밤을 보내기 좋은 곳이다.

Ⓐ 106台北市大安區敦化南路一段163號2 樓
2F., No.163, Sec. 1, Dunhua S. Rd., Da'an Dist.
Ⓣ 02 2775 5090 Ⓒ $$ ~ $$$
Ⓞ 18:00~01:00(일요일 휴무)
Ⓐ MRT 종샤오둔화(忠孝敦化) 역 7번 출구 나와 둔화난로이뚜안(敦化南路一段)에서 오른쪽 직진 도보 3분
Ⓦ www.facebook.com/sennsakedining

고급스러운 맥주

춰인스

철음실 啜飲室 Taihu Craft Beer

와이너리와 같이 고급스러운 멋과 맛이 있는 맥주 바, 춰인스! 생맥주부터 병맥주까지 세계의 다양한 맥주를 전문적으로 선보이는 곳이다. 타이베이의 셀럽들 사이에 알려져 지금 타이베이에서 가장 주목받는 맥주 바로 시즌마다 새로운 맥주를 선보이고 와인과 같이 시음도 할 수 있다. 심플하면서도 멋진 인테리어로 〈GQ〉 등 각종 패션 매거진의 런칭 장소로도 사랑받고 있다. 우리나라에서는 쉽게 접할 수 없는 색다른 바 문화를 경험하기에 더없이 좋다. 종샤오푸싱(忠孝復興) 매장이 일정상 어렵다면 2015년 11월 오픈한 브리즈 신이(微風信義) 1층에도 아주 멋스러운 외부 매장이 있다. 스정푸(市政府)를 거닐다 춰인스에 들러 맥주 한 잔으로 로맨틱한 타이베이의 밤을 보내는 것은 어떨까?

Ⓐ 台北市大安區仁愛路四段27巷34號
No.34, Ln. 27, Sec 4, Ren'ai Rd, Da'an Dist.
Ⓣ 02 2773 5565 Ⓒ $$
Ⓞ 월~목요일 17:00~00:00, 금, 토요일 17:00~00:30, 일요일 17:00~23:00
Ⓐ MRT 종샤오푸싱(忠孝復興)역 3번 출구 나와 우회전 골목 안에 있다. 도보 1분

비밀의 화원

지인

길인 吉印 Jiyinn

나만의 비밀 아지트 같은 곳, 동네 가전집 2층을 고쳐 만든 핸드 드립 카페로 빈티지 감성이 물씬 풍기는 곳이다. 좁은 베란다에 코끝을 자극하는 커피 향, 얼굴을 어루만지는 산들바람과 함께 앉아 있으면 편안한 기분에 자연스레 등을 기대고 눈을 감는다. 이상은의 '비밀의 화원' 노래가 머릿속을 맴돌아 절로 흥얼거리게 된다. 바람을 타고 날아오르는 걱정없는 새들처럼 타이베이의 아름다운 태양 속으로 음표가 되어 날아보자. 비밀의 화원 같은 카페 한 곳쯤 알고 있다면 타이베이가 더욱 특별하게 다가올 것이다. 이런저런 생각과 여행을 정리하며 편안하게 머물기 좋은 곳이다.

Ⓐ 110台北市信義區忠孝東路五段492巷14號2樓
2F., No.14, Ln. 492, Sec. 5, Zhongxiao E. Rd.
Ⓣ 02 2759 6500 Ⓒ $$
Ⓞ 14:00~23:30(화요일 휴무)
Ⓐ MRT 영춘(永春) 역 4번 출구 나와 직진, 큰 사거리에서 길을 건너 진행 방향 첫 번째 만나는 오른쪽 작은 골목으로 들어서 직진하면 2층에 있다. 도보 5분
Ⓦ www.facebook.com/jiyinn

Welcome
to
Taipei

chapter 2

TRANSPORTATION

타이베이 교통 정복

❶ 타이베이의 공항
❷ 타이베이 입국하기
❸ 공항에서 시내로
❹ 타이베이 대중교통
❺ 타이베이 관광교통

타이베이의 공항

타이베이와의 설레는 첫 만남은 공항에서부터 시작된다. 입국장으로 향하는 길, 세계 각국의 언어로 된 환영 인사가 가득하다. 잠깐? 타이베이에는 공항이 두 곳인데 우리가 입국한 공항이 어디지? 공항에 따라 시내로 가는 공항버스 정류장이나 공항 MRT를 이용하는 곳이 조금씩 달라 미리 알아두는 것이 좋고 귀국 시에도 편하다. 타이베이도 우리나라 인천 공항과 김포 공항 같이 타이완 대표 관문인 타오위엔 공항 그리고 도심에 있는 송산 공항으로 나뉜다. 타오위엔은 터미널도 T1과 T2로 나뉘어 있으며 T3도 증설 중이다. 환잉광린!

*T = Terminal
*환잉광린(歡迎光臨) = 환영합니다

타오위엔 국제공항

臺灣桃園國際機場 Taoyuan International Airport

인천과 김해에서 약 2시간 30분이면 도착하는 타이베이! 어린이와 노인에게도 부담스럽지 않은 짧은 비행시간으로 우리나라와 매우 가깝다. 가장 먼저 만나게 되는 타오위엔 국제공항은 1979년 2월 26일 개항해 2006년 9월까지 장제스 국제공항(CKS International Airport)이라는 이름을 사용하다 개칭되었다. 위치나 기능 면에서 우리나라 인천 국제공항과 닮은 이곳은 2015년 세계 국제공항 17위에 이름을 올렸다. 출입국 관리사무소 직원들이 정말 친절해서 별 제재 없이 통과시키는 것 같지만 입국심사 부문 2위, 안전 부문 4위를 차지할 만큼 안전한 공항으로 명성이 높다. 현재 터미널 1, 2가 있으며 전 세계적으로 타이완을 찾는 이용 승객이 늘어 2020년 개항을 목표로 터미널 3을 증설 중이다. 모두 개항한다면 타오위엔은 국제공항 순위 톱10 에 오를 것으로 기대하고 있다. 장거리 여행으로 인한 환승, 경유 또는 귀국행 터미널을 잘못 찾았을 경우 각 터미널을 잇는 무료 에어트레인과 셔틀버스를 운영하고 있어 터미널 간 이동이 편리하다. 공항에서 타이베이 시내까지 약 1시간 거리. 시내까지는 주로 버스와 택시를 이용하고, 2017년 3월 2일 타오위엔 국제공항 MRT(Taoyuan International Airport MRT)가 개통해 더욱 빠르게 오갈 수 있게 되었다. (약 35분 소요)

www.taoyuan-airport.com

*T1 서비스 센터 03 273 5081
*T2서비스 센터 03 273 5086
*비상 전화 03 273 3550

• 타오위엔 공항 연결 항공사

타오위엔(TPE)–인천(ICN) : 대한항공, 아시아나항공, 진에어, 제주항공, 에바항공, 중화항공, 캐세이퍼시픽, 타이항공, 베트남항공, 스쿠트, 이스타

타오위엔(TPE)–김해(PUS) : 대한항공, 에어부산, 제주항공, 중화항공

타오위엔(TPE)–대구(TAE) : 티웨이항공, 타이거에어, 에어부산

제 1 터미널

1979년 2월 26일, 장제스 국제공항이라는 이름으로 처음 개항한 곳이다. 지하 1층에서 지상 4층까지 있고 지하 2층에 공항 MRT 역이 증설되었다. 지하 2층은 공항 MRT와 연결되어 있고 지하 1층은 푸드코트와 버스 정류장, 1층은 국제선 입국장과 출국 체크인 카운터, 2층은 관리자 통제구역, 3층은 출입국 심사장과 면세점, 식당 그리고 4층은 라운지다.

• T1 이용 항공사

대한항공, 진에어, 제주항공, 티웨이항공, 캐세이퍼시픽, 타이항공, 베트남항공, 스쿠트, 타이거에어

제 2 터미널

타이베이 취항이 늘어남에 따라 제1터미널의 수용 능력 초과로 인해 증설하였고 2000년 7월 29일 개항하였다. 지하 2층에서 지상 4층까지 있다. 지하 2층에는 공항 MRT 역과 푸드코트, 주차장이 있고, 지하 1층은 주차장 연결, 1층은 입국장과 버스 정류장, 2층은 입국 심사장, 3층은 출국 체크인 카운터와 출국 심사장, 면세점, 식당 그리고 4층은 라운지다.

• T2 이용 항공사

아시아나항공, 에어부산, 에바항공, 중화항공

Tip 알아두면 유용한 꿀팁

출국 심사장을 통과하고 나오는 면세점, 식당 등은 T1, T2와 연결되어 있다.

송산 국제공항

臺北松山機場 Taipei Songshan Airport

과거 일본 공군기지, 이후에는 타이완 공군기지로 이용되다 1950년 정식으로 개항했다. 1979년 타오위안 국제공항 개항 이후 국내선 전용으로 이용되다 2008년 7월, 한국과 중국, 일본 3개국 국제선 운항을 재개하였다. 우리나라 김포 공항과 연결되는 송산 공항은 타이베이 도심에 있어 아주 편리하다. 타이베이 MRT 또는 택시를 이용해 목적지로 이동하면 된다. 국제선 2층 출국장에 싱바커(스타벅스)와 레스토랑이 있고, 3층에는 전망대가 있어 항공기들이 뜨고 내리는 활주로를 한눈에 담을 수 있다. 송산 공항 터미널(T1, T2)은 국제선과 국내선 터미널로 나뉘어 있다.

www.tsa.gov.tw

*서비스 센터 02 8770 3456

• 송산 공항 이용 항공사

송산(TSA)–김포(GMP) : 에바항공, 중화항공, 티웨이항공, 이스타항공

타이베이 입국하기

푸통푸통(扑通扑通), 두근두근 여행을 준비하던 때가 엊그제 같은데 벌써 2시간 30분의 비행을 마치고 타이베이에 무사히 도착! 안전한 비행으로 우리의 여행을 도와준 캡틴과 크루들 그리고 여행을 즐길 나에게 물개 박수, 짝짝짝! 안전벨트를 풀고 비행기를 나서 입국장을 향하고 있다면 맛있는 음식과 아름다운 문화 그리고 친절한 사람이 있는 타이베이와 먼저 인사부터 할까? 니하오 타이베이!

*캡틴 Captain = 기장 또는 선장
*크루 Crew = 승무원
*니하오(你好) = 안녕하세요

입국신고서

해외여행 시 그 나라에 입국하기 위해서는 입국 심사를 거쳐야 한다. 해당 국가에서는 한국에서 온 여행자에 대해서 알 수 없으므로 입국 신고서는 간단한 양식의 자기소개서라고 생각하면 된다. 비행기 내에서 크루들이 나눠주면 미리 작성하는 것이 편하다. 비행 중에 받지 못했더라도 입국심사장 주변 비치된 곳에서 작성하면 된다. 본인 이름, 생년월일, 여권 번호, 직업 등과 함께 타이베이에서 지낼 숙소 이름과 주소까지 가능한 한 모두 기재하면 대부분 별다른 질문 없이 심사대를 통과하게 된다.

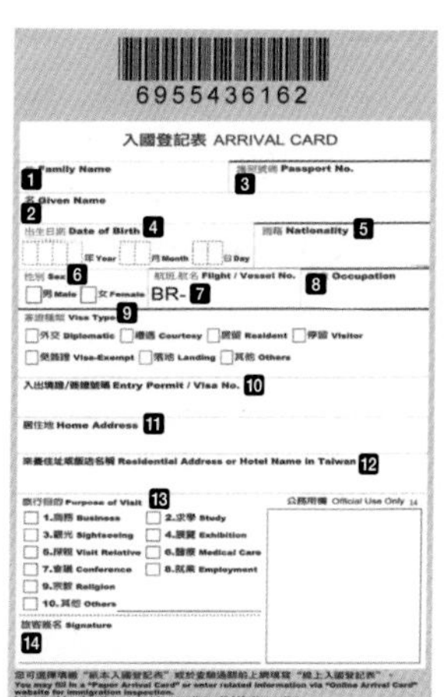

6955436162
入國登記表 ARRIVAL CARD
1 Family Name
3 Passport No.
2 Given Name
Date of Birth 4 年 Year 月 Month 日 Day
Nationality 5
Sex 6 男 Male 女 Female
Flight / Vessel No. BR- 7
8 Occupation
Visa Type 9
外交 Diplomatic / Courtesy / Resident / Visitor
Visa-Exempt / Landing / Others
Entry Permit / Visa No. 10
Home Address 11
Residential Address or Hotel Name in Taiwan 12
Purpose of Visit 13
1. Business　2. Study
3. Sightseeing　4. Exhibition
5. Visit Relative　6. Medical Care
7. Conference　8. Employment
9. Religion
10. Others
Official Use Only
Signature 14

입국신고서

1 성(영문)
2 이름(영문)
3 여권번호
4 생년월일
5 국적
6 성별
7 도착 비행기 편명
8 직업
9 비자 종류(관광객 해당 없음)
10 비자 번호(관광객 해당 없음)
11 한국 주소
12 현지 숙소 주소
13 방문 목적
14 여권과 같은 서명

입국 시 공항에서 하면 편한 것

데이터 무제한 심 카드 USIM 구매

입국 후 가장 먼저 해야 할 일은 바로 심 카드 구매! 여행 출발 전 미리 해당 통신사에 데이터 로밍 서비를 신청할 수도 있고 포켓 와이파이를 렌트해도 되지만 현지에서는 현지 심 카드를 구매하여 이용하는 게 가장 편리하다. 입국 전 또는 입국장에 들어서면 Telecommunication Service 표지판이 있는 곳에 타이완 통신사들이 모여 있다. 가격대는 같거나 비슷하지만 가장 선호하는 통신사는 중화덴신(中華電信)으로 타이베이 근교에서도 잘 끊기지 않는다.

와이파이 공유기 렌트

여행자에게 필요한 와이파이 공유기를 렌트할 수 있는 국내외 많은 회사가 있다. 공유기를 수령하는 것은 출발 전 국내 공항 또는 도착 후 타이베이 공항 내에서 가능하며 회사마다 조금씩 차이가 있다. 와이파이 공유기를 렌트하기로 했다면 예약 바우처 및 픽업 장소에 대해 미리 숙지하도록 하고 만약 예약 바우처를 챙기지 못했다면 예약자 여권을 해당 직원에게 보여주고 본인 확인 후 기기를 픽업하면 된다. 단, 현장에서 렌트가 되지 않으니 여행 전 예약은 필수!

이중 환전

우리나라 시중 은행에서 타이완 달러(NT$)를 취급하는 곳이 드물다 보니 환전 우대를 받기 힘들다. 때문에 사설 환전소를 이용하는 것이 가장 나은 방법이라고 알려져 있다. 하지만 무엇보다 좋은 방법은 미국 달러를 타이완 입국 후 타이완 달러로 환전하는 이중 환전이다. 주거래 은행에서 미국 달러 환전 후 타이완 공항이나 타이완 시중 은행, 쇼핑몰에서 타이완 달러로 환전할 수 있다.(타이완은 사설 환전소가 없다)

절차

step.1 입국 심사

여권과 입국신고서를 잘 챙겨 입국 심사장(Immigration) 표지판을 따라 입국 면세점을 지나면 타이완 입국 심사장이다. 내국인(Citizen)과 외국인(Non-Citizen)으로 나뉘어 있는데 외국인 대기열에서 순서를 기다리면 된다. 작성한 입국신고서와 여권을 건네고 간단한 질문에 답하며 심사대 앞에 설치된 지문 인식기에 양쪽 집게손가락 지문을 등록하면 된다.

*입국 심사장으로 이동하는 중에 보이는 통신사에서 심 카드 구매 가능.
*지문을 등록하는 이유? 출국 시 동일인 임을 확인하기 위함.

step. 2 짐 찾기

입국 심사장을 통과한 후 안내 모니터에서 우리가 타고 온 항공사와 비행기 편명, 컨베이어 벨트(Carousel) 번호를 확인한 후 짐 찾는 곳(Baggage Claim) 번호 방향으로 이동하면 된다. 비슷하거나 같은 모양의 가방이 있을 수도 있으니 이름을 반드시 확인하자.

*컨베이어 벨트 번호 = 짐 찾는 곳 번호

step. 3 세관 검사

짐까지 모두 찾았다면 세관(Customs) 표지판을 따라 나가면 되는데 특별한 신고 물품이 없다면 녹색 줄을 따라 Nothing to Declare로 나가면 된다. 타이베이 세관 신고 물품은 술 1리터 이하 1병, 담배 1보루까지 면세이고, 미화 또는 외국환 US$ 1만 이상, 금 US$ 2만 이상 시 세관 신고를 해야 한다. 신고 물품이 있으면 빨간 줄을 따라 Goods to Declare로 가 세관원 안내에 따르면 된다.

*타이완은 세관 신고서를 따로 작성하지 않아도 된다.

당황 말고 지문 인식기 Finger Prints

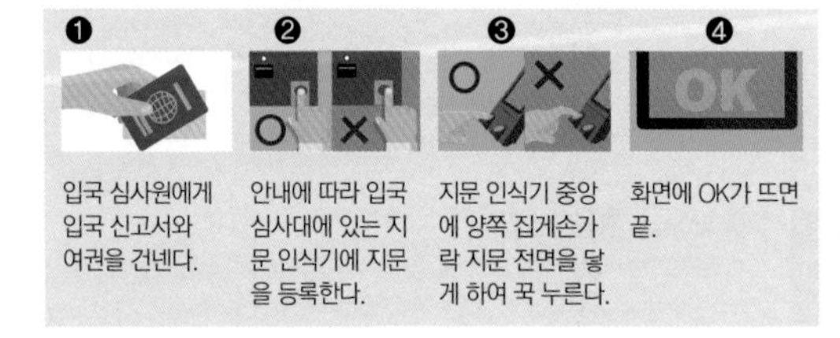

❶ 입국 심사원에게 입국 신고서와 여권을 건넨다.

❷ 안내에 따라 입국 심사대에 있는 지문 인식기에 지문을 등록한다.

❸ 지문 인식기 중앙에 양쪽 집게손가락 지문 전면을 닿게 하여 꾹 누른다.

❹ 화면에 OK가 뜨면 끝.

자동 출입국 심사

2018년 6월 07일부터 〈한-타이완 자동출입국심사 상호 이용〉 서비스가 시행되어 빠르고 편리한 출입국이 가능해졌다. 여행 일정 전에 타이완 출입국 관리소 공식 홈페이지에서 사전 등록한 후 온라인 입국 신고서를 작성한다. 이후 첫 입국 시 자동 출입국 심사 신청 창구에서 사진 촬영과 지문 등록을 완료한다. 자동 출입국 심사장, e-gate에 여권을 스캔하고 통과하면 끝!

한-타이완 자동출입국심사 서비스 상호이용 가입 대상

- 만 17세 이상, 신뢰 승객으로 여권 자동판독이 가능한 한국 또는 대만 전자여권 소지자.
- 한국인의 경우, 키 140cm 이상.
- 여권 유효기간 6개월 이상 남아 있어야 함.
- 바이오 정보(지문,안면) 제공.
- 자동출입국 이용 관련 정보조회 동의.
- 자동출입국 이용약관에 동의.

부적격 사유

- 허위 또는 불충분한 정보 기재자.
- 지문 확인이 어려워 본인 증명이 어려운 경우.
- 출입국규제자 및 양국가간 이용 자격 기준에 부합하지 않을 시.

타이완 e-Gate 이용 등록 절차

❶ 타이완 입국 시 먼저 e-Gate 등록을 위해 지정한 등록센터 방문.
❷ 2. 등록 담당 공무원에게 한국 전자여권과 e-Gate 등록신청서를 제출한다.
❸ 인터뷰를 통해 e-Gate 이용 가능 여부 결정.
❹ e-Gate 이용이 가능하다면 이용약관 및 개인 정보 제공, 활용에 관해 확인, 동의 후 서명.
❺ 등록 담당 공무원의 안내에 따라 바이오 정보(지문, 안면) 제공.
❻ 최종 승인된 경우 등록일부터 여권만료일까지 e-Gate 이용 가능.
※ 등록 완료 후 대만 방문 시마다 온라인 입국신고서 사전 작성 및 제출.

타이완 출입국 관리소 홈페이지
https://oa1.immigration.gov.tw

공항에서 시내로

두근거리는 가슴을 안고 공항을 빠져나왔다면 이제 타이베이 시내로 가보자. 내 집처럼 편안한 숙소에 짐을 풀고 타이베이를 누빌 생각만으로 신나! 근데 공항에서 시내로 어떻게 가냐고?! 걱정 말고 나만 따라와! 건워라이♪
*건워라이(跟我來) = 저를 따라오세요

타오위엔 국제공항에서

타이베이에서 만나는 첫 번째 과제! 공항에서 시내로 어떻게 갈까? 어렵게 생각할 필요 없다. 타오위엔 공항에서 시내까지 약 1시간 정도 소요되지만 2017년 3월부터 운행을 시작한 공항 MRT 이용 시 35분이면 OK! 목적지나 인원, 구성원, 도착 시각에 따라 공항버스 또는 택시 이용이 편할 수 있으니 시간과 비용을 고려해 정하면 된다.

01. 타오위엔 국제공항 MRT Taoyuan International Airport MRT

2017년 3월 개통한 공항 MRT로 공식 명칭은 타오위엔 국제공항 MRT이다. 타이베이처짠(台北車站)까지 익스프레스 MRT로 35분이면 연결되어 앞으로 타오위엔 공항과 타이베이 시내 간 가장 많이 이용될 교통수단으로 기대된다. 익스프레스(Express · 급행 MRT)와 커뮤터(Commuter · 통근 MRT)로 나뉘는데, 여행자들은 익스프레스를 이용하면 되고 커뮤터는 신베이와 타이베이 즉, 한국으로 말하면 경기도와 서울을 잇는 노선이므로 주로 현지인이 이용한다. 다만 린커우 아웃렛에 가야할 경우 커뮤터를 이용, 린커우 역에 내리면 된다. 귀국할 때는 타이베이처짠(台北車站)을 내린 곳에서 타면 되고 도심 체크인(In-town Check in)이 가능하니 항공사에 이용 가능 여부를 확인하자.

T1	A12 Airport Terminal 1 Station, 출국장 쪽 지하 2층	160NT$
T2	A13 Airport Terminal 2 Station, 입, 출국장 지하 2층	160NT$

**도심 체크인(In-town Check in) : 항공 수속과 함께 위탁 수화물 처리를 도심 즉, 타이베이처짠(台北車站)에서 하는 것으로 아주 편리하다. 현재 중화항공, 에바항공만 가능하나 점차 확대 서비스할 예정이다.
*운행 시간 : 06:06-23:38 공항행 06:12-22:44 타이베이행 〈익스프레스 기준〉
*배차 간격 : 약 7분

Tip 알아두면 유용한 꿀팁

익스프레스 MRT에는 수화물 거치대, 접이식 테이블, 독서등, USB 콘센트가 갖춰져 있고 차량 내 모니터에서 항공사별 비행 스케줄을 확인할 수 있다.

02. 공항버스 Express Bus

공항에서 타이베이 시내로 이동하는 가장 경제적인 교통편이다. 입국장을 나서 스취바스(市區巴士 · Express Bus) 이정표를 따라가면 된다. 여행객들이 많이 이용하는 버스 회사는 아래 3곳으로 목적지에 따라 편한 버스를 타면 된다.

창롱커윈(長榮客運) Evergreen Bus 5201, 5202	125NT$
궈광커윈(國光客運) Kuo-Kuang 1819 (24시간)	125NT$
다유바스(大有巴士) Citi Air Bus 1960, 1961, 1968	145NT$

*T1 : 입국장을 나와 지하 1층으로 내려가면 중앙에 공항버스 창구가 있다.
*T2 : 입국장을 등지고 오른쪽, 이정표를 따라가면 공항버스 창구가 있다.

알아두면 유용한 꿀팁

❶ 버스 승차 시 짐칸에 짐을 싣고 오를 때 똑같은 번호의 스티커를 2장 준다. 하나는 짐에 붙이고 하나는 승객이 가지면 되는데 하차 시 짐을 확인하는 수단이니 스티커를 꼭 갖고 있어야 한다.

❷ 우리나라 여행객들이 가장 많이 이용하는 버스인 궈광커윈(國光客運 · Kuo-Kuang) 1819번은 24시간 운행하는 만큼 밤늦게 도착하거나 새벽 일찍 출발하는 저비용 항공사를 이용하는 자유 여행자들에게 좋다. 타이베이처짠(台北車站) 동문 정류장이 종착역인 궈광커윈 즉, 국광 버스를 기억하자! 늦은 밤이라면 타이베이 메인 스테이션 도착 후 택시로 숙소까지 이동하면 된다. 창롱커윈, 다유바스의 막차 시간은 1:15, 1:00까지다.

03. 택시 Taxi

공항에서 목적지까지 가장 편한 교통수단이다. 입국장을 나서 지정처(計程車 · Taxi) 이정표를 따라가면 된다. 타이베이 주요 목적지까지 약 40분-1시간 소요되고 요금은 NT$1,100-NT$1,500 선이다. 3명 이상이 이용할 때 합리적이다. 한문으로 된 목적지 주소를 미리 챙겨 두면 편리하고 터미널 1, 2 입국장 왼쪽에 자리하고 있다.

*T1 택시 서비스 센터 03-398 2832
*T2 택시 서비스 센터 03-398 3599
*서비스 컴플레인 센터 03-383 4499

04. 렌터카 Car Rental

타이완에서는 한국에서 발급한 국제면허증이 통용되지 않는다. 설사 렌터카 업체의 실수로 대여하게 되었다 할지라도 무면허 운전으로 처리된다. 타이완에서 운전하는 자체가 불법이니 대중교통을 이용하길 바란다.

알아두면 유용한 꿀팁

❶ 2017년 10월 24일, 한국 도로교통법 개정으로 제네바 및 비엔나 비협약 국인 타이완에서도 운전이 가능할 것으로 보도 되었으나 타이완 도로교통과 문의 결과 여전히 운전은 불가능하다고 하니 참고.

〈한국-타이완 국제면허증 인정〉
현재 한국과 타이완 양국 정부에서 양국 면허증 인정을 협의 중이다. 2019년 말에는 가능하도록 진행 중이며, 협의 완료 시 주한국타이베이대표부 홈페이지에서 확인할 수 있다.

❷ 시내에서 면허증이 필요한 스쿠터도 마찬가지로 렌트할 수 없다. 전동 스쿠터의 경우 면허증 관계없이 여권을 맡기고 렌트할 수 있으나 권하지 않는다.

타이베이 대중교통

타이베이에는 전철을 비롯해 버스, 택시 그리고 유바이크 등 다양한 교통수단이 존재한다.
한국의 지하철과 비슷한 MRT는 타이베이를 방문하는 여행자들이 한 번쯤 이용하게 되는 대중교통. 물론 상황에 따라 버스나 택시 등도 이용해야 한다. 쾌적하고 저렴하기까지 한 타이베이 대중교통을 소개한다.

메트로

타이베이를 대표하는 대중 교통수단으로 지하철과 지상철 모두 포함한다. 많은 여행자가 감탄하는 쾌적한 환경, 저렴한 요금 게다가 환승도 쉬워 완벽에 가까운 대중교통이다. 타이베이의 주요 관광명소를 연결하고 있으므로 여행 일정을 계획할 때 MRT 노선을 기준으로 삼는 것이 좋다. 최근에는 여행자를 위해 노선을 Brown(BR), Red(R), Green(G), Orange(O), Blue(BL) 색으로 표기해 더욱 편해졌다. 요금은 구간마다 다르며 20NT$부터 시작한다. 운행시간은 6:00~00:00이나 역마다 조금씩 차이가 있다. www.metro.taipei

Joint Ticket

타오위엔 국제공항 MRT 그리고 타이베이 시내를 잇는 MRT를 모두 이용할 수 있는 복합권. 타오위엔 국제공항 MRT 왕복권 + 타이베이 MRT 2일 / 3일 무제한 이용권으로 2박 3일, 3박 4일 일정으로 타이베이를 찾는 여행자에게 더할 나위 없는 교통 패스 (14% 이상 할인)

구매처 : 타오위엔 국제공항 MRT 서비스 센터(터미널 1, 2 도착장) 및 타오위엔 국제공항 MRT 역(A1, A12, A13)

알짜! 타이베이

타이베이를 찾는 발걸음이 늘어나면서 여행자들에게 편의를 제공하는 시설과 프로그램도 늘어나고 있다. 2017년 3월에 개통한 타오위엔 국제공항 MRT와 타이베이 MRT를 모두 이용할 수 있는 교통 카드, Joint Ticket에 이어 이번에는 대중교통과 주요 관광지 입장권을 한 번에 해결하니 이름하여 Fun Pass! 최대 60%의 경비 절약을 할 수 있다. 속이 꽉 차 더욱 알차고 즐거운 뻔뻔한 타이베이를 즐겨보자.

Taipei Pass

타이베이 현지인들은 버스나 지하철을 탈 때 한국의 티머니와 흡사한 이지카드를 이용한다. 타이베이 패스는 이지카드와 비슷하지만 MRT와 버스 등 대중교통수단을 무제한으로 이용 가능한 교통카드로 한 번 구매하면 충전, 환급이 필요 없어 여행자에게 인기가 높다. 1일권부터 5일권까지 있으며 MRT 역 안내 센터나 타이베이처짠(台北車站)에 있는 이지카드 서비스 센터에서 구매할 수 있다.

가격	종류
180NT$	1일권
350NT$	1일권 (+곤돌라)
310NT$	2일권
440NT$	3일권
700NT$	5일권

Fun Pass

2017년 11월 15일 시범 출시된 후, 여러 가지 보완을 거쳐 2018년 1월, 본격적으로 여행자들에게 알리기 시작했다. 타이베이의 모든 대중교통을 이용할 수 있던 기존의 Taipei Pass에 더해 12곳의 주요 관광지 입장권 및 타이베이 근교인 신베이시 버스(4 자릿수 번호 버스 제외)와 관광지를 잇는 셔틀버스, 타이완하오싱 5개 노선(타이베이, 신베이 2개 노선, 지룽 2개 노선) 무제한 이용권까지 더했나. 제휴된 상점에서 구매 시 할인 또는 무료 제품 및 상품이 제공된다. 관광지 입장권이 포함된 UNLIMITED의 경우, 1일권부터 3일권까지 그리고 대중교통과 제휴 상점이 포함된 TRANSPORTATION의 경우 1일권부터 5일권, 마오콩 곤돌라 1일권이 있다. Web https://funpass.travel.taipei (한국어 서비스)

Fun Pass구매 방법

웹사이트 또는 앱을 통해 구매한 후 지정된 장소에서 받으면 된다. 타이베이 기차역, 송산 국제공항, 타이베이 101 지하철역, 반챠오 기차역, 단수이 여행 안내 센터에서 받을 수 있다. 현장 구매의 경우, UNLIMITED는 타이베이 기차역에 있는 현지 여행사, Lion Travel에서 TRANSPORTATION은 모든 MRT역 안내 센터 또는 요요카(Easy Card) 서비스 센터에서 구매할 수 있다.

01. 요요카 悠遊卡 Easy Card

MRT와 버스, 일부 구간의 기차와 페리, 마오콩 곤돌라, 유바이크 등 대중교통은 물론 편의점과 스타벅스에서 결제 수단으로 이용 가능한 만능 카드다. 교통 탑승 시 요금의 20%, 환승 할인 등 편리하고 경제적으로 사용할 수 있다. MRT 역 안내 센터, 또는 편의점에서 카드 구매 후 50~100NT$ 단위로 충전 사용하면 되고, 귀국 시 MRT 역 안내 센터에서 수수료 20NT$를 제외하고 환급받을 수 있으나 카드는 재사용할 수 없다.

요요카 환급

인터넷에서 최신 글임에도 불구하고 예전 정보를 올리거나 정확지 않은 정보 때문에 이게 환급이 된다는 것인지 또 된다면 어떻게 해야 하는지 헷갈린다. 요요카(Easy Card) 환급에 관해 정확히 알아보기로 하자. 처음 요요카는 카드 보증금 100NT$에 이용할 금액을 충전해서 사용했는데 여행 후 남은 금액 및 카드 보증금을 20NT$ 수수료를 제외하고 모두 환급받을 수 있었다. 하지만 2016년 8월 1일부터 개인 정보를 담을 수 있는 IC 카드로 변경되면서 보증금 환급은 중단되었고 충전된 요금만 남은 금액에서 20NT$ 수수료를 제외하고 환급받을 수 있게 되었다. (환급 시 카드 재사용 불가, 5회 이상 또는 3개월 이상 사용 시 수수료 없이 환급) 고로 금액을 최대한 맞게 사용하고 카드는 여행 기념품 또는 다음 여행에서 재사용을 한다면 환급받는 번거로움이 없다. 그렇다면 어떻게 금액을 맞게 사용할 수 있을까? 1회에 한해 - 요금 즉, 요금이 부족하더라도 이용할 수 있다. 단, 이용 전 반드시 잔액은 + 여야 하며 이용 후 - 일 경우 충전 시 - 금액을 제외하고 충전된다. 특수 카드(각 편의점 등 결제 기능 제휴 및 개인 정보가 기록된 카드) 외 모든 요요카 환급은 모든 MRT역 안내 센터에서 가능하다.

02. MRT 티켓

동전 모양의 편도 MRT 티켓은 자동 발매기를 이용해 구매하면 된다. 원하는 목적지에 해당하는 금액을 확인 후 화면에서 요금을 선택하고 해당 요금을 넣으면 동전 모양 티켓이 나온다. 개찰구에 들어갈 때 센서에 대고 나올 때 투입구에 넣으면 된다.

MRT 에티켓

타이베이 사람들은 모두가 감탄할 정도로 질서 의식이 투철하다. 그들의 일상에 동참해보자. MRT 이용할 때 알아두어야 할 몇 가지!

❶ MRT 에스컬레이터를 비롯한 타이베이의 에스컬레이터는 오른쪽 서기를 철저하게 지킨다. 왼편은 바쁜 이들의 이동을 위해 비워두는 것.

❷ MRT 플랫폼에 그려진 하얀 선과 삼각형으로 그려진 화살표를 보게 될 것이다. 줄을 서는 선과 내리고 타는 화살표에는 줄 서기 금지! MRT에서 사람이 내리지도 않았는데 먼저 타려고 뛰어들지 말자.

❸ MRT 좌석 중 남색 의자가 있다. 노약자 좌석으로 타이베이 사람들은 붐비더라도 이 좌석은 노약자를 위해 비워 둔다.

❹ MRT 역과 객차 안에서는 금연은 물론이고 음식물을 섭취해서도, 껌도 씹으면 안 된다. 위반 시 1,500 ~ 1만NT$ 요금이 부과된다. (최고 한화 약 40만 원)

버스

우리나라 여행자들이 타이베이에서 버스를 이용하는 경우는 드물지만 양밍산이나 우라이, 예류, 지룽, 진과스, 지우펀 등 근교 여행지로 가야 할 때 한 번쯤은 마주할 것이다. 시외 노선은 터미널이나 정류장, 버스 외부 표시창에 행선지와 배차 시간 등의 정보가 표기되므로 이용하기가 수월한 편이다. 최근 들어 영어 표기가 보편화되고, 관광 명소의 경우 한글 표기도 있어 편리하다. 이지카드를 사용하면 되고 현금일 경우, 잔돈을 거슬러 주지 않음으로 동전 등을 항상 챙겨야 한다. 때에 따라 앞, 뒷문으로 모두 승하차가 가능하다. 얼마 전까지만 해도 승하차 시 승차(上) 또는 하차(下) 표기에 따라 요금을 내는 시기가 달랐는데 2019년 7월 1일부터 우리나라와 같이 승하차 시 모두 이지카드를 태그하면 되어 이용이 더욱더 편리해졌다.

타이베이를 즐겁게 여행하는 방법

MRT를 정복하자!

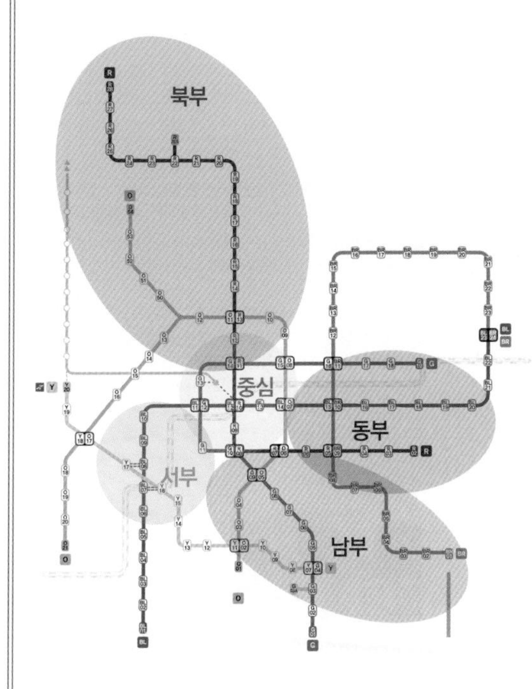

중심 *(p.134)*

타이베이 교통의 중심이자 여행의 중심이 되는 곳. MRT와 기차역, 시외버스 터미널은 물론 타오위엔 공항까지 몰려있어 지룽, 예류 그리고 양밍산 등 근교 여행지로 이동하기에도 최적의 장소다.

주요역 – 타이베이처짠, 썬다오쓰, 시먼, 중산, 타이따이웬

남부 *(p.156)*

타이베이처짠(台北車站)을 중심으로 MRT 레드 라인을 따라 용캉제와 공관까지! 맛있는 식당과 카페가 즐비한 타이완의 근대 역사와 문화를 살펴볼 수 있다.

주요역 – 중정지녠탕, 동먼, 구팅, 공관, 동우위엔, 마오콩

동부 *(p.202)*

타이베이를 찾는 모든 셀럽이 모이는 푸진제, 동취 그리고 신이 등 타이베이의 심장 같은 곳이다. 개성 넘치는 숍을 둘러보고 분위기 좋은 카페에서 맛있는 식사와 커피 한 잔 그리고 달콤한 디저트까지!

주요역 – 종샤오신셩, 종샤오푸싱, 종샤오둔화, 궈푸지녠관, 스정푸, 타이베이101, 샹산, 송산지창

서부 *(p.88)*

타이베이 서부 여행의 정석은 타이베이처짠(台北車站)을 중심으로 MRT 블루 라인을 따라 서쪽의 시먼딩(西門町) 역에서 롱산쓰(龍山寺) 역 그리고 반챠오(板橋) 지역을 볼 수 있는 푸중(府中) 역까지 이동하는 것이다. 오랜 역사와 문화가 살아있는 옛 타이베이로 떠나는 시간여행이 시작된다.

주요역 – 시먼, 롱산쓰, 푸중

북부 *(p.262)*

타이완의 역사와 문화의 정수를 돌아보고 석양이 아름다운 단수이에서 산책을 즐기며, 맛있는 먹거리와 진기한 볼거리가 줄을 잇는 스린예스도 구경해보자. 신베이터우에는 몸과 마음이 맑아지는 온천욕이 기다린다.

주요역 – 중산, 위엔산, 젠탄, 스린, 신베이터우, 단수이, 중산궈샤오, 싱톈공

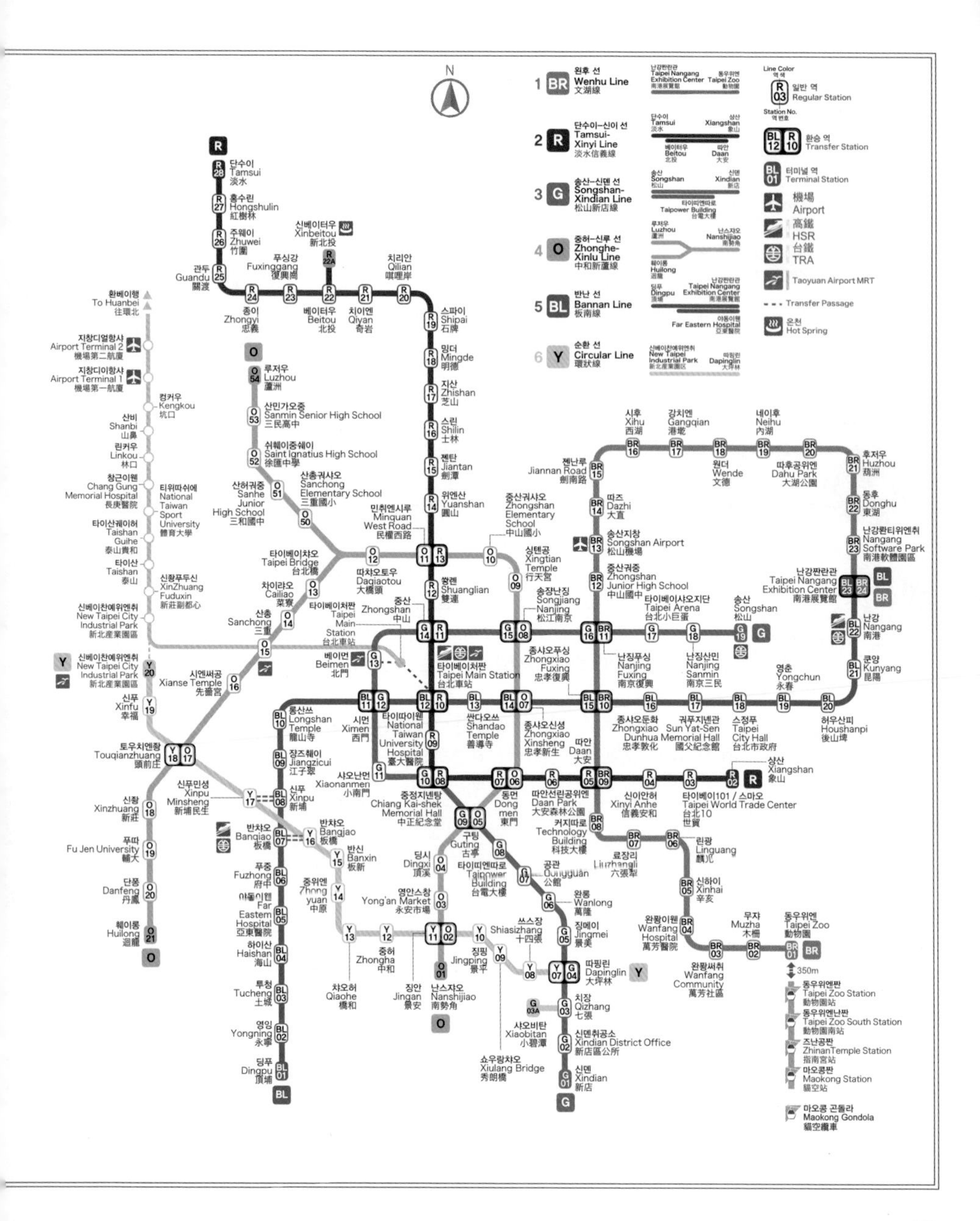

N
1 BR 원후 선 Wenhu Line 文湖線
2 R 단수이-신이 선 Tamsui-Xinyi Line 淡水信義線
3 G 송산-신뎬 선 Songshan-Xindian Line 松山新店線
4 O 중허-신루 선 Zhonghe-Xinlu Line 中和新蘆線
5 BL 반난 선 Bannan Line 板南線
6 Y 순환 선 Circular Line 環狀線
Line Color 역 색
일반 역 Regular Station
Station No. 역 번호
환승 역 Transfer Station
터미널 역 Terminal Station
機場 Airport
高鐵 HSR
台鐵 TRA
Taoyuan Airport MRT
Transfer Passage
온천 Hot Spring
단수이 Tamsui 淡水
훙수린 Hongshulin 紅樹林
주웨이 Zhuwei 竹圍
관두 Guandu 關渡
충이 Zhongyi 忠義
푸싱강 Fuxinggang 復興崗
신베이터우 Xinbeitou 新北投
베이터우 Beitou 北投
치이엔 Qiyan 奇岩
치리안 Qilian 唭哩岸
스파이 Shipai 石牌
밍더 Mingde 明德
지산 Zhishan 芝山
스린 Shilin 士林
젠탄 Jiantan 劍潭
위엔산 Yuanshan 圓山
민취엔시루 Minquan West Road 民權西路
솽롄 Shuanglian 雙連
중산 Zhongshan 中山
타이베이처짠 Taipei Main Station 台北車站
타이따이원 National Taiwan University Hospital 臺大醫院
중정지녠탕 Chiang Kai-shek Memorial Hall 中正紀念堂
둥먼 Dongmen 東門
따안선린공위엔 Daan Park 大安森林公園
따안 Daan 大安
신이안허 Xinyi Anhe 信義安和
타이베이101 / 스마오 Taipei 101 / World Trade Center 台北101/世貿
샹산 Xiangshan 象山
환베이향 To Huanbei 往環北
지창디얼항샤 Airport Terminal 2 機場第二航廈
지창디이항샤 Airport Terminal 1 機場第一航廈
컹커우 Kengkou 坑口
산비 Shanbi 山鼻
린커우 Linkou 林口
창근이웬 Chang Gung Memorial Hospital 長庚醫院
티위따쉬에 National Taiwan Sport University 體育大學
타이산궤이허 Taishan Guihe 泰山貴和
타이산 Taishan 泰山
신좡푸두신 XinZhuang Fuduxin 新莊副都心
신베이찬예위엔취 New Taipei City Industrial Park 新北產業園區
루저우 Luzhou 蘆洲
산민가오중 Sanmin Senior High School 三民高中
쉬훼이중쉐이 Saint Ignatius High School 徐匯中學
산허궈중 Sanhe Junior High School 三和國中
산충궈샤오 Sanchong Elementary School 三重國小
타이베이챠오 Taipei Bridge 台北橋
차이랴오 Cailiao 菜寮
산충 Sanchong 三重
따챠오토우 Daqiaotou 大橋頭
시엔써공 Xianse Temple 先嗇宮
신푸 Xinfu 幸福
토우치엔좡 Touqianzhuang 頭前庄
신좡 Xinzhuang 新莊
푸따 Fu Jen University 輔大
단퐁 Danfeng 丹鳳
훼이룽 Huilong 迴龍
신푸민성 Xinpu Minsheng 新埔民生
베이먼 Beimen 北門
시먼 Ximen 西門
룽산쓰 Longshan Temple 龍山寺
장즈쉐이 Jiangzicui 江子翠
신푸 Xinpu 新埔
반챠오 Banqiao 板橋
푸중 Fuzhong 府中
야동이웬 Far Eastern Hospital 亞東醫院
하이산 Haishan 海山
투청 Tucheng 土城
영잉 Yongning 永寧
딩푸 Dingpu 頂埔
반신 Banxin 板新
중위엔 Zhongyuan 中原
챠오허 Qiaohe 橋和
중허 Zhonghe 中和
징안 Jingan 景安
난스쟈오 Nanshijiao 南勢角
영안스창 Yong'an Market 永安市場
딩시 Dingxi 頂溪
샤오난먼 Xiaonanmen 小南門
구팅 Guting 古亭
타이띠엔따로 Taipower Building 台電大樓
공관 Gongguan 公館
완룽 Wanlong 萬隆
징메이 Jingmei 景美
치장 Qizhang 七張
샤오비탄 Xiaobitan 小碧潭
신뎬취공소 Xindian District Office 新店區公所
신뎬 Xindian 新店
쓰스장 Shiasizhang 十四張
징핑 Jingping 景平
따핑린 Dapinglin 大坪林
쇼우랑챠오 Xiulang Bridge 秀朗橋
싼다오쓰 Shandao Temple 善導寺
종샤오신성 Zhongxiao Xinsheng 忠孝新生
종샤오푸싱 Zhongxiao Fuxing 忠孝復興
종샤오둔화 Zhongxiao Dunhua 忠孝敦化
궈푸지녠관 Sun Yat-Sen Memorial Hall 國父紀念館
스정푸 Taipei City Hall 台北市政府
영춘 Yongchun 永春
허우산피 Houshanpi 後山埤
쿤양 Kunyang 昆陽
난강 Nangang 南港
난강짠란관 Taipei Nangang Exhibition Center 南港展覽館
중산궈샤오 Zhongshan Elementary School 中山國小
싱톈공 Xingtian Temple 行天宮
송쟝난징 Songjiang Nanjing 松江南京
난징푸싱 Nanjing Fuxing 南京復興
타이베이샤오지단 Taipei Arena 台北小巨蛋
난징산민 Nanjing Sanmin 南京三民
송산 Songshan 松山
중산궈중 Zhongshan Junior High School 中山國中
송산지창 Songshan Airport 松山機場
따즈 Dazhi 大直
젠난루 Jiannan Road 劍南路
시후 Xihu 西湖
강치엔 Gangqian 港墘
원더 Wende 文德
네이후 Neihu 內湖
따후공위엔 Dahu Park 大湖公園
후저우 Huzhou 葫洲
동후 Donghu 東湖
난강롼티위엔취 Nangang Software Park 南港軟體園區
커지따로 Technology Building 科技大樓
료장리 Liuzhangli 六張犁
린광 Linguang 麟光
신하이 Xinhai 辛亥
완팡이웬 Wanfang Hospital 萬芳醫院
완팡써취 Wanfang Community 萬芳社區
무자 Muzha 木柵
동우위엔 Taipei Zoo 動物園
350m
동우위엔짠 Taipei Zoo Station 動物園站
동우위엔난짠 Taipei Zoo South Station 動物園南站
즈난공짠 ZhinanTemple Station 指南宮站
마오콩짠 Maokong Station 貓空站
마오콩 곤돌라 Maokong Gondola 貓空纜車

택시

두말이 필요 없는 가장 편리한 교통수단 택시! 우리나라보다 가격이 저렴하고 기사님들도 친절하다. 가까운 거리라도 승차거부는 찾아볼 수 없고, 만약 그렇다 하더라도 이유까지 친절하게 설명해주는데 우리가 알아듣지 못하는 것뿐이다. 모두 미터기를 사용하기 때문에 흥정할 필요도 없다. 부모님을 모시거나 아이와 함께하는 가족 여행자에게 가장 적합한 교통수단으로 시내와 근교 여행 모두 해결할 수 있다. 편안하게 시간을 아끼고 싶은 여행자에게도 주목받고 있다. 기본요금은 1.25km, 70NT$이고 200m당 5NT$ 요금이 올라간다. 할증(23:00~06:00) 기본요금은 90NT$이다. 기사님께 한문 주소 표기를 보여주면 어느새 목적지에 도착해 있을 것이다.

유바이크

타이베이는 자전거 도로가 잘 갖춰져 있어 자전거를 타고 여행을 하기에도 좋다. 유바이크라는 공공 자전거 프로그램을 운영하고 있어 현지인들의 발이 되어주고 있다. 짧은 일정에 많은 곳을 봐야 하는 여행자에게 큰 매력은 없지만 여유롭게 타이베이를 둘러보고 싶은 여행자에게 추천한다. 주로 MRT 역 근처에 무인 대여소가 있다. 유바이크를 대여하려면 회원가입을 해야 하는데 현지 전화번호가 부여된 심 카드를 사용한 휴대폰과 이지카드 또는 신용카드가 필요하다. 대여소에 있는 무인 정보안내시스템인 키오스크(Kiosk)를 이용해 회원등록을 마치면 유바이크를 사용할 수 있다. 대여 전, 자전거의 상태를 점검하도록 하자. 요금은 4시간까지 30분마다 10NT$, 4시간 이후부터는 8시간까지 30분마다 20NT$이다. www.youbike.com.tw

유바이크 사용법

2019년 12월부터 대만 국민 또는 거류증을 발부받은 외국인에 한하여 ID 번호를 발급하고 자전거 이용 시 발생하는 사고 또는 분실, 파손에 보험을 적용하고 있다. 단기 체류 외국인 즉, 여행자는 신용카드로 1회 이용 시마다 등록하여 사용해야 한다.

❶ 키오스크에 신용카드를 등록한다.
❷ 유바이크 무인 대여소에서 자전거 상태 점검 및 자전거 잠금 장치 번호를 확인한다.
❸ 자전거 잠금장치 카드 단말기에 등록한 신용카드를 승인하여 잠금 해제하고 이용한다.
❹ 이용 후 가까운 무인 대여소의 빈 자전거 잠금장치를 찾아 자전거를 잠근 후 카드 단말기에 처음 등록한 신용카드를 승인하면 반납이 완료된다.

알아두면 유용한 꿀팁

유바이크 회원가입은 현지 전화번호가 있어야 가능하다. 심 카드를 구매했다면 현지 번호를 주지만, 와이파이 공유기 이용 시 이용할 수 없다.

키오스크 사용법

❶ 키오스크의 터치스크린을 눌러 중문/영문 선택, Bike Renting 선택.
❷ Single Rental 선택.
❸ Confirm Single Rental 선택.
❹ 요금 등 안내사항 설명이므로 Confirm 선택.
❺ 유바이크 사용 약관 동의 Agree 선택.
❻ Pay by credit card 선택.
❼ 신용카드 정보 등록 및 확인 후 확인(하늘색 버튼) 선택.
❽ 신용카드 정보 등록 후 이용하고자 하는 자전거가 있는 잠금장치 번호 키오스크에 입력.
❾ 유바이크 사용법에 따라 이용하면 된다.

이용 공지 사항

VISA / MASTER / UNION / JCB 이용 가능. 처음 이용 시 보증금 2,000NTD가 결제되나 반납 시 요금 정산 후 보증금은 결제 취소되며 최대 2주 정도 소요됨. (모바일 등 결제 정보 서비스받을 시 취소 정보는 뜨지 않음. 이용 신용카드사 청구 명세 확인 시 내용이 없으면 이상 없이 처리된 것이며 자전거 파손 또는 고장 시 보증금이 청구됨)

타이베이 관광교통

시내와 근교를 돌아볼 수 있는 여행자를 위한 교통수단이 발달한 타이베이에 2층 관광버스까지 더해졌다. 2층 버스를 타고 타이베이 주요 명소를 하오싱 버스를 타고는 근교 구석구석을 둘러보자! 짧은 일정의 여행자라면 택시를 타고 더욱 빠르게 둘러볼 수도 있으니 걱정은 고이 접어 두고 시내부터 근교까지 완벽한 타이베이 여행 계획을 꾸려보자.

2층 관광버스

Taipei Sightseeing Bus

2017년 1월 18일, 타이베이 시내 주요 명소를 잇는 2층 관광버스 운행을 시작했다. 빨강과 파랑으로 두 가지 노선을 운행하는 2층 관광버스는 빨강 노선이 타이베이 서부 일부와 동부를, 파랑 노선은 타이베이 북부를 오간다. 첫 출발지는 MRT 타이베이처짠(台北車站) 역 M4 출구 앞이며 노선 간 지정된 정류장 어디에서든 탑승할 수 있다. 지정된 시간 내 무제한으로 타고 내릴 수 있어 편리하다. 이용 시간에 따라 주간, 야간, 1일, 2일 등으로 구분되며 티켓은 온라인 또는 현장에서 승무원에게 구매할 수 있다. 홈페이지에서 한글로 된 관광노선을 제공한다. 단, 빨강 노선만 야간 운행한다.

www.taipeisightseeing.com.tw

	4시간표	일간표	야간표	단일표 (1day)	양일표 (2days)
이용 시간	18:00전	09:00~18:00	18:00~23:00	09:00~23:00	09:00~23:00
가격	300NT$	500NT$	400NT$	700NT$	1200NT$

*신장 115cm 이상 150cm 미만 12세 이하 아동 50% 할인 적용
*신장 115cm 미만, 6세 이하 아동 무료 이용(성인 1인당 아동 2인까지 가능)
*할인 또는 무료 이용 적용 대상 아동이나 신장이 클 경우 여권 확인 후 적용 가능
*배차 간격 : 40분(빨강 노선 야간 17시부터 30분 간격)
*사용 유효기간 : 발행일로부터 1년

빨강 노선 배차 시간

09:10	09:50	10:30	11:10	11:50	12:30	13:10	13:50
14:30	15:10	15:50	16:30	17:00	17:30	18:00	18:30
19:00	19:30	20:00	20:30	21:00	21:30	22:00	

*총 20km, 110분 주행

파랑 노선 배차 시간

09:00	09:40	10:20	11:00	11:40	12:20
13:00	13:40	14:20	15:00	15:40	16:20

*총 23.5km, 110분 주행

Tip 알아두면 유용한 꿀팁

파랑 노선의 경우 꾸궁보우위엔(故宮博物院) 즉, 고궁박물원을 종점으로 타이베이 북부를 오간다. MRT가 닿지 않는 북부 여행지를 연결하고 있다는 점, 여정을 계획할 때 참고하길.

타이완 하오싱

대만호행 臺灣好行 Taiwan Tourist Shuttle

마치 빌 위더스(Bill Withers)의 'Just the two of us' 노래처럼 타이완 하오싱 버스만 있다면 못할 것이 없다. 그냥 들리는 대로 외쳐봐도 '저스트 투어 버스'! 타이베이는 MRT 시스템이 워낙 잘되어 있어 여행하기 좋지만 타이베이 근교 혹은 조금 더 먼 곳까지 다녀올 생각이라면 복잡하게 고민하지 말고 타이완 하오싱(臺灣好行), 투어 버스를 선택하자. 타이완 교통부의 하오싱은 타이완을 10개 지역으로 나눠 총 44개 노선을 운행하고 있어 타이완 여행 시 유용한 교통수단의 하나이다. 타이완에 거주하는 한국 사람들과 여행자들의 평판이 좋고 가이드북에도 소개되고 있어 이용자가 점차 늘어나고 있다. 여행자들이 그동안 쉽게 접하지 못한 곳까지 포함하고 있으니 웹사이트를 통해 노선과 시간표를 확인하고 남들과는 다른 나만의 타이베이 여행을 계획해보자.

알아두면 유용한 꿀팁

어느 나라 버스든 운행시간은 정확하지 않을 수 있으니 시간표보다 일찍 움직이자.
1일권은 버스 기사에게 바로 구매할 수 있으며 노선에 따라 가격은 조금씩 다르다. **Tel** 0800 011765 **Web** www.taiwantrip.com.tw

하오싱 추천 노선

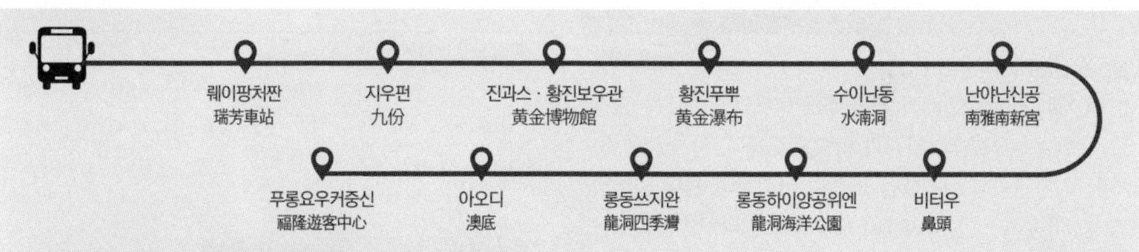

황진푸롱 黃金福隆 Gold Fulong (1일권 179NT$)

뤠이팡처짠(瑞芳車站)에서 출발해 여행자들이 쉽게 갈 수 없는 북동부 해안을 도는 투어 버스로 지우펀을 거쳐 가기 때문에 반드시 가야 할 관광명소를 포함해 색다른 여행지로 숨어들 수 있다. 타이베이 근교 북동부해안을 돌며 여행객들의 발길이 닿지 않는 곳까지 돌아볼 수 있다. 시원한 바람에 당신의 아름답고 부드러운 머릿결을 흩날려보자.

무쟈핑시셴 木柵平溪線 Muzha Phinxi Route (1일권 100NT$)

잘 알려지지 않은 핑시셴 기차 노선을 따라 가는 핑시셴 여행! 타이베이 동물원 바로 전 정거장에 있는 무쟈 역에서 출발해 스펀까지 간다. 두부 마을, 선컹에서 담백한 두부 아이스크림을 먹고 예쁜 거리를 거닐다 징통 역의 탄광 마을로 가보자. 교통비는 좀 더 들겠지만 징통에서 기차로 갈아타면 핑시셴 기차여행의 낭만을 만끽할수 있다. 기차여행까지 더해진다면 꿩 먹고 알 먹는 일석이조 여행!

택시 투어

시간이 부족한 짧은 일정의 여행자에게 가장 효율적인 파트너로 택시 만한 이동수단이 없다. 처음에는 택시를 반나절이나 종일 빌리는 전세 투어로 시작되었지만 2013년 이후, 한국인 여행자가 늘어나면서 코스가 만들어지고 택시 투어가 생겨났다. 현재는 싱가포르와 홍콩, 중국, 일본 등 아시아 여행자부터 유럽 등 외국인 여행자까지 즐겨 이용하는 타이베이 여행 수단으로 인기가 높다. 투어 비용은 대부분 업체가 비슷하며 택시 기사가 구사하는 언어나 목적지, 시간대에 따라 가격 차가 발생한다. 입장료와 식사비용 등 개인 비용은 요금에 포함되어 있지 않다. 요금은 인원이 아닌 택시 한 대 기준(4인)으로 책정하기 때문에 3인 이상 시 더할 나위 없다. 여행 카페를 통해 일행을 구하기도 하지만 의견이 맞지 않거나 간혹 약속된 장소에 나오지 않는 여행자도 있다는 점에 유의하자. 보통 3곳에 7시간, 4곳에 9시간 정도가 소요된다. 일반 택시부터 승합차까지 다양한 크기의 차량을 보유한 업체도 있으니 가족 여행이거나 인원이 많을 때도 문의해보자.

택시 투어 코스

택시 투어 코스로 가장 대표적인 곳은 예류, 스펀, 진과스, 지우펀이다. 업체마다 조금씩 다른 투어를 운영하고 있고 양밍산, 허우통 등 여행자 취향에 따라 코스를 만들 수 있다. 다만 동선에 따라 코스를 계획하기 때문에 여행지 간 거리가 동떨어질 경우 가능 여부를 문의해야 한다. 또한, 여유롭게 둘러보고 싶다면 여행지 수를 줄이고 시간을 늘리는 것도 좋다. 타이베이부터 근교 여행까지 편안한 여행을 도와줄 나의 파트너, 택시와 함께 떠나 볼까!

택시 투어 예약

택시 투어 예약은 어디서 해야 할까? 검색으로 쉽게 알아볼 수 있는데 타이베이 여행이 주목받으면서 다양한 업체를 확인할 수 있다. 후기를 꼼꼼하게 둘러보고 여행자 성향에 맞게 결정하면 된다. 개성 만점 택시 기사들은 대부분 친절하다. 택시 투어의 원조인 호호 투어를 비롯해 빛나리, 만수항, 고복수, JJ 투어 등 많은 투어 업체 중 하나를 선택해 인터넷 카페나 메신저를 통해 예약하면 된다. 타이베이 한인 민박에 묵을 경우 해당 숙소 주인이 소개하는 택시 투어를 이용하는 것이 안전하고 편리하다.

택시 투어 및 여행 주의사항!

2017년 1월, 타이완에서 택시 투어 관련 불미스러운 일이 발생했다. 화교권, 그리고 타이완 기사들은 영어를 사용하기 때문에 영어권 국가가 아닌 여행자들과의 의사소통에는 한계가 있었다. '어떻게 하면 더 나은 서비스를 제공할까?'머리를 맞대어 고민 끝에 타이완 여행에서 빠질 수 없는 버블티부터 제철 과일 등 유명 먹거리를 여행자들에게 대접하기 시작했다. 순수하게 시작한 서비스가 한 사람에 의해 악용되었고 피해자가 발생했다. 사건은 온라인을 통해 퍼져나갔고, 우리나라 여행자들에게 타이완 여행의 위험요소가 택시 투어에 집중되었다. 다만, 이것을 택시 투어 시스템의 문제라고 보기에는 무리가 있다. 눈앞에서 구매하는 음료나 음식이 아닌 이상 섭취하지 말고, 낯선 이에게는경계를 늦추지 말자.

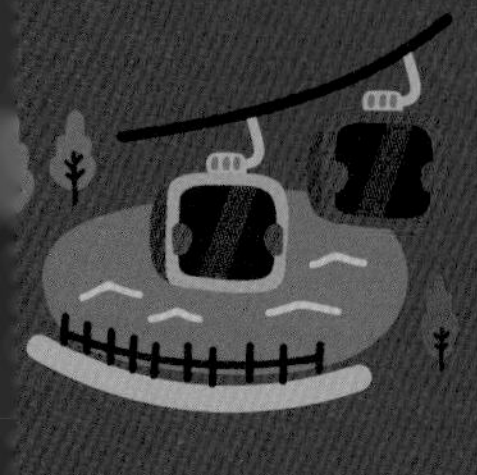

Welcome
to
Taipei

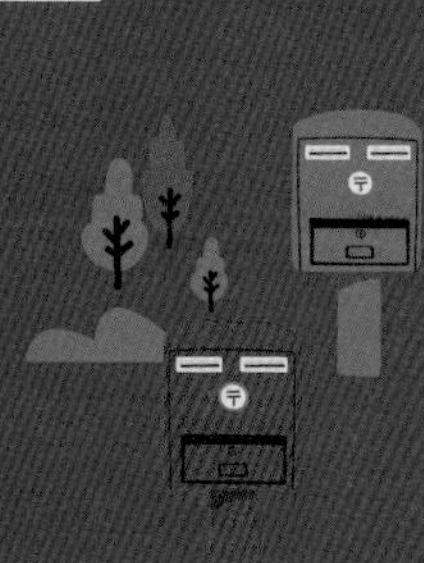

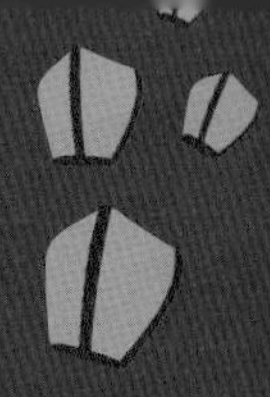

chapter 3

TRAVELING COURSE

타이베이 추천 여행 코스

❶ 테마 코스
- 맛있는 하루
- 문화가 있는 하루
- 쉬는 하루

❷ 데일리 코스
- 2박 3일 코스
- 3박 4일 코스

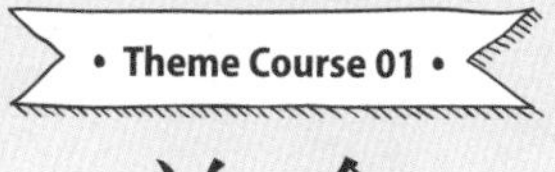

미식 여행

맛있는 음식을 함께 나누는 것에 행복을 찾는 타이완 사람들! 사면이 바다, 사계절을 가진 아열대기후와 덥고 비가 많이 내리는 열대기후가 섞인 섬나라인 만큼 산해진미(山海珍味)가 가득한 타이완은 미식 여행자의 입을 잠시도 놀릴 틈이 없는 곳이다. 개인차는 있겠지만, 중화요리 중 가장 담백하고 특유의 향도 강하지 않아 한국 사람의 입맛에도 잘 맞다. 게다가 사시사철 과일도 풍성해 때마다 맛있는 과일을 이용한 디저트에 고품질의 커피와 차까지! 양 볼 가득히 행복을 머금어 보자.

현지인이 사랑하는 맛집

널리 알려진 유명한 맛집도 좋지만, 현지인이 사랑하는 곳에 진짜 매력이 숨어 있다. 자리를 가득 메우고 있는 작고 허름한 식당이나 줄을 길게 서 있는 야시장의 노점에는 기가 막히고 코가 막히도록 맛있는 행복이 기다리고 있을지도 모를 일이다.

주렁주렁 과일

사계절 과일이 풍성한 타이완, 지역마다 아열대와 열대기후로 나뉘어 그 종류도 다양하다. 때마다 맛도 좋고 영양도 가득한 과일이 주렁주렁! 특히 5월 말에서 9월 말까지 나는 애플 망고는 두말하면 잔소리! 이 계절에는 생망고를 가득 올린 망고 빙수를 꼭 먹어야 한다. 속이 주황색인 칸달루프 멜론도 이맘때 나는데 편의점에서 소프트아이스크림으로 만날 수 있다.

타이완 커피와 차

세계적으로 품질을 인정받는 커피와 차를 생산하는 타이완. 수마트라 등 인도네시아에서 들여온 커피나무가 타이완의 화산 토양과 만나 부드럽지만 진한 다크 초콜릿의 풍미를 만들어낸다. 타이완 곳곳에 분포하고 있는데 특히 북동부와 이란 지역에서 나는 커피를 가장 추천한다. 타이완 카페만의 메뉴인 소금 커피와 흑설탕 라떼는 꼭 먹어보자! 더불어 타이완에서 생산하는 우롱차도 훌륭한 차로 꼽히고 있으니 기회가 닿으면 시음해 보길 권한다.

맛있는 하루 코스

멋진 근위병들이 착착!
❶ **중정지넨탕** (p.168)

▼ 도보 3분

육즙 가득 샤오롱바오!
❷ **항저우샤오롱탕바오** (p.186)

▼ 도보 3분

마일로 마운틴으로 맛있는 등산!
❸ **파우더 워크샵 카페**(p.191)

▼ 도보 8분

상큼 발랄 망고 빙수
❹ **아이스 몬스터**(p.193)

▼ 여기가 용캉제

기분 좋게 타박타박!
❺ **용캉제** (p.171)

▼ 도보 이동

얼큰한 국물 호로록!
❻ **용캉뉴러우몐뎬** (p.199)

▼ 도보 10분

감각적인 야시장
❼ **스따예스** (p.173)

• Theme Course 02 •

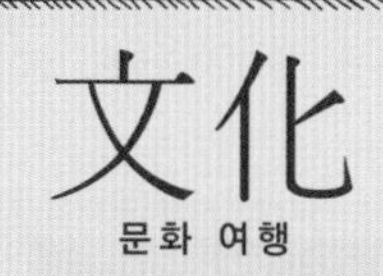

문화 여행

오랫동안 원주민과 중국, 스페인, 네덜란드, 캐나다, 일본, 호주 그리고 미국까지 다양한 문화의 빛깔이 한데 어우러진 영롱한 옥빛의 타이완! 문화 여행자에게 더없이 즐거운 타이완의 수도이자 문화의 중심지 타이베이. 곳곳에 자리한 역사와 전통이 살아 숨쉬는 건물과 사원은 가치를 더해 문화 공간으로 다시 태어난다. 흥미로운 이야기가 가득한 재밌있는 하루! 시작해볼까?!

한 땀 한 땀 도교 사원

타이완의 종교는 불교와 유교의 교리가 결합한 도교로 독특한 형태를 띠는데 국민의 90% 이상이 도교 사원을 찾아 기도를 올린다. 유서 깊은 롱산쓰부터 바오안공, 콩먀오, 싱톈공 등 타이베이 곳곳에서 만나는 사원에 들어가 현지인들의 종교와 문화를 엿보자. 하나하나 온 정성을 들여 손으로 만든 아름다운 건물 역시 눈여겨봐야 할 것이다.

싱톈공

콩먀오

롱산쓰

옛 정취가 숨 쉬는 거리

1600년대에서 1700년대, 서구 열강과 대륙 그리고 타이완 원주민 사이의 교역이 활발했던 타이베이는 타이완의 출발점이자 문화의 중심지다. 따롱통(大龍)과 망가(艋舺)를 비롯해 건축물이 모두 문화재인 타이완의 주방 디화제(迪化街), 핑시셴 탄광마을 진과스(金瓜石)와 지우펀(九份) 등 타이베이와 근교에서 만나는 옛 정취 물씬한 거리는 문화의 보고(寶庫)이다.

디화제

따롱통

타이베이처짠

역사와 문화의 결합

타이완의 양조장이있던 화산 1914 원화촹이찬예위엔취(華山1914文化創意產業園區)와 타이완 최초의 담배공장이었던 송산원창위엔취(松山文創園區)는 옛 모습을 간직한 채 전시회와 공연이 열리는 시민을 위한 문화공간으로 다시 태어났다.

화산원화촹이찬예위엔취

송산원창위엔취

문화가 있는 하루 코스

가장 큰 양조장
❶ **화산 1914 원화촹이찬예위엔취** (p.218)

▼ 베이먼 역 하차 후 도보 10분
또는 쫑롄 역 하차 후 도보 15분

친한 친구네 주방 구경!
❷ **디화제** (p.272)

▼ 롱산쓰 역 하차 후 도보 5분

찰칵찰칵, 사진 놀이!
❸ **보피랴오 리스제취** (p.111)

▼ 도보 3분

영험한 기운 가득!
❹ **롱산쓰** (p.106)

▼ 도보 2분

조금 특별한 야시장!
❺ **화시제예스** (p.112)

▼ 도보 15분

명동? 시부야?
❻ **시먼딩** (p.98)

밥은 어디서 먹지?

아침 전통 아침 식사를 경험할 수 있는
푸항또우쟝 (p.244)

점심 1934년 타이완 최초의 레스토랑
풔리루 (p.327)

간식 케이크처럼 달콤한 오후
망가 싱바커 (p.127)

저녁 대왕 연어 초밥, 모두 입이 쩍!
산웨이스탕 (p.122)

• Theme Course 03 •

休息

휴식 여행

바쁜 일상에서 벗어나 휴식을 찾아 떠나는 여행! 셔터를 누르면 그대로 엽서가 될 것 같은 남국의 휴양지도 좋지만 종일 쉬기만 하면 좀이 쑤실 것 같다. 맛있는 음식도 먹고 멋진 관광지도 돌아다니는가 하면 휴식도 취할 수 있는 일석삼조 여행지. 타이베이는 미식과 관광 그리고 오롯이 쉬어갈 나만의 시간도 주어지는 여행자들의 천국이다.

화산섬, 타이완

타이완은 우리나라 면적의 35%밖에 되지 않는 작은 섬이지만 다양한 화산군으로 이루어진 천연자원이 많은 나라다. 9종류의 화산군으로 나뉘는 만큼 각기 지형과 지질이 다르다. 그중 지롱화산군이 금과 구리 그리고 석탄으로 유명한 핑시셴, 진과스, 지우펀 일대를 포함하고 있다. 그 외 시멘트, 대리석, 알루미늄, 철광석, 석유와 천연가스를 보유하고 있다. 또한, 니켈과 강철 등이 있어 스테인리스 합금강도 생산한다. 무엇보다 사면이 바다인 화산섬이다 보니 수자원이 풍부해 온천으로 아주 유명하다.

부글부글 온천

온천 왕국 일본 사람들도 일부러 찾을 만큼 유명한 것이 바로 타이완 온천이다. 타이완이 역사에 등장한 것은 삼국시대 오나라 손권(230년) 때인데 이전부터 원주민이 살고 있던 곳이라 타이완 전역에 퍼져있는 온천은 오랫동안 인간에게 휴식처를 제공했다. 다양한 화산군으로 만들어진 섬이다 보니 곳곳에 온천이 많고 그 성질도 효과도 조금씩 다르다.

온천의 효과

온천의 기본 효과는 온열에 있다. 따뜻한 온천에 몸을 담그는 것만으로 체온이 상승해 신진대사가 활발해지고 유산 성분이 배출되면서 피로가 풀리는 것. 일반적인 목욕과 달리 무언가 치유된 기분은 온천수마다 함유된 화학성분 때문이다. 신베이터우는 유황에 더해 라듐이라는 방사성 물질이 소량 함유되어 있어 신경통, 관절염, 고혈압, 동맥경화 등 내상 치료, 양밍산 역시 유황 온천이라 뇌졸중 등 순환기병에 효과가 있다. 우라이의 무색무취의 탄산 온천은 피부에 좋고 상처 치료에 효과가 있다고 한다.

알아두면 유용한 꿀팁

천연자원이란 쉽게 석탄과 석유 등을 생각할 수 있지만, 우리 인간의 생활과 생산활동에 이용할 수 있는 자연물과 자연력을 모두 포함한다. 한 온라인 백과에서 타이완의 화산지형은 양밍산과 뤄다오섬이 전부라고 나와 있는데 이는 잘못된 정보이다. List of volcanoes in Taiwan, Mining in Taiwan 위키피디아를 참고하면 된다.

쉬는 하루 코스

신베이터우

❶ 신베이터우 (p.298)

온천 지역 내 다양한 볼거리를 둘러보고 만커우라멘(P.322)에서 온천수로 끓인 라멘을 호로록! 여유롭게 한나절이면 신베이터우를 둘러볼 수 있다.

▼ 신베이터우 역 승차 베이터우 역 환승 단수이 역 하차(환승 포함 7 정거장, 21분)

❷ 단수이 (p.308)

가까이 있는 단수이를 거니는 것은 어떨까? 영화 〈말할 수 없는 비밀〉의 주인공이 되어 거닐고 단수이강 하구에 있는 하얀 싱바커(P.324)에서 아름다운 석양을 바라보자. 단수이라오제(P.302)의 맛있는 먹거리까지!

▼ 단수이 역 승차 베이터우 역 환승 신베이터우 역 하차(환승 포함 7 정거장, 21분)

❸ 수이메이 온천 (p.301)

온천 호텔로 들어서기 전 편의점에 들러 시원한 타이완 맥주와 먹거리를 준비하자. 온천욕을 끝내고 나면 출출할지 모르니 만한따찬(P.46) 컵라면도! 따뜻한 온천물에 몸을 담그고 있으니 여기가 무릉도원이로구나!

양밍산

❶ 양밍산 (p.304)

108번 순환 버스를 타고 유황 광산으로 이름을 떨친 양밍산 곳곳을 둘러보자. 하늘과 맞닿은 칭톈강에 올라 바람을 맞으며 거닐고 노천 온천에 발을 담그고 일상에 지친 발을 쉬게 하자. 또한, 샤오유컹을 보면 대자연의 숨결이 느껴진다.

▼ 스파이 역 하차 버스로 환승 싱이루산 정류장 하차(버스 15분)

❷ 탕라이 (p.305)

양밍산 온천 단지에 도착했다면 맛있는 식사와 함께 온천욕까지 즐길 수 있는 가성비 좋은 탕라이를 추천한다.

▼ 탕라이에서 더 탑까지 택시 20분(요금 약 300NT$)

❸ 더 탑 (p.334)

공기 좋은 양밍산 꼭대기 즈음에서 멀리 바라보는 타이베이 야경이란 그야말로 로맨틱! 연인, 친구, 가족 등 사랑하는 모든 이와 함께 그저 멍하니 바라보기만 해도 좋은 곳이다. 시간이 이대로 멈췄으면 싶다.

우라이

❶ 우라이 (p.348)

우라이라오제를 거닐며 원주민, 타이야 민족의 역사와 문화를 둘러보자. 꼭 먹어야 하는 타이야 족의 먹거리는 바로 소시지! 산돼지고기로 만든 소시지에 타이완 맥주를 곁들이면 카~ 이게 바로 여행이고 사는 맛이지 뭐가 더 필요할까?

▼ 도보 15분

❷ 볼란도우라이 (p.349)

우라이에서 가장 고급스럽고 인기 있는 호텔에서 우라이의 절경을 바라보며 즐기는 온천이라니 상상만으로도 행복하다. 볼란도에서 운영하는 레스토랑에서 애프터눈 티도 즐거운 경험이다. 한국어로 된 홈페이지에서 온천과 숙박 등 다양한 프로그램을 알아볼수 있다.

Daily Course 01

아무래도 좋아!

2박 3일 코스

바쁜 일상에서 벗어나
짧은 휴가 혹은 주말여행을
떠나기에 타이베이만큼
좋은 곳도 없다.
짧은 일정에 바쁘게
이곳저곳 돌아보았다
한들 아쉬움은 남고
보지 못한 곳은 생기게
마련이다.
또 언제 올까 싶어
더 많은 곳을 보고 싶은
마음은 충분히 이해하지만
정신없고 힘들지 않은,
행복하고 여유로운
타이베이 여행이 되길
바란다. 혼자만의 자유를
누려서 좋고 친구 또는
연인과 함께라면 우정과
사랑을 두텁게 만들 수
있어 더욱 좋다. 혼자 또는
둘, 여럿이 무엇을 하던
아무래도 좋은
타이베이 여행 시작!

Course 1

1일차

❶ 롱산쓰 (p.106)

롱산쓰가 있는 망가 일대는 옛 타이베이를 엿볼 수 있는 역사의 장이다. 시간 여행자가 되어 타이베이 여행을 시작, 호기심 가득한 눈을 반짝여보자. 알고 보면 더 재미있는 곳이 바로 롱산쓰!

도보 15분

❷ 시먼딩 (p.98)

타이완의 명동으로 불리는 이곳은 언제나 사람들로 북적인다. 타이베이를 넘어 오래도록 타이완을 대표하는 번화가로서 유서 깊은 상점과 식당이 가득하다. 현지인과 여행자 모두 함께, 그렇게 타이베이의 첫날 밤이 깊어간다.

2일차

❸ 동취 (p.220)

타이베이의 젊은이들과 셀럽들이 모인다는 동취로 가자. 동취의 매력은 골목골목 숨어 있다. 나만이 아는 비밀의 정원을 발견해보자.

종샤오둔화 역 승차
– 스정푸 역 하차(2 정거장, 3분)

❹ 신이 (p.224)

타이완을 상징하는 타이베이 101 빌딩부터 대형 백화점, 고급 호텔이 모여 있는 타이베이의 심장과도 같은 곳이다. 주요 건물들이 구름다리로 연결되어 있어 빌딩 숲을 누비는 색다른 경험을 선사한다.

택시 15분

❺ 송산 (p.236)

동취부터 신이까지 도심 속 정글을 누볐다면 먹거리와 볼거리가 가득한 타이베이에서 두 번째 규모를 자랑하는 야시장인 라오허제예스로 가보자.

3일차

❻ 중정 (p.168)

마지막까지 알차게! 근위병 교대식이 멋있는, 타이완 초대 총통인 장제스를 기리는 중정지녠탕으로 가보자. 현지인이 사랑하는 타이완을 대표하는 음식! 샤오롱탕바오까지!

도보 10분

❼ 용캉제 (p.171)

타박타박, 거닐기 더없이 좋은 곳이다. 골목골목 숨은 숍부터 카페는 물론 타이베이를 대표하는 유서 깊은 식당까지 가득한 보물섬! 배도 든든하고 양손도 쇼핑백으로 가득, 뿌듯하기만 하다. 아쉬움은 다음 여행을 기약하며 기분 좋게 집으로!

Course 2

1일차

❶ 단수이 (p.308)

여행 첫날! 기분도 좋고 날씨도 좋다면 단수이로 석양 보러 가자! 낭만 타이베이 여행의 시작! 단장가오지중쉬에, 전리따쉬에, 홍마오청에서 사진 놀이도 찰칵찰칵! 라오제를 거닐며 맛있는 음식도 양 볼 가득 채워 넣고 룰루랄라~♪

단수이 역 승차
– 중산 역 하차(17 정거장, 35분)

▼

❷ 중산 (p.278)

중산 카페 거리에서 커피 한 잔으로 지친 몸을 달래고 거리 자체가 고적으로 지정된 디화제 속으로 들어가 진정한 사랑을 찾아 월하노인께 빌어보자. 그리고 현지인이 가장 사랑한다는 야시장, 닝샤예스에서 완벽한 마무리!

2일차

❸ 중정 (p.168)

둘째 날, 조금 일찍 난먼스창으로 가 숯불에 구운 토스트로 아침도 먹고 타이완 전통 음식 문화를 엿보자. 중정지녠탕을 여유롭게 둘러보고 89개의 계단을 올라 멋진 근위병 교대식에 감탄해보자.

도보 10분

▼

❹ 용캉제 (p.171)

아기자기한 동네, 그저 산책하는 것만으로도 기분 좋은데 먹거리, 볼거리도 많다! 용캉제만 머물러도 하루가 모자란다. 천천히 여유롭게 둘러보며 끊임없이 배를 채우며 제대로 놀아보자!

동먼 역 승차 – 타이베이101 역 하차(4 정거장, 7분)

▼

❺ 신이 (p.224)

타이베이 101빌딩에 올라 댐퍼와 사진 찍고 야경도 감상해보자. 무엇보다 하이라이트는 신이의 샹산에 올라 바라보는 타이베이 야경은 잊지 못할 추억으로 남을 것이다.

3일차

❻ 롱산쓰 (p.106)

타이베이까지 왔는데 롱산쓰 가서 소원 빌어야지! 관음보살님께 간절하게 원하는 소원을 빌어 보자! 보피랴오에 가서 사진 찰칵! 망가 싱바커에서 커피도 마시고 타이완 MD도 입양 완료!

도보 15분

▼

❼ 시먼딩 (p.98)

시먼딩에서 곱창 국수를 서서 먹고 타이완의 명동을 만끽하자. 망고빙수까지 클리어! 타이베이 최초의 공영시장, 시먼홍러우도 둘러보자.

도보 25분

▼

❽ 타이베이처짠 (p.140)

시먼딩에서 타이베이처짠으로 거닐면서 타이베이 중심 산책! 근대와 현대의 역사를 엿볼 수 있는 밍싱카풰이관에서 러시안 블랙커피를 마시며 마지막까지 한껏 여유를 즐기고 난 후 뿌듯하게 집으로!

Course 3

1일차

단수이 (p.308)

단수이 역 승차
– 동먼 역 하차(21 정거장, 45분)

▼

용캉제 (p.171)

2일차

근교 (p.336)

낭만 기차여행. 핑신셴 타고 떠나는 탄광마을. 소망을 담아 천등을 날리고 예류의 기암괴석과 진과스의 금괴도 구경하자. 지우펀에서는 치히로가 되어 홍등으로 밝혀진 골목을 누빈다.

3일차

송산지창 푸진제 (p.258)

푸진제 카페 거리를 거닐며 사고픈 물건들로 가득한 숍에서 소품도 구경하고, 마음에 드는 카페에서 커피와 디저트도 즐기자.

Daily Course 02

무엇을 하면 좋을까?

3박 4일 코스

단 하루라도 일정이 더 주어진다면 한층 여유롭게 타이베이 시내를 둘러보고 망설였던 근교여행까지 거침없이 계획할 수 있다. 마음이 맞는 친구나 연인 또는 구속받지 않는 혼자 여행이라면 그렇게 하지만, 가족여행이라면 이야기는 또 달라진다. 어린아이들과 함께 또는 부모님과 함께라면 음식부터 시작해 신경 쓰이는 게 한둘이 아니다. 무엇을 하면 좋을까?

언제 자라? 아이와 함께

1일차

타이베이처짠 (p.140)

타이완의 역사와 문화를 엿볼 수 있는 궈리타이완보우관에서 아이와 함께 가깝지만 먼 나라였던 타이완에 대해 알아보자. 아이가 좋아할 만한 주전부리를 사 타이베이의 중심, 타이베이처짠의 넓은 광장에 앉아 현지인들과 같이 휴식을 취하는 것도 좋다. 재미있는 큐 스퀘어에서 쇼핑도 하고 남녀노소 모두가 좋아하는 철판 요리로 타이베이 적응 완료!

2일차

타이베이스리동우위엔 & 마오콩 (p.179)

여행 전부터 노래를 부르던 아이들의 귀여운 친구 판다와 타이완에서만 서식하는 동물 친구들을 만나러 가보자. 아시아에서 가장 큰 동물원인 만큼 하루가 모자라다.

동우위엔(Taipei Zoo) 역 승차 – 젠난 역 하차(14 정거장, 28분)

메이리화빠이러위엔 (p.297)

짜러푸에 들러 타이완 여행에서 구매해야 하는 품목들도 구매하고 옛 정취 물씬 나는 푸드 리퍼블릭에서 저녁 식사! 선택의 폭도 다양해 아이와 함께하기 좋다. 놀이기구와 같은 대관람차를 타고 타이베이 야경을 감상하며 화목한 가족 여행의 밤은 천천히 깊어간다.

3일차

근교 (p.336)

어린아이가 있을 때는 택시 투어로 근교 여행을 떠나는 것도 편리하고 좋다. 어디로 가야 하는지 무엇을 먹어야 하는지 크게 걱정할 필요가 없다. 친절한 타이완 기사님들이 여러모로 도와주어 아이 보랴 여행하랴 이래저래 조금은 지친 부모들에게는 마른 땅에 단비와 같다. 갓난아이가 있다면 유모차보다 아기띠를 추천한다.

택시 약 1시간±

마라딩지마라위엔양훠궈 (p.128)

매운 육수인 마라는 엄마 아빠, 채소를 우려 담백한 수차이징리는 아이들이 먹으면 된다. 샤부샤부, 훠궈이다 보니 아이 입맛에도 크게 부담스럽지 않다. 혹, 입맛에 맞지 않더라도 다양한 음료와 디저트, 무엇보다 하겐다즈 아이스크림이 있다.

4일차

타이베이스어통신러위엔 (p.291)

아이들의 낙원, 아이들만의 놀이동산에서 타이베이 여행 마무리! 아이와 함께 동심의 세계로 돌아가 신나게 놀다 보면 어느새 집으로 갈 시간! 아이도 엄마, 아빠도 곤히 잠든 꿈속에서 다시 만나는 타이베이! 하늘을 날며 이곳저곳을 누빈다.

알아두면 유용한 꿀팁

근교 여행이 어려울 때에는 아래 타이베이스어통신러위엔과 마지마지 스퀘어, 타이베이스리메이수관, 타이베이구스관 등 놀이동산과 박물관 관람 등으로 대체하는 것도 좋다. 그리고 마지막 날은 용캉제에서 맛있는 음식을 먹으며 여유롭게 보내자.

어느새 자라 부모님과 함께

1일차

롱산쓰 (p.106)

불교 신자도 아닌데 어디서 들으셨는지 롱산쓰에는 꼭 가셔야 한다. 관음보살님께 간절히 기도드리는 엄마, 아빠. 부모님의 소원은 단 하나! 우리 딸, 우리 아들 건강하고 하는 일 잘 되게 해주시길! 얼른 좋은 짝 만나 가정을 이루고 떡두꺼비 같은 아들, 딸 낳아 잘 살게 해주세요!

도보 15분

▼

시먼딩 (p.98)

오래만에 해외로 온 가족여행, 부모님 기분은 최고조! 맛있는 대왕 연어 초밥에 아들 딸과 주고받는 타이완 맥주! 사람 많은 시먼딩 이곳저곳, 어느새 훌쩍 커버린 아이들이 이끄는 데로 가본다. 어릴 적처럼 떼쓰고 어르고 달래며 데리고 다닌 아이들이 어느새 자라 우리를 데리고 다니다니. 이렇게 같이 있는 것만으로도 웃음 가득한 부모님! 왁자지껄 행복 가득한 첫날 밤~

2일차

근교 (p.336)

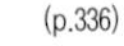

부모님과 함께일 때 택시 투어만큼 유용한 것도 없다. 기암괴석이 즐비한 예류, 스펀에서 소원을 담아 하늘에 올리는 천등 그리고 황금 폭포의 절경과 세계에서 가장 큰 금괴가 있는 진과스가 부모님들이 가장 선호하시는 근교 여행지이다.

택시 약 1시간±

▼

키키 레스토랑 (p.250)

엄마도 아빠도 모두 좋아하는 마법 같은 사천요리 레스토랑. 키키에서 매콤하고 달콤한 음식으로 오늘도 즐거운 여행, 맛있게 마무리!

알아두면 유용한 꿀팁

근교 여행은 3일째에 계획해도 된다. 택시 투어가 바쁘게 느껴지고, 부모님이 쉬고 싶어 한다면 우라이를 여유롭게 다녀오는 것도 추천한다. 볼란도 우라이에서 온천과 함께 애프터눈 티를 즐기는 것은 더할 나위 없이 좋다.

3일차

꾸공보우위엔 (p.296)

중국의 모든 역사를 총망라, 어마어마한 보물이 전시된 박물관으로 세계에서 다섯 손가락에 꼽히는 곳이다. 꽃보다 할배에서 타이베이에 관심이 전혀 없던 백일섭 할아버지도 흥미롭게 관람한 곳이다.

택시 10분 – 스린 역 승차 – 베이터우 역 환승 – 신베이터우 역 하차(환승 포함 7 정거장, 16분)

▼

신베이터우 (p.298)

온천수로 만든 라멘 한 그릇 뚝딱하고 신베이터우를 여유롭게 산책! 공원 그늘서 족욕으로 땀도 쏙 피로도 쏙!

신베이터우 역 승차 – 베이터우 역 환승 – 타이베이101 역 하차(환승 포함 20 정거장, 41분)

▼

신이 (p.324)

세계적으로 유명한 딘타이펑에서 샤오롱바오로 배를 채우자. 기네스북에 등재된 세계에서 가장 빠른 타이베이 101빌딩의 엘리베이터를 타고 올라 660톤 풍속 감쇠기 댐퍼도 만나고 오자. 수수한 타이베이 야경은 덤이다.

4일차

중정 (p.168)

부모님이 기억하는 장제스는 어떤 모습일까? 마네킹처럼 꼼짝하지 않고 서서 장제스 동상을 지키는 근위병이 그저 신기하기만 하다. 엄마 아빠와 함께 인증 사진도 찍다 보니 어느새 근위병 교대식이 시작하고 1층 전시관에서 장제스의 일대기가 펼쳐진다.

도보 15분

▼

용캉제 (p.171)

타이완, 타이베이 왔다면 뉴러우몐, 우육면은 꼭 먹어줘야지! 그래 망고 빙수도 꼭 먹어야 한다며! 아이고 이 시리고 골은 띵한데 맛은 있네! 하시며 허허 웃으시는 아빠, 소녀처럼 그저 웃으시는 엄마. 뿌듯한 마음 가득 안고 다음에 또 모시고 어디로 갈까? 온천 여행으로 겨울에 또 타이베이?!

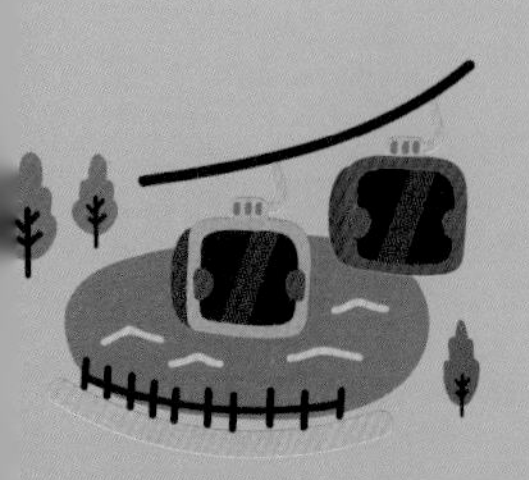

Welcome
to
Taipei

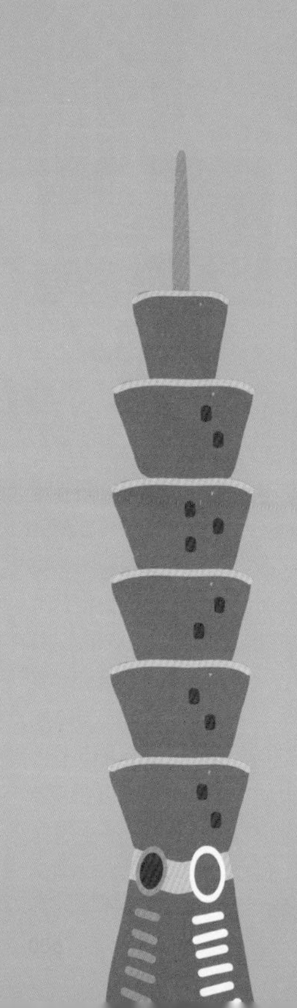

chapter 4

WALK AROUND

타이베이 지역 정보

1
WEST TAIPEI

WALK AROUND

타이베이 서부 (시먼딩 & 롱산쓰 & 반챠오)

타이베이의 시작이라고 할 수 있는 시먼딩(西門町)과 롱산쓰(龍山寺) 그리고 타이베이를 넘어 신베이(新北)의 반챠오(板橋)까지. 옛 타이베이를 볼 수 있는 곳이다. 시먼딩과 롱산쓰 일대는 오랜 건물들이 줄지어 있는 근대문화유산으로 오랜 전통을 이어오는 로컬 식당과 점포들이 많이 남아있다. 타이완 서민의 모습을 살펴볼 수 있는 중요한 곳으로 충분히 걸을 수 있는 거리니 천천히 올드 시티를 거닐면서 타이베이의 또 다른 매력에 빠져보자.

WEST TAIPEI

기억에
남는
8장면

1. 망가 칭산공 옆 로컬 과일 가게에서 만난 어르신들의 다도
2. 반챠오 츠훼공을 찾은 외국인 커플. 문화를 이해하려는 모습이 아름답다.
3. 주말 시먼딩에서 울리는 아름다운 선율의 하프 공연
4. 화시제예스 로컬 과일 가게에서 신문을 통한 세상 구경
5. 망가 칭산공 옆 로컬 과일 가게에서 담소를 나누시는 어르신들
6. 영험함이 고스란히 느껴지는 망가 롱산쓰 야경
7. 시먼훙러우 프리마켓에서 무엇을 살까 고민하는 여행자
8. 신푸스창 어소어훠좐마이제에서 만난 옛 타이베이 사람들의 우의

타이베이 서부 MRT Map

기차역을 포함한 서부 지역은 타이베이의 시작이다. 타이베이 서부 여행의 정석은 타이베이처짠(台北車站)을 중심으로 MRT 블루 라인을 따라 서쪽의 시먼딩(西門町) 역에서 롱산쓰(龍山寺) 역 그리고 반챠오(板橋) 지역을 볼 수 있는 푸중(府中) 역까지 이동하는 것이다. 오랜 역사와 문화가 살아있는 옛 타이베이로 떠나는 시간여행.

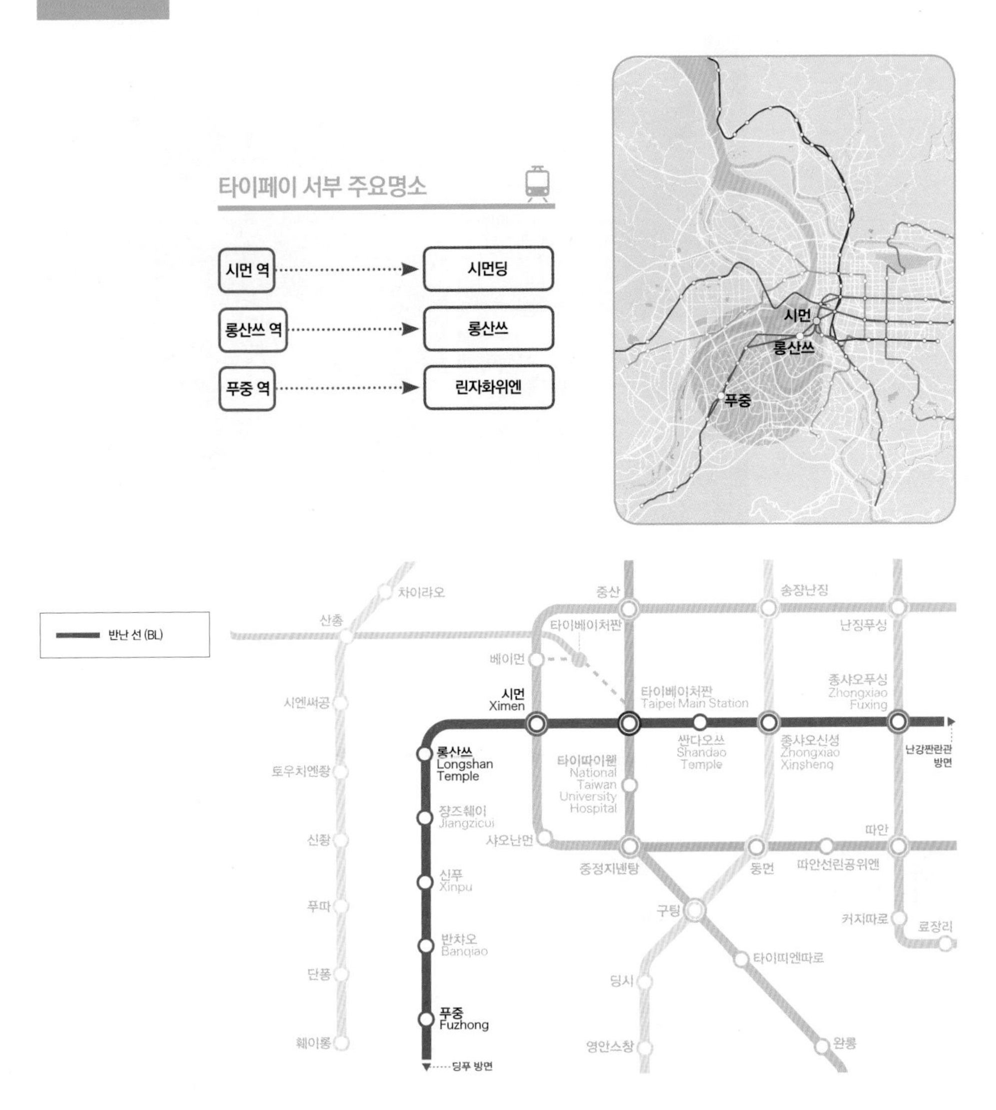

추천 일정

린자화위엔

타이완 부호, 린자(林家)의 아름다운 저택. 진정한 노블레스 오블리주로 1949년 전쟁 이후 난민들에게 임시 대피소로 사용하게 했는데 당시 약 1,000명의 사람이 머물기도 했다고. 1977년, 신베이 시에 수리 비용과 재산권까지 모두 기부하였다.

도보 6분

반챠오 츠훼공

영험하기로 유명한 마주(媽祖) 여신을 장저우(漳州)에서부터 이곳 반챠오까지 모시고 왔다. 반챠오 지역 이주자들 모두 무탈하게 번영했다고 하니 린자화위엔을 오가는 길에 들러 원하는 바 소원을 빌어보자.

도보+MRT 15분

보피랴오

타이완 영화의 배경이 되기도 했던 보피랴오는 타이베이 시에 의해 역사거리로 재탄생했다. 롱산쓰를 보기 전 들러 사진 놀이하기에 더없이 좋은 곳이다. 작은 규모이니 너무 큰 기대는 말자.

시먼딩

시먼(西門)은 옛 타이베이 성의 다섯 문 중, 서쪽 문이 있던 곳이다. 딩(町)은 일제강점기에 도입된 행정 단위로 지금까지도 시먼딩(西門町)이라 부르고 있다. 타이베이 최초 보행자 거리인 이곳은 서울 명동, 도쿄 시부야로 비견되는 대표적인 번화가이다.

도보 15분

화시제예스

옛 타이베이서 망가(艋舺) 지역이 항구의 역할을 할 때 뱃사람과 한족, 외국인을 상대한 홍등가로 유명했던 곳이다. 보통 야시장과 달리 뱀부터 자라, 장어 등 보양식을 주로 판매하는데 외국인 여행자들 사이에서 Snake Alley 즉, 뱀 골목이라 불린다.

도보 2분

롱산쓰

타이베이에서 가장 오래된 사원이다. 불교와 도교의 신이 함께 모셔진 것이 관람 포인트로 본존불인 관음보살님이 아주 영험하기로 유명하다. 간절히 바라면 이뤄진다 했다. 작가 역시 관음보살께 간절히 빈 소원, 두 개 모두 이뤘다.

도보 3분

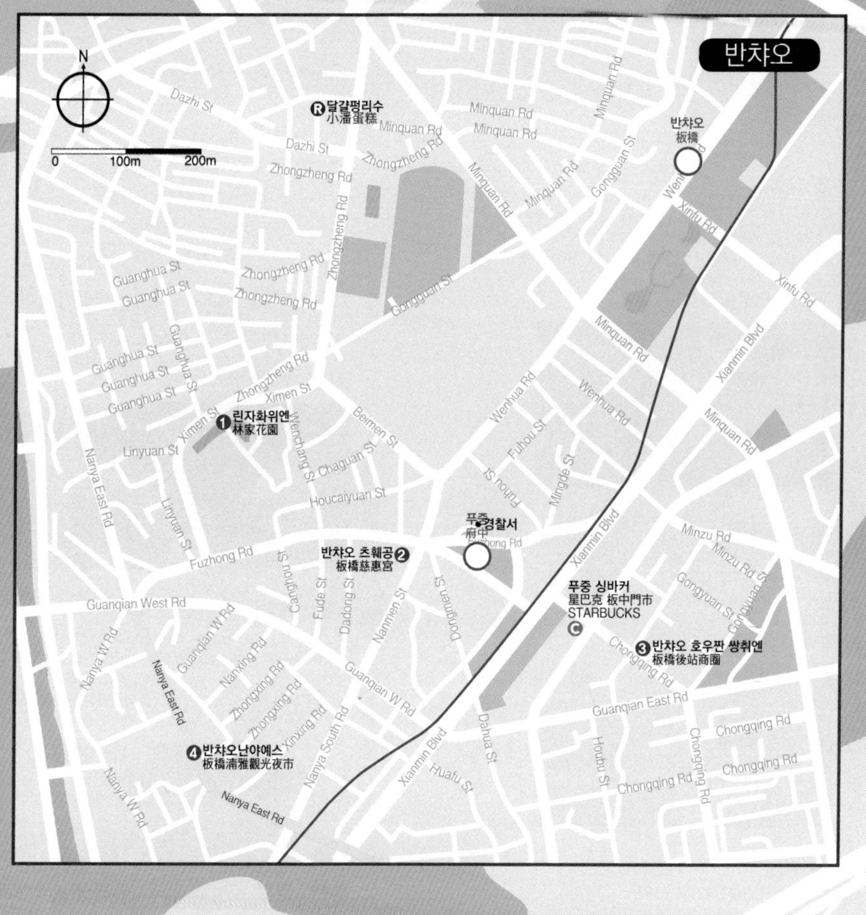

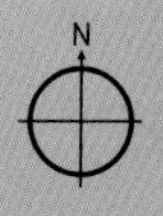

단수이강
淡水河

0
100m
200m

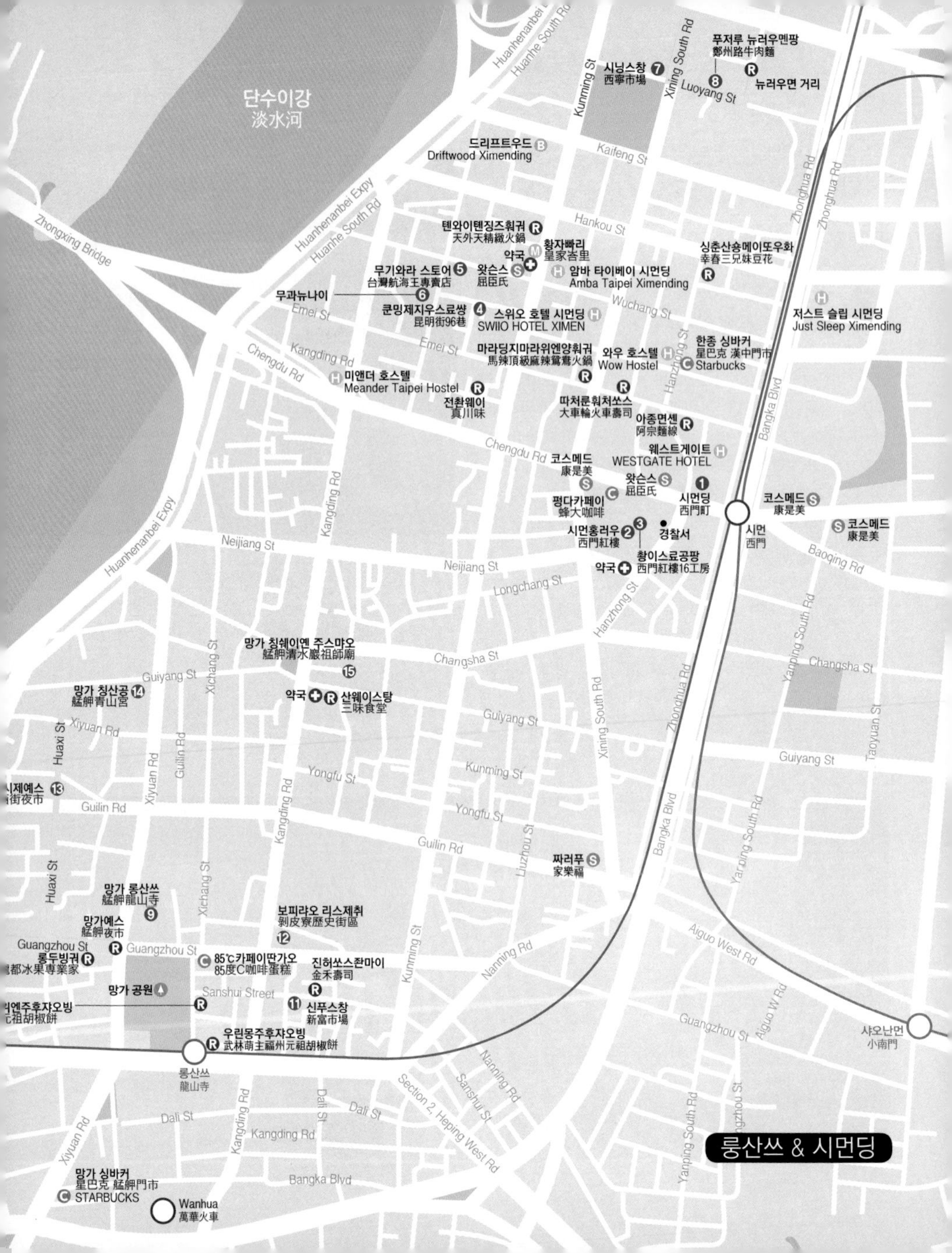

룽산쓰 & 시먼딩
단수이강
淡水河
드리프트우드
Driftwood Ximending
시닝스창 7
西寧市場
푸저루 뉴러우멘팡
鄭州路牛肉麵
8
뉴러우면 거리
텐와이텐징즈훠궈
天外天精緻火鍋
황자빠리
皇家沓里
약국
왓슨스
屈臣氏
암바 타이베이 시먼딩
Amba Taipei Ximending
싱춘산숑메이또우화
幸春三兄妹豆花
무기와라 스토어 5
台灣航海王專賣店
무과뉴나이 6
쿤밍제지우스료쌍 4
昆明街96巷
스위오 호텔 시먼딩
SWIIO HOTEL XIMEN
저스트 슬립 시먼딩
Just Sleep Ximending
마라딩지마라위엔양훠궈
馬辣頂級麻辣鴛鴦火鍋
와우 호스텔
Wow Hostel
한종 싱바커
星巴克 漢中門市
Starbucks
미앤더 호스텔
Meander Taipei Hostel
전촨웨이
眞川味
따처룬훠처쏘스
大車輪火車壽司
아종면센
阿宗麵線
웨스트게이트
WESTGATE HOTEL
코스메드
康是美
왓슨스
屈臣氏
1
펑다카페이
蜂大咖啡
시먼딩
西門町
코스메드
康是美
시먼
西門
시먼홍러우 2
西門紅樓
3
경찰서
코스메드
康是美
황이스료공팡
西門紅樓16工房
약국
망가 칭쉐이옌 주스먀오
艋舺清水巖祖師廟
15
망가 칭산공 14
艋舺青山宮
약국
산웨이스탕
三味食堂
시제예스 13
街夜市
짜러푸
家樂福
망가 룽산쓰
艋舺龍山寺
9
망가예스
艋舺夜市
보피랴오 리스제취
剝皮寮歷史街區
12
룽두빙궈
都冰果專業家
85℃카페이딴가오
85度C咖啡蛋糕
진허쏘스좐마이
金禾壽司
망가 공원
엔주후자오빙
元祖胡椒餅
11 신푸스창
新富市場
우린몽주후쟈오빙
武林萌主福州元祖胡椒餅
룽산쓰
龍山寺
샤오난먼
小南門
망가 싱바커
星巴克 艋舺門市
STARBUCKS
Wanhua
萬華火車
Zhongxing Bridge
Huanhenanbei Expy
Huanhe South Rd
Kunming St
Xining South Rd
Luoyang St
Kaifeng St
Hankou St
Wuchang St
Emei St
Kangding Rd
Chengdu Rd
Zhonghua Rd
Bangka Blvd
Neijiang St
Longchang St
Hanzhong St
Baoqing Rd
Changsha St
Guiyang St
Xichang St
Xiyuan Rd
Huaxi St
Guilin Rd
Yongfu St
Liuzhou St
Yanping South Rd
Taoyuan St
Aiguo West Rd
Nanning Rd
Guangzhou St
Sanshui Street
Dali St
Section 2, Heping West Rd

West Taipei Spot❶
시먼딩

타이베이의 명동!

시먼딩

서문정 西門町
Ximenting

MUST SEE 시먼(西門)은 옛 타이베이의 다섯 문 중, 서쪽 문이 있던 곳. 딩(町)은 일제강점기에 도입된 행정단위로 지금까지 이 지역을 시먼딩(西門町)이라 부르고 있다. 타이베이 최초 보행자 거리인 시먼딩은 서울의 명동, 도쿄의 시부야로 비견되는 대표적인 번화가이다. 오랜 시간 타이베이 사람들에게 사랑 받아온 곳인 만큼 대를 이어 오는 유서 깊은 상점과 식당들이 즐비하다. 365일 언제나 붐비는 이곳은 늦은 시간까지 타이베이의 밤을 밝히는 곳으로 특히 젊은 이들과 여행객들이 즐겨찾는다. 중저가 브랜드와 로데오 거리, 늘어선 보세숍들, 영화관 그리고 맛집까지, 어느 지역에서 온 여행자라도 타이베이의 매력에 자연스럽게 녹아들 수 있다. 사랑하는 사람들과 함께 시먼딩 데이트를 즐기다 보면 어느덧 타이베이의 밤은 깊어 간다. 다른 지역에 비해 늦게까지 영업을 하는 마라훠궈 식당과 마사지 숍이 많아 타이베이 여행의 하루 일정을 마무리하기에 더없이 좋다.

Tip 알아두면 유용한 꿀팁

시먼딩의 하이라이트는 시먼(西門) 역 6번 출구로 나와 오른쪽으로 들어서면 만나는 한중제(漢中街)이다. 들어서는 입구 오른쪽에 보이는 1973 지광샹샹지(1973 繼光香香雞)에서 특유의 독특한 맛을 자랑하는, 갓 튀긴 치킨을 먹으며 시먼딩을 둘러보자.

Access	MRT 시먼(西門) 역 6번 출구 나와 오른쪽
GPS	25.042544, 121.507710

H&M
Panasonic
新世界大樓

SHIRYOUKOSTUDIO

西門町
Xi-Men Walker
hair salon
1973

STAR WARS
UNIQLO
X52

아름답게 핀 근대의 붉은 꽃

시먼훙러우

서문홍루 西門紅樓
The Red House

Address	台北市萬華區成都路10號 No.10, Chengdu Rd., Wanhua Dist
Tel	02 2311 9380
Open	일, 화 ~ 목요일 11:00 ~ 21:30, 금, 토요일 11:00 ~ 22:00 (월요일 휴관)
Web	www.redhouse.org.tw
Admission	무료

타이완 정부 주관으로 1908년 건립된 타이베이 최초의 공영시장이자 극장으로 도시 확장의 일환으로 만들어졌다. 고풍스러운 붉은 벽돌에 팔각으로 지어진 입구는 사람들이 사방팔방 모이기를 기원하면서 만들어져 '팔각극장'이라 불리기도 한다. 원래는 1층이었으나 1945년 2층으로 증축하면서 현재와 같은 구조가 되었으며 매일 경극과 오페라가 상연되었다고 한다. 1997년 대형 영화관의 등장으로 문을 닫게 되었지만, 그해 3급 국가 고적으로 지정되고 여러 문화예술단체의 노력과 함께 2008년 타이베이 시 문화기금회가 본격적으로 운영하면서 1층에서는 당시를 회고할 수 있는 전시 공간과 예술가들의 작품을 보거나 구매할 수 있는 '창이스료공팡'이, 2층에는 다양한 모임이나 공연이 열리고 있다. 주말에는 광장에서 프리마켓이 열린다.

알아두면 유용한 꿀팁

시먼훙러우 건물 뒤쪽으로 펍(Pub)과 게이 바(Gay Bar)가 줄지어 불을 밝히고 있다. 타이베이의 유명한 게이 바에서 벌어지는 화끈한 쇼는 정해진 날에만 있으니 너무 기대는 말자. 간단하게 맥주 한 잔으로 타이베이의 밤을 마무리하기 좋다.(Open 17:00 ~ 01:00)

Access	MRT 시먼(西門) 역 1번 출구 나와 길을 건너면 바로 보인다. 도보 1분.
GPS	25.042065, 121.506933

West Taipei Spot❸
시먼딩

크리에이티브 아티스트의 공간

촹이스료공팡

창의16공방 創意十六工房
16 creative boutique

아름답게 핀 근대의 붉은 꽃, 시먼훙러우. 그 안에는 예쁜 꽃의 술처럼 꽃잎에 둘러싸인 공방들이 자리하고 있다. 디자인 타이베이, WDC(World Design Capital)로 거듭나기 위한 전초기지 역할을 한다. 흥미로운 아이디어로 크리에이티브한 작품과 상품들이 작가들의 작은 공방에서 탄생하고 있다.
1층과 2층에 디자인 의류와 소품, 핸드메이드 코스메틱 그리고 장식품까지 약 20개의 디자인 브랜드가 모여 있다. 유행을 타지 않는 유니크한 아이템을 선호하는 쇼퍼홀릭에게도 좋지만, 굳이 쇼핑하지 않아도 마치 갤러리를 산책하는 기분이니 부담 없이 둘러보기 좋은 곳이다.

Tip 알아두면 유용한 꿀팁

주말에 시먼홍러우 앞 광장에서 열리는 프리마켓과 함께 둘러보면 재미는 2배! 프리마켓의 제품들은 아티스트들의 핸드메이드 작품이다. 부담 없는 가격, 액세서리부터 엽서 등 타이베이를 기념할 선물을 잔뜩 고르는 것은 어떨까?

Address	台北市萬華區成都路10號 No.10, Chengdu Rd., Wanhua Dist
Tel	02 2311 9380 #28 (내선번호)
Open	일, 화 ~ 목요일 11:00 ~ 21:30, 금, 토요일 11:00 ~ 22:00 (월요일 휴관)
Web	www.redhouse.org.tw
Admission	무료
Access	MRT 시먼(西門) 역 1번 출구로 나와 보이는 시먼홍로우 안에 있다. 도보 1분.
GPS	25.042063, 121.506964

West Taipei Spot❹
시먼딩

미안하다, 사랑한다

쿤밍제지우스료썅

곤명가96항 昆明街96巷
Kunming St.

오래전 미국 구제 옷을 판매하던 곳으로 아메리카 스트리트라고 불리고 있는 이곳은 시먼딩의 영화 거리와 이어져 있어 타이베이 현지인들은 즐겨 찾는다. 영화 공원(Taipei Cinema Park), 우창제얼뚜안이빠이얼스썅(武昌街二段120巷)과 함께 골목 곳곳을 채우고 있는 그라피티를 배경으로 사진 놀이하기 좋다. 2004년 방영되었던 인기 드라마 〈미안하다, 사랑한다〉의 배경지였던 멜버른의 호시어 레인과 닮았다. 트렌디한 옷과 액세서리를 판매하는 상점들과 함께 현지인이 즐겨 찾는 수제 버거 가게, 호주식 레스토랑, 골목에 자리한 아기자기한 이자카야, 파파야 우유로 오랫동안 사랑받고 있는 가게 등이 있다. 조금 더 특별한 타이베이 여행을 선사해줄 선물 같은 곳.

Address	台北市萬華區昆明街96巷 Ln. 96, Kunming St., Wanhua Dist.
Access	시먼딩 영화관이 모여있는 영화의 거리, 우창제얼뚜안(武昌街二段)에서 우창제얼뚜안이빠이얼스썅(武昌街二段120巷)으로 찾기가 더 쉽다.MRT시먼(西門) 역 6번 출구에서 도보 8분. 〈구글맵Woolloomooloo Out West 검색〉
GPS	25.044862, 121.504394

West Taipei Spot 5
시먼딩

오레와 카이조쿠오니 나루!
무기와라 스토어

원피스 스토어 台灣航海王專賣店
One Piece Store

나는 해적왕이 될 거야! 만화, 〈원피스〉의 주인공, 루피가 항상 외치는 말이다. 만화책부터 속에 등장하는 캐릭터들의 피겨, 엽서 등 각종 상품을 판매하는 곳으로 〈원피스〉 마니아라면 반드시 들러야 할 곳이다. 해적왕이 될 남자, 루피가 탄생한 일본에 비교하면 상품 수가 적지만 마니아들의 욕구를 채워주기엔 충분하다. 일본 현지에서는 매장 찾기가 힘든 것과 비교해 타이베이의 시먼딩은 한번은 들리게 되는 곳이라 접근성도 좋다. 루피 해적단과 함께 타이베이라는 바다 위에서 맛있는 음식을 먹으며 선상 파티를 열어 보자! 빙크스노 사케오 토도 캐니 유쿠요~♪ 요호호호~♪(빙크스의 술을 전하러 간다네~♪ 요호호호~♪)

Address 台北市萬華區昆武昌街二段118-2號
No.118-2, Sec. 2, Wuchang St., Wanhua Dist.
Tel 02 2331 5123
Open 13:30~21:30
Cost $$~$$$
Admission 무료
Access 시먼딩 영화관이 모여있는 영화의 거리, 우창제얼뚜안(武昌街二段)에서 우창제얼뚜안이빠이얼스썅(武昌街二段120巷) 만나기 전. MRT시먼(西門)역 6번 출구에서 도보 8분. 〈구글맵 One Piece Store 검색〉
GPS 25.045199, 121.504405

West Taipei Spot 6
시먼딩

파파야 우유와 아이스 커피
600cc무과뉴나이

600cc목과우내 600cc
木瓜牛奶 600cc Papaya Milk

시먼딩에서 파파야 우유로 오랫동안 사랑받고 있는 600cc무과뉴나이. 콜럼버스가 천사의 열매라고 표현할 정도로 달콤한 향이 가득한 파파야는 타이완을 대표하는 열대 과일 중 하나로 비타민 C와 소화효소, 파파인이 함유되어 있어 소화제 역할을 하며 변비 치료에 효과적이다. 칼로리가 낮아 다이어트에도 좋다고 한다. 배는 부르고 먹어야 할 맛있는 타이완 음식은 많다면 이곳에서 파파야 우유를 마시고 그라피티가 그려진 골목에서 사진 놀이를 즐기자. 어느새 배는 가벼워져 있을 것이다. 이곳에서 판매하는 아이스크림이 올려진 인스턴트 아이스 커피도 별미다.

Address 台北市萬華區昆武昌街二段122號
No.122, Sec. 2, Wuchang St., Wanhua Dist.
Tel 02 2371 6439
Open 11:30 ~ 22:30
Cost $
Access 시먼딩 영화관이 모여있는 영화의 거리, 우창제얼뚜안(武昌街二段)에서 우창제얼뚜안이빠이얼스썅(武昌街二段120巷) 골목 입구에 있다. MRT시먼(西門) 역 6번 출구에서 도보 8분. 〈구글맵Woolloomooloo Out West 검색〉
GPS 25.045310, 121.504020

West Taipei Spot❼
시먼딩

정겨운 타이완의 재래시장

시닝스창

서녕시장 西寧市場
Xining Market

시먼딩하면 떠오르는 것이 명동, 시부야? 지금의 잘 정비된 번화가로서 관광 명소로서 모습이다. 하지만 조금 일찍 조금 더 깊이 들여다보면 이곳이 번화해지기까지 시간을 머릿속에 그려볼 수 있다. 언제나 사람들로 가득한 시먼딩 거리 곳곳에 들어서던 가판과 노점들, 물건을 구경하고 흥정하는 사람들을 말이다. 시 정부에서는 시장 정비사업의 하나로 혼잡했던 시먼딩 곳곳에 재래시장 상인들을 모아 1985년, 시닝스창을 오픈했다. 품질 좋기로 이름난 과일과 채소상회 그리고 음식점까지 150여 점포가 자리 잡고 있는데 대형마트도 아닌 재래시장 한쪽에 판매하고 있는 한국 식품들을 보니 재밌기도 하고 한류를 실감키도 한다. 이른 아침 시장 구경하고 나니 배가 출출하다. 어디선가 맛있는 냄새가 솔솔~ 그 냄새를 따라 살살~ 가볼까?

Address	台北市萬華區西寧南路4號 No.4, Xining S. Rd., Wanhua Dist
Tel	02 2314 0219
Open	04:00 ~ 13:00 (월요일 휴무)
Access	MRT 시먼(西門) 역 6번 출구 나와 직진후 만나는 시닝난루(西寧南路)에서 오른쪽으로 직진. 도보 10분.

West Taipei Spot❽
시먼딩

저렴한 가격에 푸짐한 소고기 탕면

푸저루 뉴러우몐팡

정주로 우육면 鄭州路牛肉麵
Beef Noodle Street

시닝스창 구경을 한 바퀴 쓱 했다면 늘 저렴한 가격의 푸짐한 소고기 탕면, 뉴러우몐 한 사발 뚝딱 들이켜 볼까? 40년 역사의 뉴러우몐 거리로 이름난 푸저루(鄭州路)에 있는 20여 개 가게에서는 진한 육수의 향이 끊이질 않는다. 도시 확장과 재정비 사업으로 푸저루 주변이 철거되면서 뉴러우몐 가게들은 시닝스창 주변으로 옮겨가기 시작했지만 엄마 손 잡고 시장 나들이 갈 때 들러 배를 든든하게 채우던 타이베이 사람들에게 푸저루는 여전히 향수를 자극하는 곳이다. 작가 부부도 이름난 맛집보다는 이곳의 뉴러우몐 가게를 더 자주 찾는데 저렴한 가격과 훌륭한 맛이 인기의 비결. 단돈 100NT$, 소문난 맛집의 반값에 소고기가 듬뿍 들어간 뉴러우몐의 행복을 느껴보자.

Tip 알아두면 유용한 꿀팁

뉴러우몐을 먹을 때 테이블 위에 놓여진 네 가지 통이 있다. 얼큰함과 매콤함을 더해주는 고추기름과 양념장, 소고기의 풍미를 높여주는 소고기 기름과 식감을 올려주는 채소 절임 등을 취향에 맞게 섞어 더욱 맛있게 즐기자.

Address	台北市萬華區洛陽街 Luoyang St., Wanhua Dist
Open	09:00 ~ 21:00 (곳에 따라 24시간)
Access	시닝스창(西寧市場)과 러양제(洛陽街)를 따라 이어진다.

망가(멍쟈)

맹갑 艋舺 Monga

MUST SEE 시먼딩(西門町)과 룽산쓰(龍山寺), 화시제(華西街) 그리고 디화제(迪化街)를 포함한 옛 타이베이를 일컬어 완화(萬華) 또는 망가(艋舺)라 부른다. 망가는 타이완 원주민의 작은 배를 뜻하는 말로 (베이징식 발음은 '멍쟈'라 하고 타이완식 발음은 '망가'라고 한다) 땅이 낮아지는 침강현상으로 바닷물이 밀려 들어와 호수가 되었던 이 일대와, 단수이강의 하류가 연결되어 있어 1700년대 이곳에 거주하던 원주민과 대륙 간 교역이 활발하게 이루어져 많은 배들이 정박하고 있던 그 모습을 말한다. 이후 주요 무역항으로 번창하면서 자연스럽게 한족이 유입되었다. 1800년대 중반부터 호수와 강의 수위가 점점 낮아지면서 좀 더 북쪽인 따다오청(大稻埕), 지금의 디화제(迪化街)로 항구를 옮겼다. 1875년 타이중(台中)에 있던 타이완부(臺灣府)가 이곳으로 옮기면서 타이베이(台北)라 부르기 시작했다고 한다. 2010년 개봉한 타이완판 〈친구〉 영화 〈망가(艋舺 · 맹갑)〉의 영향도 있겠지만 옛 정취가 남아 있어 이곳을 거닐때가 참 좋다. 특히 타이베이 분지의 중심, 룽산쓰(龍山寺)와 화시제(華西街) 일대는 타이베이가 생성된 곳이라 할 수 있다. 옛 타이베이 즉, 망가(艋舺) 일대는 오랜 건물들이 줄지어 있는 근대문화유산으로 오랜 전통을 이어오는 로컬 식당과 점포들이 많이 남아있어 타이완 서민의 모습을 살펴볼 수 있는 중요한 곳이다. 망가를 여유롭게 거닐며 옛 타이베이를 만나보자. 또 다른 타이베이의 매력에 빠질 것이다.

옛 타이베이, 망가(艋舺) 반나절 루트

- 13:00 **롱산쓰(龍山寺)**
  도보 2분
- 14:30 **신푸시장(新富市場)**
  도보 3분
- 15:00 **보피랴오(剝皮寮)**
  도보 5분
- 16:00 **칭쉐이옌(清水巖)**
  도보 1분
- 16:30 **귀양제시장(貴陽街二段)**
  도보 1분
- 17:00 **칭산공(青山宮) 앞 로컬과일집에서 주스마시기**
  도보 1분
- 17:30 **칭산공(青山宮)**
  도보 5분
- 18:00 **화시제예스(華西街夜市)**

알아두면 유용한 꿀팁

영화 〈망가(艋舺 · 맹갑)〉를 보고 옛 타이베이를 거닐면 더욱 흥미롭다. 청춘의 방황과 우정을 엿볼 수 있는 영화로 우리나라 〈친구〉와 닮았다. 그들이 달리던 화시제(華西街)와 칭쉐이옌(清水巖) 등을 돌아보며 영화 속 장면들을 떠올려 보자.

Access MRT 롱산쓰(龍山寺) 역 1번 출구로 나서면 옛 타이베이 즉, 망가(艋舺)의 중심이다.

GPS 25.035250, 121.500428

West Taipei Spot ❾
롱산쓰

Address	台北市萬華區廣州街211號 No. 211 Guangzhou St. Wanhua District
Tel	02 2302 5162
Open	06:00 ~ 22:00
Web	www.lungshan.org.tw
Admission	무료

영험한 기운이 가득한
망가 롱산쓰
맹갑 용산사 艋舺 龍山寺
Long Shan Temple

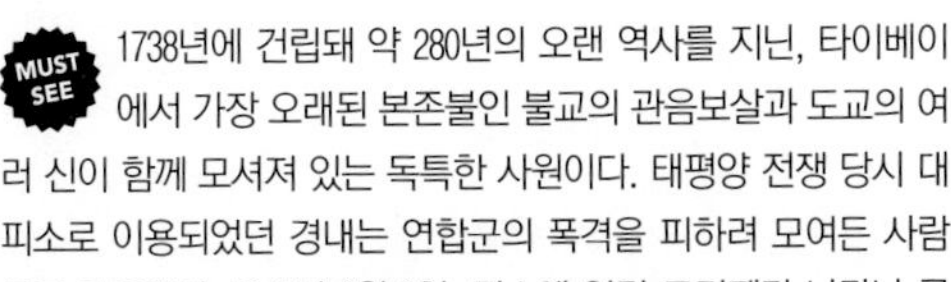

1738년에 건립돼 약 280년의 오랜 역사를 지닌, 타이베이에서 가장 오래된 본존불인 불교의 관음보살과 도교의 여러 신이 함께 모셔져 있는 독특한 사원이다. 태평양 전쟁 당시 대피소로 이용되었던 경내는 연합군의 폭격을 피하려 모여든 사람들로 가득했다. 1945년 6월 8일, 평소에 없던 모기떼가 나타나 극성을 부려 사람들은 경내를 빠져나가 뿔뿔이 흩어졌다. 그날 밤, 연합군의 폭격기가 일본의 총통부로 착각해 롱산쓰에 폭격을 가했고 관음보살이 모셔진 중전(中殿)과 사원의 일부가 파손되었다. 화재까지 발생했지만, 관음보살상은 아무렇지 않게 그 자리에 있었다고 한다. 물론 경내가 비어 있었으므로 단 한 명의 피해자도 없었고 그 이후 많은 사람을 구했다 하여 영험하기로 유명해졌다. 파손된 사원은 1957년 복원되어 현재에 이른다. 타이베이에서 가장 인기 있는 사원으로 현지 사람들과 여행자들의 발길이 끊이지 않는다. 소원을 잘 들어주기로도 유명한데, 2012년 타이완을 처음 찾았을 때, 관음보살께 '타이완에서 살아도 될까요? 살고 싶습니다.'라고 소원을 빌었고 지금 현재 타이완 타이베이에서 살고 있다. 소원이 이뤄지면 다시 찾아가 감사 공양을 올려야 한다.

알아두면 유용한 꿀팁
오후 즈음 보피랴오 역사 지구부터 완화 지역을 둘러보고 용산사를 찾아가 소원도 빌고 야경을 본 후, 바로 옆에 있는 화시제 야시장을 둘러보자.

타이베이 3대 사원 : 망가 롱산쓰(艋舺龍山寺), 망가 칭쉐이옌(艋舺清水巖), 따롱통 바오안공(大龍峒 保安宮)
태평양 전쟁 : 제2차 세계대전 일부로 일본의 진주만 공습 이후 1941~1945년 일본과 연합군 간 전쟁으로 일본의 무조건 항복으로 끝이 났다.

Access
1. MRT 롱산쓰(龍山寺) 역 1번 출구로 나와 북쪽으로 망가공위엔(맹갑공원・艋舺公園) 지나면 보인다. 도보 2분.
2. MRT 롱산쓰(龍山寺) 역 지하도의 용산플라자의 이정표를 따라 4번 출구로 나가면 된다. 도보 1분.

GPS 25.037154, 121.499896

자비로운 향 3개는 어디에 꽂으면 될까?

롱산쓰 오른쪽 입구, 롱먼청(龍門廳)에 들어서면 방문자에게 향 3개를 무료로 나눠준다. 이는 경내 중심에 있는 주향로 3곳, 즉 경내 주신(主神)인 관음보살, 옥황상제 그리고 마주(天上聖母)께 차례로 공양을 드리는 것이다.

알아두면 유용한 꿀팁

2017년 9월부터 많은 방문자로 인해 별도의 공지가 있기 전까지 향 1개만을 무료로 주고 첫 번째 대향로에만 꽂을 수 있다.

롱산쓰에서 만나는 전(殿), 청(廳) 그리고 묘(廟)에 모셔진 주신(主神)

관세음보살 觀世音菩薩

관우장군 關聖帝君

마주여신 天上聖母

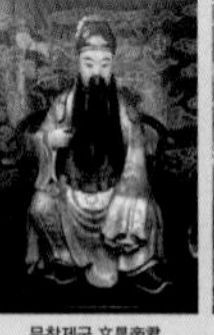
문창제군 文昌帝君

수선존왕 水仙尊王

월하노인 月老神君

주생랑랑 註生娘娘

화타선사 華陀仙師

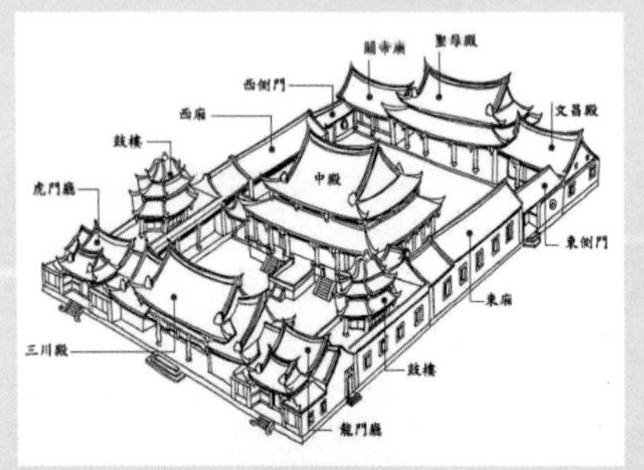

1. **중전(中殿)** : 관음보살(觀音菩薩)-자비로써 중생을 구제하는 보살. 자비의 어머니.
2. **정전(正殿)** : 정전은 세분화하여 중전이라고 하며 롱산쓰에 주신, 관음보살과 그 곁을 지키는 문수보살, 보현보살, 위타와 가람 수호신 그리고 십팔나한을 모시고 있다.
3. **후전(後殿)** : 크게 성모전, 문창청, 관제묘로 나뉘며 세부적으로 좌전, 우전, 화타청, 월로청까지 인간의 삶에 중요한 신을 모시고 있다.(후전을 바라보고 우측부터)
4. **문창청(文昌廳)** : 문창제군(文昌帝君)-학문, 수험의 신. 수험생들의 합격을 기원 한다.
5. **화타청(華陀廳)** : 화타선사(華陀仙師)-의학의 신. 건강을 기원 한다.
6. **성모전(聖母殿)** : 마주(媽祖-天上聖母)-바다의 신. 관음보살의 현신, 널리 이롭게 한다.
   └**좌전(左殿)** : 수선존왕(水仙尊王)-바다의 신. 선원과 상인을 보호 한다.
   └**우전(右殿)** : 주생랑랑(註生娘娘)-다산, 산모와 아이의 수호신.
7. **관제묘(關帝廟)** : 관성제군(關聖帝君)-재물의 신. 사업과 재무 관리를 좋게 한다.
8. **월로청(月老廳)** : 월노신군(月老神君)-사랑의 신. 애정과 결혼, 운명의 붉은 실로 엮는다.

'신의 입술'을 빌어 답을 얻다

쟈오베이

교배 筊杯 Jiaobei

타이완의 사원 내에서는 현지인들이 간절하게 소원을 빌며 붉은 나무 조각을 던지는 것을 쉽게 볼 수 있다. 점괘를 보는 도구로 신의 대답을 듣기 위한 것인데, 실제 이름은 '쟈오베이'로 '운세(점) 컵' 또는 초승달을 닮아 '달 조각'이라고도 불린다. 현지인들은 이 '쟈오베이'로 신의 대답을 듣기 때문에 '신의 입술'이라고도 부른다.

소원을 빌 때 국적과 이름, 생년월일, 주소를 말하고 한 가지 소원을 상세히 말하는 게 좋다. 여러 가지를 한꺼번에 말하면 대답을 듣기 어렵거나, 답지를 받았더라도 긍정적인 대답을 주지 않을 때가 많다고 하니 가장 간절한 한 가지 소원을 빌어보자!

알아두면 유용한 꿀팁

1. **쟈오베이를 들고 합장한 후 국적과 이름, 생년월일, 주소를 말하고 소원을 빈다.**
2. **소원을 빌었다면 쟈오베이를 던지는데 셩쟈오(聖筊) 즉, Yes가 연속 3번 나와야 한다.**
(예를 들어 2번 Yes 후, 1번 No가 나왔다면 처음부터 다시! 뭐, 소원 이루기가 어디 쉬울까? 우리에게 익숙하지 않은 문화라고 해도 진지하고 간절하게!)
3. **Yes가 3번 연속 나왔다면 첨통에서 번호표를 뽑는다.** 번호가 신이 주시는 운세 쪽지인지 여쭤본 후 번호표를 들고 쟈오베이를 던진다. 이 역시 Yes가 연속 3번 나와야 한다. (아닐 시에는 이 번호의 운세 쪽지가 아니라는 말로 첨통에 번호표를 넣고 다른 번호표를 뽑아 다시 진행한다)
4. **첨통의 번호표, 3번 모두 Yes!**
그 번호에 맞는 운세 쪽지를 한편에 마련된 서랍에서 꺼내어 운세 쪽지를 보고 길흉 등 주의사항을 참고하면 된다.

※ 요즘은 첨통의 번호표를 약식으로 뽑는 추세이다. 첨통의 번호표를 뽑은 후 처음 쟈오베이를 던졌을 때 Yes가 나오면 운세 쪽지를 꺼내어 보면 된다.

셩쟈오(聖筊)

말하는 것 같은 입 모양으로 조각이 서로 다른 방향으로 나왔을 경우

'Yes'

'소원이 이루어질 거야~'

쟈오쟈오(笑筊)

웃는 입 모양으로 조각이 같은 평평한 방향으로 나왔을 경우

'No'

'허허허... 잘 모르겠구나~'

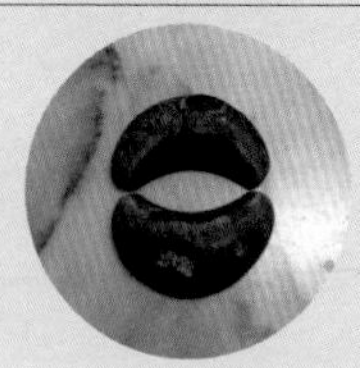

인쟈오(陰筊)

음… 침묵하는 입 모양으로 조각이 같은 볼록한 방향으로 나왔을 경우

'No'

"음... 글쎄... 좀 더 노력하려무나~"

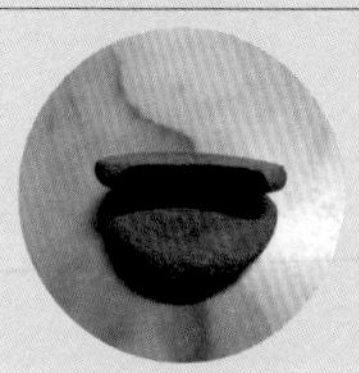

리쟈오(立筊)

말 그대로 조각들이 서 있는 것인데 이런 경우는 극히 드물다. 신들이 이해하지 못한 경우

'?'

'다시 한 번 말해 줄래? 무슨 말인지 도통…'

친통(籤筒, 첨통)

쟈오베이를 통해 소원이 이루어진다고 신이 대답을 주었다면 그 소원에 대한 운세(주의사항)를 보자. 첨통에는 대나무로 만들어진 1번부터 100번까지의 번호표가 들어 있다. 번호표를 뽑았다면 마찬가지로 쟈오베이를 던져 이 번호가 신이 주신 운세 쪽지가 맞는지 확인해야 한다. 뽑은 번호의 운세 쪽지로 소원에 관한 길흉을 보자.

1935년, 재래시장 장보기

신푸딩원화스창

신부정문화시장 新富町文化市場
Shintomicho Cultural Market

말발굽 형태의 건물 그대로 보존되어 2006년 시고적으로 지정된 후 2013년 현재의 모습으로 복원되어 시민들의 문화 공간으로 재탄생하였다. 1935년 6월 28일 문을 연 시장은 육류와 생선, 채소, 잡화 등을 판매하던 30개 이상의 노점이 있었다. 시장이 문을 연지 얼마 되지 않아 발발한 2차 세계대전으로 이곳의 시간은 멈추게 되었지만, 이곳에서 저녁 장을 보던 주부들의 일상을 추억할 수 있었다. 전쟁이 끝나고 국민당의 대규모 유입으로 인구가 급격히 늘어나고 수요가 크게 늘어 1960년대에는 이곳에서 공연이 열리며 시장 외에 문화의 장 역할을 하기도 했다. 이후 1968년 건물 신축으로 확장하면서 전성기를 맞이했다. 하지만 1970년대 후반 도시 확장으로 다른 시장들이 생겨나기 시작하고 1990년대 이후 외식문화가 자리 잡으면서 시장의 역할은 조금씩 축소되기 시작했고 오늘날에 이르렀다. 타이베이의 재래시장의 현재와 과거를 그려보기 좋은 장소로 건물 내부에 또는 외부에 있는 카페 및 찻집에서 잠시 쉬어가기 좋다. 보피랴오와 함께 둘러보길 추천.

Address 台北市萬華區三水街70號
No. 70, Sanshui St., Wanhua Dist.
Tel 02 2308 1092
Open 06:00 ~ 17:00 (월요일 휴무)
Admission 무료
Access 롱산쓰(龍山寺)역 3번 출구로 나와 왼쪽 바로 옆 골목 안. 도보 1분. (신푸스창 內)
Web umkt.jutfoundation.org.tw
GPS 25.035796, 121.501853

West Taipei Spot ⓫
롱산쓰

올드 시티, 올드 플리마켓!

신푸스창

신부시장 新富市場
Xinfu Market

롱산쓰에 왔다면 타이베이 서민의 모습을 고스란히 담고 있는 신푸스창을 빼놓을 수 없다. 규모가 그리 크지 않은 이곳은 1935년 롱산쓰 주변에 생성되어 한때는 완화 지역의 가장 중심이 되는 큰 재래시장이었다고 한다. 도시가 확장되면서 현재에 이르렀지만, 여전히 작은 골목으로 이어진 시장에는 오래된 노점들이 자리를 지키고 있다. 특히 시장 입구와 마주한 거리 어소어훠좐마이제(二手貨專賣街)는 주말이면 플리마켓(벼룩시장)의 원조라 할 수 있는 중고 물품을 거래하는 곳으로 옛 타이베이인 망가(艋舺)에서 열리는 플리마켓인 만큼 골동품 시장을 방불케 한다. 과거로의 시간 여행을 하는 기분이 드는 이곳을 잠시 거니는 것만으로도 나만의 타이베이 여행 완성!

Address 台北市萬華區三水街
Sanshui St., Wanhua Dist.

Open 06:00 ~ 17:00 (월요일 휴무)

Access
1. MRT 롱산쓰(龍山寺) 역 1번 출구로 나와 북쪽으로 망가공위엔(맹갑공원, 艋舺公園) 동쪽으로 가로질러 산쉐이제(三水街)로 들어서면 된다. 도보 2분.
2. MRT 롱산쓰(龍山寺) 역 3번 출구로 나와 왼쪽 좁은 골목으로 들어서면 된다. 도보 1분

GPS 25.036012, 121.501930

West Taipei Spot ⓬
롱산쓰

옛 타이베이를 거닐다

보피랴오 리스제취

박피료역사가구 剝皮寮歷史街區
Bopiliao Old Street

보피랴오(剝皮寮 · 박피료)라는 이름에서 알 수 있듯이 이곳은 항구를 통해 들어온 삼나무의 껍질을 벗기는 1차 작업을 하던 곳이었다. 도시가 확장되면서 항구는 옮겨가고 그 기능이 점차 쇠퇴하면서 사람들은 이곳을 떠나기 시작했다. 점차 폐허가 되어가던 이 거리는 타이베이 시에 의해 100m 남짓의 역사거리로 재탄생하면서 롱산쓰(龍山寺)를 보고 난 후 망가(艋舺) 즉, 옛 타이베이를 둘러보기에 더없이 좋은 곳이 되었다. 작은 규모이므로 큰 기대는 말고 천천히 구석구석 살펴보자. 사진 촬영 장소로 아주 그만이다. 타이완 영화 〈망가(艋舺, 타이완판 친구)〉의 촬영 장소로 현지인들의 발길이 잦아지면서 여행자들에게도 알려졌다.

Address 台北市萬華區廣州街141號
No.141, Guangzhou St., Wanhua Dist.

Tel 02 2336 2798

Open 역사거리 09:00 ~ 21:00, 전시관 09:00 ~ 18:00 (월요일 휴관)

Admission 무료

Access MRT 롱산쓰(龍山寺) 역 1번 출구 나와 북쪽 공원 지나 롱산쓰(龍山寺)를 바라보고 광저우제(廣州街)를 따라 오른쪽 직진, 사거리에서 만나는 캉딩루(康定路)에서 왼쪽(북쪽)으로 직진. 도보 10분.

GPS 25.036702, 121.501699

West Taipei Spot ⑬
롱산쓰

사락 사락, 뱀 골목

화시제예스

화서가야시장 華西街夜市
Huaxi Street Night Market

MUST SEE 옛 타이베이서 망가(艋舺) 지역이 항구의 역할을 할 때 화시제(華西街)는 뱃사람과 한족, 외국인을 상대한 홍등가로 유명했던 곳이다. 그래서인지 보통 야시장과는 달리 뱀과 자라, 장어 등 보양식을 주로 판매하는 특이한 야시장이다. 일제강점기 이후 타이베이 시의 제재와 시민들의 노력으로 지금은 예전의 홍등은 찾아보기 힘들다. 오랫동안 타이완에서 사랑받는 유서 깊은 곳으로 화시제 골목으로 들어서면 쇼케이스에 사락사락 혀를 내미는 커다란 구렁이와 뱀들이 누워 있고 그들의 먹이인 쥐도 볼 수 있다. 그 옆으로는 자라, 장어 등을 판매하는 곳이 즐비하다. 그래서 외국인 여행자들 사이에서 'Snake Alley' 즉, 뱀 골목이라 불린다. 보양식을 굳이 먹지 않더라도 이색적인 광경을 볼 수 있는 곳이니 꼭 한 번 찾아보자. 특히 화시제는 타이완 마사지로 유명한데 무엇보다 저렴한 가격의 발 마사지가 아주 유명하니 많이 걷게 되는 타이베이 여행에서 피곤한 발과 다리를 쉬어 주는 것은 어떨까?

Address 台北市萬華區華西街
Huaxi St., Wanhua Dist
Tel 02 2388 1818
Open 10:00 ~ 24:00

알아두면 유용한 꿀팁

롱산쓰(龍山寺)와 가깝고 화시제예스에 들어서기 전 먼저 만나게 되는 여느 야시장과 같은 망가예스(艋舺夜市)는 망가(艋舺) 지역에 있던 모든 야시장인 광저우제예스(廣州街夜市), 우저우예스(梧州街夜市), 시창제예스(西昌街夜市) 그리고 화시제예스(華西街夜市)까지, 2011년 지역 상권 확장을 위해 통합해 만든 야시장이다.
이곳에서 유명한 것은 청새치 살로 만든 수제 어묵과 마른 오징어 구이로, 타이완 맥주 한 캔과 함께 먹으며 야시장을 구경하는 재미도 쏠쏠하다. 좀 더 안쪽으로 들어서면 해산물과 삶은 양고기를 판매하는 곳이 있다. 어르신들이 반주하는 모습은 망가(艋舺) 즉, 옛 타이베이를 잘 보여주는 한 장면이다.

Access MRT 롱산쓰(龍山寺) 역 1번 출구로 나와 시위엔루이뚜안(西園路一段)을 따라 직진, 오른쪽으로 롱산쓰(龍山寺)가 있는 사거리에서 왼쪽으로 길을 건너 광저우제(廣州街)로 들어서면 화시제 입구가 보인다. 도보 5분
GPS 25.038598, 121.498444

West Taipei Spot ⑭
롱산쓰

사랑하는 사람의 건강을 기원하는

망가 칭산공

맹갑청산궁 艋舺青山宮
Qingshan Temple

1854년 망가(艋舺) 지역에 돈 역병으로 푸젠성 후이안의 수호성인인 칭산왕상을 어민들이 옮겨오면서 1856년 칭산공(靑山宮)을 건립했다. 이후 칭산공에 참배한 사람들은 역병이 걸리지 않았다고 해 영험하기로 유명한 사원이다. 칭산공의 주인인 칭산왕은 삼국시대 오나라 장수 장곤(張滾)으로 공평하게 덕으로 다스려 사후 칭산왕(靑山王)으로 봉해졌다고 한다. 흔히 삼국지에 등장하는 인물 중 관우(關羽)만이 유일하게 신이 된 것으로 알려져있지만 알면 알수록 흥미로운 도교와 도교문화 그리고 중화의 역사이다.

Tip 알아두면 유용한 꿀팁

칭산공을 알리는 패루(牌楼) 전에는 할아버지가 운영하시는 과일 노점이 있다. 이곳은 각종 과일을 먹기 좋게 잘라 주기도 하고 과일주스도 판매하는데 당근주스 맛이 아주 그만이다. 다른 과일주스도 아주 신선하고 맛있다.

Address 台北市萬華區貴陽街二段218號
No.218, Sec. 2, Guiyang St., Wanhua Dist.
Tel 02 2382 2296
Open 05:00 ~ 21:00
Admission 무료
Access MRT 롱산쓰(龍山寺) 역 1번 출구로 나와 시위엔루이뚜안(西園路一段)을 따라 직진, 왼쪽에 칭산궁을 알리는 패루(牌楼)가 나온다. 도보 10분
GPS 25.039924, 121.499536

West Taipei Spot ⑮
롱산쓰

검은 얼굴의 고승이 잠든

망가 칭쉐이옌 주스먀오

맹갑청수암조사묘 艋舺淸水巖祖師廟
Qingshui Temple

큰 가뭄 때 기우제로 비를 내려 '물의 창시자'로 불리는 북송시대의 고승인 진소응(1047-1101)을 모신 곳으로 롱산쓰와 더불어 1790년 푸젠성 이주민에 의해 건립된 약 230년의 역사가 살아 숨 쉬는 유서 깊은 사원이다. 병든 자들을 치료해 화타에 비견되기도 해 많은 사람이 이곳에서 가족의 건강을 기원한다. 진소응은 수행 중 연기로 얼굴이 까마귀처럼 검게 그을렸다 해서 우멘(烏面)이라고도 불린다. 그래서 불상이 얼굴도 검은색이다.

Address 台北市萬華區康定路81號
No.81, Kangding Rd., Wanhua Dist.
Tel 02 2371 1517
Open 06:00 ~ 21:30
Admission 무료
Access MRT 롱산쓰(龍山寺) 역 1번 출구 나와 북쪽 공원 지나 롱산쓰(龍山寺)를 바라보고 광저우제(廣州街)를 따라 오른쪽 직진, 사거리에서 만나는 캉딩루(康定路)에서 왼쪽(북쪽)으로 직진. 도보 10분.
GPS 25.040280, 121.502648

빈랑

檳榔, betel palm

길을 걷다 보니 초록 토토리알 같은 것을 잎에 말고 있거나 이 열매를 입에 쏙 집어넣고 씹는 사람들이 있다. 타이베이 곳곳에서 볼 수 있지만, 특히 옛 타이베이인 완화(萬華), 즉 망가(艋舺) 지역에서 많이 볼 수 있는, 동남아시아 일대에서 자라는 약용 식물 빈랑이다. 예전보다 많이 줄었다지만 빈랑 생산량이 인도 다음인 타이완 전역에서 판매점을 볼 수 있다. 빈랑을 씹으면 아주 쓴 맛이 나고 붉은 즙이 나오는데 자극성이 강해 뱉는 것이 좋다. 외국인 여행객들이 이 붉은 즙을 뱉는 장면을 마주하면 피를 토하는 줄 알고 놀란다고! 담배와 같이 각성효과가 있어 주로 육체노동자 또는 운전기사들의 기호품이지만 옛 타이베이에선 뒷골목의 누아르적인 분위기 물씬 풍기는 타이완 형님들의 상징이기도 하다. 타이완 사람들은 빈랑 열매에 석회가루나 향신료 섞은 것을 발라 베틀 후추잎에 싸 껌처럼 씹는데 장기간 섭취하게 되면 약용으로 쓰이는 긍정적인 효과보다는 구강암 등 각종 질병을 유발한다고!

알아두면 유용한 꿀팁

대부분 가격이 비슷한 빈랑은 대게 작은 지퍼백이나 담뱃갑 같은 것에 넣어 판매하며 품질에 따라 보통 6~10알이 들어있다. 젊은층이 좋아하는 석회가루와 잎을 싸지 않은 열매만을 씹는 종류도 있다.

우리동네, 담배가게 아가씨

빈랑 서시

檳榔西施 betel nut beauty

요즘 타이베이에서는 보기 힘들지만 시 외곽으로 나가면 간혹 빈랑 서시를 만날 수 있다. 빈랑 서시란 빈랑 열매를 판매하는 젊은 여성을 일컫는데 호객행위를 하는 것이다. 그렇다고 따로 "아저씨, 빈랑 사세요."란 말은 하지 않는다. 노출이 있는 옷을 입고 그저 자그마한 빈랑 가게 부스 안에서 빈랑을 만들며 앉아 있기만 하면 된다. 얼마 전부터 타이완 정부에서 풍기문란과 안전운행 방해를 이유로 벌금을 부과하고 있다. 때문에 최근에는 노출이 심한 옷을 입지 않거나 젊은 여성이 아닌 아주머니, 아저씨도 빈랑을 판매하고 있다. 빈랑과 빈랑 서시, 빈랑 가게는 쉽게 생각해서 담배, 담배 가게 아가씨, 우리 동네 담배 가게라고 생각하면 된다.

알아두면 유용한 꿀팁

서시(西施) : 중국 춘추전국시대 월나라 절세미녀

대부

두목 老大 The Godfather

앞서 타이완 형님들의 상징, 빈랑 이야기를 했으니 형님에 관해서도 알아보자. 세계적인 폭력 조직으로 크게 중화 삼합회, 일본 야쿠자 그리고 이탈리아 마피아로 나뉜다. (숨은 1등, 러시아 마피아) 여기서 타이완 형님들은 삼합회 중에서도 정통으로, 우리가 알고 있는 폭력조직 이미지와 다르게 청(淸)을 배격하고 명(明)을 복구하며, 부(富)를 타도하고 빈(貧)을 구제한다는 구호로 각종 노동자와 상인, 농민 그리고 재야의 지식인 등 서민으로 구성된 혁명군이었다. 피로써 의형제를 맺어 회원 간의 상부상조 기능도 하였고 청나라 말기에는 쑨원(孫文)의 중국동맹회에 가입, 혁명운동을 전개하였다. 청이 무너지고 중화민국 정부가 들어서면서 삼합회 간부들은 타이완 정치에 참여하게 되었지만 조직을 이끌 사람이 없어지자 뿔뿔이 흩어지게 되었다. 그 중 일부는 목적을 잃고 방황하다 중국과 홍콩, 마카오 등지로 이주해 도박, 나이트클럽, 영화사업, 금품을 강탈하는 등 폭력 조직으로 전락했다. 우리가 80, 90년대 홍콩 누아르 영화로 보았던 이들이 오늘날의 삼합회이다. 하지만 타이완 삼합회는 이야기가 다르다. 정통을 따르고 일반 서민을 위협하지 않는다. 두목을 라오따(老大)라고 부르는데, 여기서는 마치 아버지 같이 조직을 돌보고 타이완 이면(裏面)에서 영향력이 큰 지도자라 대부라고 칭하겠다. 대부가 항상 아버지로서 조직원들을 자식, 가족처럼 대하며 밥을 먹이고 화합을 강조하며 지켜나간다. 일반 서민의 생활부터 정치까지 사회 전반에 걸쳐 함께 어울려 살아간다. 특히 전(全) 타이완 삼합회의 대부, 리차오숑(李照雄)의 장례식을 보면 좀 더 쉽게 이해할 수 있다. 국민장(國民葬)으로 치러진 장례식에는 정치인부터 연예인, 일반인까지 2만여 명의 조문객들이 참여했다. 리차오숑은 많은 피랍 정치인과 사업가의 석방을 돕고 타이완과 중국 간 정치적 중재자 역할을 하기도 했다. 그의 유언에 따라 재산 중 약 21억 원을 장애인과 저소득층 및 종교 단체에 기부했다. 요약하자면 빈랑을 씹던 서민들이 구성한 혁명군으로, 삼합회는 지금까지 타이완의 정통을 이어오고 있으며 이를 이끄는 것이 바로 대부이다. 흑백의 대비가 이루는 조화처럼 타이완 누아르는 말로 표현하기 힘들지만, 사회 전반에 걸쳐 밀접하게 연결된 타이완만의 멋이자 문화이다.

알아두면 유용한 꿀팁

타이완 영화 〈망가(艋舺)〉를 보면 타이완 삼합회를 간접적으로 살펴볼 수 있다. 두목의 모습, 일상의 풍경은 우리네와 별반 다르게 없다. 우리나라 영화 〈친구〉처럼 내용은 흥행을 위해 각색되었다.

West Taipei Spot❶
반챠오

타이완 부호의 아름다운 저택
린자화위엔

임가화원 林家花園
The Lin Family Mansion and Garden

Address	新北市板橋區西門街9號 No.9, Ximen St., Banqiao Dist., New Taipei City
Tel	02 2965 3061
Open	09:00~17:00 (매월 첫째 주 월요일 및 음력 설 전날 및 당일 휴관_경우에 따라 다를 수 있으므로 홈페이지 참고)
Web	www.linfamily.ntpc.gov.tw
Admission	80NT$

본 이름은 린번위엔위엔디(林本源園邸 · 임본원원저)로 린자(林家)가 가족의 다섯 아들 중 정부의 아들인 셋째와 막내의 사업체 이름인 번(本)과 위엔(源)을 따와 지었다. 1778년 푸젠성(福建省)에서 타이완으로 이주해 온 린잉인(林應寅)이 아들 린핑허우(林平侯)와 함께 타이완과 푸젠성 간 쌀무역을 하면서부터 린자(林家)는 갑부로 급부상하게 된다. 이어 사업 규모를 확대, 소금 무역으로 재력을 넘어 관직을 얻었고 권력까지 쥐게 되었다. 지금은 감히 상상할 수 없을 만큼 큰 규모의 이 저택은 아들 린핑허우에 의해 1853년 건립되었다. 1949년 전쟁 이후 난민들은 이 저택을 임시 대피소로 사용하기도 했는데 당시 300가구, 약 1,000명의 사람이 머물기도 했다. 저택은 전쟁과 자연재해로 유지보수를 이어오다 1977년 린자(林家)에서 신타이베이 시(우리나라 경기도 해당)에 소유권과 함께 1,100만NT$의 수리비용과 재산권까지 모두 기부하였다. 과연 사업가의 아들다운 통큰 기부다. 현재 린자(林家)는 은행 사업도 함께하면서 타이완의 부호로 여전히 건재하다.

Access	MRT 푸종(府中) 역 3번 출구 나와 린번위엔위엔디 (林本源園邸)을 알리는 이정표를 따라 가면 된다. 도보 10분
GPS	25.011113, 121.454588

West Taipei Spot❷
반챠오

반챠오의 수호여신
반챠오 츠훼공
판교자혜궁 板橋慈惠宮
Banqiao Cihuimazu Temple

Address	新北市板橋區府中路81號 No.81, Fuzhong Rd., Banqiao Dist.
Tel	02 2965 0014
Open	05:00 ~ 22:00
Web	www.cihuimazu.org.tw
Admission	무료

장저우(漳州, 중국 남부지방)에서 영험하기로 유명했던 마주(媽祖) 여신을 장저우 사람들이 이곳 반챠오(板橋) 지역으로 이주해 오면서 함께 모시고 왔다. 승려에 의해 옮겨져 그런지 마주상이 다른 사원에 비해 화려하다. 반챠오의 유지였던 린자(林家)의 아들이 기부하여 사원을 증축, 1874년 츠훼공이라는 이름으로 건립되었다. 강과 바다, 물과 밀접한 장저우(漳州)와 푸젠성(福建省)에서 이주해 온 사람이 많고 특히 사면이 바다이며 곳곳이 강인 타이완에서 물을 관장하는 마주는 없어서는 안될 신이기도 하다. 1895년 사원 입구로 벼락이 떨어져 불에 타고 벽이 무너져 내렸는데 린자(林家)의 기부로 6개월간 보수공사를 거쳐 옛 모습을 되찾고 1986년 11월 화려한 개관식을 열었다. 이후 반챠오 지역은 무탈하게 번창해나갔다고 하며 많은 이가 츠훼공을 찾아 기도드린다고 한다. 사원에는 천수보살부터 옥황상제 등 불교와 도교의 신들이 모두 함께 모셔지고 있다.

Access	MRT 푸종(府中) 역 1번 출구 뒤돌아 나와 츠훼공(慈惠宮)을 알리는 이정표를 따라가면 된다. 도보 2분. (반챠오 이수호텔 길건너 패루(牌楼)가 보인다.)
GPS	25.009437, 121.457408

West Taipei Spot❸
반챠오

작은 시먼딩
반챠오 호우짠 쌍취엔
판교쇼핑지구 板橋後站商圈(府中商圈)
Banqiao Shopping Area

타이베이에 시먼딩이 있다면, 신베이시에는 반챠오 호우짠 쌍취엔이 있다. 옛 반챠오 기차역 뒤편으로 번성했던 쇼핑지구로 MRT 푸종(府中) 역이 들어서고 기차역은 옮겨갔지만 여전히 신베이시(新北市)의 사랑받는 곳으로 화려한 불을 밝히고 있다. 여전히 옛 이름으로 불리지만 옛것이 가고 새것이 온 만큼 작은 시먼딩, 푸종쌍취엔(府中商圈)으로 불리는 만큼 있을 건 다 있다. 청핀성훠 반챠오점(誠品生活板橋店)을 중심으로 중소형 쇼핑몰과 스타벅스, 맥도널드 등 편의시설이 들어서 있다. 한국 여행객이 많이 이용하는 에어텔인 이수 호텔(藝宿商旅 · Yi Su Hotel)과 아주 가까워 둘러보기 좋다.

Access	MRT 푸종(府中) 역 1번 출구 나와 구름다리 쪽으로 바로 보인다. 도보 2분.
GPS	25.007991, 121.460973

West Taipei Spot 4
반챠오

요즘 핫한 나이트 마켓!

반챠오난야예스

판교야시장 板橋湳雅夜市
Banqiao Nan Ya Tourist Night Market

Address	新北市板橋區南雅東路 Nanya E. Rd., Banqiao Dist., New Taipei City
Tel	17:00 ~ 01:00
Access	MRT 푸종(府中) 역 1번 출구 나와 직진, 난야동루이뚜안우샹(南雅南路一段5巷)에서 오른쪽 직진, 도보 10분
GPS	25.006644, 121.454152

타이베이에 라오허제예스(饒河街夜市)가 있다면 신베이(新北, 우리나라 경기도권)에는 반챠오난야예스(板橋湳雅夜市)가 있다. 이제는 신베이를 넘어 타이베이 그리고 여행자들에게도 핫한 야시장! 메기를 비롯한 오리, 닭, 굴 등 몸에 좋은 요리를 선보이는 곳부터 오랫동안 사랑받는 노점들이 많다. 난야동루를 따라 약 500m 가량 이어지는 맛의 향연! 가격도 착한 생과일주스를 마시며 눈과 입을 즐겨보자! 물론 가장 신나는 건 당신의 위장이겠지만! 하오츠!

이토록 신선한 수박주스는 처음이야!
치차빠
절차파 沏茶吧 Qī chá bā

바쁜 타이베이 여행에 갈증을 해소해 줄 시원한 치차빠 수박주스! 태국의 땡모반과는 달리 오롯이 100% 수박만 이용해 만든 생과일주스라 많이 달지는 않지만 수박만의 시원하고 건강한 단맛이 전해져 온다. 열기 가득한 야시장에서 치차빠의 애피타이저 음료는 필수다. 수박주스 뿐 아니라 각종 티음료부터 생과일주스까지 총망라! 반챠오난야예스에 있다면 이곳에 들러 워밍업부터 하자!

청새치 어묵 꼬치 속에 계란이 쏙!
가오숑치위헤이룬
고웅기어흑륜 高雄旗魚黑輪
Gāoxióng qí yú hēi lún

청새치 어묵 꼬치라고? 한국 남부 지방에서도 잡힌다고 하는데 아마도 직접 본 사람은 손에 꼽을 정도로 적지 않을까? 타이베이에서는 자주 볼 수 있는데, 특이한 점은 청새치살로 만든 수제 어묵에다 삶은 계란을 넣어 함께 튀겨 낸다는 것! 칠리소스를 발라 먹으면 아주 입에서 살살 녹는다. 어묵을 좋아하는 사람이라면 꼭 한 번 들려보면 좋을 곳이다.

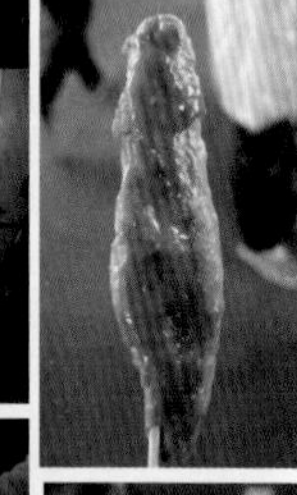

취두부의 냄새 따위 걱정말아요 그대
하오웨이따오초우또우푸
호미도취두부 好味道臭豆腐
Hǎo wèidào chòu dòufu

초우또우푸! 취두부란 말만 들어도 인상부터 찌푸리는 사람들은 대부분 특유의 역한 향기를 떠올리기 때문 아닐까? 하지만 한 번 맛을 들이면 헤어날 수 없는 음식이 취두부라는 사실. 특히 튀긴 취두부, 그 중에서도 하오웨이따오의 취두부는 한국 여행자들에게 강추하고 싶은 먹거리다. 타이완 백김치 그리고 특제소스와 함께 한 입 가득 씹어보자. "걱정말아요 그대, 맛 좋은 취두부가 여기 있으니". 반챠오에서 이름난 맛집이라 웨이팅은 기본이라는 점 알아두길.

WEST TAIPEI

Cost 인당 100NT$ 이내 $ | 100NT$-499NT$ $$ | 500NT$ 이상 이상 $$$

RESTAURANT

CAFE & DESSERT

PUB & BAR

시먼딩

한 번 먹으면 반하는 대왕연어초밥

산웨이스탕

삼미식당 三味食堂

Sunway

MUST EAT 대기는 기본! 산웨이스탕은 현지인들에게 사랑받는 맛집 중 맛집! 우리나라 여행자들에게 대왕연어초밥으로 입소문을 통해 알려지면서 현재, 서울 강남과 부산 서면에도 지점을 오픈했다. 한국과 비교해 저렴한 가격도 물론이지만, 현지 본점에서 먹는 맛은 두말하면 잔소리! 이곳의 대왕연어초밥을 먹고 나면 다른 초밥은 성에 차지 않는다. 크기뿐만 아니라 그 맛 또한 일품! 3조각이면 금세 허기가 사라질 정도로 큰 대왕연어초밥과 함께 시원한 타이완 맥주를 곁들이면 아주 그만이다. 두툼한 모둠 숙성 회, 닭고기 꼬치 그리고 관자 꼬치도 인기 만점! 영어는 물론 한국어, 일본어까지도 구사하는 재치 넘치고 잘 생긴 점원이 여행자들을 반겨주는데 너무 많이 주문하면 양을 조절해 줄 만큼 친절하다. 대부분의 한국 여행자는 다양하게 많이 주문하는 편이라 음식이 남는 경우가 많은데 남은 음식은 포장이 가능하지만, 짐을 만들고 싶지 않다면 적당한 양만 주문하자. 미소국은 셀프서비스로 언제든 가져다 먹으면 된다. 줄을 서야 하는 수고스러움이 있더라도 식당에서 먹는 것이 더욱 맛이 좋다! (대왕연어초밥 3pcs 190NT$, 6pcs 360NT$)

Tip 더 쉽게 가기 꿀팁

MRT 시먼(西門) 역 1번 출구 나와 뒤편 종화루이뚜안(中華路一段) 대로를 따라 남쪽으로 내려와 시번위엔쓰(西本願寺) 유적지를 지나면 보이는 리치 가든 호텔에서 오른쪽 귀양제얼뚜안(貴陽街二段)으로 들어서 직진, 도보 10분

Address	台北市萬華區貴陽街二段116號 No.116, Sec. 2, Guiyang St., Wanhua Dist.
Tel	02 2389 2211
Open	11:20 ~ 14:30, 17:10 ~ 22:00 (매월 첫째, 둘째 월요일과 셋째, 넷째 일요일 휴무)
Cost	$$
Access	MRT 시먼(西門) 역 1번 출구 나와 도보 10분.
GPS	25.039903, 121.502684

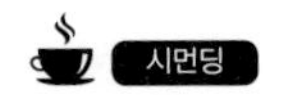

타이베이에서 가장 오래된 카페

펑다카페이

봉대커피 蜂大咖啡
Fong Da Coffee

MUST EAT 1956년 문을 열어 60년, 반세기가 넘은 타이베이에서 가장 오래된 카페이다. 양질의 커피만을 고집한 주인 내외의 모든 것이 카페 곳곳에 서려 있다. 카페의 역사 만큼 나이 지긋한 오랜 단골들이 커피를 즐기는 모습은 아름답기까지하다. 입구 쪽에는 직접 볶은 원두와 커피에 곁들이면 좋은 쿠키도 함께 판매하고 있어 구매하려는 사람들이 자주 오간다. 커피는 대체로 조금 진한 편이지만 세월만큼 노하우가 묻어나 커피를 음미하며 향이 가득한 타이베이 여행의 한 때를 보내기 좋다.

Address	台北市萬華區成都路42號 No.42, Chengdu Rd., Wanhua Dist.
Tel	02 2371 9577
Open	08:00 ~ 22:00
Web	www.fongda.com.tw
Cost	$ ~ $$
Access	MRT 시먼(西門) 역 1번 출구 나와 직진, 시먼훙러우(西門紅樓)를 왼쪽으로 두고 천두루(成都路)를 따라 가면 된다. 도보 3분.
GPS	25.042571, 121.506352

가격대비 가장 맛 좋은 망고 빙수

싱춘산숑메이또우화

행춘삼형매두화 幸春三兄妹豆花

Xìngchūn Sān Xiōngmèi Dòuhuā

한국 여행자들 사이에서 아이스 몬스터, 스무시와 함께 가장 유명한 타이베이 3대 빙수에 이름을 올리고 있는 곳이다. 매장 안으로 들어서면 다녀간 사람의 낙서와 유명인사의 기념사진 그리고 산숑메이가 소개된 우리나라 여행 책자까지 걸려 있다. 산숑메이의 망고 빙수는 연유와 우유가 들어간 부드러운 눈꽃 빙수 위에 망고를 올린 것으로 한 스푼 떠서 물면 고소함과 향긋함이 입안 가득 퍼진다. 가장 인기 있는 메뉴는 망고 아이스크림이 올라간 망고 빙수! 1인 1 빙수가 목표가 아니라면 양이 많으니 2명이 하나면 충분하다. 3명이라면 조금 아쉬울 수도 있지만, 뭐든 부족할 때가 가장 맛있으니 고민하지 말자!

Address	台北市萬華區漢中街23號 No.23, Hanzhong St., Wanhua Dist
Tel	02 2381 2650
Open	10:00 ~ 23:00
Cost	$$
Access	MRT 시먼(西門) 역 6번 출구 나와 바로 보이는 한중제(漢中街)로 들어서 직진 (더페이스샵에서 오른쪽으로 가면된다.) 도보 5분.
GPS	25.045162, 121.507790

장난감 기차가 칙칙 떠나간다. 맛있는 스시를 싣고서♪

따처룬훠처쏘스

대차륜화차수사 大車輪火車壽司
Dà Chēlún Huǒchē Shòusī

칙칙폭폭 스시를 싣고 돌아가는 장난감 기차 펜실베이니아호. 길을 지나던 아이들이 매장 앞 쇼윈도에 바짝 붙어 기차가 지나기만을 기다린다. 그 하나만으로 따처룬을 찾기에 충분한 가치가 있다. 두툼하고 씹는 맛이 제대로인 모둠 숙성회에 맛있는 초밥 그리고 맥주까지! 2층에 테이블 좌석이 마련되어 있지만, 그 재미는 덜 하다. 1층 좁은 스시바에 옹기종기 붙어 앉아 먹는 고유의 분위기가 음식을 더욱 맛있게 한다.

알아두면 유용한 꿀팁

기차에 올려진 스시 중 모형은 주문하면 바로 만들어 준다. 스시가 올려진 나무판 옆에 칠해진 색깔마다 가격이 다르다.

Address	台北市萬華區峨眉街53號 No.53, Emei St., Wanhua Dist.
Tel	02 2371 2701
Open	일 ~ 목요일 11:00 ~ 21:30, 금, 토요일 11:00 ~ 22:30
Cost	$$ ~ $$$
Access	MRT 시먼(西門) 역 6번 출구 나와 보이는 시먼딩 입구 한중제(漢中街)로 들어서 직진 KFC와 더페이스샵 사이 아메이제(峨眉街)로 직진, 도보 3분.
GPS	25.043664, 121.506601

서서 먹는 곱창 국수의 진풍경

아종멘셴

아종면선 阿宗麵線
Ā Zōng Miàn Xiàn

타이베이 먹거리로 가장 자주 언급되는 음식 중 하나가 바로 곱창 국수다. 심지어 타이베이에 한 번 와보지도 않은 사람들이 알 정도. 사진이나 TV를 통해 접했던 그 곱창 국수 가게는 1975년에 문을 연 아종멘셴! 테이블 하나 없는 가게 앞에 줄 서 기다려 받은 뜨끈한 곱창 국수를 선채로 먹는 진풍경도 놓칠 수 없다. 타이완 사람들 속에 어울려 함께 먹어볼까? 걸쭉한 국물은 후루룩 넘겨야 제맛. 잊지 못할 독특한 경험에 웃음이 절로 난다. 곱창을 좋아하는 사람들에겐 별다른 거부감이 없지만 조금 비릿하다 싶으면 매콤한 소스를 넣어 먹으면 된다. 메뉴는 곱창 국수 단 하나. 보통(小 55NT$), (大 70NT$) 둘 중 크기만 정하면 된다.

Address	台北市萬華區峨眉街8號之1 No.8-1, Emei St., Wanhua Dist
Tel	02 2388 8808
Open	08:30~23:00
Cost	$
Access	MRT 시먼(西門) 역 6번 출구 나와 바로 보이는 한중제(漢中街)로 들어서 직진, 더페이스샵에서 우회전 작은 골목 아메이제(峨眉街)로 가면 된다. 도보 3분.
GPS	25.043319, 121.507623

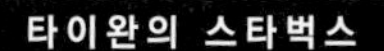

타이완 역사가 빛나고 커피 향이 피어나는

타이완 싱바커

스타벅스 星巴克 STARBUCKS

타이완 스타벅스의 가장 큰 특징은 시티 머그나 텀블러 등 예쁜 상품도 있지만 무엇보다 역사와 문화가 빛나는 고적(古跡)에 입점한 매장들이다. 타이베이와 지롱, 윈링에 위치하는 6곳의 고적 매장들 중 4곳이 타이베이 있다. 트렌타(Trenta) 사이즈의 음료를 즐겨 마시는 이른바 '스벅 마니아'는 아닐지라도 타이베이만의 특색으로 넘치는 스타벅스를 들러 보는 것은 여행의 색다른 묘미라 할 수 있다.

알아두면 유용한 꿀팁

❶ 트렌타는 이탈리아어로 삼십을 뜻하고 스타벅스 콜드 음료 중 가장 큰 30oz 컵을 칭하는 용어다.
❷ 트렌타 사이즈는 북미 등 일부 지역에서만 사용하고 있다.

독서실 자판기 커피 한 잔 생각날 때

한중 싱바커

한중 스타벅스 星巴克 漢中門市
Hanzhong STARBUCKS

1982년 3월, 시먼딩의 오랜된 건물 하나가 건축가들에 의해 재탄생 했다. 이 건물은 같은 해 중화민국 건축가 잡지상 은메달을 수상하며 그 가치를 인정받는다. 4층 규모 건물의 중앙부가 최상층에서 바닥까지 통하는 테라스 형태로 지어진 독특한 구조 때문이다. 당시 시먼딩 일대에는 학원이 많았는데 수업을 마친 수험생들이 이 건물에서 공부를 했다고 한다. 사전을 베게 삼아 잠들고 자판기 커피 한 잔 마시며 꿈을 키우던 독서실은 이제 스타벅스가 되었다. 재즈를 들으며 따뜻한 커피와 함께 오롯이 휴식을 취하는 그곳. 한중 스타벅스는 타이베이 사람과 여행자들의 힐링 플레이스다.

Address	台北市萬華區漢中街51號 No.51, Hanzhong St., Wanhua Dist.
Tel	02 2370 5893
Open	08:00 ~ 23:00
Access	MRT 시먼(西門) 역 6번 출구로 나와 한중제(漢中街)를 따라 가면 된다. 도보 3분.
Cost	$ ~ $$$
GPS	25.044099, 121.507462

스타벅스 시간탐험대

총칭 싱바커

중경 스타벅스 星巴克 重慶門市
Chongqing STARBUCKS

시간탐험대가 되어 100년 전 타이베이로 거슬러 시간 여행을 떠나보자. 총칭(重慶)은 타이베이 기차역(臺北車站)을 중심으로 남북을 잇는 주요 도로로 100년이 넘는 시간 동안 타이베이 역사의 중심이 된 곳이다. 총칭 스타벅스에 들어서면 같은 장소에서 촬영된 시대별 모습을 비교해 볼 수 있는데 사진 속 인물들과 함께 다른 시간 같은 장소에 있다는 것이 굉장히 흥미롭다. 타이베이 여행의 색다른 경험과 묘미를 느낄 수 있는 총칭 스타벅스에 들러보자.

Address	台北市中正區重慶南路一段104號 No.104, Sec. 1, Chongqing S. Rd Zhongzheng Dist.
Tel	02 2371 3336
Open	일 ~ 목요일 07:00 ~ 21:30. 금, 토요일 07:00 ~ 22:00
Access	MRT 시먼(西門) 역 4번 출구로 나와 싱양루(衡陽路)를 따라 2.28공원 쪽으로 직진. 도보 6분.
Cost	$ ~ $$$
GPS	25.042510, 121.513072

세드릭 에롤과 세라 크루

망가 싱바커

망가 스타벅스 星巴克 艋舺門市
Monga STARBUCKS

1935년 붉은 벽돌의 바로크 양식으로 지어진 린(林) 씨의 집으로 총 4층 규모에 층마다 꽃잎, 도형 등 다른 모양의 발코니가 있고 바닥 또한 서양식과 중화식으로 다르게 설계되었다. 당시 롱산쓰 주변 기차역과 신푸스창(新富市場)은 북적이는 사람들로 인해 활기가 넘쳐났다. 망가 스타벅스에 들어서는 순간 진한 커피향과 함께 타이베이의 아련한 근대의 시간으로 떠날 수 있다. 시간을 거슬러 린 씨 집에 초대된 소공자의 기분을 느껴보길. 2000년 7월, 고적으로 지정되어 스타벅스가 사용 허가를 받는 데만 2년이라는 시간이 걸렸고, 2016년 4월 문을 열었다. 좋은 커피 한 잔을 소비자에게 전달하는 정성어린 과정처럼 심혈을 기울여 원형 그대로 유지 보수하였다고 한다. 1, 2층은 매장으로 이용되어 상시 개방하고 3, 4층은 예약을 통해서만 개방한다고 하니 문의해보자.

Address	台北市萬華區西園路一段306巷24號 No.24, Ln. 306, Sec. 1, Xiyuan Rd., Wanhua Dist.
Tel	02 2302 8643
Open	월~금요일 07:00~21:30, 토, 일요일 08:00~21:30
Access	MRT 롱산쓰(龍山寺) 역 1번 출구 나와 2번 출구쪽으로 길 건너 작은 삼각형 공원이 보이면 시위엔난루이뚜안(西園路一段)을 따라 직진. 도보 4분.
Cost	$ ~ $$$
GPS	25.033665, 121.498580

훠궈
火锅

훠궈는 타이베이에 가면 반드시 먹어야 하는 음식 중 하나. 일정에 쫓겨 시간이 부족하다면 시먼딩으로 가자! 여느 타이베이와 달리 좀처럼 불이 꺼지지 않는 시먼딩의 밤. 한국 여행자들 사이에서 유명한 마라훠궈 식당 2곳이 깊은 밤까지 손님을 기다리고 있다. 한글 메뉴가 준비되어 있어 주문에도 전혀 어려움이 없다. 물론 점심에도 영업을 하고 있으니 언제든 먹으러 가면 된다. 게다가 점심시간에는 가격이 더 저렴하다는 사실! 점심시간은 16:00까지다.

알아두면 유용한 꿀팁
사실 마라훠궈 뷔페에서 그 무엇보다 주목할 점은 하겐다즈 아이스크림이 무제한 제공된다는 것! 잊지 말자 하겐다즈!

마라훠궈를 더욱 맛있게 즐길 수 있는 장(醬) 만들기 비법 (자작하게 만드는 것이 포인트!)

1.간 마늘

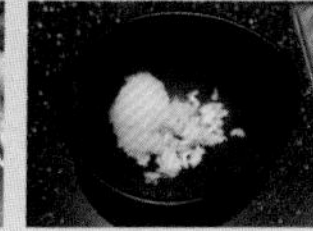
2.간 무

3.파

4.맛 간장

5.식초

*매콤한 맛을 원한다면 매운 고추도 한 숟가락!

마라훠궈 뷔페의 스타!

마라딩지마라위엔양훠궈
마랄정급마랄원앙화과 馬辣頂級麻辣鴛鴦火鍋
Mala Yuanyang Hotpot

타이베이에 모두 6개 지점을 운영 중인 마라(馬辣)는 마라(麻辣)훠궈 뷔페계의 스타인 만큼 타이베이 현지인을 비롯해 한국 그리고 일본 여행객들 모두에게 유명하다. 5가지 육수 중 2가지를 선택해 즐기면 되는데 매콤한 쓰촨식 마라마라(馬辣麻辣)와 채소를 우려 담백한 수차이징리(蔬菜精力)를 추천한다. 고기는 한글 메뉴판을 보고 주문하면 되고 해산물과 채소 등 80여가지의 다양하고 신선한 부재료들은 준비된 쇼케이스에서 가져다 먹으면 된다. 시먼딩 외 지점 역시 다른 훠궈 뷔페 식당에 비해 접근성이 좋으며 늦은 시간까지 영업 한다. (영업시간 11:30 ~ 02:00)

알아두면 유용한 꿀팁
한글 메뉴판이 잘 되어 있으며 또 다른 훠궈 맛집인 톈와이톈에 비해 찾아가기가 수월해 여행자 뿐 아니라 현지인들에게도 인기가 좋은 곳이라 주말 예약은 필수!

Address	台北市萬華區西寧南路157號 No. 157, Xining Rd., Wanhua Dist.
Tel	02 2314 6526
Open	11:30~02:00
Web	www.mala-1.com.tw
Cost	$$$ +10%
Access	MRT 시먼(西門) 역 6번 출구 나와 보이는 한중제(漢中街)로 들어서 KFC와 더페이스샵 사이 아메이제(峨眉街)로 직진 도보 5분 (홀리데이 KTV 대각선 맞은편)
GPS	25.043811, 121.506120

9가지 훠궈 국물 맛을 입맛대로 즐겨라!

톈와이톈징즈훠궈

천외천정치화과 天外天精緻火鍋
Tian Wai Tian Hotpot

우리나라 여행자들 사이에 가장 유명한 마라훠궈 뷔페로 가격 또한 여느 뷔페 체인보다 저렴하다. 무엇보다 톈와이톈은 9가지 훠궈 육수를 입맛대로 골라 최대 4가지 맛을 함께 즐길 수 있다. 일반적으로는 솥 크기가 그리 크지 않아 2가지 또는 3가지 맛으로 많이 먹는데 마라훠궈하면 떠올리는 매콤한 쓰촨마라(四川麻辣)부터 고기육수 샤차이궈(沙茶), 한국식 얼큰한 김치 육수 파오차이(韓式泡菜), 토마토 육수 판치에궈(蕃茄)를 추천한다. 육수가 준비되었다면 쇼케이스에 진열된 다양한 고기부터 해산물, 야채 그리고 음료 등도 먹을 수 있을 만큼 마음껏 가져다 먹으면 된다.

Address	台北市萬華區昆明街76號2樓 2F., No.76, Kunming St., Wanhua Dist.
Tel	02 2314 0018
Open	11:30 ~ 03:00
Web	www.tianwaitian.com.tw
Cost	$$$+10&
Access	MRT 시먼(西門) 역 6번 출구 나와 대로변 천두루(成都路)를 따라 직진, 쿤밍제(昆明街)에서 우회전 직진, 도보 10분
GPS	25.045716, 121.505483

Tip 알아두면 유용한 꿀팁

시먼(西門)점은 3가지 육수까지 선택할 수 있고, 육수 가짓수 선택 후 육수 종류 선택 그리고 고기 4종을 선택하고 먹고 싶은 음식을 쇼케이스에서 가져다 먹으면 된다. 고기는 추가 주문 하면 된다. 매콤한 쓰촨마라(四川麻辣)는 매운 정도에 따라 3단계로 나뉘어 있으므로 기호에 맞게 선택하면 된다.

진짜 사천요리!

전촨웨이

진천미 真川味
Zhēn chuān wè

MUST EAT 사천요리, 여행자들에게 이름난 키키만 있는 것이 아니다! 최근 새로운 곳을 찾는 여행자들 사이에 주목받고 있는 식당이 있으니 바로 전촨웨이! 진천미 이야기로 뜨겁게 달구고 있다. 키키에서 이름난 부추 볶음, 창잉토우(蒼蠅頭)와 연두부튀김, 라우피넌러우(老皮嫩肉) 같은 사천요리를 더욱 저렴한 가격으로 맛있게 즐길 수 있다. 현지인이 자주 찾는 곳이다 보니 현지 식당의 기분을 한껏 낼 수 있다는 것도 좋다. 직원들이 영어를 잘하지 못하지만, 한국어 메뉴가 준비되어 있어 쉽게 주문할 수 있다. 친절한 직원들 덕에 흐뭇한 마음으로 맛있는 음식까지 배불리 먹고나면 더 바랄 게 없다. 자 이제 키키는 뒤로하고 진짜 사천요리, 진천미로 가보자!

Tip 알아두면 유용한 꿀팁

새콤달콤 파인애플 크림 새우, 펑리샤쵸우(鳳梨蝦球)도 별미!
특히 아이와 함께 방문했거나 입맛이 까다로운 여행자에게 딱이다.

Address	台北市萬華區康定路25巷42-1號 No.42-1, Ln. 25, Kangding Rd., Wanhua Dist.
Tel	02 2311 9908
Open	11:00 ~ 14:00, 17:00 ~ 21:00 (본점 월/화요일 휴무, 분점 수/목요일 휴무, 본점과 분점은 마주보고 있다)
Access	MRT 시먼(西門) 역 6번 출구 나와 대로변을 따라 직진. 사거리 스타벅스가 나오면 우회전 후 첫번 째 작은 골목 안에 있다. 도보 5분.
Cost	$$
GPS	25.043541, 121.504664

시먼딩

남국의 비치 바에서 즐기는 로컬 맥주

드리프트우드

Driftwood 西門町
Driftwood Ximending

MUST EAT 맥주가 맛있기로 이름난 타이완에서도 특히 양조회사 타이후(臺虎精釀)의 생맥주는 목 넘김이 좋아 그 맛을 잊을 수 없다. 타이베이 곳곳에 다양한 형태의 바를 운영하고 있는 타이후는 최근 스타벅스와 협력하여 커피 맥주도 출시했다(롱먼 싱바커 p.242). 파파 웨일 호텔에 있는 타이후의 드리프트우드는 말 그대로 유목을 이용한 인테리어로 하와이의 비치 바를 표현했는데 시원한 맥주 한 잔과 함께 도심 속 일탈로 기분 전환하기 아주 좋다. 타이베이 주재 외국인과 여행자가 뒤섞여 있어 한층 더 이국적이다. 피시 앤 칩스와 함께 생맥주를 즐기다 보면 어느덧 타이베이의 밤은 깊어간다.

Tip 알아두면 유용한 꿀팁

드리프트우드가 있는 파파 웨일 호텔(Papa Whale Hotel)은 미드타운 리처드슨 호텔이 새롭게 오픈한 부티크 호텔로 심플하고 빈티지한 스타일에 가격도 좋다. 드리프트우드와 함께 호텔 로비에서 사진 놀이도 즐겁다. 다만 숙박을 하기에는 교통 편의성이 조금 떨어진다. MRT 시먼(西門) 역에서 도보 10분.

Address 台北市萬華區昆明街46號
No.46, Kunming St., Wanhua Dist.
Tel 02 2388 3699
Open 월~목요일 17:00~23:30, 금요일 17:00~01:30, 토요일 15:00~01:30, 일요일 15:00~23:30
Access MRT 시먼(西門) 역 6번 출구 나와 대로변을 따라 직진. 사거리 스타벅스가 나오면 우회전 후 쿤밍제(昆明街)를 따라 직진. 도보 10분.(파파웨일 호텔 1층)
Cost $$
GPS 25.046800, 121.505587

그 유명하다는 소금 커피는 한 번 먹어봐야지!

85℃카페이딴가오

85℃데일리카페 85度C咖啡蛋糕
85℃ Daily Cafe

커피가 가장 맛있는 온도인 섭씨 85도에서 이름을 따온 타이완 프랜차이즈 카페로 처음에는 작은 카페로 시작해 지금은 케이크로 더욱 유명하다. 무엇보다 타이베이 여행을 준비하는 여행자라면 누구나 한 번은 들어봤을 소금 커피가 이 카페의 대표 메뉴. 타이베이 여행 중에 하이옌카페이(海岩咖啡 · 소금 커피)는 꼭 한 번 맛보자. 타이완 천일염을 넣은 스팀 밀크를 블랙커피 위에 얹으면 소금 커피 완성. 짭조름한 치즈 케이크와 함께 아이스 아메리카노를 마시는 묘한 맛이 특징이다.

Address 台北市萬華區廣州街150號
No.150, Guangzhou St., Wanhua Dist
Tel 02 2336 7992
Open 06:00~00:00
Web www.85cafe.com
Cost $
Access MRT 롱산쓰(龍山寺) 역1번 출구로 나와 북쪽으로 망가공위엔(맹갑공원, 艋舺公園) 지나 보이는 롱산쓰(龍山寺)를 바라보고 오른쪽, 도보 2분.
GPS 25.036576, 121.500539

100년 전통, 타이완 디저트!

롱두빙궈

용도빙과 龍都冰果專業家
Lóng Dōu Bīng Guǒ Zhuānyè Jiā

1920년 오픈해 오랫동안 타이베이 사람들에게 사랑받고 있어 언제나 문전성시를 이루는 100년 전통의 타이완 디저트 가게. 각종 곡물을 얹은 전통 빙수를 비롯해 망고 빙수, 생과일주스, 파파야 우유까지 맛볼 수 있다. 8가지 곡물 토핑 중 4가지 토핑을 올리는 것이 기본 빙수이고 8가지 모두 올릴 수 있는 빙수인 빠바오빙(八寶冰) 역시 인기 메뉴! 강낭콩과 팥, 녹두, 땅콩 등 직접 삶은 곡물을 사용하되 달지 않게 만들어 건강에 좋고 가격까지 저렴하다. 오래된 노점(老店)에서 타이완 사람들의 소박한 일상을 엿보는 것은 덤이다.

Tip 알아두면 유용한 꿀팁

우리나라 옛 팥빙수와 똑 닮은 빙수가 먹고 싶다면 우유 빙수를 주문하고 팥을 넣어 달라고 하면 된다. 곡물이 올라간 우유 빙수는 곡물 가짓수에 상관없이 65NT$.

Address 台北市萬華區廣州街168號
No.168, Guangzhou St., Wanhua Dist
Tel 02 2308 3223
Open 11:30 ~ 01:00
Cost $ ~ $$
Access MRT 롱산쓰(龍山寺) 역 1번 출구로 나와 북쪽으로 망가공위엔(맹갑공원, 艋舺公園) 지나 보이는 롱산쓰(龍山寺) 왼쪽, 망가예스(艋舺夜市)으로 들어가면 된다. 도보 3분.
GPS 25.036630, 121.498934

엄마의 손맛처럼 정겨운 유부초밥

진허쏘스좐마이

금화수사전매 金禾壽司專賣
Jīn hé shòusī zhuānmài

이름에서 알 수 있듯이 오직 초밥만 판매하는 집이다. 필수인 미소국 역시 판매하는데 진한 육수 맛이 일품이다. 롱산쓰(龍山寺)를 둘러보기 전후로 출출할 때 망가(艋舺), 즉 옛 타이베이에서 가장 유명한 유부초밥으로 간단하게 요기하는 것은 어떨까? 신푸스창도 둘러볼 겸 들리기도 아주 그만이다. 가격도 저렴하지만, 엄마의 손맛 같은 정겨움이 느껴져 좋다. 다른 초밥 종류 역시 맛이 좋아 현지 사람들에게 사랑받는 곳이다. 유부초밥 5pcs 50NT$, 미소국 20NT$

알아두면 유용한 꿀팁

롱산쓰(龍山寺)를 보고 이동 할 경우 롱산쓰 옆 85℃ 카페 오른쪽 길을 따라 첫 번째 만나는 왼쪽 골목 산쉐이제(三水街)로 들어서 직진, 길 건너다보이는 신푸스창(新富市場)입구로 들어가면 시장 안 왼쪽에 있다. (입구 왼쪽 바깥에 있는 노창 스시집이 아니므로 착각하지 말자)

Address	台北市萬華區93號 No.93, Sanshui St., Wanhua Dist
Tel	02 2302 4727
Open	06:00 ~ 15:00 (월요일 휴무)
Cost	$ ~ $$
Access	MRT 롱산쓰(龍山寺) 역 3번 출구 나와 왼쪽 옆 좁은 골목으로 들어서면 신푸스창. 시장 안을 들어서 갈림길 왼쪽, 초밥집. 도보 1분.
GPS	25.036096, 121.502137

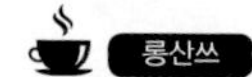

화덕 만두, 푸저우 후쟈오빙의 원조!

푸저우위엔주후쟈오빙

복주원조 호초병 福州元祖胡椒餅
Wǔlín méng zhǔ fúzhōu yuánzǔ hújiāo bǐng

우리에게 생소한 화덕 만두 후쟈오빙! 이미 라오허제예스(야시장)나 타이베이처짠(기차역)에서 먹어 봤다면 그 맛은 잊고 원조 푸저우 후쟈오빙의 맛을 보라! 보통 후쟈오빙은 대파가 가득해 채소의 알싸함과 육즙의 조화라고 할 수 있는데, 이곳은 고기소의 육즙과 풍미가 아주 일품이다. 물론 송송 썬 대파도 적절히 섞어 맛이 좋다. 매콤한 맛이 도는 이곳의 화덕 만두, 후쟈오빙은 한국 여행자의 입맛에 좀 더 잘 맞다.

알아두면 유용한 꿀팁

갓 만들어낸 후쟈오빙을 먹을 때 육즙이 아주 뜨거우므로 조심스럽게 먹어야 한다. 곧바로 먹기보다 조금 식은 뒤에 먹어야 한다.

Address	台北市萬華區和平西路三段89巷5號 No.5, Ln. 89, Sec. 3, Heping W. Rd., Wanhua Dist
Tel	02 2308 3075
Open	10:00 ~ 18:30
Cost	$
Access	MRT 롱산쓰(龍山寺) 역 1번 출구 또는 롱산플라자(Longshan Plaza) 역 3번 출구 나와 왼쪽에 보이는 아주 좁은 골목(平西路三段89巷5號)으로 들어서면 LED 간판이 보인다. 도보 1분.
GPS	25.035481, 121.500691

2

TAIPEI MAIN STATION

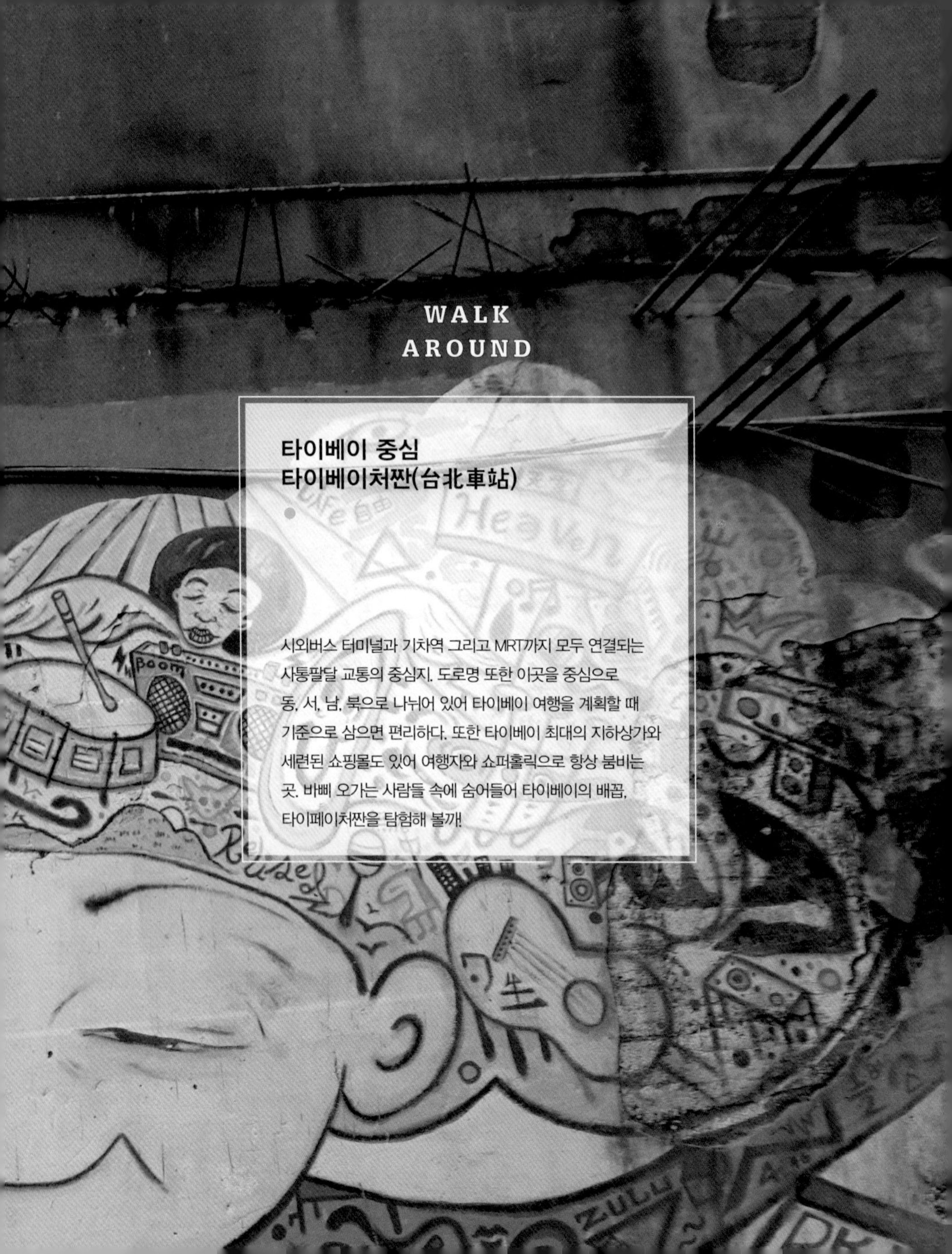

WALK
AROUND

타이베이 중심
타이베이처짠(台北車站)

시외버스 터미널과 기차역 그리고 MRT까지 모두 연결되는 사통팔달 교통의 중심지. 도로명 또한 이곳을 중심으로 동, 서, 남, 북으로 나뉘어 있어 타이베이 여행을 계획할 때 기준으로 삼으면 편리하다. 또한 타이베이 최대의 지하상가와 세련된 쇼핑몰도 있어 여행자와 쇼퍼홀릭으로 항상 붐비는 곳. 바삐 오가는 사람들 속에 숨어들어 타이베이의 배꼽, 타이페이처짠을 탐험해 볼까!

교통의 중심, 타이베이처짠 앞에서 만난 스쿠터

MAIN STATION

기억에 남는 장면

놀이공원처럼 재밌는 쇼핑센터, 큐 스퀘어

Wilbeck Cafe의 작은 입구를 통해 바라본 카이펑제의 풍경

타이베이 중심
N
0
100m
200m
Minsheng West Rd
Section 2, Chongqing North Rd
Wuyuan Rd
Lane 175
Lane 161
Pingyang St
Taiyuan Rd
Ningxia Rd
Section 2, Chengde Rd
Chifeng St
Lane 25, Nanjing West Rd
Zhangchun Rd
Guide St
Lane 362
Section 1, Dihua St
Minyue St
Section 2, Yanping North Rd
Lane 185
Lane 155
Lane 107
Xining North Rd
Lane 32
Lane 239
Nanjing West Rd
Huating St
Lane 89
Lane 262
Lane 250
Lane 133
Lane 35
Lane 33
Lane 23
Lane 17
Lane 8
Lane 3
Zhongshan North Rd
Gangu St
Lane 434
Tianshui Rd
Lane 76
Lane 145
Lane 115
Lane 97
Section 1, Chengde Rd
Lane 64, Nanjing West Rd
증산
中山
Chang'an West Rd
Lane 143
Tacheng St
Lane 18, Nanjing West Rd
Lane 133
은행
홈미 호스텔
Homey Hostel
은행
Section 1, Chongqing North Rd
Huayin St
스타 호스텔
Star Hostel Taipei Main Station
타이베이땅따이이수관
台北當代藝術館
Tianjin St
Zhengzhou Rd
Zhengzhou Rd
Xining North Rd
라 로티세리
雲軒西餐廳
카이판
開飯川食堂
큐 스퀘어
京站時尚廣場
Chang'an West Rd
Lane 67, Linsen North Rd
Beimen
北門
궈리타이완보우관티에다오부
國立臺灣博物館鐵道部
카이린
凱林鐵板燒
108 모차차랑
108 抹茶茶廊
Zhongxiao West Rd
브리즈 타이베이처짠
微風台北車站
타이베이처짠
台北車站
타오위엔 공항 MRT
Taoyuan Airport MRT
Beiping West Rd
처스수수더뎬
徹思叔叔的店
Civic Blvd
Shimin Boulevard
베이먼
北門
산징창쿠
三井倉庫
타이톄삐엔땅번푸
台鐵便當本舖
궈푸스지지녠관
國父史蹟紀念館
Luoyang St
마운틴키즈 커피로스터
Mountain Kids Coffee Roaster
Yanping South Rd
타이베이 요우지
臺北郵局
Zhongxiao West Rd
쇼우신팡
手信坊
싱리퉈윈 지현종신
台鐵台北車站行李託運中心
Beiping West Rd
Beiping East Rd
Bo'ai Rd
웨이얼베이커 카페이
威爾貝克咖啡
Section 1, Chengde Rd
Taipei Main
台北車
타이베이처짠 동산먼 정거장
台北車站 東三門
Section 2, Kaifeng St
大盛藥局
타이셩인스팅
台生飲食亭
H&M
康是美
행정원
Section 1, Kaifeng St
베이먼샹지제
北門相機街
카이펑제이뚜안
開封街一段
싱바커
星巴克
STARBUCKS
팀호완
添好運
Tianjin St
Linsen North Rd
Section 2, Hankou St
Xuchang St
타이완선청황먀오
臺灣省城隍廟
Section 1, Hankou St
신광싼웨타이베이짠첸뎬
新光三越台北站前店
파출소
감찰원
Taipei–Keelung Main Rd
Wuchang St
밍싱카페이관
明星咖啡館
Section 1, Chongqing South Rd
은행
Qingdao West Rd
Xinyang St
Shandao Temple
善導寺
약국
Section 1, Wuchang St
Guanqian Rd
은행
Nanyang St
Gongyuan Rd
Youyang St
싼다오쓰
善導寺
Lane 22
Lane 16
입법원
Zhenjiang St
Qingdao East Rd
Emei St
Section 1, Hankou St
Bo'ai Rd
시티은행 ATM
Xiangyang Rd
Zhongshan South Rd
Yuanling St
웨스트게이트
WESTGATE HOTEL
궈리타이완보우관
國立臺灣博物館
Section 1, Jinan Rd
스페이스 인
Space Inn
총칭 싱바커
星巴克 重慶門市 STARBUCKS
교육부
시먼
西門
Hengyang Rd
약국
약국
Lane 160
2.28 평화공원
Huaining St
NTU Hospital
台大醫院
Xuzhou Rd
Linsen South Rd
Yanping South Rd
Taoyuan St
Baoqing Rd
Section 1, Chongqing South Rd
Changde St
Section 1, Changsha St
Section 1, Zhonghua Rd
Lane 121
Bo'ai Rd
Ketagalan Blvd
Gongyuan Rd
Danyang St
Shaoxing South St
Section 1, Guiyang St
Section 1, Ren'ai Rd

타이베이 중심
MRT
Map

타이베이처짠(台北車站)은 타이베이 교통의 중심이자 여행의 중심이다. MRT 역부터 기차역, 시외버스 터미널과 타오위엔 공항철도까지 있어 도심과 공항은 물론 지롱, 예류 그리고 양밍산 등 근교 여행지와 다른 도시까지 모두 연결한다. 주변에 국가 고적 등 볼거리를 비롯해 기차역과 이어진 지하상가, 브리즈(Breeze)와 큐 스퀘어(Q Square) 쇼핑몰까지! 대충 둘러봐도 한나절이 부족할 정도이다. 복잡한 미로처럼 얽힌 여기저기 연결된 출구를 찾아 헤매는 것 또한 타이베이 여행의 묘미! 타이베이 여행에서 한두 번은 꼭 지나치게 되는 이곳을 그냥 스쳐 가지 말고 꼼꼼히 둘러보는 건 어떨까?

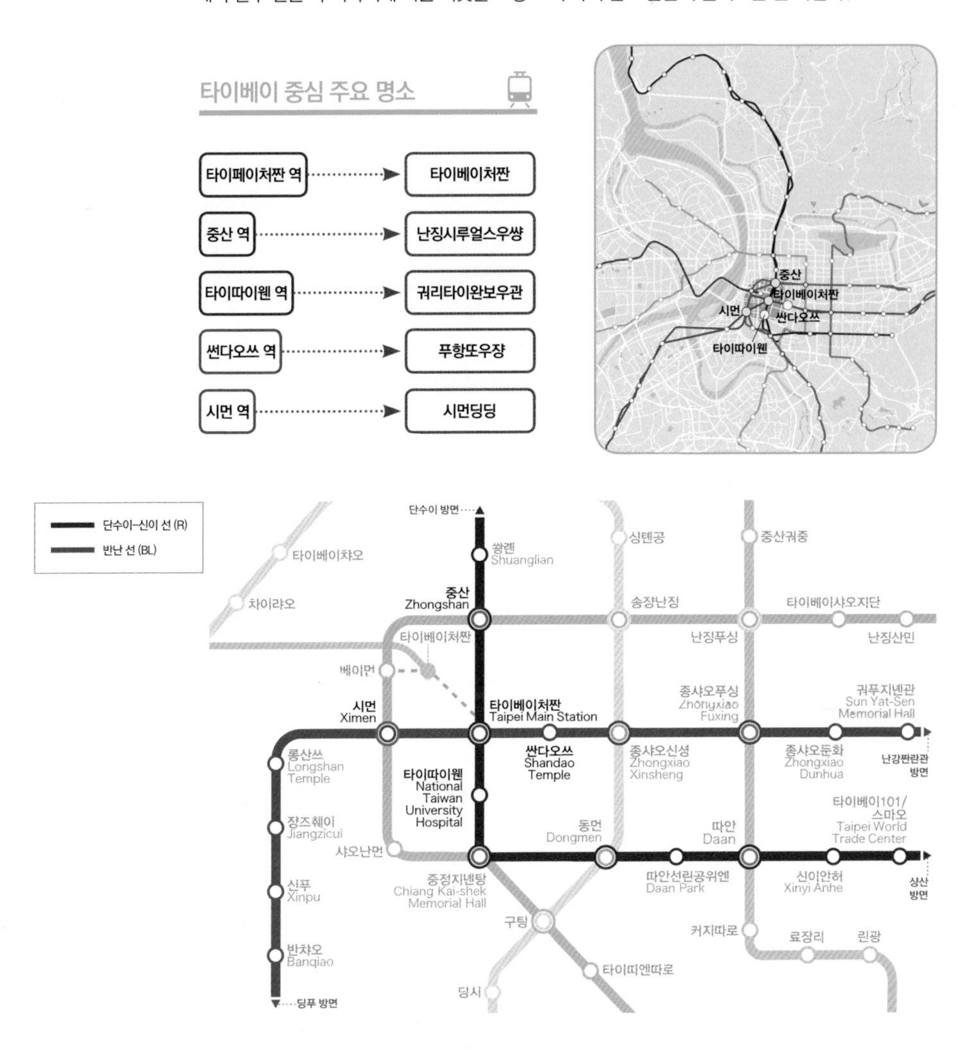

베이먼

1882년 청나라 때 세워진 타이베이 성의 다섯 문 중 유일하게 옛 모습을 그대로 간직하고 있는 북문 베이먼. 타이완 1급 고적으로 방문할 가치가 충분하다. 당시 가장 중요한 관문이었던 베이먼으로 들어서는 외교사절단이 되어보자.

도보 1분

타이베이요우지

지금도 운영하고 잇는 타이베이에서 가장 오래된 우체국이다. 여행에서 미래의 자신에게 엽서를 보내는 것도 뜻깊다. 2층에는 박물관이 있어 타이완 우체국의 역사를 볼 수 있고, 해마다 띠별 스탬프를 비치하고 있어 본인의 해에 방문했다면 반드시 들려보자.

도보 7분

타이완선청황먀오

성황은 마을을 지키는 수호신을 말하는데 이곳의 성황는 타이완 전체를 지키는 수호신이다. 성황 중 최고 품계로 영험함이 남다르다고 하니 들러 원하는 바 간절히 빌어보자. 타이완은 사람처럼 신도 친절하니 잘 베풀어 주신다.

큐 스퀘어

놀이기구만 없을 뿐 종일 놀아도 즐거운 곳이다. 쇼핑도 하고 맛있는 음식 먹고 카페에서 여유롭게 커피를 펍에서 간단하게 맥주도 한 잔! 게다가 영화관람까지! 더운 날씨, 현지인처럼 일상인 듯 색다른 타이베이 여행! 시원하게 큐!

도보 8분

타이베이땅따이이수관

MoCA! 타이완 최초의 미술관으로 100년 가까운 역사의 미술관은 타이베이역사지구로 지정되었다. 수준 높은 작품을 만나볼 수 있는 곳으로 산해진미를 넘어 마음마저 살찌우는 타이베이 먹방 여행을 완성한다. 음, 갑자기 모카 빵이 먹고 싶은 건 안 비밀!

도보 10분

타이베이처짠

타이베이 여행자라면 한 번은 들리거나 지나치게 되는 곳으로 교통의 중심이자 행정상 도로명의 중심이다. 타이완 최고 규모의 지하상가부터 연결된 쇼핑몰 그리고 드넓은 광장까지, 기차역 자체만으로도 여행 명소로써 손색이 없다.

도보 10분

타이베이의 배꼽
타이베이처짠
타이베이 기차역 台北車站
Taipei Railway Station

Address	台北市中正區北平西路3號 No.3, Beiping W. Rd., Zhongzheng Dist.
Tel	02-2371-3558
Open	06:00~24:00 (서비스 시간)
Web	www.railway.gov.tw
GPS	25.047717, 121.517368

MUST SEE 우리나라 서울역과 같이 언제나 사람들이 붐비는 곳이다. 타이베이 외곽 지역을 오가는 기차와 MRT 블루 라인(BL), 레드 라인(R)이 교차하는 교통의 중심이다. 게다가 타이베이 시외버스 터미널도 인접해 있어 마치 배꼽에 난 주름같이 매우 복잡하지만 예상과는 달리 쾌적하고 이정표도 잘 되어 있어 길 찾기 어렵지 않다. 타이완에서 가장 큰 규모의 지하상가와 브리즈(Breeze) 푸드 코트가 지상 1, 2층에 함께 있어 쇼핑과 식사를 동시에 즐길 수 있다. 이곳에서는 이정표를 보는 여행자와 현지인들 그리고 기차역 광장에 앉아 간식을 먹거나 식사를 하며 휴일을 보내는 다양한 나라의 사람을 만날 수 있다. 타이베이 여행 일정은 당연히 타이베이처짠(타이베이 기차역)을 중심으로 계획해야 한다는 점을 명심해야 할 것이다.

한국인 여행자들에게 친숙한

타이베이처짠 동산먼 정류장

타이베이 기차역 동삼문 台北車站 東三門
Taipei Railway Station East 3.

한국인 여행자들이 타이베이에 도착하면 처음 만나게 되는 타오위엔 국제공항과 기암괴석으로 유명한 예류, 한국의 인천과 비슷한 느낌의 지롱을 잇는 궈광커윈(國光客運) 버스가 출발하는 정류장으로 승객들의 편의를 위해 타이베이 서부 버스 터미널 A동에서 자리를 옮겼다. 기차역 동문 3번 출구로 나가면 전시된 기차 뒤편에 자리하고 있으며 타고 내리는 곳이 같다.

알아두면 유용한 꿀팁

표를 구매하거나 이지카드를 사용할 수 있고 승하차 시 모두 단말기에 체크해야 한다. 타오위엔 국제공항행의 경우 시간이 늦어 매표소가 문을 닫으면 자동단말기에서 표를 구매하면 된다. 지롱이나 예류에 갈 때는 버스 기사님에게 미리 목적지를 말해두자. 친절한 기사님이 기억해두었나 내릴 곳을 미리 알려줄 것이다.

목적지	번호	운행시간	배차간격	소요시간	편도가격
지롱	1813	06:00~00:15(월~금요일) 06:15~00:15(토~일요일)	10~15분	50분	57NT$
예류	1815	05:40~23:10(월~금요일) 06:00~23:10(토~일요일)	10~20분	80분	106NT$
진산		05:40~23:10(월~금요일) 06:00~23:10(토~일요일)	10~20분	100분	128NT$
타오위엔 국제공항	1819	24시간	10~20분	55분	140NT$

저렴하고 편리한 캐리어 보관 서비스

싱리퉈윈 지췬종신

행리탁운 지춘중심 行李託運 寄存中心
Baggage Service Center

한국에서 타이베이로 가는 저가 항공사의 비행기들은 밤 늦은 시간에 도착하는 경우가 많다. 또한 일정이나 동선이 애매해 호텔에 짐을 맡기기 애매할 때는 타이베이 기차역에서 가깝고 가격도 저렴한 행리탁운 지춘중심의 짐 보관 서비스를 이용해보자. 기차역 곳곳에 있는 코인 라커도 괜찮지만 비어 있는 곳을 찾기 힘들고 초행길에 미로 같은 기차역 안에서 헤매기 십상이다.

수화물 크기 (세변의 합)	가격
100cm 이하	30NT$
101~150cm	50NT$
151cm 이상	70NT$

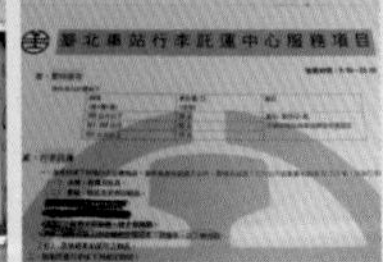

Open 08:00 ~ 20:00
Access MRT 타이베이처짠(台北車站) 역 M2번 출구 오른쪽으로 나와 길을 건너면 택시들이 줄 지어 선 곳에 있다. 도보 1분.
GPS 25.047414, 121.518975

자상한 할아버지의 다양한 타이완 이야기

궈리타이완보우관

국립타이완박물관 國立臺灣博物館
National Taiwan Museum

타이베이 기차역 주변을 거닐다 보면 궁금증을 자아내도록 만드는 돔 지붕의 르네상스 양식의 건물이 있다. 바로 타이완 남북종단철도개설 기념으로 세워진 타이완에서 가장 오래된 국립박물관. 마치 중절모를 쓴 멋진 할아버지가 자상하게 맞아주는 것 같다. 타이완의 역사와 문화, 자연 등 1만여 점의 유물 그리고 원주민 전시관을 통해 타이완의 본모습을 엿볼 수 있어 타이완에 대해 좀 더 알 수 있는 더없이 좋은 문화 산책이 될 것이다.

알아두면 유용한 꿀팁

박물관 뒤쪽으로는 1899년에 조성된 타이완 최초의 서양식 공원인 2.28 평화공원이 있어 관람 후 잠시 거니는 것도 좋다.

Address 台北市中正區襄陽路2號
No.2, Xiangyang Rd., Zhongzheng Dist.

Tel 02 2382 2566

Open 09:30 ~ 17:00 (월요일, 음력 설연휴 휴관)

Access MRT 타이베이처짠(台北車站) 역 Z4번 출구 나와 신광싼웨 백화점 오른쪽 길을 따라 직진. 멀리 돔 지붕의 박물관이 바로 보인다. 도보 7분.

Web www.ntm.gov.tw

Admission 30NT$(폐관 30분전 무료관람)

GPS 25.042752, 121.515032

타이완은 내가 지킨다!

타이완선청황먀오

타이완성성황묘 臺灣省城隍廟
City God 'Chenghuangshen' Temple

타이완을 지켜주십사하는 마음으로 지난 1882년에 건립한 사원으로 성황(城隍)을 모시고 있다. 성황은 마을의 경계인 성벽과 해자 등을 지키는 신으로 나쁜 기운이 들어오지 못하게 한다. 성 안의 백성들을 지키는 수호신으로 우리나라의 성황신과 같다. 성황의 시작은 고대 주(周)나라까지 거슬러 올라가는데 명(明)나라에 이르러서는 나라의 치세(治世)를 위해 마을 규모에 따라 정일품에서 정오품에 해당하는 관직을 하사하기도 했다. 타이완을 지키는 성황 푸밍링왕(福明靈王)은 정일품의 최고 품계로 그 영험함이 깊다 하여 많은 이들이 찾는다. 성황은 또한 명부(冥府)에서 염라 왕으로 죽은 자의 죄업 심판을 관장한다.

Address 台北市中正區武昌街一段14號
No.14, Sec. 1, Wuchang St., Zhongzheng Dist.

Tel 02 2361 5080

Open 06:00 ~ 21:00

Access MRT 타이베이처짠(台北車站) 역 Z10번 출구 나와 오른쪽 길따라 직진. 도보 6분.

GPS 25.043950, 121.512708

국부, 쑨원의 숨결이 스미다

궈푸스지지녠관

국부사적기념관
Dr. Sun Yat-sen Park

타이완과 중국의 국부 쑨원(孫文)이 1913년 2차 방문 당시 머물렀던 매옥부(梅屋敷)라는 여관으로 같은 이념 아래 밀접한 관계였던 장제스에 의해 1947년, 특별히 사적으로 지정되었다. 쑨원의 아내와 장제스의 아내는 자매였으며 그 이전에 장제스는 군관학교를 졸업하고 찾아가 인사를 드릴 정도로 쑨원을 존경하며 따랐고 쑨원은 국민당의 군관학교를 장제스에게 맡겼다. 연못과 정자가 있는 작은 정원은 쑨원의 자(字)인 이센(일선 · 逸仙)을 따 이센공위엔(逸仙公園)이라 부르는데 여행객들보다 현지인들이 찾는 곳이라 조용히 의자에 걸터 앉아 타이베이의 조용한 한때를 보내기 좋은 곳이다.

알아두면 유용한 꿀팁

이센공위엔의 정자에 있는 기념비는 지난 1954년 국민당 60주년을 맞아 장제스의 글을 새긴 것으로 '匡復中華的起點 重建民國的基地' '중화민국 광복과 건국의 기점이자 기지다'라는 뜻을 담았다.

Address 台北市中正區中山北路一段46號
No.46, Sec. 1, Zhongshan N. Rd., Zhongzheng Dist.
Tel 02 2381 3359
Open 공원 09:00~17:00, 궈푸스지지녠관 09:00~12:00, 13:00~17:00(월요일휴무)
Admission 무료
GPS 25.047736, 121.520076

서울은 남대문, 타이베이는 북대문

베이먼

북문 北門
North Gate

MUST SEE 1882년 청나라 때 건립한 타이베이성에는 당시 5개의 성문이 있었는데 지금은 베이먼만이 옛모습 그대로 자리를 지키고 있다. 북문에 해당하는 베이먼의 본래 이름은 천언먼(承恩門). 복잡한 도로에 덩그러니 있지만 타이완 국가 1급 고적으로 볼가치가 충분하다. 앞쪽 비석에 새겨진 '옌장쉬야오嚴疆鎖鑰'라는 글귀는 바위와 같은 열쇠와 자물쇠라는 의미로 아주 중요한 곳이었음 알리고 있다. 2016 년 2월 타이베이 시가 베이먼 위를 가로지르는 고가도로를 철거하면서 옛 모습을 그려보기 더욱 좋아져 국가 고적으로서의 위풍당당한 면모가 되살아났다.

알아두면 유용한 꿀팁

베이먼과 마주하고 있는 건물은 타이베이에서 가장 오래된 우체국인 타이베이 요우지다. 옆으로 이어지는 카메라 거리 베이먼 샹지제(北門相機街)에서 카메라를 구경하고 카이펑제이뚜안(開封街一段)으로 자리를 옮겨 로컬 식당과 스타벅스를 오가며 식도락을 만끽해 보자.

Access MRT 타이베이처짠(台北車站) 역 Z10 출구, 타이베이 요우지(우체국) 방향 직진. 도보
GPS 25.047728, 121.511226

찰칵 찰칵 카메라 거리

베이먼 샹지제

북문상기가 北門相機街
Baimen Camera Street

카메라에 관심이 많은 마니아라면 한 번쯤 베이먼 샹지제에 늘어선 카메라 상점 이곳저곳을 둘러보는 것도 재밌을 것이다. 뜻밖에 보물을 발견할지도 모른다. 카메라 렌즈, 액세서리 등 우리나라보다 가격이 저렴한 것도 있으니 잘 살펴보자! 원하는 기종이나 제품이 있다면 품명과 함께 우리나라에서 판매되는 가격을 정리해두면 훨씬 편리하다. 단, 환율까지 고려해 가격 비교를 해야 한다. 이곳저곳 직접 발품 팔던 아날로그 시대의 감성을 떠올리며 천천히 구경해보자. 50년의 역사를 가진 상점도 있다.

Address 台北市中正區博愛路
Bo'ai Rd., Zhongzheng Dist.
Open 월~토요일 11:00~22:00, 일요일 11:00~21:00
GPS 25.046515, 121.511175

스타벅스부터 로컬 식당까지, 골목 식도락 여행

카이펑제이뚜안

개봉가일단 開封街一段
Sec. 1, Kaifeng Street

스타벅스와 맥도널드 등 우리에게 친숙한 프렌차이즈와 우육면, 화덕만두 그리고 옛 타이완의 풍경을 엿볼 수 있는 빈티지한 음식점까지 약 500m 길이의 거리에 부담 없는 가격으로 즐길 수 있는 맛집들이 어깨를 맞대고 있다. 이곳에서 만큼은 이방인일지라도 오가는 인파에 묻혀 현지인처럼 골목 식도락 여행을 떠나보자. 말이 통하지 않을까 걱정이라면 이곳이 친절한 타이완 사람들의 수도 타이베이라는 사실을 잊지 말길. 자 이제 나만의 골목을 찾아 모험을 떠나는 것은 어떨까?

Tip 알아두면 유용한 꿀팁
라오허제예쓰(饒河街夜市)의 명물, 푸저우 쓰주 후자오빙(福州世祖胡椒餅)의 화덕 만두를 맛보지 못했다면 이곳 카이펑제이뚜안 중앙에 지점이 있다.

Address 台北市中正區開封街一段
Sec. 1, Kaifeng St., Zhongzheng Dist.
GPS 25.045997, 121.512425

과거에서 온 편지
타이베이 요우지

타이베이 우체국 臺北郵局
Taipei Post office

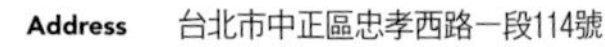

Address	台北市中正區忠孝西路一段114號 No.114, Sec. 1, Zhongxiao W. Rd., Zhongzheng Dist.
Tel	02-2311-4331
Open	평일 08:30 ~ 21:00, 토요일 09:00 ~ 12:00 (일요일 휴무)
Web	post.gov.tw
GPS	25.047339, 121.511430

1895년 우편 서비스를 시작한 타이베이 우체국 중 가장 오래된 베이먼점은 1892년 일제강점기에 지어진 단층 목조건물이었으나 1913년 화재로 소실되면서 지금의 모습으로 재건립되었다. 1930년 4월 개관하여 1992년 타이완 국가 3급 고적으로 지정되었으며, 2차 세계대전 이후 건물을 수차례 개보수하는 동안 철거될 뻔했으나 많은 시민과 학자들, 타이베이 시의 노력으로 현재까지 운영 중이다.
2층에 있는 우정박물관(郵政博物館)에서 우체국의 역사와 귀여운 캐릭터도 만나고 해마다 바뀌는 띠별(12간지) 스탬프도 쿡 찍어보자! 여행자 본인의 해라면 더 뜻깊다.

청나라 군사의 투구가 씌어진 1세대 우체통

알아두면 유용한 꿀팁
역사가 살아 숨 쉬는 타이베이 우체국 베이먼 점에서 엽서를 보내자. 베이먼과 함께 베이먼샹지제(台北相機街) 그리고 카이펑제이뚜안(開封街一段)을 둘러보자.

근대 타이완의 고속 성장과 현대화의 시작!

궈리타이완보우관티에다오부

국립타이완박물관철도부 國立臺灣博物館鐵道部
Railway Ministry Park

베이먼을 지나면 보이는 오래된 건물. 어떤 곳일까 궁금증을 자아낸다. 1899년 11월 8일 일제강점기 시절 창립된 타이완 철도부 건물로, 현재는 국가 고적으로 지정돼 시민들에게 당시 모습을 전하는 박물관이 될 예정이다. 처음에는 총독부 직속 기관이었으나 1924년 총독부 산하 교통국 소속으로 바뀌었다. 당시 관영 철도 전담기관으로 현재 타이완 철도관리국의 전신이기도 하다. 1884년 청 말기 타이완 순무 류밍촨(劉銘傳)이 영국과 독일 고문을 초빙하여 단수이강 부두 내에 기차의 보수, 탄약 제조, 화폐 주조를 목적으로 한 기계국과 철강 공장 및 단조 작업장도 건설하였다. 1895년 청일전쟁 후 시모노세키조약으로 일본에게 타이완이 양도되면서 1900년에 군수 공장에서 기차 등 차량 기계 제조 및 수리 등도 담당하게 되었다. 1908년 대만 서부종단철도가 개통된 후 철도교통량과 차량 보수 수요가 많이 증가하면서 1909년 동쪽으로 확장되어 차량수리 공장, 도장이 신축되었다. 도시가 확장됨에 따라 1934년 공장이 송산(松山)으로 이전했고 점차 기능이 쇠퇴하기 시작했다. 2006년 MRT 3호선을 건설하면서 당시 유적과 유물들을 발견해 2007년, 2008년, 2010년 국가 기념물과 시 고적으로 지정되었다. 이에 건물을 복원하면서 철도 박물관과 시민들의 문화 공간으로 거듭날 것으로 기대된다.

Tip 순무(巡撫): 명, 청 시기에 지방을 순시하며 군정(軍政)과 민정(民政)을 감찰하던 대신.

Address 台北市大同區延平北路一段2號
No.2, Sec. 1, Yanping N. Rd., Datong Dist.
Tel 02 2382 2699 #616
Open 2020년 개관 예정(미정)
Access 베이먼(北門) 역사 고적 대각선 맞은편.
Web https://www.ntm.gov.tw
Admission 미정
GPS 25.048774, 121.510947

타이베이 역사를 담은 기억 창고
산징창쿠
삼정창고 三井倉庫
Mitsui & Co. Taipei Branch

Address	台北市中正區忠孝西路一段265號 No. 265, Sec. 1, Zhongxiao W. Rd., Zhongzheng Dist.
Tel	02 2371 4597
Open	10:00~18:00 (월요일 휴무)
Access	베이먼(北門) 역사 고적 대각선 맞은편. 타이베이처짠(台北車站) 방향.
Admission	무료
GPS	25.047802, 121.511902

일제강점기였던 1914년 전후, 삼정 물산(미쓰이물산)이 사용했던 창고. 보리수나무에 가려져 있다가 2012년 5월 7일 타이베이시 고적으로 지정돼 역사 문화 장소로 탄생했다. 벽돌과 나무를 혼합하여 만든 2층 건물로 여전히 삼정 물산의 마름모꼴 로고가 남아 있다. 현재 타이완에서 유일하게 남아 있는 옛 표기라고 한다. 교통 동선 등에 이유로 원래 위치에서 동쪽으로 51m 이동해 재건한 건물은 2018년 11월 1일, 400여 점의 사료 및 유물을 전시하면서 처음 대중에게 선보인 후 공식적으로 개장하였다. 타이베이 역사의 흐름을 살펴볼 수 있고 옛 고적을 잘 활용하는 타이완을 엿볼 수 있는 곳으로 더위에 잠시 쉬어가기에도 좋다.

Address	台北市大同區承德路一段1號 No.1, Sec. 1, Chengde Rd., Datong Dist.
Tel	02-2181-8888
Open	일~목요일 11:00~21:30, 금~토요일 11:00~22:00
GPS	25.049308, 121.517028

놀이공원처럼 즐거운 쇼핑

큐 스퀘어

京站時尚廣場
Q Square

MUST SEE 여행자들 사이에서 소문난 태국 방콕의 쇼핑몰 '터미널21'보다 더 재미난 쇼핑몰. 식도락과 쇼핑 그리고 영화관까지 한 곳에 모두 모여있어 더위에 지친 가족과 함께 시간을 보내기 좋은 곳이다. 지하 3층에는 우리나라 여행자들의 입맛을 사로잡은 철판 요리 '카이린(Karen)', 맛있는 사천요리 레스토랑 '카이판(開飯)' 그리고 선물용으로 좋은 누가(Nougat), 맛집 '슈가 & 스파이스(Sugar & Spice)'등 대표적인 맛집이 있다. 1층과 4층에는 스타벅스 매장도 있다. 식사와 쇼핑을 즐기며 구석구석 돌아본 후 영화 관람까지 할 수 있는 큐 스퀘어에서 신나게 놀아볼까?

큐 스퀘어에서 놓치기 아까운 소소한 두가지

커피 애호가를 위한 모카포트

비알레띠

Bialetti

커피 애호가라면 모두가 알고 있는 비알레띠, 우리나라에서 인터넷이나 스타벅스 등 커피 용품점에서 구매할 수 있지만, 그 종류가 다양하지는 않다. 매장의 규모는 작지만 가장 저렴하게 가정식 에스프레소를 즐길 수 있는 다양한 모카포트가 기다리고 있다. 이번 기회에 한국에 사가지고 돌아가 집안을 진한 에스프레소 향으로 가득 채워 보자.

Access
MRT 타이베이처짠(台北車站) 역 Y5 출구 또는 Y3 출구. 큐 스퀘어 지하 3층

타이완의 마약

누가 슈가 & 스파이스

糖村 Sugar & Spice

타이완 기념품으로 펑리수(鳳梨酥)를 떠올리겠지만 누가(Nougat) 또한 유명한 선물 중 하나다. 타이완의 누가는 다 맛있지만 슈가 & 스파이스의 누가는 그 특별한 맛으로 현지인과 일본인 사이에서 인기가 높다. 가장 인기 있는 것은 프랑스식 누가(法式牛軋糖)로 아몬드가 들어가 있어 고소하고 달콤하다.

Access
MRT 타이베이처짠(台北車站) 역 Y5 출구 또는 Y3 출구. 큐 스퀘어 지하 3층

뉴욕은 MoMA, 타이베이는 MoCA

타이베이땅따이이수관

타이베이현대미술관 台北當代藝術館
Museum of Contemporary Art, Taipei

모름지기 그 나라의 문화를 제대로 이해하고자 한다면 박물관이나 미술관은 반드시 관람해야 한다. 그런 점에서 타이베이 현대미술관은 없는 시간이라도 털어서 들러보길 추천하고 싶은 장소. 붉은 벽돌로 지어올린 이 근대의 건물은 1921년 준공 당시에는 초등학교였다. 이후 타이베이 시청으로 사용되다 시청이 지금의 자리로 이전하면서 타이베이 역사지구로 지정된다. 그리고 백 년의 흔적이 깃든 건물은 지난 2001년 타이완 최초의 미술관으로 재개장한다. 뉴욕 현대미술관 MoMA에 있는 고흐의 '별이 빛 나는 밤'은 없지만 저렴한 관람료에 비해 수준 높은 작가들의 작품들을 만나볼 행운은 있다. 전시 공간 뿐 아니라 건물 외관도 매력적인데 아기자기한 조형물과 함께 타이베이 여행을 추억할 사진을 남길 수 스폿들이 많아 사진놀이를 즐기기에도 제격이다.

Address 台北市大同區長安西路39號
No.39, Chang'an W. Rd., Datong Dist.
Tel 02 2552 3721
Open 10:00 ~ 18:00 (월요일 휴관)
Access 큐 스퀘어에서 타이베이 메인스테이션 반대편 대로변을 따라 직진. 코스메드가 보이면 오른쪽 골목으로 들어가 직진. 도보 5분. 또는 MRT 중산(中山) 역 1번 출구 나와 바로 왼쪽 골목 안으로 직진후 오른쪽에 있다. 도보 5분.
Web www.mocataipei.org.tw
Admission 50NT$(미술전시관 외 무료관람)
GPS 25.050719, 121.518973

TAIPEI MAIN STATION

Cost 인당 100NT$ 이내 $ | 100NT$-499NT$ $$ | 500NT$ 이상 이상 $$$

RESTAURANT

CAFE & DESSERT

PUD & BAR

Yummy! 맛있는 로브스터!

라 로티세리(윈센시찬팅)

군품주점–운헌서찬정 君品酒店–雲軒西餐廳

La Rotisserie

MUST EAT 지드래곤이 추천하고 〈원나잇 푸드트립〉의 이연복 셰프가 극찬한 로브스터 뷔페 군품주점(君品酒店)은 팔레 드 쉰 호텔의 한문 이름이다. 화려하고 매력적인 분위기의 레스토랑에서 싱싱한 제철 해산물로 타이베이 여행을 식도락 기행으로 만들어 볼까? 로브스터만 무제한으로 먹는 것이 아니라 로브스터와 털게 같은 제철 해산물을 주문 하고 뷔페로 준비된 해산물과 디저트, 샐러드 등도 마음껏 맛볼 수 있다. 단, 로브스터는 비싼 식재료인 만큼 무제한으로 추가 주문을 원하면 돈을 더 지불해야 한다.

Tip 알아두면 유용한 꿀팁

타이완은 털게가 맛있기로 유명하다. 게딱지의 내장과 속살이 아주 고소하니 풍미 작렬! 털게 철은 9월 말부터 11월 말까지! 메뉴는 제철을 맞은 해산물 종류에 따라 변경될 수 있으니 여행 일정에 맞게 웹사이트를 참조하자. 예약은 필수!

Address	台北市大同區承德路一段3號 No.3, Sec. 1, Chengde Rd., Datong Dist.
Tel	02 2181 9977(9999)
Open	조식 06:30 ~ 10:00, 점심 11:30 ~ 14:30, 에프터눈티 15:00~17:00, 저녁 18:30 ~ 21:00(토, 일요일 18:00 ~ 21:30)
Access	큐스퀘어 옆 팔레 드 쉰(PALAIS de CHINE) 호텔 6층
Web	www.palaisdechinehotel.com/ko-kr
Cost	$$$
GPS	25.049458, 121.516870

맛있는 사천 요리

카이판

개반 開飯川食堂
Kaifun Together

맛있게 매콤한 사천 요리는 우리나라 여행자의 입맛을 사로잡을 만하다.
현지인과 여행자 모두에게 유명한
사천 퓨전요리 키키도 있지만, 현지인 맛집 카이판(開飯)은 40년 전통의 정통 사천 요리로 천연재료를 사용해 먹는 즐거움과 행복을 선사하는 것을 추구한다. 카이판(開飯)은 '식사하세요'라는 뜻을 가지고 있다. 타이베이 여행, 매콤한 사천 요리가 먹고 싶다면 여러분 "카이판(開飯)~"

Tip 알아두면 유용한 꿀팁

추천 메뉴 라오피넌러우(老皮嫩肉, 연두부튀김) 220NT$, 궁바오지딩(宮保雞丁, 매운 닭고기볶음) 280NT$ 군빠이창(翻滾吧肥腸, 매운 곱창볶음) 350NT$. 흰쌀밥은 볶음밥을 주문하지 않는 이상 인당 주문을 해야 하고 리필이 된다. 2인부터 4인 이상 세트 메뉴가 있으니 고민이 된다면 선택!

Address	台北市大同區承德路一段1號 B3 B3, No.1, Sec. 1, Chengde Rd., Datong Dist.
Tel	02-2556-5788
Open	토, 일요일 11:00~16:00, 17:00~22:00
Access	큐스퀘어 지하 3층
Web	www.kaifun.com.tw
Cost	$$~$$$^
GPS	25.049339, 121.516879

말차의 모든 것

108 모차차랑

108말차차랑 108抹茶茶廊
108 Matcha Saro

일본의 전통 차인 말차(抹茶)를 경험할 수 있는 곳으로 타이베이의 새로운 트렌드가 되었다. 말차로 만든 빵부터 아이스크림까지 즐길 수 있는데 귀엽고 예쁜 데코레이션으로 발길을 사로잡고 있다. '카이린(Karen)'이나 '카이판(開飯)'에서 식사 후 후식으로 그만이다. 말차는 녹차와 달리 더욱 차맛이 진하게 느껴져 그냥 말차만 있는 메뉴보다 팥이나 떡 고명이랑 섞인 메뉴를 추천한다.

알아두면 유용한 꿀팁

말차는 녹차 등의 차 잎을 넓게 펴 말린 후 아주 곱게 갈아 그대로 마시는 차를 말하는데 제조 공정이 복잡해 우리나라에서는 조선시대 이후 볼 수 없게 되었다.

Address	台北市大同區承德路一段1號 B3 B3, No.1, Sec. 1, Chengde Rd., Datong Dist.
Tel	02-2555-5785
Open	일~목요일 11:00~21:30, 금~토요일 11:00~22:00
Access	큐스퀘어 지하 3층
Web	www.108matcha-saro.com
Cost	$$
GPS	25.049310, 121.517188

삼촌이 만든 정이 듬뿍! 치즈 케이크

처스수수더뎬

엉클 테츠 徹思叔叔的店
Uncle Tetsu's Cheese Cake

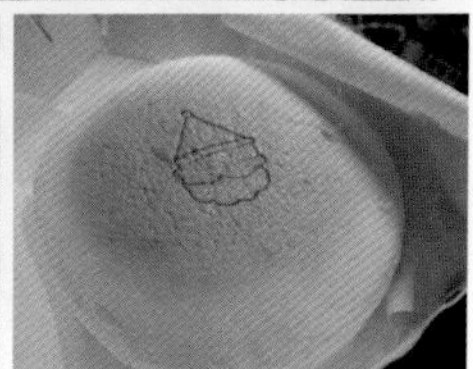

1990년 일본에서 시작해 중국을 비롯해 아시아에 알려진 맛있는 엉클 테츠의 치즈 케이크! 타이완에는 6개 지점이 있다. 가장 접근성이 좋은 타이베이 기차역 점은 현지인에게 사랑받는 곳이다. 크기도 적당한 홀(Whole) 치즈 케이크는 가격 또한 저렴하다. 매장에서 바로 만든 맛있는 치즈 케이크에 커피 한 잔으로 맛있는 타이베이 여행을 완성하자.

알아두면 유용한 꿀팁

언제나 문전성시! 오리지널 매장을 바라보고 오른쪽은 매장에서 바로 만든 것을 구매하는 줄이고 왼쪽은 만들어진 것을 구매하는 줄이다. 말차 지점은 사람이 많이 없다. 말차 아이스크림 등 품목이 다양하니 입맛에 맞게 즐기면 된다.

Address	台北市中正區北平西路3號1樓 1F, No.3, Beiping W. Rd., Zhongzheng Dist.
Tel	02-2361-2900
Open	10:00~22:00
Access	타이베이처짠(台北車站) 1층 내
Cost	$$
GPS	25.047926, 121.517081

타이완 기차 도시락

타이톄뻬엔땅번푸

대철편당본포 台鐵便當本舖
Taiwan Railway Lunch Box Store

기차에서만 판매하던 도시락이 1945년 이후 주요 역에서 함께 판매하고 있다. 핑시선 기차를 타기 위해 뤠이팡(瑞芳) 역으로 가는 길에 먹으면 더 좋겠지만 아니더라도 저렴한 가격에 정겨운 타이완 도시락을 들고 궈푸스지지녠관(國父史蹟紀念館) 공원으로 소풍을 떠나자. 우리나라보다 여전히 인기 높은 도시락을 먹으며 향수에 취하기에도, 타이완을 추억하기에도 더없이 좋다. 단, MRT에서는 음식물, 음료 섭취가 안 된다.

Tip 알아두면 유용한 꿀팁

기차 도시락 외에도 기차 관련 기념품도 판매하고 있다.

Address	台北市中正區北平西路3號 No.3, Beiping W. Rd., Zhongzheng Dist.
Tel	02-2361-9309
Open	08:30~20:00
Access	타이베이처짠(台北車站) 1층 내
Cost	$~$$
GPS	25.047668, 121.516587

옛 타이베이 속으로

타이셩인스팅

태생음식정 台生飮食亭
Tái shēng yǐnshí tíng

1960~70년대의 옛 타이베이 속으로 들어서게 되는 이 식당에서 저렴한 가격에 그 당시 타이완 사람들이 즐겨 먹던 음식들을 경험할 수 있다. 우리나라 사람 입맛에도 맞아 인기 있는 돼지갈비덮밥인 '구쟈오웨이파이구판(古早味排骨飯)'가 맛있다. 수저와 짠지는 셀프 서비스로 가져다 먹으면 된다. 덮밥에 짠지를 넣어 같이 비벼 먹으면 맛이 좋다. 단, 너무 많이 넣으면 짜서 짠지!

Address	台北市中正區開封街一段49號 No.49, Sec. 1, Kaifeng St., Zhongzheng Dist
Tel	02-2381-9999
Open	11:00 ~ 19:45 (일요일 휴무)
Access	MRT 타이베이처짠(台北車站) Z10번 출구 나와 오른쪽(맞으편 소방서)으로 직진, 릴렉스 호텔 5호점이 보이면 오른쪽으로 직진. 도보 1분.
Cost	$~$$
GPS	25.046061, 121.512273

장제스의 마지막 생일 케이크를 만들다

밍싱카페이관

명성가배관 明星咖啡館

Café Astoria

1949년 10월, 타이베이 최초의 서양식 제과점으로 아치보드 첸과 6명의 러시아 이민자들이 함께 설립했다. 개업 한 달 후 장제스 정부가 타이완으로 이동했고, 1950년 한국전쟁 발발 이후 미군이 타이완에 주둔하였으며 이후 많은 정부 고위관료부터 삼군 장성 국내외 귀빈들이 자주 방문하여 사교계와 지식인, 작가, 음악가 등 문화예술계까지 각계각층에 인기 있는 모임의 장소가 되었다. 영문 이름인 아스토리아는 러시아어로 별(星)을 뜻하는데 이름 그대로 타이완 현대 역사를 함께 한 산증인으로 별처럼 빛나고 있다. 1층은 제과점, 2층은 카페로 운영되고 있으며 약 70년이라는 긴 시간 동안 같은 자리를 지키고 있다. 아스토리아, 러시안 커피의 우아한 향처럼 그 시절의 귀빈들과 같이 타이베이의 시간에 녹아들자.

알아두면 유용한 꿀팁

2층 카페에서는 제과류, 식사류 그리고 에프터눈 티(14:30~17:00)도 즐길 수 있다.

Address	台北市中正區武昌街一段5號 No.5, Sec. 1, Wuchang St., Zhongzheng Dist.
Tel	02 2381 5589
Open	10:30~21:30
Access	MRT 타이베이처짠(台北車站) 역 Z10번 출구 나와 오른쪽 길따라 직진. 도보 6분.
Cost	$$
GPS	25.044189, 121.512777

커피 러버의 향긋한 아지트

윌벡 카페

威爾貝克咖啡

Wilbeck Café

MUST EAT

타이베이의 커피 애호가라면 모두가 아는 작은 커피 아지트. 좁은 매장 안 소파에 구기듯 앉아 모르는 사람과 함께 무심한 듯 신문 또는 잡지를 보고 또는 일정을 정리한다. 그러다 보면 드문드문 커피를 포장하는 사람이 오간다. 매장 밖 바삐 오가는 사람을 그저 멍하니 바라보며 커피 한 잔, 좋은 음악 그리고 멋진 커피 향으로 타이베이에 녹아든다.

Address	台北市中正區開封街一段9號 No.9, Sec. 1, Kaifeng St., Zhongzheng Dist
Tel	02-2331-7706
Open	07:30~16:00(일요일 휴무)
Access	MRT 타이베이처짠(台北車站) Z6번 출구 뒤돌아 나와 왼쪽 스타벅스 오른쪽으로 직진. 도보 1분.
Cost	$
GPS	25.045984, 121.517196

미슐랭 ★ 레스토랑

티엔하오윈(팀호완)

첨호운 添好運
TimHoWan

홍콩 유명 딤섬 레스토랑인 팀호완은 미슐랭 스타를 받으면서 아시아 최고의 레스토랑으로 도약했다. 그 명성을 힘입어 이제 타이베이 여행에서도 만날 수 있게 되었다. 맛과 분위기가 홍콩 본점만 하겠냐만은 타이베이에서도 맛보기가 하늘의 별 따기라는 곳. 미슐랭에서 별 하나를 받은 팀호완에서 홍콩 딤섬을 맛보자. 타이베이의 현지인들에게도 관광객들이게도 사랑받는 이곳은 현재 타이베이에서 3개 지점이 운영 중이다.

추천메뉴

쑤피차샤오빠오(酥皮焗叉燒包) 번(Bun)안에 달콤한 돼지고기 BBQ
샹지엔로보어까오(香煎蘿蔔糕) 홍콩식 무(Carrot)로 만든 팬 케이크
징잉시엔샤쟈오(晶瑩鮮蝦餃) 투명한 새우 만두

Address 台北市中正區忠孝西路一段36號
No.36, Sec. 1, Zhongxiao W. Rd., Zhongzheng Dist
Tel 02-2370-7078
Open 10:00~22:00
Access MRT 타이베이처짠(台北車站) M6번 출구 나와 오른쪽 직진. 도보 1분.
Cost $$~$$$ (+10%)

신이(信義)점

Address 台北市信義區松高路12號B2 / B2, No.12, Songgao Rd., Xinyi Dist
Tel 02-2722-9358
Open 일~목요일 11:00~21:30, 금~토요일 11:00~22:00

커피 한 잔으로 떠나는 타이베이 시간 여행!

마운틴 키즈 커피 로스터

山小孩咖啡
MKCR / Mountain Kids Coffee Roaster

시먼딩과 기차역, 디화제 일대를 탐험하고 있다면 향긋하고 부드러운 커피 한 잔과 잠시 쉬어가기 좋은 곳이다. 2층에 올라가면 마치 필름 같은 창을 통해 티에다오푸와 베이먼을 바라볼 수 있는데, 마치 시간 여행자가 된 기분이 든다. 화이트 톤에 나무 소재, 식물로 포인트를 주어 심플하게 꾸며 좁은 공간에서도 편안한 시간을 보낼 수 있다. 열정적으로 커피를 내리는 주인장의 뒷모습은 귀여운 캐릭터를 자연스레 떠올리게 해 나도 모르게 웃음 짓는 곳. 또한, 이곳의 커피는 직접 선별한 고품질의 원두를 하이엔드 로스팅 기계, 기센 GIESEN을 이용해 볶아 선보인다. 라마르조꼬 리네아 클래식 에스프레소 기계 등 하드웨어만 보더라도 카페 투어를 하기에도 좋다. 커피 맛은 마일드하고 신맛이 조금 나는 일본식 카페 스타일이다. 도넛 및 스콘 등 수제 페이스트리를 함께 즐겨도 좋다. 이곳에서 일정을 체크하고 일기를 적으며 나의 과거와 미래로 시간 여행을 떠나보자.

Address 台北市中正區忠孝西路一段126號
No.126, Sec. 1, Zhongxiao W. Rd., Zhongzheng Dist.
Tel 02 2381 0682
Open 08:00~22:00
Cost $ ~ $$
Access 베이먼(北門) 역사 고적 앞.
GPS 25.047447, 121.510854

3
SOUTH TAIPEI

WALK AROUND

타이베이 남부 (중정 & 용캉제 & 공관)

국민당의 국공내전(國共內戰) 패배 후 타이완으로 이동할 당시부터 현재까지의 모습을 그려 볼 수 있는 중정. 일본 가옥과 근대 건물이 절묘하게 어우러져 있다. 일제강점기의 아픈 역사가 묻어있는 용캉제와 공관은 이제 교육의 중심이면서 시민의 공간으로 재탄생했다. 일제강점기부터 해방 후 중화민국(中華民國 Republic of China), 타이완의 근대 역사와 문화를 살펴볼 수 있는 곳으로 호기심 가득한 눈을 반짝이며 골목골목 누벼보자.

SOUTH TAIPEI

기억에
남는
8장면

1. 중정지녠탕 국가음악청에 강아지와 함께 앉아 시간을 보내는 어르신
2. 따라이샤오관 따뜻한 POS 계산대에서 잠을 즐기는 검은 고양이
3. 용캉쉐이궈위엔에서 본 신고(新高) 배 – 여기도 우리나라와 나주 배와 같네!
4. 중정지녠탕 중정공원에서 만난 청설모
5. 타이베이스리동우위엔에서 만난 아기 판다, 위엔쟈이(圓仔 ♀)
6. 바오짱옌 마을에서 만난 꽃에 입을 맞추는 요정 같은 나비
7. 황룽좡 앞 신호등 위에 옹기종기 앉은 귀여운 참새들
8. 치아후이원쿠에서 만난 중화민국 포스터

타이베이 남부
MRT
Map

타이베이처짠(台北車站)을 중심으로 MRT 레드 라인을 따라 남쪽, 중정지넨탕(中正紀念堂) 역을 기점으로 오렌지 라인과 겹치는 동먼(東門) 역, 그린 라인 공관(公館) 역과 신뎬(新店) 역 그리고 브라운 라인 MRT 동우위엔(動物園) 역과 마오콩(猫空)은 타이베이 남부 여행의 핵심 지역들이다. 맛있는 식당과 카페가 즐비한 그곳에서 타이완의 근대 역사와 문화를 두루 살펴볼까?

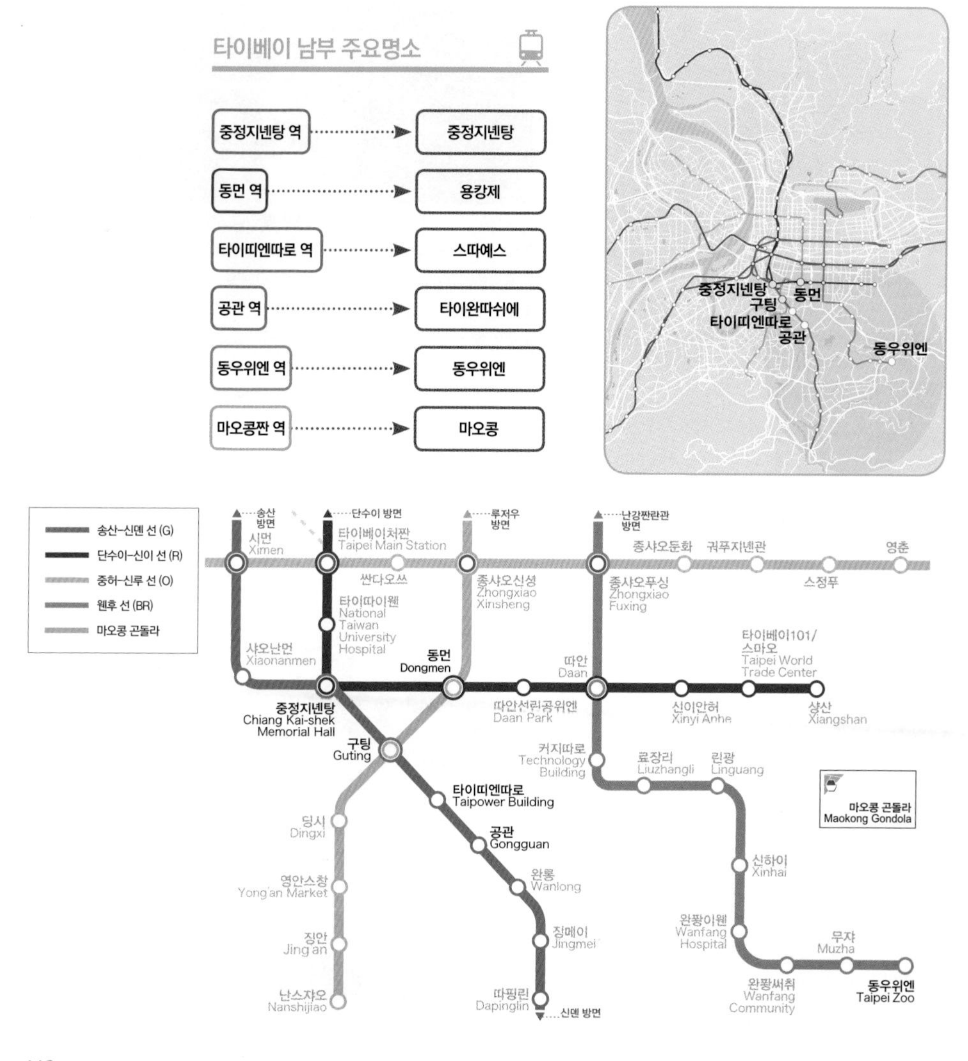

추천 일정

난먼스창

장제스와 국민당 군인들의 고향인 저장성(浙江省) 음식들을 취급하면서 지금은 타이완의 어느 지역보다 타이완의 정통 음식을 엿볼 수 있는 곳이다. 소시지를 오징어 말리듯 내걸어 말리거나 삼겹살을 간장에 장시간 조려 만든 동파러우(東坡肉)가 가득!

도보 6분

중정지녠탕

"내 마음에 부끄럽지 않으면, 못할 일이 없다."는 유명한 말을 남긴 타이완 초대 총통이었던 장제스를 기리는 곳이다. 매 정시마다 열리는 절도 넘치는 근위병 교대식은 타이베이 여행의 하이라이트라고 해도 과언이 아니다.

도보+MRT 10분

타이완따쉬에

2명의 타이완 총통과 노벨상 수상자까지 배출한 명문 대학으로 타이완을 넘어 세계적으로 인정받고 있다. 역사의 장인 교정과 키다리 야사수가 길게 도열한 넓고 아름다운 캠퍼스를 산책하는 것만으로도 타이완 특유의 감성이 몽글몽글 솟아난다.

스따예스

먹거리 노점이 줄지어 서 있는 다른 야시장과 달리 점심시간이나 이른 저녁부터 문을 여는 곳이 많다. 우리나라의 대학가와 풍경이 비슷한 스따예스에 가면 반드시 먹어야 하는 것이 있으니 바로 홍콩에서 온 버터 빵 하오하오웨이!

도보15분

용캉제

우리 동네였으면 좋겠다는 생각을 놓을 수 없는 파스텔 톤의 무지개 빛깔 동네다. 누구라도 알만한 맛집부터 개성 넘치는 카페와 상점들도 골목마다 숨어 있다. 언제든 다시 찾아도 좋을 예쁘고 편안한 곳이다.

MRT 10분

공관

타이완따쉬에를 중심으로 생겨난 저렴한 맛집부터 분위기 좋은 카페와 레스토랑, 서점, 영화관, 보세 가게 등이 많은 대학가 상권이다. 여기에 가면 꼭 마셔야 하는 버블티가 있으니 바로 천산딩(陳三鼎)! 버블티라면 이것만 마신다.

도보 5분

중정 & 용캉제
동먼
외교부
국가도서관
국가음악청
춘수이탕
春水堂
국가희극원
궈리중정지녠
國立中正紀念
따안선린공위엔
小南門
궈리타이완보우관난먼위엔취
國立臺灣博物館南門園區
중정지녠탕
中正紀念堂
난먼스창
南門市場
우후
WOO HOO Ice Spoonful
가오산샤오
高三孝
진퐁루러우판
金峰鲁肉飯
산화이탕
三槐堂
황룽좡
黃龍莊
Ketagalan Blvd
Section 1, Ren'ai Rd
Guiyang St
Aiguo West Rd
Guangzhou St
Bo'ai Rd
Section 2, Chongqing South Rd
Gongyuan Rd
Nanhai Rd
Hukou St
Section 1, Roosevelt Rd
Section 2, Heping West Rd
Section 1, Heping West Rd
Section 2, Tingzhou Rd
Section 1, Nanchang Rd
Quanzhou St
Ningbo W St
Fuzhou St
Zhaoan St
Shuiyuan Rd
Section 3, Chongqing South Rd
Xiamen St
Guling St
Section 2, Zhonghua Rd
Guoxing Rd
Sanyuan St
Jinhua St
Aiguo E Rd
Linsen S Rd
0 100m 200m

Section 2, Ren'ai Rd
Section 3, Ren'ai Rd
Jianguo Elevated Rd
Section 1, Xinsheng S Rd
Lane 20, Ren'ai Rd
Lane 286, Jianguo South Rd
Lane 24, Ren'ai Rd
Section 1, Jinshan South Rd
Linyi St
Lianyun St
Lane 111, Section 1
Hangzhou South Rd
싱바커
STARBUCKS
동먼스창
東門市場
카마 카페
cama cafe
항저우샤오롱탕바오
杭州小籠湯包
파우더워크샵
Powder workshop
은행
동먼
東門
선메리
Sunmerry
세인트 피터
聖比德
용캉제
永康街
치우후이원쿠
秋惠文庫
딘타이펑
鼎泰豐
가오지
高記
미미크래커
蜜密牛軋餅
잉빙관
迎冰館
뚜샤오웨
度小月
따라이샤오관
大來小館
스무시
思慕昔
용캉뉴러우면
永康牛肉麵館
러면우
樂麵屋
용캉쉐이궈위엔
永康水果園
라오장뉴러우면뎬
老張牛肉麵店
용캉다오샤오면
永康刀削麵
Section 3, Xinyi Rd
따안선린공위엔
捷運大安森林公園
Lane 17, Yongkang St
Lane 23, Yongkang St
Aiguo E Rd
Section 2, Jinshan South Rd
Section 2, Xinsheng South Rd
야부 카페
YABOO Café
카페이 샤오쯔여우
咖啡小自由
Jinhua St
Yongkang St
Lishui St
핀모 퓨어 스토어
品墨良行
Chaozhou St
놈놈
Nom Nom
Lane 7, Qingtian St
Qingtian St
종뚜푸산린커수우써췬
總督府山林課宿舍群
Section 1, Heping E Rd
궈리타이완스판따쉬에
國立臺灣師範大學
Shida Rd
Longquan St
딴지래
蛋幾力ㄟ
하오하오웨이깡쓰뽀뤄바오
好好味港式菠蘿包
스따예스
師大夜市
떵롱루웨이
燈籠滷味
이즈쉔스쌍홍베이
一之軒時尚烘焙
Section 2, Nanchang Rd
Jinjiang St
Pucheng St
Yunhe St
Wenzhou St
Section 3, Xinsheng South Rd
Lane 18, Section 2
Alley 3, Lane 18
삐마이짠
必買站
Section 2, Xinhai Rd

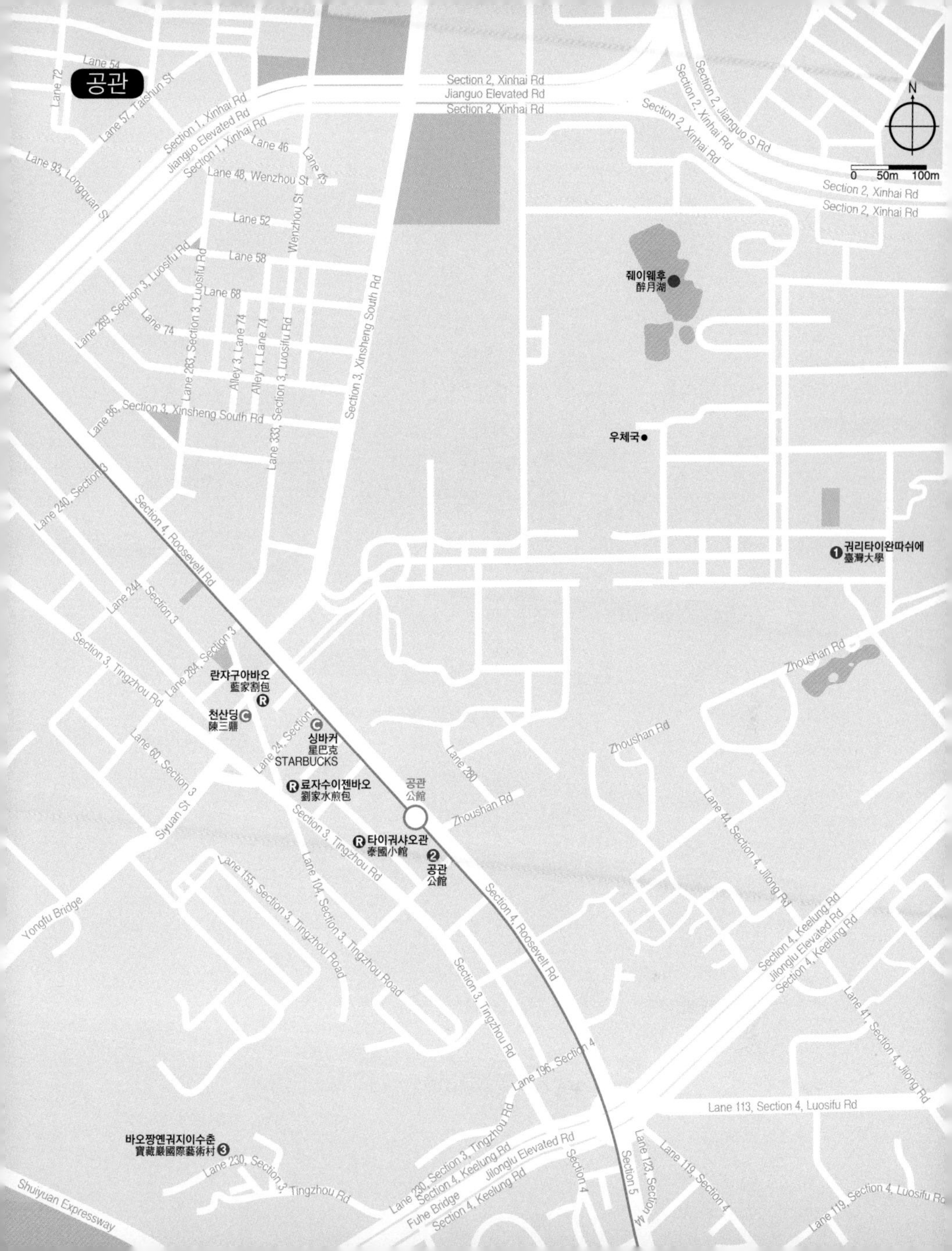

공관
N
0 50m 100m
Section 2, Xinhai Rd
Jianguo Elevated Rd
Section 2, Xinhai Rd
Section 2, Jianguo S Rd
Section 1, Xinhai Rd
Jianguo Elevated Rd
Section 1, Xinhai Rd
Lane 54
Lane 72
Lane 57, Taishun St
Lane 93, Longquan St
Lane 46
Lane 45
Lane 48, Wenzhou St
Wenzhou St
Lane 52
Lane 58
Lane 68
Lane 74
Section 3, Luosifu Rd
Lane 269, Section 3, Luosifu Rd
Lane 283, Section 3, Luosifu Rd
Alley 3, Lane 74
Alley 1, Lane 74
Section 3, Luosifu Rd
Section 3, Xinsheng South Rd
Lane 86, Section 3, Xinsheng South Rd
Lane 333, Section 3, Luosifu Rd
쮀이웨후
醉月湖
우체국
권리타이완따쉬에
臺灣大學
Lane 240, Section 3
Section 4, Roosevelt Rd
Lane 244, Section 3
Section 3, Tingzhou Rd
Lane 284, Section 3
란자구아바오
藍家割包
천산딩
陳三鼎
싱바커
星巴克
STARBUCKS
Lane 24, Section 4
Lane 60, Section 3
Siyuan St
료자수이젠바오
劉家水煎包
공관
公館
Lane 280
Zhoushan Rd
Zhoushan Rd
Zhoushan Rd
타이궈샤오관
泰國小館
공관
公館
Section 3, Tingzhou Rd
Lane 155, Section 3, Tingzhou Road
Lane 104, Section 3, Tingzhou Road
Yongfu Bridge
Lane 44, Section 4, Jilong Rd
Section 4, Roosevelt Rd
Section 3, Tingzhou Rd
Section 4, Keelung Rd
Jilonglu Elevated Rd
Section 4, Keelung Rd
Lane 41, Section 4, Jilong Rd
Lane 196, Section 4
Lane 113, Section 4, Luosifu Rd
바오짱옌궈지이수춘
寶藏巖國際藝術村
Lane 230, Section 3, Tingzhou Rd
Lane 230, Section 3, Tingzhou Rd
Section 4, Keelung Rd
Jilonglu Elevated Rd
Fuhe Bridge
Section 4, Keelung Rd
Section 4
Section 5
Lane 123, Section 4
Lane 119, Section 4
Lane 119, Section 4, Luosifu Rd
Shuiyuan Expressway

TIRES

South Taipei Spot❶
중정

내 마음에 부끄럽지 않으면, 못할 일이 없다

궈리중정지녠탕

국립중정기념당 國立中正紀念堂
National Chiang Kai-Shek Memorial Hall

Address	48台北市中正區中山南路21號 No.21, Zhongshan S. Rd., Zhongzheng Dist.
Tel	02 2343 1100
Open	11:30~20:50
Web	www.cksmh.gov.tw
Admission	무료
Access	MRT 중정지녠탕 (中正紀念堂) 역 5번 출구와 바로 연결된다.
GPS	25.035027, 121.521050

장제스(蔣介石・장개석)는 타이완 역사의 중심에 선 인물로 신해혁명 이후 중화의 국부(國父) 쑨원과 함께 자유중국을 수립하고자 했다. 국민당 군의 총사령관이자 타이완 초대 총통을 지낸 장제스는 일제강점기 대한민국임시정부를 인정하고 독립을 위해 지원한 공로로 1953년 건국훈장 대한민국장을 받았다. 1975년 장제스 서거 이후 전 세계 중화인들이 그를 기리기 위한 기념당 건립을 추진하였고 국가적 사업으로 추진되어 1980년 4월 5일 개관했다. 파란 기와를 머리에 얹은 높이 70m의 웅장한 중전지녠탕으로 오르는 계단은 모두 89개로 장제스 서거 당시 나이를 뜻한다. 무게 25톤의 거대한 장제스 동상이 있는 중정지녠탕에는 그를 지키는 근위병이 한 치의 흔들림 없이 서 있다. 정시마다 근위병 교대식이 있는데 다른 교대식에 비해 더욱 절도 있어 볼 가치가 충분하다. 동상홀 아래층 전시관에서 그의 일생을 살펴볼 수 있고 우체국 등 편의시설도 있다. 넓은 광장은 그의 개명한 본명을 따 중정(中正)공원이라 한다. '쯔요광창(自由廣場・자유광장)'이라 새겨진 웅장한 명나라 양식의 정문을 들어서면 마치 쌍둥이 같은 주황색 기와 건물이 보인다. 왼쪽은 국가음악청, 오른쪽은 국가희극원으로 이곳에서는 시민들을 위한 다양한 행사가 연중 열린다.

알아두면 유용한 꿀팁
국가음악청에는 버블티의 원조라는 춘수이당이 있다. 시원한 버블티 한 잔으로 더위를 피해도 좋고 식사를 하기에도 좋은 곳이다.

알아두면 유용한 꿀팁
"내 마음에 부끄럽지 않으면, 못할 일이 없다"는 장제스의 굳은 신조이다. 근위병 교대식은 정시마다 (09:00~17:00) 중정지녠탕 동상 앞에서 거행되는데 많은 관람객이 몰리므로 조금 일찍 중앙에 자리 잡는 것이 좋다. 동상을 바라보고 오른쪽에서부터 진행된다.

천상천당 지하소항(上有天堂 下有蘇杭)

난먼스창

남문시장 南門市場
Nanmem Market

Address	台北市中正區羅斯福路一段8號 No.8, Sec. 1, Roosevelt Rd., Zhongzheng Dist.
Tel	02 2321 8069
Open	07:30~19:30(월요일 휴무)
Web	www.nanmenmarket.org.tw
Access	MRT 중정지녠탕 (中正紀念堂) 역 2번 출구 나오자 마자 왼쪽에 보인다. 도보 1분
GPS	25.032428, 121.518168

1906년 일제강점기 '친쉐이스창(千歲市場)'으로 처음 문을 열었다. 해방 후 장제스의 국민당 정권이 타이완으로 이동해 이곳에 자리 잡으면서 '난먼스창(南門市場)'으로 개명하였다. 장제스와 국민당 군인들의 고향인 저장성(浙江省) 음식들을 취급하면서 지금은 타이완의 어느 지역보다 타이완의 정통 음식을 맛볼 수 있는 곳이다. 하늘에는 천당 땅에는 항저우와 쑤저우(上有天堂 下有蘇杭)라는 말이 있을 정도로 아름다운 자연환경은 물론, 음식 천국으로 표현되는 것 또한 저장성과 타이완 음식들이다. 중국 저장성의 성도가 항저우(杭州)이며 그 위에 자리하고 있는 것이 후저우(湖州)로 타이완의 이름난 맛집에서 쉽게 볼 수 있는 지명이다. 양념을 적게 넣고 재료 본연의 맛을 강조하는 것이 특색이며 다른 지역에 비해 단맛이 있다. 시장 1층에서는 샹창(香腸, 타이완식 소시지)을 오징어 말리듯 내걸어 말리거나 삼겹살을 중국식 간장에 장시간 조려 만든 동파러우(東坡肉)와 함께 볼 수 있고, 지하 1층에서는 후저우(湖州)식 만두를 빚는 모습을 볼 수 있다. 2층에는 저장성 음식들을 맛볼 수 있는 푸드코트가 자리하고 있다. 특히 명절이면 정통 음식을 구매하러 온 현지인으로 산과 바다를 이룬다.

Tip 알아두면 유용한 꿀팁

2019년 10월 1일부터 2022년 9월 30일까지 재건축 예정으로(완공 일정 달라질 수 있음) 현재 시장 상점 등은 중정지녠탕 따샤오먼(大孝門) 쪽과 가까이 있으며 구글맵 난먼 시장(한글)으로 검색하면 된다.

Tip 알아두면 유용한 꿀팁

쑤저우(蘇州)는 장쑤성(江蘇省)의 역사적인 호반 도시로 아름답기로 유명하다.

레트로 감성 한 스푼

궈리타이완보우관난먼위엔취

국립대만박물관남문원구 國立臺灣博物館南門園區
National Taiwan Museum Nanmen Park

1998년, 국립역사유적지구로 지정되고 2006년, 국유로 타이완 국립 박물관에 속하게 되면서 시민들의 역사 문화 공간으로 재탄생한 난먼 공장. 1899년 건립된 이곳은 장뇌와 아편을 활용한 의약품 개발과 생산에 중요한 장소로, 일본 통치 아래 유일하게 타이완 정부가 운영하는 제조업체였다. 1967년 폐쇄된 후, 공장 토지는 새로운 건설을 위해 분할 매각되었는데 오늘날 우리가 보는 공원은 원래 부지의 1/8도 안 된다고 하니 그 규모를 짐작할 수 있다. 1914년, 붉은 벽돌의 건물은 타이완에서도 몇 되지 않는 메이지 시대 석조 건축물 중 하나이며 핸드 레일 등과 같이 당시 이용했던 시설을 엿볼 수 있다. 현재 연못으로 사용되고 있는 물 저장고는 1929년, 공장에서 두 번의 화재 사고가 있고 난 뒤 화재를 대비해 만들어졌다. 약 72,000ℓ를 저장할 수 있었는데 물은 공장에서 나오는 하수를 이용했고 이 물은 공장 청소 또는 나무 살수(撒水)로 사용하기도 했다. 연못 중앙에는 소방안전시설을 기념하여 소화전 모양의 스프레이 헤드가 설치되어 있다. 이곳은 타이완의 산업사를 엿볼 수 있는 곳으로 중정지녠탕, 난먼스창과 함께 한 번쯤 둘러보기 좋은 곳이다.

Address 台北市中正區南昌路一段1號
No. 1, Sec. 1, Nanchang Rd., Zhongzheng Dist.
Tel 02 2397 3666
Open 09:30~17:00 (월요일 휴무, 공원 06:00~22:00 개방)
Admission 전시관 20NT$ (6~12세, 65세 이상(주말) 10NT$, 6세 미만, 65세 이상(평일) 무료)
Access MRT중정지녠탕(中正紀念堂)역 1번 출구 뒤돌아 나와 난먼스창(南門市場) 마주보고 오른쪽 직진. 도서관 끼고 오른쪽 직진. 도보 4분
GPS 25.033195, 121.515948

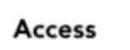

Access	MRT 동먼(東門) 역 5번 출구 나와 선메리(Sunmerry)가 있는 골목 오른쪽으로 들어서면 된다.
GPS	25.033526, 121.529936

맛과 멋을 아는 당신을 위한

용캉제

영강가 永康街
Yongkang Street

MUST SEE '여기 우리 동네였으면 좋겠다'는 생각을 놓을 수 없는 파스텔 톤 무지개 같은 곳이다. 입구부터 여행객과 현지인이 모두 뒤섞여 빠르게 유입되지만 마치 삼각주(三角洲) 같은 용캉공원(永康公園)이후 사이로 난 골목으로 숨어들어 강의 하구 끝, 산과 바다와 같이 편안한 이름 그대로의 용캉제(永康街 영강가). 딘타이펑(鼎泰豊) 본점부터 가오지(高記), 뚜샤오웨(度小月) 등 여행자 누구라도 알만한 맛집도 모여 있지만, 개성 넘치는 카페와 상점들도 골목마다 숨어 있어 마치 신세계를 탐험하는 선장이 된 기분이다. 타이완이라는 보물섬을 발견하고 타이베이에 정박해 용캉제까지 왔다면 본인만의 아지트를 꼭 만들고 가길 바란다. 오롯이 본인만을 위한 그리고 사랑하는 사람과의 시간을 보내는 일상, 언제든 다시 찾아도 좋을 예쁘고 편안한 우리 동네 같은 여행 만큼 좋은 것도 없다.

Tip 알아두면 유용한 꿀팁

용캉제는 골목이 포인트다. 여행자들이 많이 몰리는 용캉제 입구를 벗어나 구석구석을 살펴야 진정한 매력을 느낄 수 있다. 여행자에서 현지인으로 옷을 갈아입자.

South Taipei Spot❺
용캉제

고즈넉한 일본 가옥 골목 탐험

종뚜푸산린커수우써췬

총독부산림과숙사군 總督府山林課宿舍群
Housing Complex of Forest Service employees

용캉제(永康街)를 중심으로 칭티엔제(青田街), 리쉐이제(麗水街) 그리고 진산난루(金山南路)까지 일제강점기 일본 관리들의 숙소가 모여있던 곳으로 모든 거리가 그때 분위기를 고스란히 가지고 있다. 특히 진산난루얼뚜안얼린산썅(金山南路二段203巷)의 작은 골목은 1932년부터 1945년까지 지어져 일본 산림청 직원들의 숙소를 쓰이던 곳으로 해방 후 타이완 정부의 농림청 직원들의 숙소로 쓰였다. 현재는 국가 고적으로 관리하고 있어 골목 전체가 박물관이라 보면 된다. 골목 중앙에 자리하고 있는 고택은 좀 더 가까이서 볼 수 있는데 보호를 위해 출입은 할 수 없다. 빈티지한 골목을 따라 멋지고 아름다운 풍경을 사진에 담기 좋다.

알아두면 유용한 꿀팁

바로 가기 보단 용캉제를 둘러보고 무쓰마오루(沐肆貓廬咖啡館)에서 귀여운 곰돌이 흑설탕 라떼를 마시고 난 후, 진산난루얼뚜안얼린산썅(金山南路二段203巷)에서 사진을 찍고 해질녘 스따예스(師大夜市 사대야시장)으로 가면 더 좋다.

Access	MRT 동먼(東門) 역 5번 출구 뒤돌아 나서면 왼쪽으로 난 리쉐이제(麗水街)를 따라 직진 진산난루얼뚜안얼링산썅(金山南路二段 203巷)으로 들어서면 된다. 도보10분
GPS	25.027847, 121.527719

South Taipei Spot❻
용캉제

타이완 언어 중심의 메카

궈리타이완스판따쉬에

국립대만사범대학 國立臺灣師範大學
National Taiwan Normal University

줄여서 스따(師大・사대) 라고 부르는 이곳은 모두가 알듯이 교원 양성에 목적을 두고 있다. 스따는 외국인들에게 특히 타이완 언어 중심 즉, 어학원으로 아주 유명한데 등록금이 다른 대학 언어 중심보다 저렴하고 교육의 질도 우수하며 또한 용캉제부터 스따예스(師大夜市 사대야시장)으로 접근성도 좋아 어학생(語學生)들에게 인기가 많다.

알아두면 유용한 꿀팁

스따(師大) 역시 바로 가기 보단 용캉제를 둘러보고 무쓰마오루 카페, 진산난루얼뚜안얼린상(金山南路二段203巷)에서 사진을 찍고 스따예스(師大夜市) 전에 들리면 된다.

Address	台北市大安區和平東路一段162號 No.162, Sec. 1, Heping E. Rd., Da'an Dist.
Tel	02 7734 1111
Web	www.ntnu.edu.tw 1. MRT 동먼(東門) 역 5번 출구 나와 오른쪽 용캉제(永康街)를 따라 직진, 도보 10분 2. MRT 구팅(古亭) 역 5번 출구 나와 허핑동루이뚜안(和平東路一段)을 따라 동쪽으로 직진 도보 7분
GPS	25.026050, 121.527545

South Taipei Spot❼
용캉제

대학가의 감각적인 야시장

스따예스

사대야시장 師大夜市
Shida Night Market

Address 台北市大安區龍泉街
Longquan St., Da'an Dist.
Open 16:00 ~ 00:00

MUST SEE 먹거리 노점이 줄지어 서 있는 다른 야시장과 달리 점심시간이나 이른 저녁부터 문을 여는 곳이 많다. 우리나라의 이화여대와 경북대 북문, 부산대와 비슷하게 예쁜 카페부터 잡화점, 보세 가게, 그리고 맛도 좋고 가격도 착한 노점과 식당까지, 쇼핑과 먹거리 모두 골목골목 자리하고 있어 구경하는 즐거움이 가득하다. 특히 언어 중심 때문에 외국인 학생이 많은 곳이라 타이완 음식부터 다양한 나라의 음식을 만날 수 있다는 것도 매력적이다. 또한, 다양한 캐릭터 상품을 판매하는 잡화점과 레고 매장까지 있으니 피규어나 인형, 모형을 모으는 사람이라면 더욱 좋을 곳이다. 스린예스나 라오허제예스와 같이 여행자가 너무 많은 게 싫거나 특히 초우또우푸(취두부) 냄새가 싫은 여행자들에게 안성맞춤! 맛있기로 유명한 딴빙(타이완식 오믈렛)이나 버터 빵을 오물거리며 야시장을 누벼볼까?

Access
1. MRT 동먼(東門) 역 5번 출구 나와 오른쪽 용캉제(永康街)를 따라 직진, 궈리타이완스판따쉬에(國立臺灣師 範大學) 샤오번부 II(校本部 II)를 가로질러 스따루(師大路)로 들어서면 된다. 도보 12분
2. MRT 구팅(古亭) 역 5번 출구 나와 허핑동루이뚜안(和平東路一段)을 따라 동쪽으로 직진 궈리타이완스판따쉬에 (國立臺灣師範大學) 샤오번부 II(校本部 II) 정문 앞 길건너 스따루(師大路)로 들어서면 된다. 도보 12분

GPS 25.024621, 121.529328

师大39創意市集

스따예스의 마스코트
떵롱루웨이
등롱로미 燈籠滷味 Dēnglóng lǚwèi

스따예스를 대표하는 먹거리 루웨이(滷味)를 판매하는 곳으로 늘 사람들이 찾아 야시장을 대표하는 마스코트와 같은 가게이다. 조금 생소하지만 루웨이는 원하는 음식 재료를 골라 바구니에 담아 주면 특제 소스로 만든 국물에 익혔다 자작하게 담아준다. 조금 맵게 먹으면 우리 입맛에 아주 그만이다. 타이완 음식은 처음 먹었을 때는 잘 모르지만 지나고 나면 계속 생각이 난다. 루웨이도 그중 하나인데 처음에는 생경한 맛에 망설일지 몰라도 한 번 맛보게 되면 스따예스에 갈 때마다 꼭 사 먹는 샤오츠(小吃 분식) 중 하나가 될 것이다.

Address	台北市大安區師大路43號 No.43, Shida Rd., Da'an Dist
Tel	02 2365 7172
Open	11:30~00:30(월요일 휴무)
Access	궈리타이완스판따쉬에(國立臺灣師範大學)에서 스따루(師大路) 왼쪽으로 걷다 처음 보이는 골목 입구에 있다. 왓슨스Watsons간판이 보이면 그 아래집이다.
Cost	$ ~ $$
GPS	25.024595, 121.528672

스따(師大) 학생들이 사랑하는 간식
딴지래
단기 蛋幾ㄌㄟˇ Wait

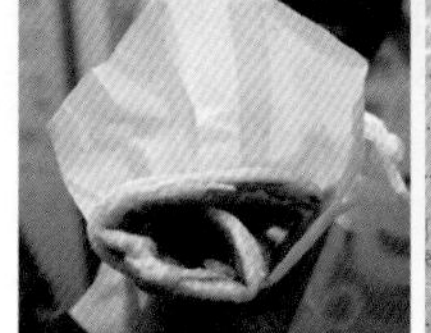

'딴지래'는 타이완 토속어로 '기다려 주세요'라는 뜻으로 앞에 두 글자는 발음이 같은 한자 딴지(蛋幾)에서 따와 가게에서 판매하는 계란에 맞춰 만들었으며, 뒤에 래(ㄌㄟˇ)는 타이완 알파벳이다. 저렴하고 맛도 있어 스따 학생이 모두 좋아하는 간식이다. 재료가 다른 여러 메뉴가 있지만 딴지래는 오믈렛 전병만 판매하는 곳. 모두 맛있지만 가오리차이딴빙(高麗菜蛋 餅捲 · 양배추계란전병)이 특히 입맛에 잘 맞다.

Address	台北市大安區龍泉街15號 No.15, Longquan St., Da'an Dist.
Tel	0925 002 320
Open	월 ~ 금요일 12:00 ~ 23:00, 토, 일요일 14:00 ~ 23:00
Access	궈리타이완스판따쉬에(國立臺灣師範大學) 기숙사 옆 롱취엔제(龍泉街)에 있는데 계란 모양 노란 간판이 눈에 띄어 찾기 쉽다. 옆에 우마왕스테이크 집이 있다.
Cost	$
GPS	25.025089, 121.529356

레고가 취미라면!
삐마이짠
필매참 必買站 Bidbuy4Utw

'꼭 사야하는 역'이라니 이름 한 번 기가 막힌다. 레고가 취미인 사람이라면 쓰다예스를 갈 때마다 반드시 들르는 가게. 토이저러스나 토이월드 같은 다른 숍들과는 달리 오롯이 레고만 취급하고 있어 더욱 많은 종류의 한정판, 단종된 모델을 보유하고 있는 곳이다. 가격은 종류마다 국내보다 싸거나 비슷한데 국내 판매 가격과 비교하거나 국내에 판매하고 있는 상품인지 아닌지를 잘 따져보고 구매하면 된다. 같은 골목에 주로 브릭을 취급하는 2호점이 있다.

Address	台北市大安區師大路93巷13號 No.13, Ln. 93, Shida Rd., Da'an Dist
Tel	02 3365 1558
Open	12:00~21:00
Access	스따루(師大路)를 따라 떵롱루웨이(燈籠滷味)가 있는 골목(포함)부터 6번째 골목으로 들어서면 된다.
Web	www.bidbuy4u.com.hk
GPS	25.022995, 121.529056

겉은 바삭, 속은 말랑 쫄깃
하오하오웨이깡쓰뿌뤄바오
호호미항식파라포 好好味港式菠蘿包
Hohomei Pineapple Bun

홍콩에서 온 버터빵 하오하오웨이! 홍콩 광둥어로는 호우호우웨이! 갓 구운 빵은 겉이 바삭하고 속은 부드러워 한입 베어 물면 쫄깃한 식감에 사로잡힌다. 그 사이에 끼워진 버터는 짭짤한 맛을 내기 때문에 마치 달콤과 짭쪼름이 연애하듯 서로 밀당하는 느낌이랄까? 무엇이든 그렇지만 갓 구웠을 때 먹는 것이 제일 맛있는 하오하오웨이는 하나만 먹으면 굉장히 아쉽다. 2016년 2월 기존에 있던 골목길에서 현재 위치로 옮겨 훨씬 접근하기 편리하다. 잠깐! 종샤오푸싱에도 지점이 있으니 꼭 맛보자! 한 번도 못 먹은 사람은 있어도 한 번만 먹은 사람은 없으니~

Address	스따예스점 106台北市大安區龍泉街 19號之1 No.19 -1, Longquan St., Da'an Dist.
Tel	02 2368 8898
Open	14:00 ~ 23:00
Access	궈리타이완스판따쉬에(國立臺灣師範大學) 기숙사 옆 룽취엔제(龍泉街)로 들어서면 된다. 뉴모왕뉴파이관(우마왕 스테이크) 옆집.
Web	www.hohomei.com.tw
Cost	버터빵 35NT$, 세트 메뉴(버터빵 + 음료) 70NT$
GPS	25.024858, 121.529381

Address	종샤오푸싱(忠孝)점 No.19 -1, Longquan St., Da'an Dist.
Tel	02 2775 5508
Open	12:00 ~ 21:00
Access	MRT종샤오푸싱(忠孝復興)역 4번 출구 나와 SOGO 백화점 오른쪽 골목 종샤오동루쓰뚜안쓰지우샹(忠孝東路四段49巷) 직진. 도보 3분.
Web	www.hohomei.com.tw
Cost	버터빵 35NT$, 세트 메뉴(버터빵 + 음료) 70NT$
GPS	25.043641, 121.545260

South Taipei Spot❶
공관

우리나라는 서울대, 타이완은 타이완대!

궈리타이완따쉬에

국립타이완대학교 國立臺灣大學
National Taiwan University

Address	7台北市大安區羅斯福路四段1號 No.1, Sec. 4, Roosevelt Rd., Da'an Dist.
Tel	02 3366 3366
Web	www.ntu.edu.tw
Access	MRT 공관(公館) 역 3번 출구 나와 직진 신셩난루산뚜안(新生南路三段)을 따라 오른쪽, 정문이 보인다. 도보 2분
GPS	25.017339, 121.539757

MUST SEE 1928년 일제강점기 때 설립되어 해방 이후 궈리타이완따쉬에(國立臺灣大學)로 개명하여 지금 현재에 이른다. 2명의 타이완 총통과 노벨상 수상자까지 배출한 명문대학으로 타이완을 넘어 세계적으로 인정받고 있다. 최초에 지어진 근대 건물을 여전히 사용하고 있어 역사의 장인 교정과 높은 야자수가 끝없이 펼쳐지는 넓고 아름다운 캠퍼스 그리고 공관(公館)을 중심으로 저렴한 맛집도 많아 궈리타이완스판따쉬에(國立臺灣師範大學)에서 언어를 배우기 위해 타이완에 온 많은 외국인이 찾고 있다. 도서관 옆으로 학생식당이 있는데 편의점도 있어 잠시 쉬어가기 좋다. 캠퍼스 안에 있는 호수 줴이웨후(醉月湖・취월호)를 바라보며 카페에서 커피 한 잔의 여유도 즐겨보자. 넓은 교정은 산책 삼아 걸어도 좋지만 유바이크(U bike)를 이용하는 것도 좋다.

Tip 알아두면 유용한 꿀팁
대학의 로고인 종탑에서 사진을 남기자. 도서관으로 가는 야자수 길 중간 즈음 있다.

저렴한 먹거리 천국!

공관

공관 公館
Gongguan

MUST SEE 여행자들 사이에서 공관예스(公館夜市)는 야시장으로 알려졌지만 공관은 궈리타이완따쉬에(國立臺灣大學) 주변으로 형성된 대학가 상권이다. 저렴한 맛집을 비롯해 분위기 좋은 카페와 레스토랑, 서점, 영화관, 보세 가게들이 있어 오전부터 구경하기 좋다. 공관을 대표하는 먹거리 천산딩(陳三鼎) 버블티도 마셔보자. 더불어 공관 근처에 있는 한국의 벽화 마을과 닮은 바오짱옌궈지이수춘(寶藏巖國際藝術村 · 보장암국제예술촌)을 구경해도 좋다. 공관은 용캉제(永康街), 스따예스(師大夜市)와 함께 낮부터 늦은 밤까지 항상 사람들이 북적이는 곳이다.

Access	MRT 공관(公館) 역 4번 출구 나와 스타벅스와 샤오위엔수팡(校園書房 Campus Books) 사이 골목으로 들어서면 된다. 중정취(中正區)와 다안취(大安區)를 걸쳐 공관 상권 전체를 일컫는다.
GPS	25.013959, 121.534870

타이완식 햄버거라고? 란쟈구아바오

람가할포 藍家割包 Lán jiā gē bāo

찐빵에다 양념 돼지고기볶음과 쏸차이, 샹차이 그리고 땅콩가루로 속을 채운 타이완식 햄버거로 거바오 또는 타이완 말로 구아바오라고 한다. 특히 란쟈구아바오가 타이베이에서 유명한데 공관(公館)에 왔다면 반드시 먹어봐야 할 타이완 먹거리 중 하나이다. 란쟈구아바오는 공관 또 하나의 명물인 천산딩 버블티 가게와 작은 골목을 사이에 두고 마주하고 있어 함께 먹기 좋다.

Address	100台北市中正區羅斯福路三段316巷8弄3號 No.3, Aly. 8, Ln. 316, Sec. 3, Roosevelt Rd., Zhongzheng Dist.
Tel	02 2368 2060
Open	11:00 ~ 00:00 (월요일 휴무)
Access	MRT 공관(公館) 역 4번 출구 나와 스타벅스와 샤오위엔수팡(校園書房 · Campus Books) 사이 골목으로 들어서 첫번째 오른쪽 골목 끝. 훼미리마트 전. 도보 3분.
GPS	25.015747, 121.532557

South Taipei Spot❸
공관

뉴욕타임즈가 선정한 타이베이 명소
바오짱옌궈지이수춘

보장암국제예술촌 寶藏巖國際藝術村
Treasure Hill Artist Village

Address	台北市中正區汀州路三段230巷14弄2號 No.2, Aly. 14, Ln. 230, Sec. 3, Tingzhou Rd., Zhongzheng Dist
Tel	02 2364 5313
Open	11:00 ~ 20:00 (월요일 휴무)
Web	www.artistvillage.org
Admission	무료

MUST SEE 우리나라 부산의 감천 문화 마을 또는 통영의 동피랑 마을과 닮은 바오짱옌(寶藏巖) 마을은 60~70년대 중국에서 피난민들이 정착한 이민촌으로 건물 대부분이 불법 건축물이었다. 세월이 흘러 철거를 하려던 타이베이 시에 타이베이 시민들과 많은 지식인이 함께 탄원하여 2004년, 타이베이 최초로 마을(聚落・취락) 형태 역사 건축물로 지정하여 보존하기로 했다. 2006년부터 문화부에서 국제예술촌 프로젝트의 일환으로 개보수를 시작했고, 시의 지원으로 주민들의 보상 이주와 함께 예술가들의 작업장과 전시장이 입주하고 공연도 열리고 있다. 전시 작품과 벽화를 감상하고 사진놀이도 하며 중간중간 있는 잔류한 주민들이 운영하는 아기자기한 카페와 식당에 들러 쉬기도 하고 천천히 둘러보기 좋은 곳이다.

Access	MRT 공관(公館) 역 1번 출구 나와 오른쪽 대로변을 따라가다 羅斯福路四段196巷 이정표를 따라 골목으로 들어가 직진, 길건너 주차장 사이 길로 올라가면 된다. 도보 13분.
GPS	25.010764, 121.532212

Tip 더 쉽게가기 꿀팁

MRT 공관(公館) 역 1번 출구 나와 오른쪽 뤄쓰푸루쓰뚜안(羅斯福路四段) 대로변을 따라가다 뤄쓰푸루쓰뚜안이지우료썅(羅斯福路四段196巷) 골목으로 들어서 직진하다 만나게 되는 주차장 왼쪽 딩저우루산뚜안얼산스링썅(汀州路三段230巷)으로 올라가면 된다. 도보 13분

South Taipei Spot❶
마오콩

판다와 함께 동심의 세계로
타이베이스리동우위엔

타이베이시립동물원 台北市立動物園 Taipei Zoo

Address	台北市文山區新光路二段30號 No.30, Sec. 2, Xinguang Rd., Wenshan Dist.
Tel	02 2938 2300
Open	09:00 ~ 17:00(판다관 매월 첫째 주 월요일 휴관, 입장 마감 16:00, 관람 마감 16:30)
Web	www.zoo.gov.taipei
Admission	성인 60NT$(국제학생증 및 유스트레블카드 50% 할인), 18세 이하 30NT$

타이베이까지 와서 무슨 동물원이냐고 하겠지만 아시아에서 가장 큰 동물원인데다 시에서 운영하는 만큼 어느 동물원보다 입장료도 저렴하다. 무엇보다 대나무를 질겅질겅 씹어대는 펑퍼짐한 엉덩이가 귀여운 판다를 볼 수 있다는 것만으로 아주 매력적인 여행지이다. 판다 외에 약 300여 종의 동물들이 생활하는 이곳은 습성과 생태 환경을 고려해 타이완 향토 동물, 사막 동물, 호주 동물, 아프리카 동물, 코알라, 조류관, 나비 공원 등으로 지역을 구분하고 있다. 특히 동물들과 친밀감을 나누는 동시에 생명의 소중함을 느낄 수 있도록 하겠다는 취지가 동물원 구석구석 녹아 있다. 입장료 수익은 동물 보호와 자연생태 보호 사업에 쓰이고 있다. 동물을 사랑하는 사람들 모두 모여라! 시간이 촉박한 여행자라면 타이완에 온 만큼 판다 가족과 타이완 향토 동물은 반드시 만나보자. 동물원 입구 근처 왼쪽과 오른쪽 구역에 자리하고 있다. 판다를 보고 기념품 숍에서 판매하는 판다 모자를 쓰고 기념사진 찍는 것을 잊지 말자! 넓디넓은 동물원을 걸어서 돌아보기에 힘이 부친다면 공원 내 셔틀 기차를 활용하자. (편도 5NT$)

Access	MRT 동우위엔(動物園 Taipei Zoo) 역 1번 출구 나와 오른쪽에 있다. 도보 2분
GPS	24.998061, 121.581066

알아두면 유용한 꿀팁

공원 입장 요금 및 셔틀 기차 요금은 모두 이지 카드로 결제 가능하며 입장 시 직원이 주는 판다 관람표를 반드시 챙기자. 정해진 시간에 판다를 만날 수 있다.

타이베이 명차 마을

마오콩

묘공 猫空 Maokong

마오콩에서 거침없이 하이킹! 타이완은 우리만 몰랐지 세계적인 명차 생산국이다. 하지만 차로 이름난 아리산은 너무 멀다. 이럴 땐 타이베이 도심과 가까운 마오콩(猫空)에 찾아가 보자. 마오콩은 이름에서 알 수 있듯이 고양이가 머물다 떠난 빈자리처럼 산에 둘러싸여 움푹 파인 지형을 뜻한다. 자연과 동물을 사랑하는 슬로우 여행자에게는 동물원과 함께하면 더없이 좋을 곳이다. 마오콩란처(貓空纜車 · 마오콩 곤돌라)를 타고 마지막 역인 마오콩 역(약 30분 소요)에 내리면 마오콩 여행이 시작된다. 곤돌라 종착역인 마오콩 역을 기점으로 만나게 되는 3개의 갈림길 중 가운데 길로 접어들어 초록빛 차밭을 배경 삼아 산책하듯 하이킹을 하다 보면 탁 트인 타이베이 시 전경을 볼 수 있는 전망대가 나온다. (약 40분 소요) 다시 돌아와 마오콩 역을을 등지고 왼쪽 길로 가면 차와 함께 식사를 즐길 수 있는 곳이 많은데 여기가 바로 낙원이요 무릉도원이로다. 어느 곳이든 맛이나 분위기는 크게 다르지 않고 판매하는 음식도 비슷하니 너무 고민하지 말자. 꼭 먹어봐야 할 것은 찻잎을 섞은 볶음밥과 연두부 튀김이다. 시간적 여유가 있다면 마오콩의 명차를 마시며 복잡한 머릿속을 정리해 보자.

Tip 곤돌라 타는 곳

MRT 동우위엔(動物園 Taipei Zoo) 역 2번 출구 나와 왼쪽으로 직진. 도보 5분.

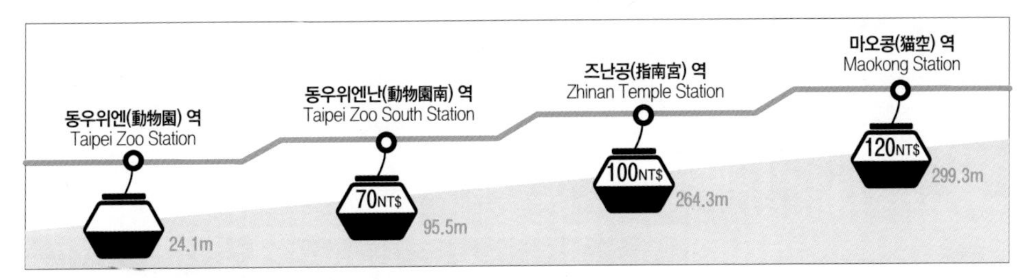

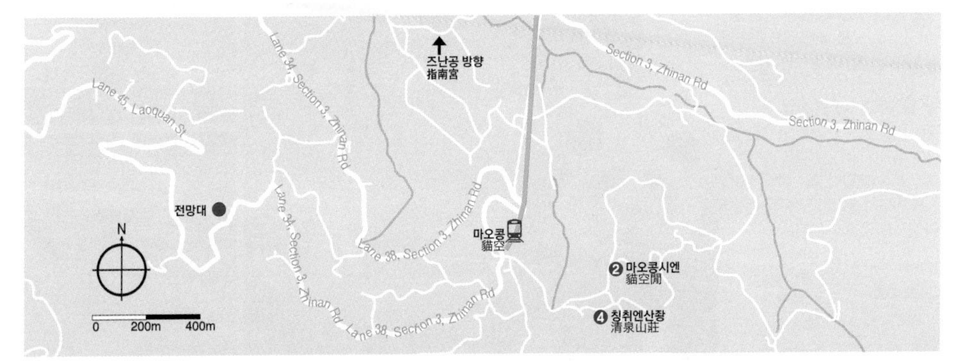

마오콩 추천 1

타이완에서 가장 긴 케이블카 **마오콩란처**

묘공람차 猫空纜車 Maokong Gondola

총 길이 약 4km로 동우위엔(動物園) 역, 동우위엔난(動物園南) 역, 즈난공(指南宮) 역 그리고 마오콩(貓空) 역까지 4개 정류장을 잇는 타이완에서 가장 긴 케이블카. 종착역인 마오콩까지 약 30분이 소요된다. 일반 곤돌라와 투명강화유리 바닥으로 된 크리스털 캐빈 두 가지 종류가 있는데 비율이 4:1이라 크리스털 캐빈은 대기 시간이 길다. 탑승 정원은 보통 5~ 8명이지만 평일의 경우에는 일반 곤돌라는 연인들의 프라이버시를 위해 한 차량에 한 팀만 태우고 크리스털 캐빈은 차량이 적어 4명씩 탑승한다. 현지인들도 많은 주말은 피하는 것이 좋다.

Tip 알아두면 유용한 꿀팁

현금으로 티켓을 사면 70NT$ (1stop), 100NT$ (2stops), 120NT$ (3stops)이다. 이지카드 사용 시에는 20NT$ 할인이 되어 1Stop에 50NT$이며 어느 정류장에서 내려도 가격은 같다.

Address 台北市文山區新光路2段8號
No.8, Sec. 2, Xinguang Rd., Wenshan Dist

Tel 02 2181 2345

Open 화 ~ 목요일 09:00 ~ 21:00
금요일, 공휴일 전날 09:00 ~ 22:00
토요일과 공휴일 08:30 ~ 22:00,
일요일과 연휴 마지막 날 08:30 ~ 21:00
(월요일, 천재지변 발생시 휴무)

Web www.gondola.taipei

GPS 24.996046, 121.576298

귀여운 고양이 트럭 **마오콩시엔**

묘공한 貓空閒

Maokongxian Tea House

마오콩의 식당과 카페가 옹기종기 모여 있는 길을 거닐다 보면 차밭과 함께 탁 트인 타이베이 전경을 볼 수 있는 하얀 파라솔의 노천카페가 나타난다. 귀여운 고양이 그림이 있는 트럭에서 향긋하고 맛도 좋은 커피와 차 그리고 베이글, 토스트 등 간단한 페이스트리도 내어준다. 마오콩에서 가장 합리적인 가격에 멋진 전망까지 즐길 수 있는 곳이다. 다만 노천카페인 만큼 비가 오거나 추운 겨울철에는 주인장도 여행자들도 힘들다는 것, 날씨에 따라 운영시간도 달라질 수 있으니 참고 하자.

Address 台北市文山區指南路三段38巷34號
No.34, Ln. 38, Sec. 3, Zhinan Rd., Wenshan Dist.

Open 일 ~ 목요일 10:00 ~ 00:00, 금, 토요일 10:00 ~ 03:00
(날씨가 좋지 않으면 휴무)

Web www.gondola.taipei

Access 마오콩란처 (猫空纜車)를 타고 마오콩(猫公) 역에서 하차, 역에서 나와 왼쪽. 도보 9분.

Cost $$

GPS 24.968023, 121.591746

해바라기, 뤼동빈
즈난공
지남궁 指南宮 Zhinan Temple

중국 팔선 중 가장 인기가 있는 뤼동빈(呂洞賓)을 모신 사원으로 타이완에 한창 역병이 돌던 때 즈난산(指南山)에 뤼동빈을 모시자 역병이 사라졌다고 전해진다. 이곳의 한 유지가 부지를 기부하였고 1890년 즈난공(指南宮)을 건립했다. 세상 사람들을 구하는데 많은 힘을 기울였으며 특히 서민들과 병자들을 돌보았다고 해 많은 도교 신자가 찾고 있어 즈난공의 규모는 계속 확장되고 있다. 뤼동빈은 같은 중국 팔선 중 유일한 여성인 허씨엔고(何仙姑)를 사모했지만 오로지 신선 수련의 길을 걷던 그녀와 이뤄지지 않았고 뤼동빈은 해바라기와 같이 그녀만을 바라보았다고 한다. 그래서일까? 타이완 민속에 의하면 이곳에 연인과 함께 오면 뤼동빈의 질투로 반드시 헤어진다고 한다. 그런 민속의 이미지 변화를 위해 사원 측에서는 월하노인을 모시는 등 연인들도 함께 찾을 수 있게끔 여러방면으로 모색중이나 그래도(민속일 뿐이지만) 연인과는 함께하지 않는 것이 좋겠다.

Address 台北市文山區萬壽路115號
No.115, Wanshou Rd., Wenshan Dist.
Tel 02 2939 9922
Open 04:00 ~ 20:00
Web www.gondola.taipei
Access 마오콩란처 (猫空纜車)를 타고 즈난공(指南宮)에서 하차하면 된다. 도보 1분.
Admission 무료
GPS 24.979821, 121.586630

직접 기른 채소와 차
칭취엔산좡
청천산장 清泉山莊 Qingquan Villa

타이완 TV 프로그램에도 소개된 마오콩의 맛집이다. 다른 식당에 비해 조금 높은 곳에 있어 오르는 길에 짜요(加油 · 힘내요)! 라는 글이 아주 귀엽게 맞이해주는 곳이다. 여느 마오콩의 식당과 같이 직접 기른 찻잎을 섞어 만든 볶음밥과 연두부 튀김도 맛있지만, 무엇보다 직접 기른 채소로 만든 볶음이 별미다. 식당 앞 밭에서 매일 아침 싱싱한 채소를 수확하는데 특히 고사릿과인 산수(山蘇) 볶음의 씹는 맛이 아주 좋다. 직접 기른 차도 마실 수 있는데 전통 다도라기보다 조금 약식으로 캐주얼하게 즐길 수 있어 주문할 때도 크게 부담이 없다.

알아두면 유용한 꿀팁

마오콩을 찾는 대부분의 사람은 식사보다는 차를 즐기기 위함이다. 여행자들에게 차(茶)의 가격이 조금 부담스러울 수 있지만 계속 뜨거운 물을 가져다주고 몇 시간씩 머물다 가기 때문에 어찌 보면 명품 차의 가격은 아주 저렴하다 할 수 있다. 그러다 배가 고프면 식사도 같이 하는 형태이므로 마오콩에서 맛집은 크게 논할 필요가 없으니 마음에 드는 곳으로 가면 된다.

Address	台北市文山區指南路三段38巷33之1號 No.33-1, Ln. 38, Sec. 3, Zhinan Rd., Wenshan Dist.
Tel	02 2963 8761
Open	일, 화~목 10:00~21:00, 금, 토요일 10:00~22:00(월요일 휴무)
Access	마오콩란처 (猫空纜車)를 타고 마오콩(猫公) 역에서 하차, 역에서 나와 왼쪽. 도보 8분.
Cost	$$ ~ $$$
GPS	24.966691, 121.591552

SOUTH TAIPEI

Cost 인당 100NT$ 이내 $ | 100NT$-499NT$ $$ | 500NT$ 이상 이상 $$$

RESTAURANT

●

CAFE & DESSERT

●

PUB & BAR

로컬 샤오롱바오의 진수!

항저우샤오롱탕바오

항주소룡탕포 杭州小籠湯包
Hangzhou Xiaolongbao

MUST EAT 샤오롱바오라면 여행자들 모두가 떠올리는 것이 딘타이펑(鼎泰豊)이겠지만 현지인들이 좋아하는 맛집은 바로 이곳이다. 우열을 가릴 수 없는 맛에 가격은 거의 반값이니 굳이 비싼 곳에 갈 필요가 없다는 뜻이다. 이미 일본 여행자들에게 인기 있는 이곳은 요즘 블로거의 입소문과 안내 책자에 소개되어 우리나라 여행자들에게도 차츰 알려지고 있다. 김이 모락모락 나는 찜통이 가득 쌓여 있고 주문이 들어오면 샤오롱바오를 빚는 분주한 손놀림과 차례를 기다리는 손님까지 소박한 풍경이 정겨운 곳이다. 육즙이 풍부한 샤오롱바오 한 입에 입안 가득 퍼지는 풍미가 호뭇한 미소를 만들어 낸다. 타이완을 대표하는 음식 중 하나인 샤오롱바오를 알뜰한 가격에 만나보자. 궈리중정지녠탕(國立中正紀念堂) 뒤편에 있어 관람 전후로 들리기 딱 좋다.

Tip 알아두면 유용한 꿀팁

소스는 셀프바에서 취향에 맞게 만들고 진열된 반찬 중 오이 초무침으로 느끼함을 잡아주자. 특히 이곳에 군만두는 꼭 먹어보길 추천!

Address 台北市大安區杭州南路二段19號
No.19, Sec. 2, Hangzhou S. Rd., Da'an Dist.
Tel 02 2393 1757
Open 일 ~ 목요일 11:00 ~ 22:00, 금, 토요일 11:00 ~ 23:00
Web www.thebestxiaolongbao.com
Cost $$

Access 궈리중정지녠탕을 바라보고 왼쪽 끝 문으로 나가 신호등을 건넌 후 오른쪽 도보 3분.(장제스 동상이 있는 궈리중정지녠탕 뒤편 길 건너에 있다.)
GPS 25.034061, 121.523726

샤오롱바오 맛집, 여기도 있소이다!

황롱좡

황룽장 黃龍莊
Huánglóng zhuāng

타이베이만 해도 숨은 샤오롱바오 맛집이 수없이 많다. 문을 연 지 30년이 넘은 황룽좡(黃龍莊)도 그중 하나로 깔끔한 맛과 합리적인 가격으로 현지인들이 사랑하는 곳이다. 담백한 육즙이 가득한 돼지고기 샤오롱바오와 함께 이곳에서 유명한 것은 바로 채소 만두 수차이자오(素菜餃)! 샤오롱바오를 포함한 딤섬(點心)은 특히 타이완이 유명한데 식당마다 속을 채우는 소(餡)들이 저마다 달라 그 맛을 비교하며 먹어보는 것도 타이베이 여행의 즐거움을 더 할 것이다. 이게 바로 식도락(食道樂)!

Address 台北市中正區牯嶺街43號
No.43, Guling St., Zhongzheng Dist.

Tel 02 2322 4295

Open 10:00 ~ 21:00 (월요일 휴무)

Cost $$

Access MRT 중정지녠탕(中正紀念堂) 역 2번 출구 나와 직진 닝붜시루(寧波西街)에서 오른쪽으로 직진, 구링제(牯嶺街)와 만나는 길, 왼쪽 건너편에 빨간 간판이 보인다. 도보 7분.

GPS 25.030012, 121.516597

응답하라 1980代!

가오산샤오

고삼효 高三孝

Gāosān xiào Toast Coffee Tea

마치 초등학교 시절 교실로 들어가는 듯한 느낌이 드는 이곳, 타이완의 80년대도 우리네 모습과 많이 닮아 있었다는 것을 알 수 있다. 가오산샤오 토스트가 명물이 된 이유는 옛 추억을 떠올리는 인테리어에서도 찾을 수 있지만, 무엇보다 숯불에 구운 식빵으로 만든 토스트 덕분이다. 은은한 숯불에 구워 토스트 겉이 바삭하면서도 부드럽다. 마치 고기를 구운 것과 같이 식빵 겉으로는 맛있는 석쇠 모양이 새겨진다. 땅콩버터를 바르고 적당한 채소와 치즈 그리고 주문에 따라 돼지고기와 치킨, 햄으로 속을 채운 토스트 한입이면 싱그러운 미소를 머금은 맛있는 아침이 시작된다. 자안(早安 · 굿모닝) 타이베이!

Address 台北市中正區牯嶺街43號
No.43, Guling St., Zhongzheng Dist.

Tel 02 2322 4295

Open 월~금요일 07:00~14:00, 토, 일요일 07:30~14:00

Cost $$

Access MRT 중정지녠탕(中正紀念堂) 역 2번 출구 나와 직진 닝궈시루(寧波西街)에서 오른쪽으로 직진, 구링제(牯嶺街)와 만나는 길, 왼쪽 건너편에 빨간 간판이 보인다. 도보 7분.

GPS 25.032216, 121.517431

최고의 루러우판!

진퐁루러우판

금봉로육반 金峰魯肉飯

Jīnfēng lǔròu fàn

루러우판(魯肉飯 돼지고기 간장 조림 덮밥)을 주메뉴로 저렴하고 간단한 타이완 가정식을 30년 이상 선보여 현지인들에게 사랑받는 곳이다. 루러우판에 올라가는 돼지고기 간장 조림은 집집마다 고기 부위나 소스는 조금씩 다르지만 진퐁루로우판은 달거나 짠맛이 덜 해 처음 먹어보기 가장 무난하다. 식당 분위기부터 모든 것이 타이완의 모습을 엿보기 좋아 난먼스창과 함께 타이완의 정통 음식 문화를 체험하고 싶은 여행자들은 중정지녠탕을 둘러볼 때 잠깐 들리면 좋을 듯하다.

Address 台北市中正區羅斯福路一段10號
No.10, Sec. 1, Roosevelt Rd., Zhongzheng Dist.

Tel 02 2396 0808

Open 08:00 ~ 01:00

Cost $ (루러우판 小/中/大 30/40/50NT$)

Access MRT 중정지녠탕(中正紀念堂) 역 2번 출구 나와 직진. 난먼스창(南門市場) 지나면 바로 보인다. 도보 1분.

GPS 25.032052, 121.518498

사이폰 커피와 블루베리를 올린 치즈케이크

산화이탕

삼괴당 三槐堂
Sān huái táng

MUST EAT

좁은 골목 사이로 커피 향이 가득한 조용하고 정겨운 나무집이 있다. 단순하지만 무게감 있는 산화이탕(三槐堂) 나무 현판과 인사하고 나무 계단을 밟으며 오르면 조금은 삐걱거리는 느낌이 아주 좋은 곳이다. 문을 열고 들어서면 맛있는 사이폰 커피를 내어 주는 멋진 퇴역 군인과 하나씩 먹어 보고 싶은 수제 쿠키가 담긴 병들이 함께 바를 지키고 있다. 떡하니 자리 잡은 멋들어진 나무 테이블에 앉아 맛있는 커피와 함께 꼭 먹어야 한다는 블루베리를 올린 치즈케이크 한 입까지! 상상만으로도 행복한 웃음을 머금게 된다. 커피도 커피지만 무엇보다 타이베이에서 단순하지만 가장 맛있는 치즈케이그로 힝싱 소개뇌는 집이다.

Address 台北市中正區羅斯福路一段72巷2號
No.2, Ln. 72, Sec. 1, Roosevelt Rd., Zhongzheng Dist.
Tel 02 2321 3429
Open 화~토요일 12:00~21:00, 일요일 13:00~19:00 (월요일 휴무)
Cost $$
Access MRT 중정지녠탕(中正紀念堂) 역 2번 출구 나와 직진 작은 골목인 루스푸루이뚜안치스얼썅얼 (羅斯福路一段72巷)로 들어서면 된다. 도보 5분.
GPS 25.030506, 121.519376

중정

담백하고 건강한 맛

우후

옥호첨빙품 屋琥甜冰品
WOO HOO Ice Spoonful

중정지녠탕, 난먼위엔취 등 둘러보다 조금 지쳤다면, 타이완 재즈 뮤지션, 9m88의 'Everybody Woo Hoo'와 같이 외쳐보자. 동명의 가게 우후에서 담백하고 건강한 타이완 디저트를 맛볼 시간이다. 보통 타이완 사람들은 여름철은 여러 곡물을 갈아 얼음 위에 올려 먹는 빙수나 또우화(豆花), 순(연)두부를 시원한 수정과와 같은 달큰한 물에 각종 곡물과 경단을 넣어 먹는다. 또한 겨울철은 따뜻한 또우화를 먹는데 이러한 건강 간식을 캐주얼하게 경험할 수 있는 곳이 바로 우후! 모든 재료는 특산지에서 직접 공수해 와 수제로 만든다. 토란과 팥을 가득 올린 우유 빙수와 여름철에만 한정으로 맛볼 수 있는 애플 망고 빙수, 펀주(珍珠)가 들어간 또우화, 아몬드 우유도 건강식으로 추천

Address 台北市中正區南昌路一段13號
No. 13, Sec. 1, Nanchang Rd., Zhongzheng Dist.
Tel 02 2393 8666
Open 12:00~21:00
Cost $~$$
Access MRT중정지녠탕(中正紀念堂)역 2번 출구 뒤돌아 나와 난먼스창(南門市場) 끼고 왼쪽 직진. 스타벅스 지나 첫번째 사거리에서 왼쪽 직진. 도보 4분
GPS 25.032127, 121.516706

버블티의 원조!

춘수이탕

춘수당 春水堂
Chun Shui Tang

타이중에서 처음 문을 연 전통 디저트 카페. 타이완 최초로 쩐주나이차(버블티, 珍珠奶茶)를 선보인 후 전국을 넘어 일본까지 진출하며 타이완을 대표하는 브랜드가 되었다. 고풍스럽고 분위기에서 버블티와 함께 즐기는 간단히 즐기는 식사마저도 무게감이 느껴져 타이완을 경험하기에 더할 나위 없다. 각종 차와 면, 토스트, 딤섬 등 다양하게 즐길 수 있고 음식이 전체적으로 향이 강하지 않고 담백해서 부담이 없어 좋다. 타이완 음식은 경험해보고 싶지만, 그 특유의 향이 부담스럽다면 추천! 쩐주나이차를 비롯한 각종 음료는 포장이 가능하다.

Address 台北市中正區中山南路21之1號
No. 21-1, Zhongshan S. Rd., Zhongzheng Dist.
Tel 02 3393 9529
Open 11:30~20:50
Cost $~$$
Access 중정지녠탕(中正紀念堂) 궈자잉웨팅(국가음악청, 國家音樂廳) 건물 1층에 있다.
GPS 25.037407, 121.519366

타이베이에서 만나는 상하이 딤섬

가오지

고기 高記

Kao Chi

1949년 처음 문을 연 가오지는 설립자인 가오쓰메이(高四妹)가 상하이 샤오롱바오 대가에게 가 직접 배워 온 상하이 딤섬 전문점이다. 3대째 이어오는 가오지 역시 이곳 용캉제(永康街)에 본점을 두고 있는데 딘타이펑과 비견되는 샤오롱바오와 함께 상하이식, 홍콩식 요리를 선보인다. 무엇보다 가오지의 주메뉴 중 지글지글 철판에 구워져 나와 소리까지 맛있고 보기에도 새로운 상하이식 군만두, 상하이톄궈성젠바오(上海鐵鍋生包)를 추천한다. 한글 메뉴와 세드 메뉴가 있어 수분이 편리하다.

Address	台北市大安區永康街1號 No.1, Yongkang St., Da'an Dist.
Tel	02 2341 9984
Open	월~금요일 09:30~22:30, 토, 일요일 08:30~22:30
Web	www.kao-chi.com
Cost	$$ ~ $$$ +10%
Access	MRT 동먼(東門) 역 5번 출구 나와 오른쪽 용캉제(永康街)로 들어서면 된다. 도보 2분.
GPS	25.033331, 121.529972

Geek in the pink!

파우더 워크샵

Powder workshop

단지 무표정하다고 말하기에는 묘한 표정의 바리스타들에게서 받은 첫 번째 인상은 Geek, 괴짜다. 동시에 인사부터 주문, 서빙부터 판매되는 브런치, 케이크, 커피 등의 메뉴를 열정적으로 준비하는 바리스타를 보고 왜 이곳이 핫한 카페인지 짐작할 수 있다. 제이슨 므라즈의 노래, 'Geek in the pink'가 귓가에 맴돈다. 명품 에스프레소 기계, 'Kees Van Der Western-Spirit'에서 내려진 아메리카노는 깔끔하고 시그니처 메뉴, 마운틴 마일로는 귀여운 모습으로 그저 웃음 짓게 만든다. 메뉴 추천을 요청하면 모두 맛있어서 추천 하기 어렵다는 대답이 돌아오는 곳. 그 자신감에 걸맞은 얼그레이 치즈 케이크는 쫀득한 식감에 풍부한 치즈 향과 어울리는 차향이 그야말로 맛이 좋아 다른 디저트도 궁금하게 한다.

Address	台北市大安區信義路二段86巷25號 No.25, Ln. 86, Sec. 2, Xinyi Rd., Da'an Dist.
Tel	02 2343 5853
Open	월, 수~금요일 09:00~18:00 (화요일 휴무)
Cost	$$
Access	동먼(東門)역 3번 출구, 대로변으로 나와 왼쪽 중정지녠탕 방향 직진. 타이완 은행(Bank of Taiwan) 건물 오른쪽 골목으로 들어서서 첫번째 골목, 신이루얼뚜안빠스료샹(信義路二段86巷) 끝에 있다. 도보 4분
GPS	25.033903, 121.525758

누구나 다 아는 딘타이펑의 고향

딘타이펑

정태풍 鼎泰豐
Din Tai Fung

MUST EAT 세계적으로 명성이 자자한 샤오롱바오 맛집 딘타이펑은 1958년 노점으로 시작해 오늘에 이르렀다. 모두가 알지만 그 원조가 어디인지 잘 모르는데 바로 타이완 타이베이다. 무엇보다 용캉제에 위치한 본점에서 먹어보길 추천한다. 본점이라는 것은 맛도 맛이지만 그만큼 의미도 부여되니까 말이다. 우리나라 여행자들이 많이 찾는 곳인 만큼 한글 메뉴에다 직원들 모두 한국어로 인사를 하는 모습에 절로 웃음이 난다. 어느 지점이든 모두 친절하겠지만, 특히 본점 직원들의 친절한 서비스는 음식을 더욱 맛있게 해준다. 생각보다 양이 많아 남기는 경우가 많고 다른 맛집도 가야 하니 기본 샤오롱바오와 함께 볶음밥이나 면 종류 하나 정도로 적당히 주문하는 것을 추천한다. 샤오롱바오 1인 1통도 좋은 방법이다. 물론 다른 맛으로!

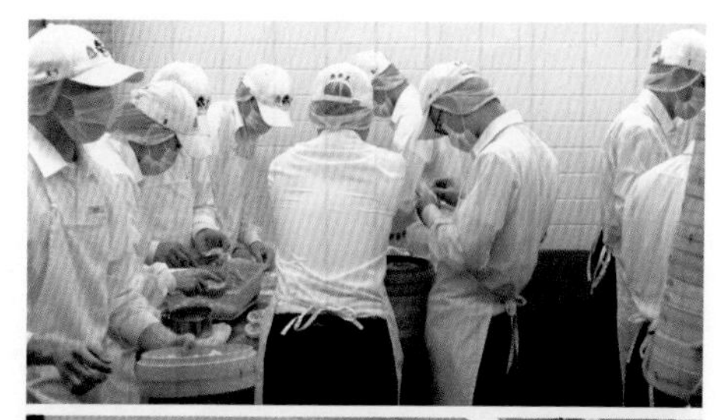

Address	台北市大安區信義路二段194號 No.194, Sec. 2, Xinyi Rd., Da'an Dist
Tel	02 2321 8928
Open	월 ~ 금요일 10:00 ~ 21:00, 토, 일요일 09:00 ~ 21:00
Web	www.dintaifung.com.tw
Cost	$$ ~ $$$ +10% (샤오롱바오 10pcs/210NT$)
Access	MRT 동먼(東門) 역 5번 출구 나와 직진 용캉제(永康街)를 건너면 바로 보인다. 도보 1분.
GPS	25.033482, 121.530110

타이완 망고 빙수의 원조, CNN 선정 세계 10대 디저트!

아이스 몬스터

빙관 冰館
Ice Monster

MUST EAT 왕의 귀환! 망고 빙수의 원조, 아이스 몬스터가 2019년 4월, 용캉제로 돌아왔다. 많은 사람이 용캉제에 있는 스무시가 용캉스우(永康15)의 전신이라고 알고 있으며 망고 빙수의 원조라 알고 있는 여행자도 많은데 아닌 말씀이다! 1995년 용캉제 15호에 문을 연 용캉스우는 2012년 예전의 별명이었던 아이스 몬스터라는 이름과 함께 오너를 형상화한 수염이 있는 귀여운 망고 아저씨 캐릭터와 세련된 인테리어로 궈푸지녠관에 이전 오픈했었다가 용캉제에 매장을 오픈함과 동시에 기존 2개 지점을 정리하고 옛터전에서 그 명성을 이어가고자 한다. CNN 선정 세계 10대 디저트로 현지인과 여행객 모두에게 사랑받아 현재 타이완과 중국 그리고 일본에 매장을 운영하고 있다. 매장에서 먹으면 미니멈 차지가 있다. (1인당 120NT$)

Address	台北市大安區信義路二段204號 No. 204, Sec. 2, Xinyi Rd., Da'an Dist
Tel	02 2393 2228
Open	10:30~22:00
Cost	$$
Access	MRT동먼(東門)역 5번 출구 나와 딘타이펑 본점 지나 토스테리아 Toasteria 카페 옆. 도보 1분
GPS	25.033447, 121.530464

Tip 알아두면 유용한 꿀팁
포장 시에는 미니멈 차지가 없다.

120년 전통 단짜이멘

뚜샤오웨

도소월 度小月

Tu Hsiao Yueh

'뚜샤오웨(度小月)'는 '좋지 않은 때'를 일컫는 말이다. 단짜이멘(擔仔麵)는 1895년 타이완 타이난(台南) 지방 홍(紅) 씨 성을 가진 어부에서부터 시작되는데 물고기가 제철이 아닐 때 다른 수입이 없으니 거리로 나가 단짜이멘을 판매한 것이다. 그렇게 뚜싸오웨에 판매하던 것이 타이난 명물을 넘어선 120년 전통의 단짜이멘이 되었다. 국물이 있는 국수에 고기와 새우 고명, 그리고 샹차이(香菜)를 살짝 올려 나오는데 향이 강하지 않아 입맛에 맞다. 매장마다 예전 모습을 재현한 오픈 주방에서 음식을 만드는 이색적인 볼거리만으로도 충분히 찾을 가치가 있다.

알아두면 유용한 꿀팁

굵은 면을 사용한 단짜이멘 (擔仔麵)과 쌀로 만든 얇은 면을 사용한 단짜이미펀(擔仔米粉)이 있는데 양이 생각보다 적다. 함께 먹기 좋은 메뉴로 새우 소를 넣은 춘권(春捲), 황진샤쥐엔(黃金蝦捲)이 있다.

Address	台北市大安區永康街9-1號 No.9-1, Yongkang St., Da'an Dist
Tel	02 3393 1325
Open	11:30 ~ 22:00
Web	www.noodle1895.com
Cost	$$ ~ $$$ +10% (미니멈 차지 100NT$)
Access	MRT 동먼(東門) 역 5번 출구 나와 오른쪽 용캉제(永康街)로 들어서면 된다. 도보 3분.
GPS	25.032946, 121.529922

대식가를 위한 무료 면 추가!

러멘우

락면옥 樂麵屋

Lè miàn wū

타이베이에 6개 지점을 가지고 있는 러멘우의 본점이 바로 용캉제에 있다. 그러고 보니 유명 식당의 본점은 용캉제에 많다. 시원한 국물이 들어간 음식을 먹고 싶은데 타이완 음식은 조금 안 맞고 그렇다고 컵라면은 먹기 싫고, 그렇다면 국물 맛부터 면발까지 취향따라 선택할 수 있는 이름처럼 면을 즐기는 집, 러멘우로 가자! 가장 좋은 점은 무료로 면을 추가할 수 있다는 것이다. 대식가들에게 희소식!

Address	台北市大安區永康街10巷7號 No.7, Ln. 10, Yongkang St., Da'an Dist
Tel	02 2395 1787
Open	11:30~21:40
Web	www.rakumenya.com.tw
Cost	Cost $$
Access	MRT 동먼(東門) 역 5번 출구 나와 오른쪽 용캉제 (永康街)로 들어서 직진, 5번째 골목으로 들어서면 된다. 도보 3분.
GPS	25.032048, 121.529253

쿵푸 파이팅!

용캉다오샤오멘

영강도삭면 永康刀削麵
Yong-Kang Sliced Noodles

MUST EAT 풍채 좋은 주방장이 왼팔에는 무거운 밀가루 반죽을 올리고 오른손으로 U자형 칼을 잡고 빠른 손놀림으로 대패질하듯 밀어 면을 뜨거운 물이 끓는 솥으로 날린다. 소림사의 주방이 이렇지 않을까? 상상하게 된다. 그 장면 하나만으로도 충분히 찾을 만한 곳으로 맛까지 좋아 현지인들에게 사랑받는 곳이다. (바쁜 시간대에는 기계 사용) 〈원나잇 푸드트립〉 이연복 셰프가 극찬한 쫄깃한 식감의 도삭면은 널찍하니 우리나라의 수제비와 비슷하다. 이곳에서는 무엇보다 타이완 전통 짜지앙멘(炸醬麵)을 맛볼 수 있는데 우리나라 자장면은 달고 짜 간이 강한 것에 반해 심심하니 담백하다. 국물이 없는 짜지앙멘은 조금 뻑뻑한 감이 있어 뉴러우탕(牛肉湯)과 함께하면 좋다.

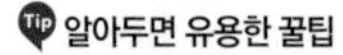

알아두면 유용한 꿀팁

이연복 셰프의 강력추천 메뉴는 판체뉴러우멘(番茄牛肉麵) 즉, 토마토 우육면으로 맑고 감칠맛 나는 국물이 아주 좋다.

Address	台北市大安區永康街10巷55號 No.55, Ln. 10, Yongkang St., Da'an Dist.
Tel	02 2322 2640
Open	11:00 ~ 14:00, 17:00 ~ 20:30
Cost	$$ ~ $$$
Access	MRT 동먼(東門) 역 5번 출구 나와 용캉제(永康街)로 들어서 직진 오른쪽 5번째 만나는 골목 안으로 들어서면 된다. 용캉공위엔(永康公園) 옆. 도보 3분.
GPS	25.032039, 121.529381

전지현도 먹고 간 타이완 가정식

따라이샤오관

대래소관 大來小館

Dà lái xiǎoguǎn

MUST EAT 간단하고 저렴한 루러우판(魯肉飯 · 돼지고기 간장 조림 덮밥)부터 타이완 가정식은 모두 즐길 수 있는 곳이다. 특히 이곳 루러우판은 적당히 달고 짠맛이 있어 우리나라 짜장 덮밥과 비슷한 맛을 내 입맛에 잘 맞다. 삼겹살을 중국식 간장에 장시간 조려 만든 동파러우(東坡肉)인 따라이퐁러우(大來封肉/280NT$)도 맛이 일품이다. 단맛이 있으므로 동파러우를 먹을 때는 하얀 쌀밥이 좋다. 그냥 먹으면 입이 심심하니 진열장에 있는 밑반찬을 가져다 직원에게 얘기하고 먹으면 되고 식사 후 같이 계산하면 된다. 소박한 분위기의 식당에서 타이완 가정식을 즐겨보자.

Address	台北市大安區永康街7巷2號 No.2, Ln. 7, Yongkang St., Da'an Dist
Tel	02 2357 9678
Open	월 ~ 금요일 11:00 ~ 14:00, 17:00 ~ 21:30, 토, 일요일 11:00 ~ 21:30
Cost	$ ~ $$$
Access	MRT 동먼(東門) 역 5번 출구 나와 오른쪽 용캉제(永康街)로 들어서 가오지(高記)에서 왼쪽 골목으로 들어가면 된다. 도보 3분
GPS	25.032987, 121.530152

타이베이 명물, 누가 크래커!

미미

밀밀 蜜密

Le Secret

타이베이 필수 쇼핑 리스트에 펑리수와 함께 항상 이름을 올리고 있는 누가 크래커, 그중에서도 미미는 한국 여행자들에게 인기다. 짭조름한 채소 크래커 사이에 누가(Nougat)를 충분히 넣어 샌드형 크래커로 단짠 매력이 넘친다. 미미는 크래커의 짠맛과 파 맛이 좀 더 강해 짠단 이라 해야 할까? 1인당 구매 개수가 정해져 있어 대량 구매를 원한다면 예약해야 한다. 2016년 10월 1일, MRT 동먼 역 3번 출구 쪽으로 매장을 옮겼으니 미미를 찾아 용캉제를 방황하지 말자. 낱개 포장이 되어 있지 않아 타 브랜드보다 빨리 눅눅해지고 파 향이 강해 대량 구매는 권하지 않는다.

예약 Line ID : mimi.huang.

Address	台北市大安區金山南路二段21號 No.21, Sec. 2, Jinshan S. Rd., Da'an Dist.
Tel	02 2351 8853
Open	09:00 ~ 13:00 (월요일 휴무)
Cost	$$ (170NTD)
Access	MRT 동먼(東門) 역 3번 출구 나와 신이루얼뚜안(信義路二段) 대로변에서 왼쪽, 곧 만나는 진산난루얼뚜안(金山南路二段)에서 왼쪽으로 직진. 도보 1분.
GPS	25.033230, 121.527322

타이베이 명물, 누가 크래커!

세인트 피터

聖比德

Saint Peter

〈프리한 19〉에서 여행 가서 더 안 사 오면 후회하는 것들 1위에 선정된 누가 크래커는 이제는 누구나 알고 있는 타이완 여행 쇼핑 리스트! 블로거를 통해 이름을 알리고 방송에서도 한입에 쏙 들어가는 커피 맛 누가 크래커로 유명해진 단수이 세인트 피터가 여행자에게 접근성이 더욱 쉬운 용캉제에 분점을 냈다. 커피 맛 외에도 오리지널, 자두, 땅콩 맛이 있는데 뭐니 뭐니 해도 여기에서는 단탄단탄(단맛과 커피의 탄 맛의 조화)의 커피 맛이 진리! 한국 직원이 있어 편하다. (유학생이라 상주 직원은 바뀔 수 있다)

알아두면 유용한 꿀팁

단짠=지우펀요우지(지우펀 55번 누가 크래커), 짠단=미미, 단탄=세인트 피터
선메리의 커피 맛 누가 크래커도 세인트 피터에서 만드는 것이지만 포장만 달리한다고?!

Address	台北市中正區信義路二段199號 No.199, Sec. 2, Xinyi Rd., Zhongzheng Dist.
Tel	02 2396 3198
Open	09:00~20:00
Access	MRT동먼(東門)역 6번 출구 나와 왼쪽으로 돌아보면 바로 보인다.
GPS	25.033962, 121.529838

Address	시먼(西門)점 台北市萬華區成都路27巷23號 No.23, Ln. 27, Chengdu Rd., Wanhua Dist.
Tel	0910 650 181
Open	12:00 ~ 22:00
GPS	25.043240, 121.506937

용캉제, 뉴러우멘의 양대산맥을 마주하다!

뉴러우멘

우육면 牛肉麵

볼거리도 많지만 먹거리는 더 많은 타이베이 식도락 여행! 타이완을 대표하는 음식 중 빠질 수 없는 것이 뉴러우멘! 바로 우육면이다. 우육면(牛肉麵)은 말 그대로 소고기 탕면! 우리나라의 설렁탕, 육개장과 비슷한 맛으로 밥 대신 면을 넣는다. 사골과 양지로 진하게 우린 육수에 두툼한 소고기 고명(주로 아롱사태를 사용)을 듬뿍 올려준다. 맛과 멋이 있는 용캉제에서 만나는 뉴러우멘의 양대산맥에 올라보자!

老張牛肉麵店

VS

永康牛肉麵

현지인들이 추천

라오장뉴러우몐뎬

노장우육면점 老張牛肉麵店
lǎo zhāng niúròu miàn diàn

현지인들에게 뉴러우몐 맛집을 물어보면 하나같이 라오장을 말한다. 1958년 처음 문을 열어 지금까지 60년 동안 한결같은 맛을 내는 이곳은 2006년 뉴러우몐 대회에서 우승하면서 그 명성이 하늘 높이 치솟아 세계 유명 인사들도 찾는 곳이 되었다. 국민 여동생 문근영을 비롯해 수많은 우리나라 스타들도 다녀간 곳이다. 약간 맵지만 간이나 향은 그리 강하지 않아 우리나라 여행자의 입맛에도 OK! 자극적이지 않은 라오장뉴러우몐를 추천한다.

Address 台北市大安區愛國東路105號
No.105, Aiguo E. Rd., Da'an Dist.
Tel 02 2396 0927
Open 수 ~ 월요일 11:00 ~ 15:00, 17:00 ~ 21:00 (화요일 휴무)
Access MRT 동먼(東門) 역 4번, 5번 출구 사이 골목 안으로 직진. 도보 4분.
Web www.lao-zhang.com.tw
Cost $$
GPS 25.031505, 121.528725

이연복 셰프가 엄지 척!

용캉뉴러우몐

영강우육면 永康牛肉麵
Yong-Kang Beef Noodles

〈원나잇푸드트립〉 이연복 셰프도 반한 두툼하고 연한 소고기를 듬뿍 넣은 우육면 맛집이 바로 이곳이다. 1963년 문을 열어 50년이 넘은 명실공히 용캉제를 대표하는 맛집. TV 매체나 가이드북에 많이 소개되어 현지인과 더불어 이미 많은 여행자에게 알려진 곳이다. 국물 간이 짠 편이지만 면과 소고기의 전체적인 맛의 조화가 훌륭하다. 밥 한 그릇 말고 싶은 충동이 이는 육개장의 얼큰함을 찾는다면 용캉뉴러우몐에 한 표!

Address 台北市大安區金山南路二段31巷17號
No.17, Ln. 31, Sec. 2, Jinshan S. Rd., Da'an Dist.
Tel 02 2351 1051
Open 11:00~21:00
Access MRT 동먼(東門) 역 3번 출구 나와 골목 안으로 직진 2번째 골목에서 왼쪽으로 들어서면 노란색 간판이 눈에 띈다. 진화궈샤오(金華國小 금화초교) 앞. 도보 1분.
Web www.beefnoodle-master.com
Cost $$
GPS 25.032913, 121.528108

망고 빙수의 원조가 아니라구!

스무시

사모석 思慕昔
Smoothie House

스무시의 주인이 미국 유학 시절 스무디(Smoothie)에서 아이디어를 얻어 타이완식 디저트에 접목해 탄생하였다. 모두 스무시가 망고 빙수의 원조라 알고 있지만, 타이완 최초로 망고 빙수를 선보인 원조는 바로 우리가 알고 있는 아이스 몬스터(冰館)이다. 아이스 몬스터의 전 주소가 용캉스우(永康街15號)였는데 2012년 궈푸지녠관으로 옮겨가고 같은 용캉제(9號)에 있던 스무시가 이곳에 분점을 냈다. 모든 여행자가 이곳이 그 유명하던 원조 망고 빙수 가게로 알고 찾는 발걸음 멈추지 않자 이곳을 본점으로 운영하고 있으며 세계적으로 가맹점을 내고 있다. 타이베이의 여느 망고 빙수와 견주어 봤을 때 글쎄? 그래도 가격으로 보나 맛으로 보나 우리나라 망고 빙수에 비하면 착하다.

Address 台北市大安區永康街15號
No.15, Yongkang St., Da'an Dist
Tel 02 2341 8555
Open 09:00~22:30
2층 매장 12:00 ~ 21:00 (1인당 미니멈 차지 100NT$)
Web www.smoothiehouse.com
Cost $$
Access MRT 동먼(東門) 역 5번 출구 나와 오른쪽 용캉제(永康街)로 들어서면 된다. 도보 2분.
GPS 25.032526, 121.529817

용캉제

백설공주를 위한 예쁘고 탐스러운 과일

용캉쉐이궈위엔

영강수과원 永康水果園
Yǒngkāng shuǐguǒ yuán

MUST EAT

용캉제를 거닐다 보면 예쁘고 탐스러운 과일과 차가운 얼음에 누워 아름다운 색을 뽐내는 과일주스가 반기는 작은 과일가게가 있다. 현지인이 아니면 무심코 지나치는 가게이지만 어느 곳보다 좋은 품질의 과일과 그 과일로 만든 생과일주스를 알고 나면 절대 지나칠 수 없는 곳이다. 더욱 즐겁고 행복한 타이베이 여행을 위해 신선한 과일주스의 비타민과 키스, 백설공주와 백마 탄 왕자님같이 반짝반짝 빛나는 별과 같은 당신, 용캉제를 누벼라!

Tip 알아두면 유용한 꿀팁

과일주스 1통 35NT$, 3통 100NT$, 스페셜과일주스 45NT$ (비싼 과일로 만들었다.)

Address 台北市大安區永康街6-1號
No.6-1, Yongkang St., Da'an Dist
Tel 02 2392 3322
Open 08:30 ~ 22:30
Cost $ ~ $$$
Access MRT 동먼(東門) 역 5번 출구 나와 오른쪽 용캉제(永康街)로 들어서 직진, 스무시 맞은편, 도보 3분
GPS 25.032517, 121.529670

심플하고 소박한 나만의 작은 공방

핀모 퓨어 스토어

품묵양행 品墨良行
Pinmo Pure Store

아기자기한 용품 쇼핑과 함께 커피 한 잔! 마치 친구네 공방에 놀러 온 듯한 기분이다. 매장 구석에서는 디자이너가 한창 작업에 열중이고 조용한 분위기에 매장을 찾는 사람들이 간혹 오간다. 심플한 디자인과 친환경적 소재로 만든 가방부터, 문구 용품, 엽서, 주방용품 등을 만날 수 있다. 소박한 아이템을 좋아하는 당신이라면 핸드 드립 커피와 함께 직접 만든 케이크나 브라우니를 먹으며 천천히 구경하기 좋다. 날씨가 좋다면 하나 있는 야외 테이블에 앉아 용캉제의 조용함을 즐기는 것을 추천한다.

Address	台北市大安區永康街63號 No.63, Yongkang St., Da'an Dist
Tel	02 2358 4670
Open	10:00~19:00(월요일 휴무)
Web	www.pinmo.com.tw
Cost	$ ~ $$
Access	MRT 동먼(東門) 역 5번 출구 나와 오른쪽 용캉제(永康街)를 따라 직진 도보 8분
GPS	25.029083, 121.529805

타이베이 최고의 카푸치노?

카페이 샤오쯔여우

자유카페 咖啡小自由
Café Libero

다양한 매체에서 타이베이 최고의 카푸치노로 소개되는 곳이다. 여느 카페에 비교해 오래된 건물 특유의 빈티지한 개성이 있어 찾을 가치가 충분하지만, 맛은 과평가되었다는 것이 작가의 판단. 그럼에도 라마르조코 GB5 에스프레소 기계를 사용하고 있어 부드럽고 쫀쫀한 거품의 벨벳 카푸치노를 만날 수 있다. 머물렀던 때만 그랬는지 알 수 없지만, 커피가 각 테이블로 서브 되는 순서가 체계적이지 않아 플로터(Floater) 등 서비스 시스템에 변화가 이뤄진다면 좋을 것 같다.

Address	台北市大安區金華街243巷1號 No.1, Ln. 243, Jinhua St., Da'an Dist
Tel	02 2356 7129
Open	11:00~00:00
Cost	$$
Access	MRT 동먼(東門) 역 5번 출구 나와 오른쪽 용캉제(永康街)로 들어서 직진, 용캉공위엔(永康公園)을 가로질러 진화제얼쓰산썅(金華街243巷) 직진, 도보 5분.
GPS	25.030025, 121.530617

늦은 아침 브런치를 즐겨볼까

놈놈

Nom Nom

용캉제 일대에는 숨은 카페가 너무 많아 열거하기도 힘들 정도다. 그 중 한 곳인 놈놈은 직접 만든 파이와 페이스트리 그리고 스페인 요리 등을 다양하게 선보이는데 특히 브런치로 이름이 자자하다. 우디 알렌(Woody Allen), 트래블러(a Traveler), 걸 프렌드(Girl Friend) 등 이름도 재밌는 브런치 세트 메뉴가 반겨준다. 세트 메뉴에 포함된 음식들도 살펴보고 무엇보다 마음에 드는 이름을 외치자! 멋진 그림들과 함께 빈티지한 분위기의 카페와, 옆으로 난 좁은 골목에서는 귀여운 벽화를 배경으로 사진 놀이에도 아주 그만이다.

Address 台北市大安區潮州街137號
No.137, Chaozhou St., Da'an Dist
Tel 02 2358 3530
Open 월~수, 금요일 11:00~21:00, 토,
토, 일요일 09:00~21:00(목요일 휴무)
Web www.facebook.com/nomnombistro
Cost $$ ~ $$$
Access MRT 동먼(東門) 역 5번 출구 나와 오른쪽
용캉제(永康街)를 따라 직진하다 챠오저우제(潮州街)
오른쪽으로 들어서 직진.
도보 10분
GPS 25.028528, 121.529036

백용캉제 아지트

야부 카페

YABOO Café

타닥타닥 노트북으로 작업하는 사람, 그저 조용히 이어폰을 꽂고 자신만의 플레이 리스트를 들으며 책을 읽는 사람, 토론이나 스터디로 대화를 나누는 사람들, 야외 테이블에 퍼지듯 편안하게 앉아 커피와 담배를 즐기는 사람들이 오가는 아지트와 같은 곳이다. 다소 어둡고 무거운 인테리어와 반대로 개성이 강한 바리스타와 직원들은 굉장히 활기차 카페를 찾은 손님들보다 이들의 웃음소리나 대화 소리가 훨씬 크게 들릴 정도다. 샌드위치, 파니니, 샐러드, 파스타 등이 주메뉴로 특별한 맛이랄 것은 없다. 그러나 현지 음식이 입맛에 맞지 않거나 식상할 때 또는 커피 한 잔 마시며 쉬어가기에 좋은 곳이다. 무엇보다 분위기와 BGM이 좋고 특히 카페를 지키는 마스코드, 고양이 아메리칸 쇼트헤어가 있다. 특히 현지인들 사이에서 그들의 일상을 지켜보는 재미가 있는 곳이다

Address 台北市大安區永康街41巷26號
No. 26, Ln 41, Yongkang St., Da'an Dist.
Tel 02 2391 2868
Open 월~금요일 12:00 ~ 00:00, 토, 일요일 11:00 ~ 00:00
Cost $$
Access 동먼(東門)역 5번 출구 나와 용캉제(永康街)로
들어서 용캉공원(永康公園) 입구 왼쪽 길과 이어지는
진화제(金華街)로 직진. 왼쪽 세번째 골목으로
들어서면 있다. 도보 5분
GPS 25.030430, 121.530586

난 여기 버블티만 마신다!

천산딩

진삼정 陳三鼎
Chénsāndǐng

MUST EAT 천산딩(陳三鼎 · 진삼정)은 로고 캐릭터의 주인공인 사장님 이름이다. 처음 상호는 칭와쫭나이(青蛙撞奶)였으나 워낙 많은 곳에서 이를 따라해 본인의 이름으로 바꿨다. 타이완 최초로 만든 흑설탕과 함께 졸여 만든 쩐주(珍珠)인 칭와쫭나이를 밀크티가 아닌 신선한 우유와 함께 내어주는데 시원하고 깔끔한 단맛으로 타이베이 여행에서 기분을 더없이 좋게 만든다. 분점이 없이 오로지 이곳에서만 마실 수 있다는 것도 아주 매력적. 하지만 2019년 11월부터 내부 사정으로 휴업 중이며 이전을 준비하고 있다고. 정확한 일정은 알려지지 않았지만, 페이스북 천산딩 페이지에서 소식을 확인할 수 있다.

Address 台北市中正區羅斯福路三段316巷8弄2號
No.2, Aly. 8, Sec. 3, Roosevelt Rd., Zhongzheng Dist
Tel 02 2367 7781
Open 11:00 ~ 21:30 (월요일 휴무)
Cost $
Access MRT 공관(公館) 역 4번 출구 나와 스타벅스와 캠퍼스북스 골목으로 들어서 오른쪽 첫 번째 골목으로 들어가서 직진, 길 끝 왼쪽에 있다.
도보 3분.
GPS 25.015700, 121.532449

500원의 행복!

료자수이젠바오

류가수전포 劉家水煎包

샤오롱바오를 비롯해 각종 만두가 맛있기로 유명한 타이완! 춘절(春節)에는 모든 가족이 모여 만두를 함께 빚으며 화목을 이루고 복을 기원하고 만두를 예쁘게 빚으면 예쁜 딸을 낳는다 했다. 인심 좋은 타이완 사람을 닮은 주먹만 한 크기의 만두가 단돈 13NT$, 약 500원! 돼지고기, 양배추와 파 그리고 부추와 당면을 소로 채운 3가지 맛의 만두가 있는데 모두 가격이 같다. 저렴한 가격에 맛도 좋고 양도 많아 궈리타이완따쉬에(國立臺灣大學) 학생들에게 사랑받는 곳이다.

Address 台北市中正區汀州路三段189號
No.189, Sec. 3, Tingzhou Rd., Zhongzheng Dist.
02 2362 7826
Tel 05:30~10:30
Open $
Cost MRT 공관(公館) 역 4번 출구 나와 직진, 스타벅스가
Access 있는 왼쪽 골목으로 직진하면 보이는 나이키 매장에서 다시 왼쪽으로 직진. 도보 2분.
GPS 25.014606, 121.532984

타이베이(台北)에서 맛보는 타이베이(泰北)

타이궈샤오관

태국소관 泰國小館
Tàiguó xiǎoguǎn

길거리 노점에서 시작해 지금은 타이베이에서 가장 유명한 태국 음식점으로 이름을 올리고 있는 타이궈샤오관은 40년 이상 공관(公館) 지역을 지키고 있다. 이곳의 주인은 태국 북부 산악 지방 매쌀롱에서 주둔 중이었던 국민당 군인 아버지와 원주민이었던 어머니 사이에서 태어나 우여곡절 끝에 타이완으로 이주했다. 그때부터 가격도 저렴하고 맛도 좋은 태국 북부 요리로 타이베이 현지인들에게 사랑받고 있다. 특히 타이완 국민당의 역사를 좀 더 알고 태국 북부 산악 지방 매쌀롱에도 다녀온 경험이 있는 여행자라면 더 뜻깊은 식사를 할 수 있을 것이다. 요리에는 역사와 문화가 살아 숨 쉰다. 단순히 태국 요리만이 아닌 국민당의 역사가 숨 쉬는 타이궈샤오관이다!

Address	台北市中正區汀州路三段219號 No.219, Sec. 3, Tingzhou Rd., Zhongzheng Dist
Tel	02 2367 0739
Open	11:30 ~ 21:30 (화요일 휴무)
Cost	$$
Access	MRT 공관(公館) 역 4번 출구 나와 뒤돌아 직진, 첫번째 골목으로 들어서 직진, 골목 끝에서 만나는 딩저우루산뚜안(汀州路三段)에서 왼쪽으로 직진하면 된다. 도보 3분.
GPS	25.014112, 121.533807

타이궈샤오관으로 들여다보는 타이완 국민당의 슬픈 역사

거리 음식점인 타이궈샤오관 가족은 어떤 우여곡절 끝에 타이완으로 돌아오게 되었을까? 그들은 태국 북부 산악 지방 매쌀롱에서도 길거리 노점을 운영하며 돈을 모았고 불법이지만 돈을 주고 여권을 만들어 타이완으로 돌아왔다. 왜 그들은 여권을 만들어야 했을까?

때는 타락한 청나라 군주제, 군벌과 열강의 제국주의에 대항하여 중화의 국부 쑨원을 중심으로 한 중화민국으로 거슬러 올라간다. 중화민국이라는 이름 아래 균형을 이루고 있던 마오쩌둥의 공산당과 장제스의 국민당은 쑨원이 운명을 달리하자 대립하게 되고 내전에 이른다. 항일전쟁으로 인한 2차 국공합작 그리고 해방 이후, 다시 내전은 전개되었다. 항상 우위를 차지하고 있던 국민당은 점차 중국 내에서 정치적 성공을 이루며 대다수 국민들의 지지를 얻은 공산당에게 전세를 역전당하고 1948년 대패하게 된다. 1949년 1월 장제스는 총통에서 사임을 하고 평화 교섭을 시도하는 한편 기회를 엿보게 된다. 하지만 공산당은 무조건 항복을 요구했고 10월 1일, 중화인민공화국을 선포한다. 그해 12월, 장제스의 국민당은 타이완으로 철수하게 된다.

이때 장제스의 국민당 군대 중 모두가 타이완으로 퇴각한 것이 아니라 위치적인 고립으로 인한 중국 윈난성과 가까운 미얀마, 태국, 라오스 등 각지로 퇴각하게 되었다. 그 중 최정예였던 93연대는 미얀마에 대피 중이었으나 공산당의 계략으로 미얀마 정부로 부터 태국 북부 산악 지방으로 쫓겨나게 된다. 그 곳에 자리 잡은 국민당 93연대를 장제스는 타이완으로 귀환이 아닌 대기 명령을 내린다. 전력을 가다듬고 다시 내전을 개시 할때 협공을 하기 위해서였다. 하지만 시간은 야속히 흘렀고 그들은 국적이 없는 난민으로 살아가게 된다. 이후 태국 북부를 호시탐탐 노리는 미얀마 공산당으로 인해 당시 국방력이 약하던 태국 왕권이 국민당 93연대에 의뢰하게 되고 국민당 역시 그들의 보금 자리가 필요했기에 미얀마 공산당과의 전투에서 승리, 이에 태국 왕권은 그들에게 태국 국적을 부여하게 되었다.

타이궈샤오관의 가족은 난민일 때, 나라 없는 서러움에 조국 타이완을 그리워하였고 귀향을 위해 길거리 노점으로 모은 돈으로 가짜 타이완 여권을 만들어 타이완으로 돌아오기에 이른다. 가족들은 타이완 정부에 올바른 국적을 요청하게 되었고 타이완 정부에서도 그들을 받아들였다. 이후, 타이완 정부는 태국 매쌀롱과 각국의 흩어져 살아가는 국민당의 후예들에게 귀환 및 국적부여를 약속했지만 이미 몇 세대를 거쳐 그곳에 뿌리를 내리고 제 2의 고향으로 살아가는 이들에겐 쉬운 결정이 아니었고 결국 이를 거부했다. 국민당의 후예들은 태국 국적으로 여전히 매쌀롱이란 마을에서 살아가고 있다.

4

EAST TAIPEI

WALK AROUND

타이베이 동부 (동취 & 신이 & 송산)

타이베이의 심장이라고 할 수 있는 동취(東區)와 신이(信義) 그리고 여유로운 송산(松山)까지. 현재의 타이베이를 볼 수 있는 곳으로 맛있는 음식과 쇼핑을 즐기고 분위기 좋은 카페에서 여유롭게 커피 한 잔과 디저트까지! 현지인이 되어 타이베이 도심 정글을 누벼볼까? I am the Best!

EAST TAIPEI

기억에
남는
8장면

1. 크리스마스 트리 같았던 타이베이 101 불꽃
2. 화산 1914 전시회에서 만난 귀여운 꼬마 요정
3. 타이베이의 오아시스, 산스랑에서 시원한 오리온 생맥주 한 잔!
4. 희(囍) - 우리 결혼했어요♥
5. 아무 말이 필요없는 샹산에서 바라본 타이베이 야경
6. 송산원창위엔취에서 만난 금슬좋은 부부
7. 지엔궈피이죠창(타이베이피이죠공창) 맥주를 즐기는 사람들
8. 야시장에서 금붕어를 낚으며 깊은 생각에 빠진 꼬마 강태공

타이베이 동부
MRT
Map

타이베이 동부의 주요 스폿들은 MRT 블루와 브라운, 그린, 레드 라인을 중심으로 펼쳐진다. 스정푸(市政府)역은 옛 양조장을 개조한 복합 문화예술공간으로 연결되며 송산(松山) 역 주변에는 전통 야시장이 늦은 밤까지 불 밝히고, 종샤오둔화(捷運忠孝敦化)와 종샤오푸싱 (忠孝復興) 역을 나서면 모던한 카페가 기다린다. 궈푸지녠관(國父紀念館) 역의 개찰구를 나가 중화의 국부 쑨원을 만나고, 타이베이101(台北101) 역에서 대나무를 닮은 초고층 빌딩에 올라 별빛처럼 반짝이는 타이베이 야경을 감상해 보자.

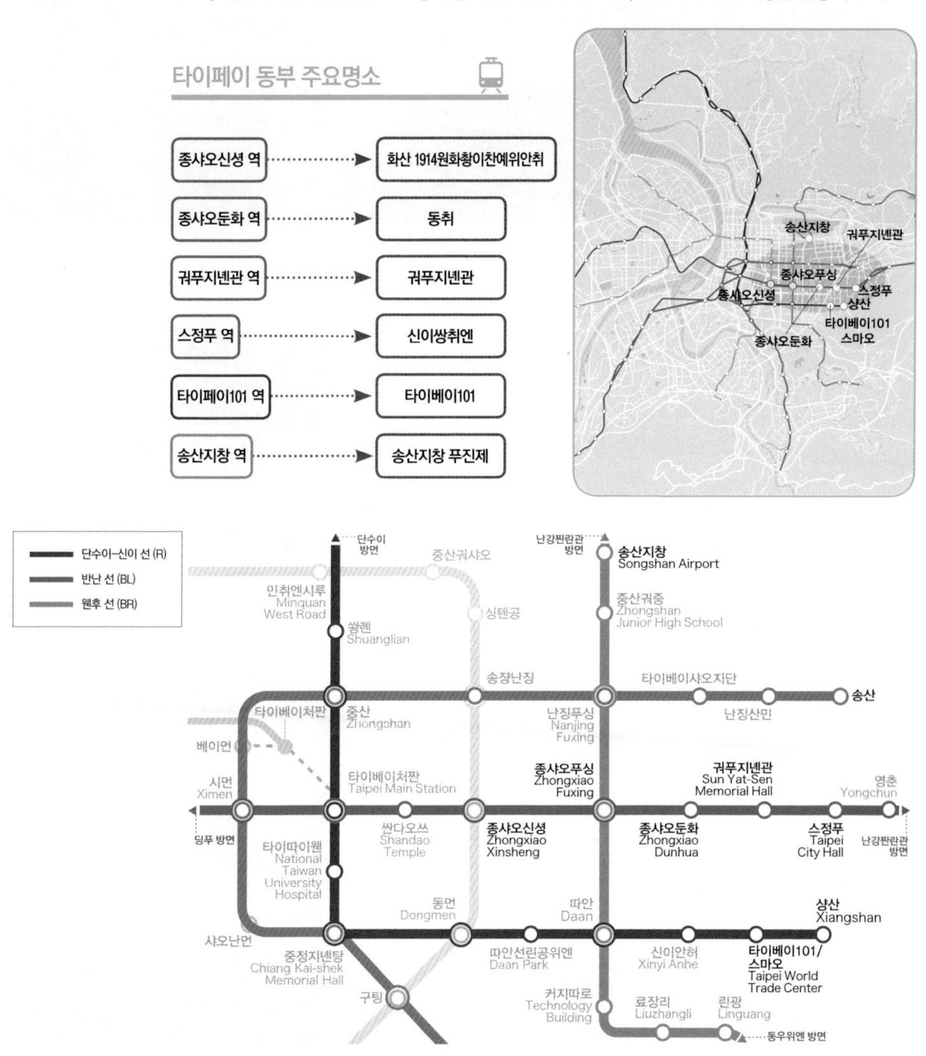

추천 일정

Start!

화산 1914원화창이찬예위안취

타이완에서 가장 큰 양조장이었던 곳이 예술, 문화 복합 공간으로 재탄생했다. 때에 따라 전시회 등 크고 작은 행사가 열려 문화 산책하기 좋고 빈티지한 건물을 배경으로 사진 놀이에도 아주 그만이다. 잔디밭에 앉아 쉬어도 여행이 되는 마냥 좋은 곳.

도보+MRT 20분

궈푸지녠관

중화의 국부, 쑨원을 기리는 곳으로 메인홀 입구로 들어서면 높이 5.8m 무게 16.7톤의 쑨원 좌상을 볼 수 있다. 중정지녠탕에 비해 알려져 있지 않지만 정시마다 진행되는 근위병 교대식이 매우 흥미롭다. 또한, 타이베이 101을 관망하기 좋은 곳이다.

도보 15분

쓰쓰난춘

타이완 국민당의 군대, 44병공창을 이전하면서 군인과 가족을 정착시켜 형성된 마을이었다. 이를 보존하여 당시 생활 모습을 전하고 매주 일요일에는 프리마켓을 여는 등 시민들의 복합문화공간으로 재탄생했다. 높은 빌딩 숲 사이에 숨겨진 무릉도원 같은 곳!

라오허제예스

타이베이에서 두 번째로 큰 야시장! 유서 깊은 츠요공에서 소원도 빌고 먹거리와 타이완 맥주를 사 들고 야시장 옆 강가에 앉아 레인보우 브리지를 바라보며 하루를 소박하고 아름답게 마무리 한다.

도보 13분

영춘스창

동부 타이베이에서 가장 활기찬 재래시장으로 타이완 사람들의 일상을 엿볼 수 있는 곳이다. 우리나라에서 볼 수 있는 것부터 열대 기후에서 볼 수 있는 것까지 없는 것 빼곤 모두 다 있는 곳! 종일 시장이지만 저녁 7시 즈음 문을 닫기 시작하니 참고.

택시 6분, 도보+MRT 20분

타이베이101

말이 필요 없는 타이완의 심장, 타이완을 대표하는 상징이다. 대나무를 형상화한 타이베이 건물의 외형은 올곧게 성장하라는 의미이다. 마디를 8층씩 8단으로 설계한 것은 숫자 8이 번영과 풍요, 행운을 뜻하는 發과 발음이 비슷해 좋은 숫자로 여겨 이를 반영하였다.

도보 5분

동취
지엔궈피이죠창
建國啤酒廠
광화상창
光華商場
광화위스
光華玉市
싼다오쓰
善導寺
싱바커
星巴克
STARBUCKS
RESERVE
하오양 스웨이
好樣思維 VVG Thinking
앨리 캣츠
Alleycat's Pizza
화산 1914 원화창이찬예위엔취
華山 1914 文創園區
화산스창
華山市場
푸항또우장
阜杭豆漿
종샤오신셩
忠孝新生
동먼
東門
따안선린공위엔
捷運大安森林公園
아이스몬스터
Linsen North Rd
Yitong St
Lane 85
Lane 77 Songjiang Rd
Lane 69 Songjiang Rd
Lane 63
Lane 19
Section 1, Jianguo North Rd
Lane 199, Section 2, Bade Rd
Lane 46
Lane 45, Songjiang Rd
Lane 38
Lane 26
Lane 16
Lane 167, Section 2, Bade Rd
Taibeishidongxixiang Expressway & Shimin Boulevard & Civic Blvd
Section 4, Civic Blvd
Lane 3, Weishui Rd
Weishui Rd
Section 2, Bade Rd
Lane 174
Lane 210, Section
Shaoxing South St
Hangzhou North Rd
Lane 3, Linyi St
Section 1, Jianguo South Rd
Qingdao East Rd
Lane 70, Qidong St
Qidong St
Linyi St
Lane 27, Linyi St
Section 2, Jinan Rd
Section 1, Jinshan South Rd
Xuzhou Rd
Tongshan St
Tai'an St
Lane 33, Linyi St
Lane 45, Linyi St
Lane 5, Section 3
Alley 1, Lane 5, Section 3
Lane 51, Section 3
Section 1, Hangzhou South Rd
Section 2, Ren'ai Rd
Section 3, Ren'ai Rd
Lane 57, Linyi St
Lane 26, Linyi St
Lane 59, Linyi St
Lane 61, Linyi St
Lane 63, Linyi St
Lane 65, Linyi St
Lane 71, Linyi St
Lianyun St
Section 1, Xinsheng South Rd
Lane 20, Section 3
Lane 24, Section 3
Lane 99, Section 3
Section 2, Xinyi Rd
Section 3, Xinyi Rd
N
0
100m
200m

시티은행 CITI ATM
시티은행 CITI ATM
따룬파 大潤發
키키 復興旗艦店 KIKI
브리즈 微風廣場
비 카페이 蜜蜂咖啡
코스메드 康是美
코스메드 康是美
싱바커 星巴克
카마 카페 cama café
가오지 高記
SOGO
하오양번쓰 好樣本事
하오양찬뤄
옴니 OMNI Nightclub
종샤오둔화 捷運忠孝敦化
종샤오푸싱 忠孝復興
룽먼 싱바커 星巴克 龍門 STARBUCKS
파출소
마산탕 麻膳堂
키키 KIKI
스위오 호텔 다안 Swiio Hotel Daan
키키 KIKI
신이안허 捷運信義安和
따안 大安
Zhulun St
Lane 81
Lane 63
Lane 45
Lane 19, Liaoning St
Andong St
Lane 346
Lane 410, Section 2, Bade Rd
Section 1, Dunhua South Rd
Section 3, Bade Rd
Section 4, Civic Blvd
Taibeishidongxiang Expressway & Shimin Boulevard & Civic Blvd
Lane 35, Andong St
Section 1, Fuxing South Rd
Beining Rd
Lane 52
Lane 80
Lane 56
Lane 32
Lane 99, Section 3, Bade Rd
Ningan St
Lane 5
Lane 3
Lane 1
Lane 12, Section 3, Bade Rd
Lane 74, Section 3, Bade Rd
Lane 106, Section 3
Yanji St
Lane 158, Section 3, Bade Rd
Lane 22
Lane 32
Lane 46
Lane 58
Lane 30
Lane 23
Lane 46
Lane 48
Lane 96, Guangfu South Rd
Lane 62, Yanji St
Alley 5, Lane 70, Yanji St
Lane97
Lane131,Yanji St
Lane137,Yanji St
Lane240
Lane260
Lane280
Lane160,Yanji St
Lane 151, Section 4, Ren'ai Rd
Section 1, Anhe Rd
Renai Dunnan Traffic Cr
Section 4, Ren'ai Rd
Section 1, Fuxing South Rd
Lane 27, Section 4, Ren'ai Rd
Section 1, Da'an Rd
Lane 71, Section 4, Ren'ai Rd
Lane 6, Siwei Rd
Lane 14, Siwei Rd
Lane 22, Siwei Rd
Lane 44, Siwei Rd
Lane 52, Siwei Rd
Dongfeng St
Lane 8, Section 1
Lane 147, Section 3, Xinyi Rd
Lane 157, Section 3, Xinyi Rd
Lane 53, Section 4, Xinyi Rd
Lane 112, Section 4 Ren'ai Rd
Lane 122, Section 4 Ren'ai Rd
Lane 90,Section 1,Anhe Rd
Lane 265, Section 4, Xinyi Rd
Section 4, Xinyi Rd
Wenchang St

신이 & 송산
이케아 13
宜家家居
IKEA
타이베이샤오지단
台北小巨蛋
타이베이 샤오쥐딴
臺北小巨蛋
Section 3, Nanjing East Rd
Section 4, Nanjing East Rd
Section 5, Nanjing East Rd
Lane 3, Sanmin Rd
지아더 R
佳德
R 이즈쉔
一之軒 南京店
Fuxing North Rd
Dunhua North Rd
Beining Rd
Lane 60, Guangfu North Rd
Guangfu North Rd
Lane 11, Guangfu North Rd
Jixiang Rd
Lane 17
Section 4, Bade Rd
Dongning Rd
Section 2, Bade Rd
Section 3, Bade Rd
Lane 366, Section 2, Bade Rd
Lane 410, Section 2, Bade Rd
Section 1, Dunhua South Rd
Lane 8, Section 3, Bade Rd
Lane 12, Section 3, Bade Rd
Lane 74, Section 3, Bade Rd
Yanji St
Lane 106, Section 3, Bade Rd
Lane 158, Section 3, Bade Rd
Lane 22
Lane 32
Lane 46
Lane 58
Guangfu South Rd
Lane 36, Section 4
Lane 72, Section 4
Section 5, Civic Blvd
C 로지
路地
Taibeishidongxixiang Expressway & Civic Blvd & Shimin Boulevard
Yanchang Rd
R 우상
吳桑燒肉
S 청핀성훠
誠品生活松菸
Lane 96, Guangfu South Rd
송산원창위엔취 2
松山文創園區
C 웨러수뎬
閱樂書店
Lane62
Alley 5, Lane 70
Lane131, Yanji St
Lane116
Lane108
Lane137, Yanji St
H 유나이티드
United Hotel
얼따이푸린 푸조우간빤몐
二代福林福州乾拌麵
종샤오둔화
捷運忠孝敦化
종샤오푸싱
忠孝復興
궈푸지녠관
國父紀念館
Lane 27, Section 4, Ren'ai Rd
Section 1, Da'an Rd
Lane 71, Section 4, Ren'ai Rd
Lane 151, Section 4, Ren'ai Rd
Section 1, Anhe Rd
Lane 240
Lane 260
Lane 280
Lane 160, Yanji St
궈푸지녠관 1
國立國父紀念館
Lane 50, Yixian
Lane 42
Lane 32
Lane 26
Songgao Rd
Yixian Rd
Renai Dunnan Traffic Cir
Section 4, Ren'ai Rd
Lane 8, Section 4
Lane 6
Lane 14
Lane 22
Dongfeng St
Lane 44, Siwei Rd
Lane 52, Siwei Rd
Lane 76, Siwei Rd
Lane 53, Section 4, Xinyi Rd
Section 1, Fuxing South Rd
Lane 112, Section 4, Ren'ai Rd
Lane 122, Section 4, Ren'ai Rd
Lane 222, Section 4, Ren'ai Rd
Lane 90
Lane 233, Yanji St
Lane 40E, Ren'ai Rd
Lane 420
Lane 415, Guangfu South Rd
Lane 417, Guangfu South Rd
Lane 419, Guangfu South Rd
Lane 421, Guangfu South Rd
Lane 246
Lane 265, Section 4, Xinyi Rd
Alley 21, Lane 265
Lane 364
Lane 380
타이베이 101
台北國際金融中心
Zhuangjing Rd
Section 4, Xinyi Rd
신이안허
捷運信義安和
타이베이101 / 스마오
台北101 / 世貿
Wenchang St
Lane 30, Section 4
Rui'an St
Section 2, Da'an Rd
Siwei Rd
Section 2, Dunhua South Rd
Lane 124
Lane 134
Lane 23, Rui'an St
Lane 32
Section 2, Anhe Rd
Tonghua St
Lane 19, Tonghua St
Lane 39, Tonghua St
Lane 57
Lane 450
Jiaxing St
Section 2, Keelung Rd
Songqin St
쓰쓰난춘 5
四四南村
Wuxing St

지룽강 淡水河
Huandong Boulevard
Songhe St
Section 3, Nangang Rd
츠요공
松山慈祐宮
11
라오허제예스
饒河街夜市
12
Section 4, Bade Rd
라오허제예스 Raohe St
왓슨스
屈臣氏
송산
松山
파출소
Section 4, Bade Rd
Section 6, Civic Blvd
Section 7, Civic Blvd
Section 7, Civic Blvd
Section 6, Civic Blvd
10 송산처짠
松山車站
Lane 89
Lane 3, Sanmin Rd
Baoqing St
Tayou Rd
Tayou Rd
Dongxing Rd
Dongxin St
Zhengqi Bridge
Section 4, Bade Rd
Section 5, Civic Blvd
Lane 35, Jilong Rd
Lane 123, Songlong Rd
Lane 127
Lane 83, Section 1, Jilong Rd
Songlong Rd
Songlong Rd
코스메드
康是美
Hulin St
Lane 46, Hulin St
Lane 50, Hulin St
Lane 56, Hulin St
Lane 119
Lane 443
Lane 52
Yucheng St
9 우펀푸
五分埔服飾商圈
Zhongpo North Rd
Lane 553
Lane 459
Lane 517
Lane 443
Lane 225
Lane 37
Lane 30
Yongji Rd
Yongji Rd
코스메드
康是美
허우산피
後山埤
Yucheng
우체국
영지량면
永吉涼麵
Alley 1
Alley 27
Alley 37
Alley 47
Alley 57
Lane 66
Lane70
Lane74
Lane82
Lane88
Lane 100
Lane 104
Lane 108
Lane 225
Lane 326, Yongji Rd
Lane 278, Yongji Rd
Songshan Rd
Lane 502, Yongji Rd
영춘스창
永春市場
미펀탕
米粉湯
8
7
103천쟈주티양성후이관
103全家養生館
MASSAGE
Lane 287, Songshan Rd
Zhongpo South Rd
Lane 140
Lane 186
Zhengqi Bridge
Lane 9, Songlong Rd
Songlong Rd
Lane 150
Lane 120, Yongji Rd
Lane 180, Yongji Rd
Songxin Rd
Alley 118, Lane 30
Alley 148, Lane 30
Alley 158, Lane 30
Alley 167, Lane 30
Alley 177, Lane 30
Lane 120, Hulin St
영춘스창 永春市場
산스랑
三四郎
Lane 393
스정푸
捷運市政府
영춘
永春
우체국
Lane 524, Section 5
Linkou St
Lane 28
Lane 49
Lane 58
Lane 65
Lane 74
Lane 94
브리즈 신이
微風信義
러톈황차오
樂天皇朝台灣
Lane 132, Hulin St
청핀수톈 신이뎬
誠品信義店
신광싼웨 신이 A4
新光三越信義新天地
벨라비타
寶麗廣場
Songyong Rd
Hulin St
Songshan Rd
Lane 80
Lane 66
Lane 96, Dadao Rd
Dadao Rd
Songgao Rd
Songgao Rd
Lane 372
Lane 164
Songde Rd
Lane 515
Lane 52
Lane 38
Lane 84, Fude St
Lane 38, Linkou St
Zhongshi South
브리즈 송가오
微風松高
신광싼웨 신이 A8
新光三越信義新天地
H&M
Songren Rd
Songyong Rd
Lane 236
Alley 60, Lane 164
Lane 25
Lane 202
Lane 212
Hulin St
Lane 541
Lane 24
Lane 10
Fude St
Fude St
Lane 15
Lane 11
Lane 164, Hulin St
신광싼웨 신이 A11
新光三越信義新天地
신광싼웨 신이 A9
新光三越信義新天地
Lane 95, Songyong Rd
Lane 168, Songde Rd
Lane 133, Songde Rd
Lane 232
Lane 615
Linkou St
Fude St
베이브 18
Babe18
Songshou Rd
Lane 20, Songgao Rd
Songde Rd
Lane 180
Lane 242
Section 6, Xinyi Rd
미스트
Club Myst
ATT 4 FUN
Songzhi Rd
Songren Rd
Lane 121
즈 난산
Lane 200, Songde Rd
Section 6, Xinyi Rd
Songlian Rd
Lane 53, Songyong Rd
타이베이 101 싱바커
星巴克 101 35F 門市
Lane 69, Songyong Rd
Songyong Rd
Section 6, Xinyi Rd
Section 5, Xinyi Rd
Section 5, Xinyi Rd
Section 5, Xinyi Rd
샹산
象山
Songde Rd
Alley 2, Lane 76, Section 6, Xinyi Rd
Alley 2, Lane 76
지미리아오 달 버스
幾米月亮公車
Songqin St
Lane 150, Section 5
6 샹산 방향
象山
Songzhi Rd
Lane 31
Lane 99
Songren Rd
Songping Rd
Songde Rd
N
0
100m
200m

East Taipei Spot❶
동취

맥주를 사랑하는 이들에게
지엔궈피이죠창

건국비주창 建國啤酒廠
Jianguo Brewery

Address 台北市中山區渭水路54號
No. 54, Weishui Rd., Zhongshan Dist
Tel 02 2771 9131
Open 10:00~22:00
Access MRT 종샤오신셩 (忠孝新生) 역 4번 출구로 나와 각 신호등마다 있는 Jianguo Brewery 이정표를 따라 가면 된다. 도보 12분
GPS 25.045927, 121.535704

타이베이 여행에서 빠질 수 없는 것이 바로 타이완 맥주! 애주가라면 반드시 들러보자. 들어서자마자 생맥주 한 잔을 주문해 마시면서 매장을 둘러보면 아주 재밌다. 시원한 타이완 생맥주와 함께 술을 만드는 원료인 보리나 쌀로 만든 스낵이나 술이 들어간 컵라면 등을 야외 테이블에서 간단하게 즐기며 타이베이 한량이 되어보자! 스낵과 컵라면은 선물용으로도 좋다. 타이완 맥주 회사는 공사로 타이완 정부에서 관리한다. 맥주 공장 견학도 할 수 있지만, 예약해야 하며 단체 관람을 해야 해서 소수일 시 취소될 수 있다. 타이완 맥주를 즐길 수 있는 매점은 '지엔궈피이죠창' 입구를 바라보고 맥주를 담는 대형 캔으로 꾸며진 벽을 따라 왼쪽으로 도보 2분. 타이완 생맥주 500cc 1잔 60NT$

Tip 더 쉽게 가기 꿀팁

MRT 종샤오신셩(忠孝新生) 역 4번 출구로 나와 오른쪽으로 보이는 타이완 과학 대학을 따라 직진. 첫 번째 큰 사거리에서(왼쪽 대각선 회색 건물이 광화 전자상가, 건너편이 광화 옥시장) 오른쪽 직진. 고가도로가 나오는 길에서 한 번 더 길을 건너서 직진. 구글맵 Jianguo Brewery로 검색.

East Taipei Spot❷
동취

타이베이의 용산 전자상가
광화상창
광화상장 光華商場
Guanghua Digital Plaza

1970년 만들어진 광화 고가도로 아래로 전자제품을 판매하는 시장이 형성되었다. 많은 사람이 광화상창으로 몰리기 시작하면서 위험한 상황이 자주 연출되자 타이베이 시에서는 2008년 고가도로를 철거하고 우리나라 용산과 같이 대형 전자상가를 건립했다. 광화수웨이신톈디(光華數位新天地)라고 명칭을 변경했지만, 여전히 광화상창으로 불린다. '화산1914원화촹이찬예위엔취'와 '지엔구오피이죠창' 사이에 있으므로 전자제품에 관심이 있다면 가는 길에 들러 보자. 전자상가 주변으로 난 골목을 누비면 1990년대 한국의 용산 전자상가를 기웃거리던 추억이 떠오를 것이다. 나이가 있는 여행자라면 그 시절을 떠올리면서 자신도 모르게 미소짓게 될지도 모를 일. 워크맨이나 마이마이로 음악을 듣는 것도 아니고 최신 유행가를 모은 짝퉁 복제 테이프가 들리는 것도 아니지만 그것만으로도 충분하다.

Address 台北市中正區市民大道三段8號
No.8, Sec. 3, Civic Blvd., Zhongzheng Dist
Tel 02 2391 7105
Open 10:00 ~ 21:00
Access MRT 종샤오신셩 역 4번 출구로 나와 오른쪽 직진 첫 번째 사거리 대각선 맞은편 회색 건물 도보 5분
GPS 25.045159, 121.531964

East Taipei Spot❸
동취

좋은 기운이 감도는 옥시장
광화위스
광화옥시 光華玉市
Guanghua Jade Market

옥을 사랑하는 타이완 사람들이 흥정하는 모습을 자세히 볼 수 있는 곳이다. 작은 규모지만 매점 수가 많고 다양한 제품을 만날 수 있다. 하지만 간단한 액세서리나 가격이 저렴한 제품이라면 모를까 옥에 대해서 잘 모른다면 섣부른 구매는 말자. 구경하는 것만으로 재미가 쏠쏠한 곳이다. 옥의 좋은 기운이 그대에게 찹쌀떡처럼 달라 붙을 것이다! '화산1914원화촹이찬예위엔취'와 '지엔구오피이죠창' 사이에 있어 '광화상창'과 더불어 지나는 길에 들리기 좋다.

Address 台北市大安區新生北路一段1號
No.1, Sec. 1, Xinsheng N. Rd., Da'an Dist
Tel 02 2721 3127
Open 10:00 ~ 18:00
Access MRT 종샤오신셩 역 4번 출구로 나와 오른쪽 직진 첫번째 사거리에서 바로 보인다. 도보 5분
GPS 25.044712, 121.533182

East Taipei Spot 4
동취

빈티지한 아름다움
화산 1914 원화촹이찬예위엔취
화산 1914 문화창의산업원구 華山1914文化創意產業園區
Huashan 1914 Creative Park

Address	台北市中正區八德路一段1號 No.1, Sec. 1, Bade Rd., Zhongzheng Dist
Tel	02 2358 1914
Open	09:30~21:00(공원 24시간 개방)
Web	www.huashan1914.com
Access	MRT 중샤오신셩 (忠孝新生) 역 1번 출구로 나와 직진, 고가도로가 있는 곳 횡단보도를 건넌다. 도보 5분.
GPS	25.044132, 121.529400

MUST SEE 1916년 타이완에서 가장 큰 양조장이었던 이곳은 1987년 문을 닫으며 철거 위기에 놓였으나 시민과 지식인들의 노력으로 1999년 타이베이시 고적으로 등록되었고, 2007년 드디어 예술과 문화 복합 공간으로 재탄생했다. 100년이라는 오랜 시간의 흔적에 현재가 겹치는 영상미를 온몸으로 느낄 수 있다. 각종 전시회나 공연, 행사가 열리고 각종 촬영지로도 유명해 타이베이 사람들의 쉼터이자 연인들의 데이트 장소로 인기 있는 곳이다. 빈티지한 공원 구석구석을 돌며 타이베이에서 순간을 사진에 담아보자. 잔디밭에 앉아 따스한 햇볕을 느끼며 타이완 나무 오르골을 DIY로 만들 수 있는 Wooderful life, 샤오르즈샹하오(小日子商號) 등 감각 넘치는 수공예품 숍들과 트렌디한 레스토랑과 카페에서 맛과 멋에 취해봐도 좋다. 주말에 열리는 젊은 예술가들의 프리마켓에서 나만의 특별한 아이템까지 구한다면 더할 나위 없다.

화산 1914 에서 가볼 만한 레스토랑

검은 고양이니까! 흑맥주와 피자!
앨리 캣츠
Alleycat's

귀여운 고양이 캐릭터가 반겨주는 앨리 캣츠는 화덕으로 구운 맛있는 피자가 유명한 곳이다. 여기가 혹시 뉴욕이 아닐까 싶을 정도로 이국적인 분위기의 가게에서 서양의 맛을 즐길 수 있다. 외에도 파스타, 브런치 그리고 디저트와 함께 시원한 생맥주, 특히 흑맥주 한 잔의 여유를 즐길 수 있는 곳이다. 검은 고양이와 함께 빈티지한 타이베이의 한때를 즐기자. 식도락 천국인 타이베이서 피자가 웬 말이냐고? 타이완 비어와 피자는 무척 잘 어울리는 앙상블. 검은 고양이 캐릭터를 발견했다면 건물 옆 앨리 캣츠 간판이 있는 계단으로 발걸음을 옮겨보길. 그곳이 앨리캣츠의 포토존이다. 물론 사진만 찍고 가도 오케이!

Tel 02 2395 6006
Open 일 ~ 목요일 11:00 ~ 23:00, 금, 토요일 11:00 ~ 00:00
Web www.alleycatspizza.com
Cost $$
Access 東1B館 車庫工坊 동쪽 1B관 동고공방
GPS 25.044211, 121.529342

다양함이 공존하는 VVG 시리즈!
하오양 스웨이
VVG 띵킹 好樣思維 VVG Thinking

커피와 식사를 즐길 수 있는 것은 물론 2층에서 수공예품, 의류 등을 구매할 수 있으며 또한 전시 공간도 있어 아티스트들의 작품도 감상할 수 있는 다양함이 공존하는 타이베이 핫 플레이스, VVG Thinking! VVG Very Very Good 시리즈는 음식의 맛보다는 그 분위기를 즐기는 것이 좋을 듯하다. 굳이 음료나 음식을 주문하지 않아도 2층을 둘러볼 수 있으니 망설이지 말고 입장! 타이베이 핫 플레이스를 사진에 담아보자.

Tel 02 2322 5573
Open 12:00 ~ 21:00
Web http://vvgvvg.blogspot.tw
Cost $$
Access 西3館 紅磚C 서쪽 3관 홍전 C 홍색 벽돌 건물이 있는 건물 안쪽에 위치.
GPS 25.045091, 121.527555

동취

東區 East District

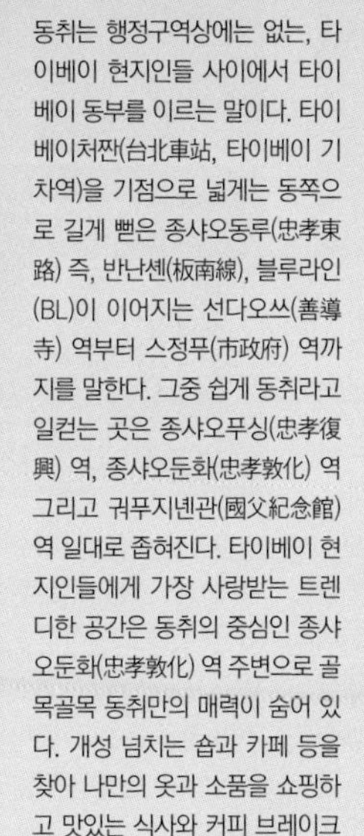

동취는 행정구역상에는 없는, 타이베이 현지인들 사이에서 타이베이 동부를 이르는 말이다. 타이베이처짠(台北車站, 타이베이 기차역)을 기점으로 넓게는 동쪽으로 길게 뻗은 종샤오동루(忠孝東路) 즉, 반난셴(板南線), 블루라인(BL)이 이어지는 선다오쓰(善導寺) 역부터 스정푸(市政府) 역까지를 말한다. 그중 쉽게 동취라고 일컫는 곳은 종샤오푸싱(忠孝復興) 역, 종샤오둔화(忠孝敦化) 역 그리고 궈푸지녠관(國父紀念館) 역 일대로 좁혀진다. 타이베이 현지인들에게 가장 사랑받는 트렌디한 공간은 동취의 중심인 종샤오둔화(忠孝敦化) 역 주변으로 골목골목 동취만의 매력이 숨어 있다. 개성 넘치는 숍과 카페 등을 찾아 나만의 옷과 소품을 쇼핑하고 맛있는 식사와 커피 브레이크까지! 이제 당신이 셀럽 Celeb!

Access

MRT 종샤오둔화(忠孝敦化) 역 2번 출구 자라(ZARA) 옆 골목과 반대편 3번 출구 유니클로(UNIQLO) 골목 곳곳에 맛집부터 개성 넘치는 숍과 카페가 숨어 있다.

Tip 알아두면 유용한 꿀팁

동취(東區)의 중심, 종샤오둔화(忠孝敦化) 역 일대는 소개 하고 싶은 곳이 곳곳에 숨어 있다. 다 소개하기도 벅찰 정도!

민족, 민권, 민생!

궈푸지녠관

국부기념관 國父紀念館
Sun Yat-sen Memorial Hall

Address	台北市信義區仁愛路四段505號 No.505, Sec. 4, Ren'ai Rd., Xinyi Dist
Tel	02 2758 8008
Open	09:00 ~ 18:00 (음력설 전일, 당일 휴무)
Admission	무료
Web	www.yatsen.gov.tw
Access	MRT 궈푸지녠관 (國父紀念館) 역 4번 출구로 나와 오른쪽.
GPS	25.040031, 121.560224

민족, 민권, 민생의 삼민주의를 정립, 청나라 군주 시대를 끝으로 중화민국을 수립한 초대 임시 총통을 지냈으며 타이완과 중국 모두의 국부로 추앙받는 쑨원을 기리는 곳으로 1972년 5월 16일 개관하였다. 궈푸지녠관은 30만 권의 책을 소장한 도서관부터 전시관까지 약 20여 개의 홀 Hall과 함께 넓은 공원을 갖추고 있어 타이베이 시민들의 문화생활과 쉼터로도 사랑받는 곳이다. 메인홀 입구로 들어서면 높이 5.8m 무게 16.7톤의 쑨원 좌상을 볼 수 있고 정시마다 진행되는 각 잡힌 근위병 교대식 또한 매우 흥미롭다. 18시에는 교대식이 아닌 국기 하양식이 진행된다.

알아두면 유용한 꿀팁

쑨원의 호(號)인 중산(中山)을 따라 이름 지은 궈푸지녠관의 중산공원에서 타이베이 101을 관망하기 좋다. 타이완 달러, 100NT$에 새겨진 인물이 쑨원이다.

빈티지에 트렌디한 감성을 더하다

송산원창위엔취

송산문창원구 松山文創園區
Songshan Cultural and Creative Park

Address	台北市信義區光復南路133號 No.133, Guangfu S. Rd., Xinyi Dist
Tel	02 2765 1388
Open	09:00 ~ 18:00
Admission	무료
Web	www.songshanculturalpark.org
Access	MRT 스정푸(市政府) 역 1번 출구 나와 세븐일레븐 쪽 직진, 누스킨 건물 쪽으로 길을 건넌 후 대로를 따라 직진. 타이베이 특수 경찰청 건물이 있는 두번째 골목으로 우회전! 도보 7분.
GPS	25.043702, 121.560621

MUST SEE 1937년 설립된 타이완 최초의 담배공장이 2001년 타이베이 시 고적으로 지정되었고, 2011년 11월 15일 타이베이 시민들의 쉼터 송산원창위엔취로 재탄생했다. 여러 전시회와 공연이 열리고 산책로와 연못이 있어 도심 속에서 여유로운 문화 산책을 즐길 수 있는 곳이다. 연못 위를 노니는 오리며 주변을 거니는 거위 친구들과 '니하오!' 인사하며 도심 속 여유를 한껏 부려보자. 통통하게 살이 오른 거위가 뒤뚱뒤뚱 귀엽다고 다가가진 말자! 쪼이면 큰일 난다! 2013년 가을 오픈한 청핀성훠(誠品生活松菸店)를 이웃하면서 쇼핑부터 식사까지 복합문화공간으로써 더욱 자리매김하게 되어 타이베이 사람들과 여행자들 모두에게 사랑받고 있다. 화산과 같이 주말에 프리마켓이 열리니 놓치지 말자.

Tip 알아두면 유용한 꿀팁

송산원창위엔취로 가는 골목길부터 많은 카페와 기프트 숍이 줄지어 있으니 여기도 찜, 저기도 찜!

감성 서점
웨러수뎬
열악서점 閱樂書店 Yue Yue & Co.

송산원창위엔취를 거닐다 쉬어가기 좋은 곳으로 카페이자 서점이다. 소규모 공연이나 강연이 서점 내에서 열리기도 한다. 오래된 담배공장 건물에 잔잔하게 흐르는 배경음악과 향긋한 커피 향 그리고 책 내음이 참 좋은 곳이다. 여행자를 위한 디자인 엽서도 판매하고 있어 커피 한 잔과 함께 자신에게 보내는 편지를 적어 보는 것은 어떨까? 타이베이 여행을 정리하며 사진에 담기에도 더할 나위 없이 좋다.

Address	台北市信義區光復南路133號 No.133, Guangfu S. Rd., Xinyi Dist.
Tel	02 2749 1527
Open	10:00~18:30
Cost	$$-$$$
Access	송산원창위엔취 (松山文創園區) 내 연못 쪽 위치.
GPS	25.043947, 121.561750

복합문화공간
청핀성훠
성품생활 誠品生活松菸店 the eslite spectrum

아시아 최고 서점이라는 청핀수뎬(誠品書店)의 또 다른 복합문화공간으로 서점부터 영화관, 상점, 카페, 레스토랑, 호텔 등이 함께하는 곳이다. 그래서 이름부터 성훠(生活), 생활에 필요한 모든 것들이 없는 것 빼곤 다 있다. 유명한 월드 챔피언 우바오춘 베이커리부터 정통 상하이 딤섬 레스토랑 가오지(高記), 타이완 사람들에게 사랑받는 텐런밍차(天人名茶), 이탈리안 레스토랑 알 치케토 그리고 프렌치 레스토랑 VVG Action 등 즐길 수 있는 많은 것이 함께하고 있어 더욱 알찬 타이베이 여행을 만들어 준다.

Address	台北市信義區菸廠路88號 No.88, Yanchang Rd., Xinyi Dist
Tel	02 6636 5888
Open	11:00 ~ 22:00
Access	송산원창위엔취 (松山文創園區) 광장 옆 위치.
GPS	25.044549, 121.561468

East Taipei Spot ❸
신이

타이베이 랜드마크!

신이쌍취엔

신의상권 信義商圈
Xinyi Place

Access 1 MRT 스정푸(市政府) 역 3번 출구 Breeze 신이 백화점부터 남쪽으로 타이베이 101까지 랜드마크를 거닐어 보자.

Access 2 MRT 타이베이 101/스마오(世貿) 역 4번 출구와 타이베이 101이 바로 연결 되어 있고 2번 출구로는 쓰쓰난춘(四四南村)으로 갈 수 있다.

MUST SEE 타이베이의 심장 신이 지역에는 스정푸(市政府, 시청) 주변으로 타이베이 101, 청핀수덴, 대형 백화점, 쇼핑몰, 고급 호텔 등이 있어 볼거리, 먹거리 그리고 살거리가 즐비해 현지인과 여행자가 뒤섞여 항상 붐비는 곳이다. 화려한 불을 밝힌 신이쌍취엔 곳곳에서 길거리 공연이 열리고(특히 주말) 주변에 바와 클럽도 많아 타이베이 나이트 라이프를 경험할 수 있다. 그에 반해 높은 빌딩 숲을 조금만 빠져나오면 만날 수 있는 국민당 군인 마을이었던 쓰쓰난춘(四四南村)은 여행자가 된 것 같은 특별한 경험을 안겨 준다. 해가 뉘엿뉘엿 저물어 갈 때 즈음 그리 멀지 않은 샹산(象山)에 올라 아름다운 도심 풍경과 가장 아름답다는 타이베이 야경에도 빠져 보자. 복잡한 듯 여유 있는 곳 타이베이! This is the city life! 이게 바로 진정한 도시인이다.

백화점 공룡
신광싼웨 신이신톈디
신광삼월 신의신천지 新光三越 信義新天地
Shin Kong Mitsukoshi Xinyi Place

여행자들이 쉽게 미쓰코시라 부르는 곳으로 신광싼웨 백화점이 1997년부터 2005년까지 이곳 신이(信義)에 4동의 백화점을 개점하면서 거대한 쇼핑 지구를 형성했고, 이를 신이신톈디(信義新天地) 즉, 신이 플레이스란 이름을 붙였다. 4동의 신광싼웨 백화점을 고가 다리로 연결했고 이어 브리즈 송가오점, 웨이쇼 영화관, ATT4FUN, 타이베이 101 그리고 최근에 오픈한 브리즈 신이점까지 연결했다. A4관에 슈퍼마켓과 딘타이펑이 있고 A4관(B1), A9관(2F)에 애플스토어가 입점해 있다.

Open 일 ~ 목요일 11:00~21:30, 금 ~ 토요일 11:00~22:00
A4 슈퍼마켓 일 ~ 목요일 10:00~21:30,
금 ~ 토요일 10:00~22:00
GPS 25.039634, 121.566630

한류 쇼핑센터 그리고 H & M
브리즈 송가오
微風松高 Breeze Song Gao

한류 열풍이 한창인 타이완 브리즈 송가오점에는 다양한 한국 브랜드와 카페베네가 입점해 있다. 무엇보다 타이완 최초로 런칭한 H&M 1호점이 단박에 눈에 띈다. 특히 타이베이에서 가장 핫하다는 호텔, 험블하우스와 함께 한다. 1층 아이스몬스터 2호점에서 망고 빙수를 먹고 3층 라인 프렌즈에서 귀여운 친구를 만나고 4층에서는 텍사스 로드 하우스에서 맛있는 스테이크를 맛볼 수 있다.

Address 台北市信義區松高路16號(捷運市政府站)
No. 16, Song-Gao Rd., Xinyi Dist
Tel 02 6636 9959
Open 일 ~ 수요일 11:00~21:30, 목 ~ 토요일 11:00~22:00
Access MRT 스정푸(市政府) 역 3번 출구 벨라비타 백화점 맞은편.
GPS 25.038414, 121.567376

Something New
브리즈 신이
微風信義 Breeze Xin Yi

2015년 11월 오픈한 브리즈 신이(信義)점은 복합쇼핑센터로 지하 1층에는 푸드코트, 1층에는 명품, 3층에는 홈 리빙 등이 입점해 있고, 4층은 '마스터 셰프 키친'이라는 콘셉트로 한식부터 중화요리까지 다양한 레스토랑이 입점해 있다. 특히 여느 백화점과 달리 입점 브랜드 숍과 고객 동선이 널찍해 여유롭게 쇼핑, 마치 쇼핑 스트리트를 거닐고 있는 느낌이 든다. 독특한 것은 45층과 47층의 스카이 다이닝 & 바! 타이베이 시티 뷰를 즐길 수 있는 고급 레스토랑이다.(45층 Morton's Steak house 02-2723-7000 $$$, 47층 Taipei 47 고급중식당 02-8786-3177 $$$)

Address 台北市信義區忠孝東路五段68號 No.68, Sec. 5, Zhongxiao E. Rd., Xinyi Dist
Tel 02 6636 6699
Open 일 ~ 수요일 11:00~21:30, 목 ~ 토요일 11:00~22:00
Access MRT 스정푸(市政府) 역 3번 출구와 연결되어 있다.
GPS 25.040567, 121.566971

고풍스럽고 우아한 쇼핑
벨라비타
寶麗廣塲 Bellavita

신이(信義)에서 가장 여유롭게 쇼핑할 수 있는 곳. P&T그룹에서 2009년 문을 연 쇼핑센터로 회장의 딸이 경영하고 있다. 젊은 벨라비타의 오너가 시끄러운 중국인이 출입하는 것이 싫어 중국관광객들이 관심 가실 브랜드 입점은 전부 금지 했다. 굳이 쇼핑하지 않더라도 다양한 레스토랑과 푸드코트에서 식도락도 즐길 수 있으니 아름다운 유럽풍 백화점을 우아하게 거닐어 보자.

알아두면 유용한 꿀팁

벨라비타 정문 분수대에서 매시 정각 음악 선율에 맞춰 분수 쇼가 펼쳐진다.(5분)
독특한 구조로 된 지하 1층 스타벅스 광장에서 여유롭게 커피 한 잔!

Address 台北市信義區松仁路28號 No.28, Songren Rd., Xinyi Dist
Tel 02 8729 2771
Open 일 ~ 목요일 10:30~22:00, 금 ~ 토요일 10:30~22:30
Access MRT 스정푸(市政府) 역 3번 출구와 연결 된 Breeze 신이점을 나서면 신광산웨(新光三越) A4관과 벨라비타가 이웃하고 있다.
GPS 25.039436, 121.568050

아시아 최고의 서점!

청핀수뎬 신이뎬

성품서점신의점 誠品信義店 eslite

뉴욕타임스가 선정한 아시아 최고의 서점에 이름을 올린 청핀수뎬은 서점을 포함한 복합 문화 공간이다. 2층과 3층의 메인 서점에서 원서부터 각종 도서를 만나볼 수 있고, 쉽게 찾아 볼 수 없는 감성 소품들도 판매하고 있으니 천천히 둘러보자. 1층은 인테리어 숍과 카페, 지하 2층은 푸드코트와 티 숍, 디저트 숍이 즐비해 애프터눈 티를 즐길 수도 있다. 4층에는 한국 여행자들에게 인기 있는 KIKI 레스토랑이 있다.

알아두면 유용한 꿀팁

MRT 스정푸(市政府) 역 2번 출구 통해 청핀수뎬으로 갈 때 통이반지(統一阪急, 한큐백화점) 푸트코트를 자세히 둘러보자. 식당가는 물론이고 다양한 디저트와 베이커리가 모여 있다.

Address 台北市信義區松高路11號
No.11, Songgao Rd., Xinyi Dist

Tel 02 8789 3388

Open 일 ~ 목요일 11:00~22:00, 금 ~ 토요일 11:00~23:00,
2F 3F 서점 11:00~00:00

Access 1. MRT 스정푸(市政府) 역 2번 출구 통이반지(統一阪急, 한큐백화점) 지하 푸드코트를 지나 청핀수뎬 푸드코트와 연결 되어 있다.
2 MRT 스정푸(市政府) 역 3번 출구 신광싼웨(新光三越) 백화점 A4 옆, W호텔 남쪽에 있다.

GPS 25.039608, 121.565799

알아두면 유용한 꿀팁

종샤오둔화(忠孝敦化)역에 있는 둔난점(敦南店)에 경우 서점을 24시간 운영하고 있다. 상가 등은 11:00~22:00.

Address 台北市大安區敦化南路一段245號
No. 245, Sec 1, Dunhua S Rd., Da'an Dist.

Access MRT 종샤오둔화(忠孝敦化)역 6번 출구 나와 직진 도보 3분.

GPS 25.039232, 121.549577

쇼핑, 그 이상의 재미!

ATT4FUN

다채로운 젊은 감각이 가득한 패션 브랜드 숍부터 다양한 레스토랑과 카페들이 입점해 있는 쇼핑센터로 단순한 쇼핑 이상의 재미를 제공하는 곳이다. 무엇보다 10층에는 타이베이 101이 보이는 멋진 도심 풍경과 함께 식사를 즐길 수 있는 레스토랑과 스카이라운지가 있다. ATT4FUN은 매력적인 Attractive 네 가지 즉, 패션 Fashion, 맛있 는 음식 Food, 취미와 오락 Recreation, 독창적 문화 Creative를 즐기자 Fun는 의미이다.

알아두면 유용한 꿀팁

합리적이고 감각적인 인테리어 용품을 선보이는 자라 홈(ZARA HOME)과 스튜디오 지브리의 캐릭터 제품으로 가득한 농구리 공화국(Donguri Republic)이 있다. 동구리 공화국에서는 토토로, 가오나시 등 귀여운 친구들을 만날 수 있다.

Address 台北市信義區松壽路12號
No.12, Songshou Rd., Xinyi Dist

Tel 02-8780-8111

Open 일~목요일 11:00~22:00, 금, 토요일 11:00~23:00

Access 신광싼웨 A9 맞은편 길 건너 위치 대각선 맞은편 타이베이 101이 보인다.MRT 타이베이101/스마오(世貿) 역과 MRT 스정푸(市政府) 역에서 각각 도보 약 10분

GPS 25.035110, 121.566008

브리즈 난산

微風南山 Breeze Nan Shan

타이완을 대표하는 백화점 브랜드, 브리즈의 10번째 매장, 난산(南山)이 2019년 1월, 많은 이의 성원 속에 문을 열었다. 총 48층으로 타이베이 101빌딩 다음으로 타이베이시에서 높은 건물이다. 현재 백화점 및 쇼핑몰 중 가장 많은 수의 미식과 트렌디한 브랜드 매장이 입점하고 있다. 그중에서 30% 이상 매장이 단독 입점이며 타이완, 일본 등 해외 각지에서 들여온 51개의 인기점포이 들어서면서 단순한 쇼핑을 넘어 타이베이 여행에서 반드시 가봐야 할 곳으로 주목받고 있다. 특히 지하 2층 미식 광장에서는 타이완, 홍콩, 일식 등 세계 각국의 요리를 맛볼 수 있고 지하 1층 브리즈 슈퍼는 2,222평의 아시아 최대 명품 슈퍼마켓으로 각국의 고급 식자재를 만날 수 있다. 게다가 조리 판매대에서 피자, 파스타 등도 구매할 수 있으며 신선 식자재 구매 시 해당 재료로 요리를 해주는 특별 서비스도 제공하고 있다. 무엇보다 프랑스, 이탈리아, 스페인에서 들어온 200여 가지 다양한 풍미를 자랑하는 햄과 치즈를 만날 수 있어 와인과 함께 숙소에서 로맨틱한 여행의 밤을 보낼 수도 있다. 지상 2층부터 4층에는 커피계의 아이폰으로 불리는 블루 보틀 Blue Bottle Coffee 기프트숍, 타이완과 일본 작가들의 각양각색 아기자기한 주방 식기를 접할 수 있는 샤오치성훠(小器生活) 일본 정식을 맛볼 수 있는 샤오치스탕(小器食堂)을 만날 수 있다. 또한 타이완 패브릭 브랜드 in Bloom(印花樂)과 미국 뉴올리언스 케이준 해산물 요리를 맛볼 수 있는 Dancing Crab 등이 입점했다. 타이완 수공예품부터 생활잡화 및 음식들을 다양하게 접할 수 있어 쇼핑과 미식, 타이완 및 전 세계 트렌드를 한눈에 보기에 더할 나위 없는 관광 명소이다.

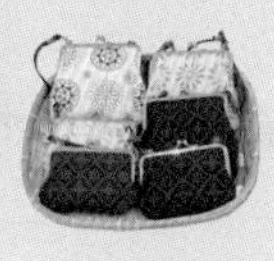

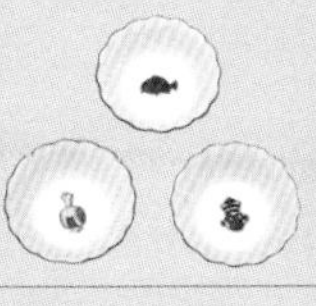

Address 台北市信義區松智路17號
No. 17, Songzhi Rd., Xinyi Dist.

Tel 02 6638 9999

Open 일 ~ 수요일 11:00 ~ 21:30, 목 ~ 토요일 11:00 ~ 22:00
(브리즈 슈퍼 월 ~ 금요일 10:00, 토, 일요일 09:00 영업
종료 시간은 백화점과 동일)

Access 타이베이 101 쇼핑몰과 ATT4FUN 사이.

GPS 25.033248, 121.565482

타이베이 101 불꽃 축제

3, 2, 1 新年快樂~! Happy New Year~!

MUST SEE 매년 1월 1일 자정이면 세계적으로 명성이 자자한 타이베이 101 불꽃 축제가 열린다. 현지인과 거주 외국인, 여행자 모두가 뒤엉켜 즐기는 새해맞이 축제! 모두가 다사다난했던 한 해를 마무리하고 새해를 맞이하는 자리, 아름답게 터지는 불꽃을 보는 것만으로도 기분이 좋은데 타이베이의 불꽃은 더욱 특별하다. 타이베이 101빌딩에서 터져 나오는 불꽃은 세계에서 가장 큰 크리스마스트리이자 가장 큰 희망의 메시지다. 새해를 맞이하는 날에 타이베이를 여행 중이라면 정말 특별한 추억이 될 것이다. 타이베이의 중심 도로라고 할 수 있는 궈푸지녠관(國父紀念館)에서 스정푸(市政府)를 잇는 종샤오동루(忠孝東路) 도로가 보행자 거리로 바뀐다. (불꽃 축제 전일, 당일 20:00~03:00, 총 7시간) 그 큰 거리를 거닐며 활기찬 새해를 맞이하고 다짐해보자. 누구보다 즐겁고 행복한 한 해의 시작을 알리자.

알아두면 유용한 꿀팁

여행자들에게 가장 접근성이 좋은 관람 명소는 궈푸지녠관(國父紀念館)이다. 사진 촬영으로 좋은 자리를 선점하려면 최소 5시간 전에 도착해야 한다. 가능한 더 일찍 찾아가도 과하지 않다.

알아두면 유용한 꿀팁

날씨가 좋은 날이라면 해 질 녘 즘 하오차오 good cho's 뒤편 벤치가 있는 공터에 가보길 추천한다. 시원한 맥주와 주전부리를 함께 즐기며 멍하니 타이베이 101을 바라보기 좋은 명소!

When 매년 1월 1일 00:00

Access MRT 궈푸지녠관(國父紀念館) 역 4번 출구 오른쪽.

East Taipei Spot ❹
신이

타이베이의 상징!

타이베이 101

타이베이금융센터 台北國際金融中心
Taipei Financial Center

Address	台北市信義區信義路五段7號 No.7, Sec. 5, Xinyi Rd., Xinyi Dist.
Tel	02 8101 8898
Open	09:00 ~ 22:00 (매표 마감 21:15) 쇼핑몰 월-목요일 11:00 ~ 21:30, 금-일요일 11:00 ~ 22:00
Admission	600NT$ (할인 된 입장권을 판매하는 여행사가 있으니 참고.)
Access	MRT 스정푸(市政府) 역 3번 출구 Breeze 신이에서 남쪽 타이베이 101까지 도보 10분 또는 MRT 타이베이 101/스마오(世貿) 역 4번 출구
GPS	25.033633, 121.564752

MUST SEE 2004년 12월 31일 완공된 타이베이 101 빌딩은 지난 2010년 1월까지 세계에서 가장 높은 빌딩이었다. 높이 509.2m(지상 105층)의 이 빌딩은 지금도 세계 9번째로 높은 건물이다. 무엇보다 5층 매표소부터 89층 전망대까지 37초 만에 오르는 세계 최고속 엘리베이터로 기네스북에 올라 있다. 타이완의 건축가 리쭈위엔이 설계하고 우리나라 삼성물산이 건설하였다. 대나무 모양을 닮은 타이베이 101은 숫자 '8'이 번영과 성장 등을 뜻하는 '發'과 발음이 비슷해 좋은 숫자로 여기는데 이를 반영해 8층씩 8단으로 설계하였다. 타이베이 101을 보는 것만으로도 대나무처럼 올곧게 자라나 번영하길 바라는 마음이다. 쇼핑몰에는 명품부터 다양한 브랜드, 딘타이펑 등 유명 맛집도 입점해 있어 타이베이 101과 함께 볼거리, 먹거리, 살거리를 모두 즐길 수 있다.

Tip 여행 액티비티 플랫폼(KKday, Klook, WAUG 등)을 이용하면 현장 발권보다 조금 더 저렴하게 입장권을 구매할 수 있다.

알아두면 유용한 꿀팁

타이베이의 상징, 타이베이 101! 그 심장인 댐퍼(Damper)가 바로 하이라이트! 지름 5.5m, 무게 660톤으로 지진과 태풍으로부터 타이베이 101을 지킨다. 댐퍼를 캐릭터로 만든 댐퍼 베이비 그리고 타이베이 101 타워 앞에 설치된 LOVE 조형물에서 기념 사진은 필수!

타이베이 101을 색다르게 즐기는 방법

타이베이 101 싱바커

타이베이 101 스타벅스 台北 101 星巴克
Taipei 101 STARBUCKS

타이베이 101 35층에 자리한 스타벅스는 멋진 전망과 함께 타이베이 101뿐만 아니라 타이베이 여행을 색다르게 즐길 수 있는 곳이다. 굳이 전망대에 오를 필요성을 느끼지 못하거나 날씨가 좋지 않을 때 또는 관람 요금이 부담스럽다면 이곳으로 가자! 타이베이 여행의 또 다른 명소로 많은 사람에게 인기가 있어 예약은 필수이고 원하는 방문일 일주일 전부터 문의할 수 있다. 한 번에 한정된 인원만 입장 가능해 창가 자리에 앉기는 쉽지 않지만, 커피와 케이크를 즐기며 타이베이 풍경을 즐기기에 더할 나위 없이 좋은 장소다.

알아두면 유용한 꿀팁

늦어도 하루 전에 전화로 예약해야 하며 90분간 머물 수 있다. 예약 번호는 메모해두자. 샌들과 슬리퍼, 반바지 착용 금지로 단정한 복장을 해야 하며 미니멈 차지는 인당 200NT$이다. 스타벅스 파트너가 내려와 예약 확인 후 함께 매장으로 올라간다. 조금이라도 늦었을 때는 예약이 자동 취소된다. 다시 연락하고 올라갈 수도 있지만, 파트너가 내려올 때까지 기다려야 하니 최소 10분 전 도착하자.

Address 台北市信義區信義路五段7號 35樓之1
35F.-1, No.7, Sec. 5, Xinyi Rd., Xinyi Dist
Tel 02 8101 0701
Open 월~금요일 07:30~20:00, 토, 일요일 09:00~19:30
Access LOVE 조형물 오른쪽 타이베이 101, 1층 로비에 있는 비지터 액세스에서 대기.
(최소 10분 전 도착, 늦으면 예약 자동 취소)

East Taipei Spot❺
신이

국민당 군인 마을의 재탄생

쓰쓰난춘

사사남촌 四四南村
Xinyi Assembly Hall

1948년 국민당이 공산당에 패전 후 44병공창(兵工廠 군수품 제조공장)을 이전하면서 군인과 가족들을 정착시켜 형성된 마을로 44병공창 남쪽에 위치한다 하여 쓰쓰난춘이라 불렀다. 당시 동춘(東村)과 시춘(西村)도 있었으나 재개발로 인해 사라졌다. 마지막 남은 난춘은 보존하여 당시 생활 모습을 전하고 전시부터 공연, 매주 일요일에는 프리마켓을 여는 등 복합문화공간 '신이궁민훼관(信義公民會館)'으로 재탄생했다. 신이쌍취엔의 높은 빌딩 숲 사이에 숨은 무릉도원 같은 쓰쓰난춘에 자리한 개성 넘치는 수공예품과 다양한 종류의 맛있는 베이글을 판매하는 하오치오(好丘) good cho's 그리고 미도리(Midori)에서 시원한 아이스크림을 먹으며 잠시 타이베이에서 달콤한 꿈을 꾸자.

알아두면 유용한 꿀팁
날씨가 좋은 날이라면 해 질 녘 즘 하오차오 good cho's 뒤편 벤치가 있는 공터에 가보길 추천한다. 시원한 맥주와 주전부리를 함께 즐기며 멍하니 타이베이 101을 바라보기 좋은 명소!

Address	台北市信義區松勤街50 No.50, Songqin St., Xinyi Dist
Tel	02 2723 7937
Open	09:00 ~ 16:00 (월요일 휴무)
Admission	무료
Access	타이베이 101, Love 조형물 있는 곳 길 건너 또는 MRT 타이베이101/스마오(世貿) 역 2번 출구로 나와 아디다스 농구장이 보이면 왼쪽으로 들어간다. 도보 5분
GPS	25.031342, 121.561929

East Taipei Spot❻
신이

타이베이 야경 No.1

샹산

상산 象山
Elephant Mountain

타이베이 샹산은 산새가 코끼리와 닮아 붙여진 이름이다. 샹산을 포함해 호랑이, 표범, 사자 산이 주변에 있어 이를 네 마리의 짐승 산이라고 부르기도 한다. 이 산을 오르면 '샹'소리가 나서 샹산이라 부른다는 우스갯소리도 있다. 하지만 샹산은 실제로 높이 183m에 불과해 부담 없이 오를 수 있는데 힘들다 하더라도 타이베이 101 빌딩과 함께 야경을 보는 순간 모두 잊고 그저 바라보게 된다. 아름다운 타이베이의 전경과 야경을 볼 수 있는 최고의 장소! 다만 오르내리는 길에 매점이 없다는 것이 아쉽다. 땅거미가 짙게 내린 샹산을 내려온 뒤 시원한 음료수나 맥주 한 모금으로 땀을 식혀보는 것도 좋지 않을까? 무엇보다 샹산을 오르내릴때 안전사고에 유의하자.

알아두면 유용한 꿀팁
텀블러나 보온병에 차나 커피, 그리고 과일이나 간식을 준비해 타이베이 야경을 여유롭게 즐겨보자.

Address	台北市信義區信義路5段152號B1(샹산역) Sec. 5 Xinyi Rd. Xinyi Dist.
Admission	무료
Access	MRT 샹산(象山) 역 2번 출구 왼쪽 오르막길로 올라가 오른쪽, 샹산을 알리는 계단이 나온다.
GPS	25.026758, 121.574605

East Taipei Spot 7
신이

재미난 타이베이 재래시장 구경

영춘스창

영춘시장 永春市場
Yongchun Market

오전부터 저녁까지 열리는 동부 타이베이에서 가장 활기찬 종일 시장이다. 다른 재래시장도 많지만 대부분 구석구석 숨어 있거나 아침 시장이 많은데 MRT 영춘 역 바로 옆에 있는 영춘스창은 여행자의 접근이 편리하고 맛집과 라오허제 예스(야시장)와도 가까워 시장을 구경한 후 일정을 계획하기 좋다. 그 도시를 제대로 알기 위해선 시장을 가보면 된다는 말도 있잖은가. 17시, 저녁 준비로 가장 활기찬 때에 들어가 꾸밈없는 타이베이를 들여다보자. 수제 만두부터 베이커리, 싱싱한 채소와 과일까지 없는 것 빼고 다 있는 재미난 재래시장을 구경하고 맛있는 타이완 과일도 구매해보자. 여름에는 무엇보다 애플 망고가 최고다.

알아두면 유용한 꿀팁

영춘시장 옆 송산루(松山路)를 따라 커피와 디저트가 맛있는 스톤 에스프레소 바 그리고 시원한 오리온 생맥주가 있는 산스랑(三四郎)이 있다. 재밌는 시장 구경 후 커피 한 잔 또는 시원한 생맥주 한 잔이면 굿!

Address	台北市信義區虎林街 Hulin St., Xinyi Dist.
Tel	02 2762 4534
Open	정확한 영업 시간은 없고 오전부터 시작해 20:00 이전 노점과 상가들은 문을 닫는다.
Access	MRT 영춘(永春) 역 5번 출구 왼쪽 작은 골목으로 들어서면 된다.
GPS	25.043118, 121.57748

East Taipei Spot 8
송산

쌀국수, 호로록!

미펀탕

미분탕 米粉湯

타이완식 쌀국수를 제대로 맛볼 수 있는 타이완 현지인의 단골집! 오전에 영춘스창에 장을 보러왔다면 참새가 방앗간을 지나칠 수 없듯 반드시 들리는 곳이다. 돼지뼈와 부속으로 푹 끓인 육수가 진하니 밥이 있다면 돼지 따로국밥! 부추 송송 넣은 장을 듬뿍! 매콤한 소스를 쌀국수에 넣고 한 입하면 감탄이 절로 난다. 돼지껍데기와 수육을 함께하면 더욱 좋다. 부스스한 모습으로 땀 흘리고 감탄하며 먹고 있는 아저씨가 있다면 바로 작가다. 반갑게 니하오!

Address	台北市信義區虎林街82巷9號 No.11, Songshan Rd., Xinyi Dist.
Tel	없음
Open	07:00~14:30(월요일 휴무)
Access	MRT 영춘 역 5번 출구 나와 왼쪽 영춘스창 직진. 호린제 빠스얼샹에서 왼쪽으로 들어서면 보인다.
GPS	25.043361, 121.576783

East Taipei Spot 9
신이

타이베이의 동대문
우펀푸
오분포, 五分埔成衣市場
Wu Fen Pu

하, 주, 침, 두, 이(何、周、沈、杜、李), 다섯 성씨 가문이 세운 시장으로 '우펀푸'라는 이름이 되었다. 규모는 그리 크지 않지만, 타이완의 동대문 시장이라 불리는 곳답게 가격이 저렴하고 괜찮은 상품들이 숨어 있으니 천천히 둘러보자. 타이완은 가격표가 붙어 있는 정가제에 가격흥정이 필요 없을 정도로 물가가 여느 대도시보다 저렴하다. 하지만 우펀푸에서는 가격흥정이 필수! 그렇다고 동남아처럼 무턱대고 막 깎아 달라고 하진 말자. 사장님이 웃으며 손을 흔들 수도 있다. Bye~

알아두면 유용한 꿀팁
라오허제 예스(야시장)로 가는 길에 들리면 딱이다!

Address 台北市信義區永吉路443巷9弄
Aly. 9, Ln. 443, Yongji Rd., Xinyi Dist
Open 13:00 ~ 00:00 (월요일 휴무)
Access 1. MRT 허우산피(後山埤) 역 1번출구 길건너 하이라이프 편의점 길을 따라 코스메(드러그스토어) 쪽 길을 건너면 옷가게들이 보인다.
2 그린라인 송산 역으로 올 경우, 4번 출구로 나와 뒤돌아 송산 역을 지나 길을 건너면 우펀푸!
GPS 25.046662, 121.577917

East Taipei Spot 10
송산

타이베이 동쪽 관문!
송산처짠
송산 기차역, 松山車站
Songshan railway station

1891년 10월 20일 개통한 송산 기차역은 타이베이에서 두 번째로 큰 역으로 타이베이 동쪽을 잇는 관문 역할을 한다. 2008년 9월 21일 모든 플랫폼을 지하로 옮겼으며 2014년 11월 15일 MRT 그린라인 송산 역이 개통됐다. 송산 기차역과 함께 오픈한 City Link 복합쇼핑몰에서 쇼핑과 식사를 즐길 수 있다. 대표 입점 매장 : 츠타야 서점, 티엔하오윈, 나이키, 유니클로, 스타벅스, 맥도널드, 모스버거, 버거킹 등.

알아두면 유용한 꿀팁
우펀푸와 라오허 야시장 중간이라 잠깐 들러 브레이크 타임을 가지기 좋다. 숙소가 송산 기차역 근처라면 핑시선 기차를 타기 위한 뤠이팡(루이팡)역으로 가는 기차도 탈 수 있으니 타이페이 메인 스테이션까지 이동할 필요가 없다.

Address 臺北市信義區松山路11號
No.11, Songshan Rd., Xinyi Dist
Tel 02 2767 3819
Open 11:00 ~ 22:00 (City Link)
Web www.railway.gov.tw/ko
Access MRT 송산(松山) 역 또는 타이베이 메인 스테이션에서 종류에 상관없이 북행 기차를 타고 송산 스테이션에서 하차.
GPS 25.049337, 121.578897

여신, 마주를 만나다

츠요공

송산 자우궁, 松山慈佑宮
Ciyou Temple

Address	台北市松山區八德路四段761號 No. 761, Sec. 4, Bade Rd., Songshan Dist
Tel	02 2765 9017
Open	08:30 ~ 21:00
Access	MRT 송산(松山) 역 5번 출구 오른쪽 도보 1분
GPS	25.051183, 121.577674

1753년에 건립되어 약 260년의 역사를 자랑한다. 이름에서 알 수 있듯이 사람을 돕는 마주(媽祖) 여신을 모신 사원이다. 라오허제 예스 야시장이 형성되기 전 라오허강 일대는 어시장으로, 뱃사람들과 화물이 오가던 항구였던 이곳에 물을 관장하는 마주를 모시는 사원을 지었다. 타이베이 시에서 시행한 간척 사업으로 더 이상 항구는 볼 수 없지만 여전히 지롱강이 흐르고 있다. 사원을 바라보고 건물 왼쪽 붉은 장군 신은 마주 여신을 대신해 천리 밖의 일들을 듣고, 건물 오른쪽 초록 장군 신은 천리 밖을 보아 마주 여신에게 고하는 역할을 한다. 송산 역 5번 출구 앞 시계탑은 일본에서 2011년 3월 11일 지진 때 타이완 사람들의 도움에 대한 감사와 츠요궁 260주년 기념으로 선물한 것이다.

Tip 알아두면 유용한 꿀팁

라오허 야시장을 들릴 때 반드시 둘러보자. 소원을 잘 이뤄주기로 유명하다. 츠요궁 맞은편 MRT 송산역 5번 출구 앞 시계탑은 정시마다 노래와 함께 시계탑 안에 숨어 있던 캐릭터들이 나와 움직인다.

맛있는 타이베이의 달맞이
라오허제 예스
요하가 야시장 饒河街夜市
Raohe St. Night Market

Address	台北市松山區饒河街 Raohe St. Songshan Dist
Open	17:00 ~ 24:00
Access	1. MRT 송산(松山) 역 5번 출구에서 나서면 바로 보인다. 2. MRT 허우산피(後山埤) 역 1번 출구를 나서 하이라이프 편의점 쪽으로 길을 건넌다. 우펀푸와 송산 기차역을 차례로 지나 송산 역 5번 출구까지 도보 15분. 허우산피(後山埤) 역 이용 시 가는 길에 우펀푸를 둘러보고 가면 된다.
GPS	25.050916, 121.577548

MUST SEE 송산 역 근처에 있는 타이베이에서 두 번째로 큰 관광 야시장이다. 예전 이곳은 지롱항을 통해 들어온 화물을 작은 화물선으로 옮겨 지롱강을 따라 타이베이 도심으로 나르던 화물선들이 정박하던 항구라 자연스레 시장이 들어서기 시작했다. 도시가 점점 커지면서 간척 사업 및 도로 공사로 차량 유입이 편리해지자 1987년 5월 11일 항구를 옮기면서 타이베이 시에서 상가 생계 개선을 위해 노점들을 모아 약 600m 라오허제 예스의 문을 열었다. 타이완 맥주와 함께 먹거리를 들고 타이베이서 가장 편하고 재미난 야시장을 둘러보자. 타 야시장보다 먹거리 대부분 맛이 좋다. 츠요공에 들러 마주 여신에게 소원을 빈 후 야시장을 둘러보고, 강변에 앉아 지롱강을 바라보며 소소한 낭만이 가득한 타이베이의 밤을 보내는 것을 추천한다.

Tip 알아두면 유용한 꿀팁
마주 사원인 츠요공을 정문이라고 한다면, 오른쪽으로 들어가 후문에서 오른쪽(정문 왼쪽)으로, 다시 들어가 정문으로 나오면 라오허제 예스를 모두 본 것이다.

라오허제 예스 볼거리 & 먹거리

CNN선정 혐오스러운 세계 음식 1위!
먀오커우 주시에까오
묘구 주혈고 廟口 猪血糕

사실 우리에겐 그렇게 혐오스러운 음식이 아니다. 돼지 피로 만든 떡인데 순대도 먹는데 이게 대수랴? 맛은 시루떡에 매콤한 소스와 콩가루를 묻혀서 먹는 맛.
30년 된 노점의 주시에까오는 다른 곳보다 더 쫀득하니 아주 맛있다. 타이완 사람의 영양 간식! 츠요공 입구에 위치. 주시에까오 35NT$

화덕에 귀엽게 다닥다닥!
푸저우 쓰주 후쟈오빙
복주 세조 호초병 福州世祖胡椒餅

츠요공이 있는 라오허제 예스 입구에서 기념사진을 찍다 보면 앞쪽에 많은 사람이 줄 서 있는 것이 보일 것이다. 바로 CNN 선정 타이완 10대 간식, 라오허제 명물! 화덕 만두!
우리에게 조금은 생소한 맛이겠지만 그냥 이 광경만으로 재미난 볼거리 가까이 다가가 화덕에 다닥다닥 붙은 후쟈오빙을 사진에 담아보자. 후쟈오빙 50NT$

자꾸 생각나는 고소한 취두부!
샤강 밍포우 초또우푸
하항 취두부 下港 名莚 臭豆腐

말만 들어도 냄새가 나는 것 같은 초또우푸!
하지만 라오허제 예스에서는 튀긴 초또우푸를 꼭 먹어보자! 냄새도 심하지 않고 우리나라 두부전의 겉을 바삭하게 익힌 듯한 식감에 맛 간장과 타이완 백김치를 곁들여 먹는데 나중에 생각나서 또 찾게 된다. 라오허제 안에 있는 작은 아침 시장인 송산스창 입구 위치. 초또우푸 50NT$

피부 미인열전!

만민 타이완 전통 스킨 케어 및 발 마사지

완검 挽臉

라오허제 명물! 현지인들도 여행객들도 모두 발걸음을 멈추게 만드는 곳이다. 야시장을 둘러보다 휴식이 필요하면 이곳에서 발 마사지를 받으며 타이완 사람들은 피부관리를 어떻게 하는지 관찰해보자. 구경하는 재미가 쏠쏠해 자신도 모르게 카메라 셔터를 누르게 된다. 정문 왼쪽 라인 중간 즈음 위치. 만민 스킨케어 250NT$ / 마사지 종류별 200NT$ ~ 1200NT$

타이베이서 가장 맛있는 곱창 국수!

동파하오100년 라오뎬

동발호 100년 노점 東發號 百年 老店

타이완의 특산물인 굴과 곱창이 만난 100년의 비결이 느껴지는 곱창 국수 커짜이몐시엔! 시먼딩에서 유명하다는 아중멘셴을 먹었는데 별로더라?! 그 집과는 비교조차 하지마라! 매콤한 소스와 간마늘, 흑 식초를 기호에 맞게 곁들여 후룩 한입 해보자. 맥주를 부르는구나! 해장으로도 아주 그만이다! 라오허제 정문을 등지고 왼쪽 중간 즈음 작은 사당이 있는 곳 왼쪽에 있다. 커짜이몐시엔 65NT$

멧돼지고기로 만든 타이완 소시지!
위엔주민더 산주로 샹창

원주민 산주육 향장 原住民的山豬肉香腸

한자 그대로 원주민 산돼지 소시지란 뜻이다. 지금껏 독일 수제 소시지가 가장 맛있다고 알고 있었다면, 그 생각이 달라질 수도 있겠다. 한 입 베어 무는 순간 감탄을 금할 수 없는 기막힌 식감. 물론 샹창도 맛집에서 먹어야 그 맛을 보장할 수 있다. 추천하는 샹창 맛집은 두 곳. 그중 한 곳이 라오허제 예스 샹창으로 후문을 등지고 왼쪽 소시지 노점이다.

샹칭 35NT$

Tip 샹창 맛있게 먹는 법.

1. 앞에 있는 편의점에서 타이완 맥주를 산다.
2. 소시지를 주문하고 그릴 앞에 놓인 통마늘을 손질한다.
3. 타이완 마늘은 우리나라보다 매우니 먼저 소시지를 후후~불어 식힌 후 한 입!
4. 소시지를 먼저 씹지 말고 마늘을 조금만 베어 문 후 입 안에서 섞으며 맛있게 씹는다.
5. 맛 좋은 소시지를 앞에 두고 시원한 맥주 한 잔이 빠질 수 없다.

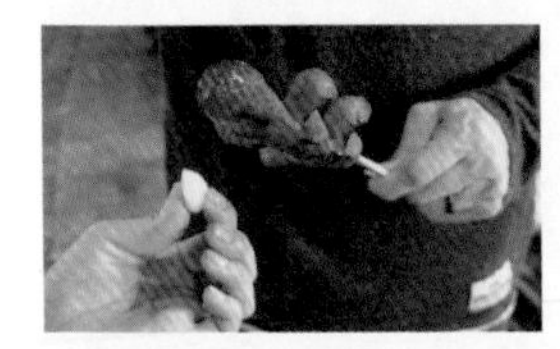

Tip 알아두면 유용한 꿀팁

샹창 노점에서는 간 마늘부터 겨자 소스까지 다양한 소스를 준비해두지만 뭔가 아쉽다. 샹창 즉, 타이완 소시지를 구매하기 전 통마늘이 있는지 확인 후 가장 중요한 이빨이 돌출된 멧돼지 그림이 있는가를 확인한다. 멧돼지 그림이 있는 소시지는 대부분 맛이 좋다.

노점에 펼쳐진
스튜디오 지브리 세상

예쁘고 귀여운 지브리 친구들을 만날 수 있는 곳. 토토로 액세서리부터 가오나시 피겨 등을 구매할 수 있는 곳. 항상 많은 사람들이 몰려 있어 못 보고 지나칠 수도 있으니 유심히 살피자. 라오허제 예스 야시장 중간, 줄지어 선 노점 쪽에 있다.

스웨덴, 북유럽의 감성
이케아
宜家家居 IKEA

Address	台北市松山區敦化北路100號 No.100, Dunhua N. Rd., Songshan Dist
Tel	02 2716 8900
Open	평일 10:00 ~ 21:30 토, 일요일 10:00 ~ 22:00
Access	MRT 타이베이샤오지단(台北小巨蛋) 역 1번 출구 맞은편 타이베이 샤오지단이 있는 사거리로 식진. 길 건너 파랑 배경에 노란색으로 적힌 이케아 간판을 볼 수 있다.
GPS	25.052349, 121.548572

1943년 스웨덴에서 문을 연 이케아는 2015년 8월 기준, 28개국 328개 매장을 운영하는 가구 공룡이다. 우리나라에는 2014년 12월 광명점을 개점하며 이름을 알리기 시작했다. 한국 내 매장은 주말이면 몰려드는 인파로 방문하려면 큰맘 먹어야 하지만, 타이베이에서라면 상대적으로 부담 없이 갈 수 있다. 인테리어에 관심이 있다면 북유럽 감성으로 꾸며진 전시 공간에서 인테리어 센스를 엿보는 것도 재미! 큰 가구는 어쩔 수 없지만 그 속에서 데려갈 수 있는 작은 소품들을 발견해보자. 여기저기 둘러보느라 입이 궁금해졌다면 이케아 안에 있는 카페테리아에서 스웨덴 맥주와 함께 북유럽식 식사나 스낵을 간단히 즐겨도 좋다. 북유럽식 치맥과 이케아 !

Tip 알아두면 유용한 꿀팁
이케아 카페 이용 시 처음 들어설 때 와인잔은 탄산음료를, 머그잔은 커피나 티 등을 담을 수 있고 한 컵당 25NT$(무한 리필)이다. 셀프로 오픈 쇼케이스에 담긴 음료 및 페이스트리, 디저트, 스낵은 직접 담고 메인 메뉴는 직원에게 주문한다. 주문한 음식과 스낵 등을 모두 담았다면 계산원에게로 가 계산하면 된다.

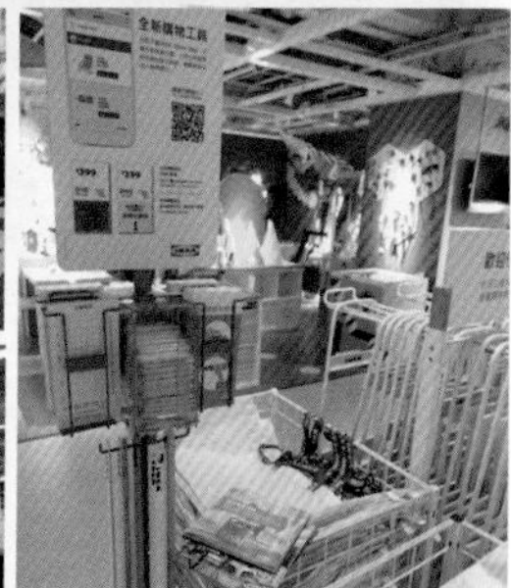

타이베이 정월대보름, 원소절 폭죽 축제!

위엔샤오제예농투디공

원소절야롱토지공 元宵節夜弄土地公 Yuánxiāo jié yè nòng tǔdì gōng

MUST SEE

아직도 생생하게 폭죽 소리가 들리는 듯하다. 수많은 도교 신중 사람들과 가장 가깝고 인기가 많은 수호신, 투디공(土地公)의 밤놀이! 타이베이 네이후(內湖)에서 정월 대보름 밤에 열리는 폭죽 축제로 돌로 만들어진 투디공이 돌 지붕으로 만들어진 가마를 타고 인간들의 세상으로 나와 노닌다. 농경사회에서 중요한 명절 중 하나였던 정월 대보름은 일 년을 계획하고 운세를 점쳐보던 달이었다. 정월 대보름의 밝은 달빛으로 어둠을 밀어내고 수호신께 액운(厄運)을 풀고 풍년(豐年), 풍어(豐漁)를 기원하는 것에서 시작된 이 축제는 시대의 흐름에 따라 만사형통, 운수대통, 사업번창 등으로 확대되었다. 우리나라에서는 간소화된 것에 반해 타이완은 여전히 중요한 민속 명절로 많은 사람이 함께 어울려 한해의 시작을 알리고 즐긴다. 투디공을 태운 가마가 집집이 돌아다닐 때 집주인이 준비한 폭죽을 가득 가마에 올려 터뜨리는데 그 폭죽을 온몸으로 맞으며 나쁜 기운을 쫓고 복을 기원하는 사람들을 보면 절로 신이 난다.

알아두면 유용한 꿀팁

행사관계자와 경찰, 소방관 그리고 시민이 모두 함께 축제를 통제하기 때문에 큰 사고는 없다. 단지 폭죽이 튈 수 있으므로 긴 옷을 준비하고 목도 수건 등으로 둘러 혹시 있을 폭죽 잔해로 화상을 입지 않도록 주의해야 한다.

참고 http://blog.naver.com/ung3256/220291808780

Address 台北市內湖區內湖路二段450號(台北市內湖區梘頭土地公廟)

When 매년 음력 1월 15일 18:30 ~ 22:30

Access MRT 네이후(內湖) 역 1번 출구 시간에 맞춰 도착했다면 폭죽 소리가 들릴 것이다.

- 2018: 3월 2일
- 2019: 2월 19일
- 2020: 2월 8일

EAST TAIPEI

Cost 인당 100NT$ 이내 $ | 100NT$-499NT$ $$ | 500NT$ 이상 이상 $$$

RESTAURANT

CAFE & DESSERT

PUB & BAR

타이완 전통 식사로 시작하는 타이베이의 아침

푸항또우쟝

부항두장 阜杭豆漿
Fù háng dòujiāng

타이완의 전통 음식이 뭐냐고 물으신다면 또우쟝! 바로 두유이다. 고소하고 진한 두유와 함께 빵이나 달걀 밀전병을 함께 먹는 것인데 타이완의 아침은 이렇게 소박하게 시작한다. 푸항또우쟝은 현지인은 물론 중화권 및 일본 여행자들에게 인기가 많아 매장 밖으로 이어진 긴 줄을 서야 한다. 보통 30분은 기다려야 하는데 매장으로 들어섰다면 주문하는 사람과 자리 맡는 역할을 나누자! 혼자 하는 여행이라면 걱정하지 말고 빈자리를 찾아 앉으면 된다. 타이완 식당에서 테이블 쉐어는 기본이다.

알아두면 유용한 꿀팁

조리 과정을 볼 수 있으니 줄을 기다리며 사진에 담아 보자. 플래시는 금지. 추천 메뉴는 시원한 두유, 빙또우쟝(冰豆漿, 25NT$)과 가볍게 먹을 수 있는 계란이 들어간 작은 빵, 바오빙짜단(薄餅夾蛋, 32NT$)!

Address	台北市中正區忠孝東路一段108號2F 2F No.108, Sec. 1, Zhongxiao E. Rd., Zhongzheng Dist
Tel	02 2392 2175
Open	5:30 ~ 12:30 (월요일 휴무)
Cost	$
Access	MRT 싼다오쓰(善導寺) 역 5번 출구 나와 왼쪽에 화산스창(華山市場) 2층. 2층으로 바로 올라가지 말고 시장 정문 왼쪽 옆문으로 길게 줄 선 사람들이 보일 것이다. 얼른 줄을 서시오!
GPS	25.044212, 121.524772

풍미작렬! 타이완 커피를 경험하다

비 카풰이

비 카페, 蜜蜂咖啡
BEE CAFE

MUST EAT

타이완에도 커피농장이 많다는 걸 아는 사람은 드물다. 최근 분위기 좋은 카페와는 달리 온갖 커피 원두부터 커피 기구까지 만나볼 수 있는, 1981년 문을 연 커피 명가에서 타이완 커피를 경험해보자! 인도네시아 수마트라섬 부족 이름에서 유래한 만델링(Mandheling)이 지각운동과 화산활동으로 생성된 타이완 토양과 만났다.

타이완 동부 이란현 산악 지방에서 나는 고급 아라비카 만델링으로 풀시티 로스팅 이상의 강배전에 좋고, 부드럽지만 묵직하고 풍부한 달콤한 향이 난다. 달콤 쌉싸름한 다크 초콜릿에 아몬드를 곁들인 맛! 참새가 방앗간을 지나칠 수 있나? 커피를 사랑하는 당신이라면!

타이완 커피 70NT$(HOT/ICED)

알아두면 유용한 꿀팁

강배전의 스모키함을 즐기는 커피 애호가들과 커피를 공부하는 바리스타들에게 추천! 고품질의 커피와 티 그리고 기구까지 저렴한 가격에 만날 수 있다.

Address	台北市大安區復興南路一段85號 No.85, Sec. 1, Fuxing S. Rd., Da'an Dist
Tel	02 2711 1582
Open	월~목요일 09:00~21:30, 금, 토요일 09:00~22:00, 일요일 12:00~21:30
Cost	$
Access	MRT 종샤오푸싱 (忠孝復興) 역 5번 출구로 나와 직진 도보 5분
GPS	25.044237, 121.544065

롱먼 싱바커

롱먼 스타벅스 星巴克 龍門門市 Long Men STARBUCKS

이 밤을 취(取)하다

먼저, 스타벅스는 2011년 40주년을 맞아 로고에서 STARBUCKS COFFEE라는 문구를 빼고 사이렌만 남겼다. 이미 세계적인 브랜드로서 사이렌만 봐도 스타벅스라는 것을 알기 때문이기도 하지만 커피전문점의 이미지를 벗고 완벽한 제3의 공간으로 확장을 도모하기 위함이다. 케이크와 페이스트리에서 브런치와 피자 등 다양한 메뉴를 즐길 수 있고, 머그와 텀블러는 물론 음악 CD, 우산, 에코 백 등 시즌에 따라 생활 전반에 쓰임이 다양한 상품(MD, Merchandise)을 선보이고 있어 커피전문점이 아닌 오롯이 스타벅스로 자리매김하였다. 또한 2016년 9월, 차(茶)를 전문으로 하는 티바나(TEAVANA)를 론칭해 커피와 차 모두 섭렵하고 있다. 서론이 너무 길었다. 거두절미하고 애주가인 작가는 이 순간만을 기다렸다. 스타벅스에서 맥주를 마시는 이 날을!! 2017년 1월 4일, 타이완 스타벅스 중 처음으로 리저브 매장(STARBUCKS RESERVE)이었던 롱먼점이 바(Bar)와 같은, 스타벅스 이브닝스(STARBUCKS EVENINGS)로 탈바꿈했다. 타이완에서 셀럽들이 찾는 맛있기로 이름난 수제 맥주 전문점 춰인스(啜飲室)를 만든 양조회사 타이후(臺虎)와 손을 잡고 타이완 스타벅스 만의 맥주를 만들었다. 커피 맥주! 과연 그 맛은 어떨까? 작가는 타이베이 밤을 취할 준비가 되었다.

이 밤에 취(醉)하다

스타벅스 이브닝스에서 선보이는 맥주는 총 3가지, 트로피칼 IPA(Tropical IPA) 6% 과일 맥주와 커피 맥주 2가지, 콜롬비아 바닐라 크림 에일(Colombia Vanilla Cream Ale) 4.5%과 과테말라 홀리데이 커피 스타우트(Guatemala Holiday Coffee Stout) 0%이다. 개인적으로 깊은 풍미에 부드러운 목 넘김이 흑맥주로 유명한 기네스(Guinness)를 뛰어넘는 과테말라 홀리데이를 추천한다. 천천히 커피 맥주를 음미하며 타이베이 여행을 넘어 우리 삶의 여행 이야기를 하나둘 꺼내보자. 혼술로 찾기에도 더할 나위 없는데 뒤를 돌아보고 앞을 기약하며 생각에 잠겨도 보고 그저 아무 생각 없이 여유를 즐기는 사람들 사이에 섞여 타이베이의 밤을 만끽하기에도 좋다. 콜롬비아 바닐라는 가볍게 즐기기 좋고 트로피칼은 상큼하면서 맥주 맛은 좀 더 강하게 느껴진다. 더하여 스파클링부터 화이트, 레드 와인 그리고 콜드 브루(Cold Brew)와 샤케라토 비앙코(Shakerato Bianco)까지 즐길 수 있으니 타이베이의 완벽한 밤이다. Good Evening? STARBUCKS EVENINGS!

Tip 알아두면 유용한 꿀팁

스타벅스 이브닝스는 오후 4시부터 시작된다.
춰인스(啜飲室) 류신유 원고 참조(p.058)

Address 台北市大安區忠孝東路四段134號
No.134, Sec. 4, Zhongxiao E. Rd., Da'an Dist
Tel 02 2740 6782
Open 일~목요일 07:00~22:30, 금, 토요일 07:00~23:00
Access MRT 종샤둔화(忠孝敦化) 역 5번 출구 나와 직진. 큰 사거리 건너 직진. 롱먼광창(龍門廣場)에 있다. 도보 2분.
Cost $ ~ $$$

세상에서 가장 아름다운 서점

하오양번쓰

VVG 섬띵 好樣本事
VVG Something

VVG, Very Very Good 시리즈로 카페, 레스토랑, 액세서리, 소품 그리고 서점까지 다양한 콘셉트로 그들만의 색을 가지고 있는 브랜드다. 그중에서 작가가 가장 좋아하는 이곳! VVG Something! 이 작은 서점으로 들어서는 순간 오롯이 이곳에 집중하게 된다. VVG 설립자가 수집한 서적부터 소품까지 모두 데려오고 싶은 충동에 빠진다. 무엇보다 좁은 테이블에 앉아 커피 한 잔과 함께 감각적이고 빈티지한 음악에 심취해보자. 분위기 있는 사진을 연출하기에도 좋다.

알아두면 유용한 꿀팁
커피를 맛보다는 분위기로 마시게 하는 마력이 있는 곳.

Address 台北市大安區忠孝東路四段181巷40弄13號
No.13, Aly. 40, Ln. 181, Sec. 4, Zhongxiao E. Rd., Da'an Dist
Tel 02-2773-1358
Open 12:00 ~ 21:00 (수요일 휴무)
Cost $$ ~ $$$
Access MRT 종샤오둔화 (忠孝敦化) 역 7번 출구 나와 첫 번째 골목으로 들어서 직진.
GPS 25.044091, 121.549898

VVG 시리즈, 르네상스

하오양찬줘

VVG 테이블 好樣餐桌
VVG Table

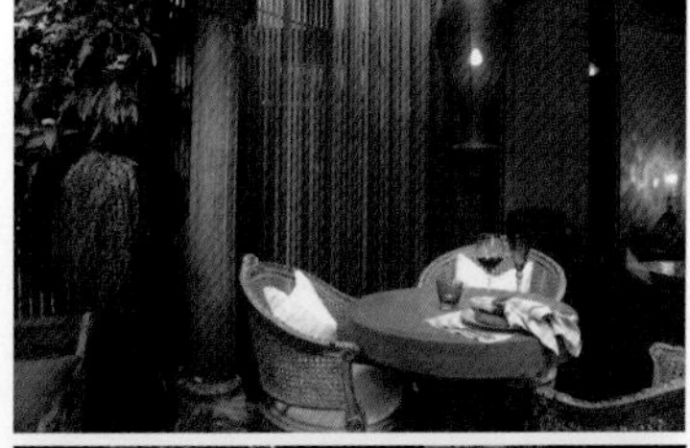

세상에서 가장 아름다운 서점을 만났다면 세상에서 가장 아름다운 식탁을 맞이할 차례이다. 식탁은 일상의 미학으로 가장 즐겁고 행복해야 하는 장소. 복고적이고 화려한 분위기와 세계 여러 곳을 여행하며 수집한 소품들로 꾸며져 있는 공간에서 나누는 식사는 마치 르네상스 시대의 문학가나 예술가가 된 기분을 선사한다. 좋은 식자재를 정성껏 준비해 그 가치를 더한다. 여행 문화의 격을 한층 더 높여 보자.

Address 台北市大安區忠孝東路四段181巷40弄14號
No. 14, Aly. 40, Ln. 181, Sec. 4, Zhongxiao E. Rd., Da'an Dist
Tel 02 2711 4723
Open 12:00~22:00
Cost $$~$$$
Access VVG Something에서 60m. 도보 1분(같은 골목)
GPS 25.043885, 121.550097

맛있는 고기와 생맥주!

우상

오상소육 吳桑燒肉-居酒屋
Wú sāng shāo ròu

현지인들에게 사랑받는 야키니쿠 전문점. 신선한 재료가 맛있게 구워지고 시원한 오리온 생맥주가 있어 저녁 식사시간에는 예약 없이 이용하기 힘든 곳이다. 무엇보다 직원들이 주문한 고기를 가장 맛있는 상태로 심혈을 기울여 구워준다. 손님은 시원한 생맥주와 함께 미식 여행을 즐기기만 하면 되니 무릉도원이 따로 없다. 고급 호주산 와규(澳洲9+和牛) 중 소갈비는 정말이지 살살 녹아 황홀할 지경이고 알이 꽉 찬 시사모(열빙어) 구이도 두말하면 잔소리! 이베리코 품종을 사용하는 돼지고기 역시 맛이 좋다. 친구 또는 연인과 함께 방문한다면 바 테이블을 추천한다. 바 위에서 정성스레 구워지는 야키니쿠는 이색적인 광경을 보여주며 맛과 분위기를 더한다.

Tip 알아두면 유용한 꿀팁

와규는 일본산 고급 흑우로 고기가 연하고, 오메가-3, 오메가-6, 불포화지방산이 풍부하고 마블링이 우수하다. 이러한 일본의 와규 종자가 호주로 반입해 키운 것을 호주산 와규라고 부른다. 일본산 와규보다 가격은 낮지만, 맛은 역시 명불허전!

Address 台北市大安區市民大道四段12-2號
No. 12-2, Sec. 4, Civic Blvd., Da'an Dist.
Tel 02 2711 9500
Open 18:00 ~ 01:00
Cost $$$
Access 종샤오푸싱(忠孝復興)역 5번 출구 나와 직진. 교차하는 대로, 스민따두쓰뚜안(市民大道四段)에서 오른쪽으로 조금만 가면 보인다. 도보 4분.
GPS 25.044729, 121.544471

귀여운 요괴 빙수

로지

路地 手作り氷菓子(市民大道店)
Roji Monster Ice

타이완의 중부 지방, 타이중에서 온 귀여운 요괴들을 만나러 가볼 만한 곳이다. 특히 아이들과 함께하는 여행 일정으로 추천하는 빙수 가게이다. 주문 방식이 흥미를 유발하는데 명함 크기의 메뉴판에서 메뉴를 고른 후 스탬프로 만들어진 다양한 토핑 중 원하는 것을 두 가지 골라 빈칸에 꾹꾹 눌러 찍으면 된다. 아이와 같은 동심을 가진 어른도 좋아할 만한 곳이다. 깔끔한 인테리어에 귀여운 요괴 캐릭터들이 배치되어 있어 기념사진을 남기기에도 더할 나위 없다. 단, 1인당 1 메뉴를 주문해야 하며 서비스와 사이드 메뉴에 관한 악평이 있으니 참고하자. 맛과 양은 호불호가 많이 갈리니 기대하지는 않는 것이 좋다. 빙수 중에서 말차 맛과 흑임자 맛이 무난하다.

Address 台北市大安區市民大道四段10號
No. 10, Sec. 4, Civic Blvd., Da'an Dist.
Tel 02 8773 9997
Open 11:00 ~ 22:00
Cost $$
Access 종샤오푸싱(忠孝復興)역 5번 출구 나와 직진. 교차하는 대로, 스민따두쓰뚜안(市民大道四段)에서 오른쪽으로 조금만 가면 보인다. 도보 4분
GPS 25.044702, 121.544365

착한 가격, 맛있는 커피

카마 카페

현홍카페 現烘咖啡專門店
Cama Café

2004년 처음 설립한 카마 카페는 현재 약 100여 개 매장을 운영 중이다. 전 매장 직접 로스팅과 핸드 픽업을 하며 라마르조코 GB5를 사용한다. 착한 가격에 맛도 좋은 이곳이지만, 매장 크기를 최소화하여 좌석은 협소하다. 종샤오푸싱점이 아니더라도 길을 지나다 카마 카페를 발견하면 타이완 로컬 브랜드를 경험해보자. 아메리카노 中 45NT$

Address 台北市大安區復興南路一段133號
No.133, Sec. 1, Fuxing S. Rd., Da'an Dist
Tel 02 2740 8181
Open 월 ~ 금요일 07:30 ~ 19:00,
토, 일요일 09:00 ~ 19:00
Cost $
Access MRT 종샤오푸싱 (忠孝復興) 역 5번 출구로 나와 직진, 첫 번째 우측 골목 초입
도보 2분
GPS 25.042804, 121.544009

트렌디한 우육면을 만나다!

마샨탕

마선당 麻膳堂
Mazendo

타이완 현지인들에게 인기 있는 맛집이다. 우리나라에는 여행자들의 입소문을 통해 마젠도라는 이름으로 조금씩 알려졌다. 면을 독특하게 뽑아내어 마라탕의 짜고 매운 맛이 국수 면에 많이 스며들지 않아 맛있게 즐길 수 있다. 추천 메뉴인 마라뉴러우는 소고기, 두부피, 선지와 함께 숙주와 파 고명이 듬뿍 들어가 매운 향과 함께 침샘을 자극한다. 홍요우쉐이쟈오(紅油水餃), 만두와 함께하면 금상첨화! 무엇보다 면(麵) 음식 전문 블로거이자 냉면 능력자로 능력자들에 출연했던 바리스타 면장님(네이버: 면장의 국수 이야기)이 면발을 극찬한 곳이니 미식에 세계로 들어가 보자!

Tip 알아두면 유용한 꿀팁

한국인 입맛에는 덜 매운 맛이 좋다. 주문 전 직원이 친절하게 물어봐 주니 걱정하지 말자. 국물은 마신다기 보다 면과 건더기에 양념하는 것이라 보면 된다.

Access	MRT 궈푸지녠관(國父紀念館) 역 2번 출구로 나와 직진 3번째 골목 입구 도보 2분.
GPS	25.039864, 121.556506

Address	台北市大安區光復南路280巷24號 No.24, Ln. 280, Guangfu S. Rd., Da'an Dist
Tel	02 2773 5559
Open	11:00 ~ 22:00 토, 일요일 11:00 ~ 22:00
Cost	$$ (+10%)

신이신천지를 거닐다 마라뉴러우멘이 먹고 싶다면, 신이(信義)점

Address	台北市信義區松壽路18號 No.18, Songshou Rd., Xinyi Dist
Tel	02 2723 7555
Open	11:30 ~ 23:00
Access	MRT 스정푸(市政府) 역 3번 출구로 나와 신이(信義) 백화점 거리로 직진 신광싼웨 백화점 지나 Vieshow 영화관 옆 건물 1층 도보 10분

접근성이 가장 용이한 타이베이기차역! 타이베이처짠점(臺北站前)점

Address	台北市中正區忠孝西路一段36號 No.36, Sec. 1, Zhongxiao W. Rd., Zhongzheng Dist
Tel	02 2311 5420
Open	11:00 ~ 22:00
Access	MRT 타이베이처짠(台北車站) 역 M6 오른쪽 또는 M8 맞은편, 도보 2분.

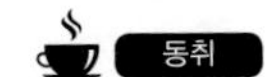

마법같은 사천요리

키키

성도천미명채 成都川味名菜

KIKI

MUST EAT 마녀 배달부 키키에 나오는 고양이 지지를 로고로 한 레스토랑 키키는 1991년 타이완 예술가와 배우들이 함께 오픈한 퓨전 사천요리 전문점이다. 대표적으로는 우리나라에서도 유명한 배우 서기(舒淇)가 있다. 키키는 태국요리 레스토랑, 카페 등 다양한 콘셉트로 지점을 운영하고 있는데 그 중 우리나라 여행객들에게 사랑받고 있는 곳이 바로 사천요리 레스토랑이며 1호점인 궈푸지녠관에 있는 옌지점과 종샤오푸싱점이다. 작가의 추천은 옌지점. 무엇보다 세트 메뉴 구성이 잘 되어있어 연인, 친구 그리고 가족 등 모든 여행자가 즐거운 한 때를 보낼 수 있어 좋다.

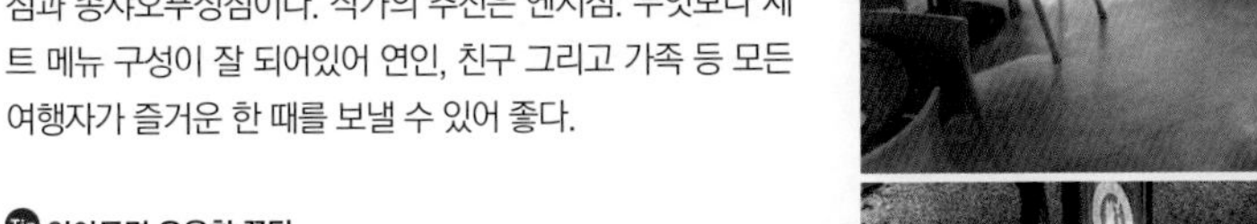

Tip 알아두면 유용한 꿀팁

플라이(Fly)라고 불리는 파 볶음, 창잉토우(蒼蠅頭)와 연두부튀김, 라우피넌러우(老皮嫩肉)는 필수 주문! 창잉터우는 백반에 올려 비벼 먹으면 맛이 좋다. 게다가 타이완 맥주 한 잔이면 금상첨화! 뭘 먹을지 고민된다면 키키에서 인기 있는 메뉴들을 조금씩 즐길 수 있는 세트 메뉴가 있으니 참고!

Address	台北市大安區光復南路280巷47號 No.47, Ln. 280, Guangfu S. Rd., Da'an Dist
Tel	02 2781 4250
Open	11:30 ~ 15:00, 17:15 ~ 22:30 (일요일은 22:00까지)
Cost	$$ ~ $$$ (+10%)
Web	www.kiki1991.com

Access	MRT 궈푸지녠관 (國父紀念館) 역 2번 출구 나와 직진 세 번째 골목(마젠도얼 꽃집 쪽 우회전)으로 들어가 도보 6분
GPS	25.039732, 121.555361

종샤오푸싱점(忠孝復興店)

Address	台北市中山區復興南路一段28號 No.28, Sec. 1, Fuxing S. Rd., Zhongshan Dist
Tel	02-2752-2781
Open	11:30 ~ 15:00, 17:15 ~ 22:30 (일요일은 22:00까지)
Access	MRT 종샤오푸싱(忠孝復興) 역 1번 출구 나와 뒤돌아 푸싱난루이뚜안(復興南路一段) 대로변에서 좌회전 직진 도보 10분. (Breeze Center 백화점 맞은편 좀 더 지나 있다.)

면 마니아를 위한 미식 라면

얼따이푸린 푸조우간빤멘

이대복림 복주건반면 二代福林 福州乾拌麵
Èr dài fú lín fúzhōu gān bàn miàn

탱글탱글한 면과 수제 만두의 만남! 타이완을 대표하는 음식 중 하나인 간빤멘은 타이완식 비빔면이다. 우리나라와 다르게 따뜻하게 비벼 먹는다. 면을 육수에 삶아 내어 비비기 적당한 육수와 파, 고명을 함께 내어 주는데 기호에 따라 양념을 첨가해 왼손으로 비비고 오른손으로 비벼 맛있게 호로록! 추천 메뉴는 간빤멘과 매운 고추기름 양념을 곁들인 만두 요리 홍요우차오소(紅油抄手)이다. 만두와 간빤멘 둘을 모두 적당히 즐기고 싶다면 차오소멘(抄手麵) 하나면 끝!

알아두면 유용한 꿀팁
뭔가 김치처럼 아삭한 게 있으면 더 좋겠다 싶으면 매일 새로 만들어 냉장고에 준비해 두는 오이 초무침 '샤오츠'를 꺼내 먹으면 된다. (30NT$↑)

먹는 방법
1. 면 + 흑식초
2. 면 + 흑식초 + 고춧가루
3. 면 + 흑식초 + 고춧가루 + 고추기름

더 맛있게 먹는 방법은 3번 레시피에 다진 마늘을 듬뿍 넣는 것! 한국 사람 입맛에 딱이다.

Address	台北市 大安區 忠孝東路四段553巷2弄9號 No.9, Aly. 2, Ln. 553, Sec. 4, Zhongxiao E. Rd., Da'an Dist
Tel	02-2746-6212
Open	11:00 ~ 20:00 (일요일 휴무)
Cost	$~$$
Access	MRT 스정푸(市政府) 역 1번 출구로 나와 세븐일레븐 방향 직진, 누스킨 건물 쪽으로 길을 건너 직진 첫 번째 골목에서 우회전, 또 다른 세븐일레븐 지나 첫 번째 골목에서 좌회전, 도보 5분.
GPS	25.042007, 121.563217

타이완 제빵왕 우바오춘!

우바오춘 베이커리

우바오춘방점 吳寶春麥方店
Wupaochun Bakery

타이완 제빵왕 우바오춘! 타이완 전역에서 가오숑 본점 그리고 타이베이 2호점, 딱 2곳에서 그의 빵을 만날 수 있다. 2008년과 2010년 베이커리 월드컵에서 우승을 거머쥐면서 스타덤에 올랐다. 무엇보다 중학교를 졸업하고 오로지 빵에만 전념한 그의 이야기는 책과 영화를 통해 타이완 사람들에게 귀감이 되어 전역에 널리 알려졌다. 많은 사람이 월드 챔피언에 올랐던 빵과 함께 파인애플만으로 단맛을 낸 펑리수를 구매하기 위해 그의 베이커리를 끊임없이 찾고 있다.

함께 들리면 좋을 곳 +Place

텐런밍차(天人名茶) 가성비 좋은 차(茶), 선물용으로 좋다.
가오지(高記) 상하이 딤섬을 아직 먹어보지 않았다면 OK!

알아두면 유용한 꿀팁

펑리수 35NT$
레몬 펑리수 42NT$
우바오춘 베이커리 선물 세트 420NT$ ~ 1020NT$ ↑

Address	台北市信義區信義路五段124號 No.124, Sec. 5, Xinyi Rd., Xinyi Dist
Tel	02 2723 5520
Open	09:30~20:30
Cost	$$~$$$
Access	Access MRT 상산(象山)역 2번 출구 나와 도보 1분
GPS	25.032273, 121.568914

맛있는 홍콩 딤섬, 중화요리의 향연!

러텐황차오

락천황조 樂天皇朝台灣

Paradise Dynasty

러텐황차오는 이미 홍콩을 필두로 중국과 말레이시아, 인도네시아, 일본, 두바이 그리고 타이베이까지 진출한 아시아의 이름난 맛집이다. 우리나라 여행객에게 생소하지만 진한 육즙이 일품인 샤오롱바오부터 다양한 딤섬 요리와 사천요리 등 중화요리의 향연을 적당한 가격에 고품격으로 즐길 수 있는 곳이다. 타이베이 여행에서 샤오롱바오 1식은 기본! 가족과 연인, 친구들과 황조(皇朝)가 되어 러텐(樂天)! 세상(世上)과 러텐황차오에서 인생(人生)을 더욱 즐겁고 행복하게 보내자!

알아두면 유용한 꿀팁

오리지널 샤오롱바오(5/8pcs)와 8색 샤오롱바오(8pcs)를 추천하고 딤섬 메뉴는 2pcs씩 저렴한 가격에 판매하고 있다. 그 외 사천요리, 라멘, 볶음밥까지 다양한 중화요리가 있어 취향에 맞게 고르면 되고 탕 요리의 경우 돼지뼈 육수를 사용한다.

Address	台北市信義區忠孝東路五段68號4樓之10 4F.-10, No.68, Sec. 5, Zhongxiao E. Rd., Xinyi Dist
Tel	02 2722 6545
Open	일 ~ 수요일 11:00 ~ 21:30, 목 ~ 토요일 11:00 ~ 22:00 (마지막 주문 마감 30분 전)
Cost	$$~$$$ (+10%)
Access	MRT 스정푸(市政府) 역 3번 출구와 연결된 브리즈 신이(微風信義) 백화점 4층
GPS	25.040567, 121.566988

이곳이 바로 먹방 천국

샹스텐탕

향식천당 饗食天堂

현지인과 타이베이 여행 마니아 사이에 이름난 음식 천국이다. 좋은 재료로 만든 다양한 음식을 한 번에 무한으로 즐기는 뷔페로 이것저것 담고 먹기 바빠 배부른 것은 다 먹고 나온 후에 생각이 날 정도다! 뷔페는 가성비로 먹는 것이라는 선입견이 있더라도 샹스텐탕에서라면 생각이 바뀔 것이다. 음식이 입에 맞지 않아 고생하는 여행자 혹은 아이들이나 부모님과 함께 하는 여행자에게도 훌륭한 선택. 타이베이를 자주 찾는 지인은 매번 이곳을 들릴 정도니 두말할 것도 없다. 끊임없이 준비되는 딤섬 등 중화요리부터 피자, 튀김, 싱싱한 해산물과 회 그리고 초밥까지! 커피와 음료, 하겐다즈 아이스크림 그리고 엄청나게 다양한 종류의 디저트까지 완벽하다. 한 가지 더! 뷔페에서 타이완 과일 맥주를 가져다 놓은 곳은 여기가 처음이다. 먹고 죽은 귀신이 때깔도 좋다 했다. 식도락가에게는 바로 여기가 천국이니 먹방을 즐겨라!

Address	臺北市信義區松壽路12號ATT4FUN No.12, Songshou Rd., Xinyi Dist
Tel	02 7737 5889
Open	11:30 ~ 14:00, 14:30 ~ 16:30, 17:30 ~ 22:00
Cost	$$$
Access	ATT4FUN 6층
GPS	25.035666, 121.566073

이탈리아를 마시다

플로리안

Caffé Florian

1720년 베네치아에서 문을 연 이래로 이탈리아에서 가장 오래된 카페 역사를 자랑하는 플로리안! 2017년 3월 10일, 타이베이에 세계 7번째 매장을 열었다. 이곳에서 커피를 마시는 것 자체로 유러피안 카페 역사를 체험하는 것과 다름없다. 베네치아의 승리라는 뜻의 알라 베네치아 트리온판테(Alla Venezia Trionfante)라는 이름이었지만 곧 창업자 플로리아노의 이름을 따 플로리안으로 바꿨다. 이탈리아 정통에 걸맞게 라마르조꼬 GB5 에스프레소 기계를 사용하고 전통 이탈리안 디저트와 메뉴, 잉글리쉬 애프터눈 티를 선보이고 있다. 무엇보다 진한 에스프레소와 초콜릿, 크림 그리고 아우름과 아니스 바넬리를 넣은 290주년 기념 커피는 꼭 맛보자! 알싸하고 달콤한 유혹에 조금씩 빠져든다.

Tip 알아두면 유용한 꿀팁

290주년 기념 커피에 들어가는 생소한 두 종류는 모두 이탈리아 술이다. 아우름 리큐어(Aurum liqueur)는 오렌지를 원료로 하고 아니스 바넬리(Anisette Varnelli)는 아니스라는 향신료로 맛을 낸 46% 바넬리 지방 술이다.

Address	臺北市信義區松壽路9號 No.9, Songshou Rd., Xinyi Dist
Tel	02 2345 1720
Open	일 ~ 목요일 11:00 ~ 21:30, 금, 토요일 11:00 ~ 22:00
Cost	$$~$$$
Access	신광싼웨A9 2층
GPS	25.037151, 121.566741

타이베이에서 정통 일본을 만나다

산스랑

삼사랑, 三四郎
Sānsìláng

2010년 4명의 친구가 모여 만든 꼬치구이 일식 선술집이다. 산스랑(三四郎)은 3~4명의 남자를 말하는데 3명, 4명을 정확히 나누는 우리나라와는 달리 타이완의 문화는 많은 친구가 함께 했다는 뜻으로 3~4명 또는 5~6명으로 표현한다. 또한 산스랑의 주소가 340호라 재미를 더한 이름이다. 엔젤링이 선명한 오리온 생맥주(오키나와 맥주)부터 그와 잘 어울리는 새콤하고 식감이 좋은 와사비타코! 부드러운 스테이크 꼬치구이와 고소하고 아삭한 베이비 콘 구이는 환상적이다. 살짝 출출하다면 볶음밥을 주문하면 된다. 타이베이의 밤을 보내기에 더없이 좋은 곳! 작가 부부의 단골집이라 마주치면 맥주잔을 모두 머리 위로 다 같이!

알아두면 유용한 꿀팁

화장실 위쪽에 불이 들어와 있으면 누군가 사용 중이다. 산스랑을 매일 찾는 반가운 손님, 치즈 고양도 만나보자.

Address	台北市信義區松山路340號 No.340, Songshan. Rd., Xinyi Dist
Tel	02 8787 5600
Open	18:00 ~ 01:00 (월요일 휴무)
Cost	$$~$$$
Access	MRT 영춘(永春) 역 5번 출구 등지고 왼쪽, 송산로 큰 사거리 좌회전 도보 2분
GPS	25.041614, 121.577606

타이완식 콩비빔국수!

영지량멘

영길량면 永吉凉麵
Yǒngjí liáng miàn

MUST EAT 작가 부부의 단골집이자 타이베이 현지인 맛집으로 우리나라 비빔국수와 비슷한데 땅콩소스를 사용한다. 량멘이라고 다 같은 것이 아니다. 오직 영지량멘! 벌써 군침이 돈다. 쓰읍! 고기나 어묵 등 다른 고명이 첨가된 것보다 가장 기본인 채 썬 오이 고명만 올린 량멘을 추천한다. 간 마늘 듬뿍, 땅콩소스와 특제 간장 그리고 기호에 맞게 식초와 매운 고추기름을 넣고 비비고 비벼서 후룹! 잠에서 덜 깬 듯 부스스하게 있는 안경 낀 아저씨가 감탄하면서 먹고 있는 모습을 볼 수 있을지 모른다. 갈 때마다 맛있어 행복하지만, 면이 줄어드는 걸 보면 슬프다. 면을 찬물에 식히지 않고 바람에 탁탁 털어 식힌다. 저렴하지만 아주 정성스런 음식이다.

알아두면 유용한 꿀팁

량멘과 함께 미소국을 같이 먹으면 아주 좋다.
량멘 소/중/대 30/40/50NT$
미소국20NT$ 미소계란국 30NT$ 미소어묵국 35NT$ 미소어묵계란국 45NT$

Address	台北市南港區玉成街154號 No.154, Yucheng St., Nangang Dist
Tel	02-2786-8709
Open	6:30 ~ 14:30 (매월 둘째, 넷째 수요일 휴무)
Cost	$
Access	MRT 허우산피 (後山埤) 역 3번 출구로 나와 직진 도보 1분
GPS	25.045023, 121.583831

타이베이 카페 스토리

송산지창 푸진제

송산기장 부금가 松山機場 富錦街 Fujin Street

한국의 옛 삼청동과 닮아 있는 송산 공항 인근에 있는 푸진제. 타이완 배우 계륜미의 출연으로 화제가 되었던 영화 〈타이베이 카페 스토리〉의 배경이었던 '둬얼 카페(朵兒咖啡館)'가 있던 곳이다. 지금은 영화 촬영지였던 카페가 멀티숍으로 바뀌어 아쉽지만 여전히 감성 충만한 여러 카페들과 소품 상점들이 자리하고 있어 푸진제를 천천히 거닐며 사진 놀이하기 좋은 곳이다. 이곳에서 우리만의 둬얼(朵兒)을 찾아, 타이베이 카페 스토리를 만들어 보자.

Address 台北市松山區富錦街
Fujin St., Songshan Dist

Access 1. 송산지창 역 3번 출구 광푸베이루(光復北老)를 따라 걷다 푸진제(富錦街)로 들어서면 된다. 도보 10~15분.
2. 송산지창 역 3번 출구 나와 택시 이용. (가장 빠르고 편리함)

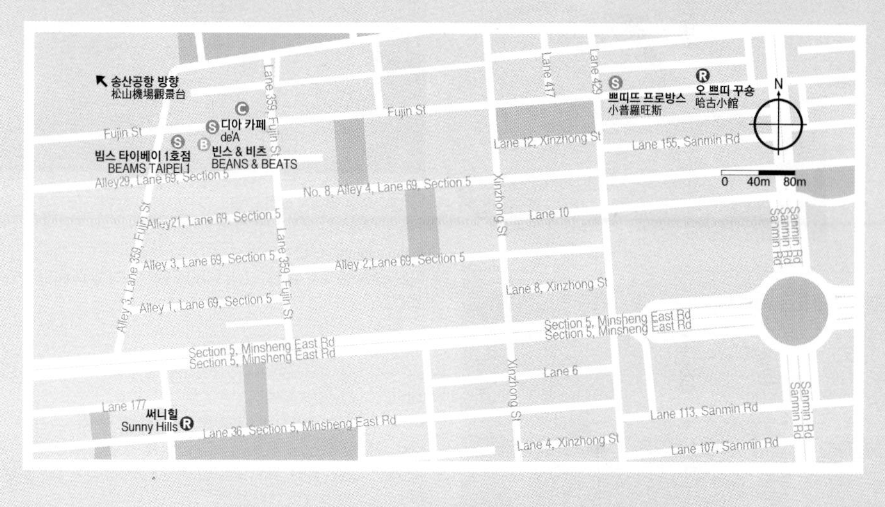

일본에서 온 빈티지 브랜드

빔스 타이베이 1호점

號店 BEAMS TAIPEI 1

광푸베이루(光復北路)를 지나 푸진제(富錦街)로 들어서면 빈티지한 아파트 앞 작은 밭길을 지날 것이다. 푸진제로 들어서서 처음 만나는 상가가 바로 빔스! 푸진제와 잘 어울리는 일본의 패션 편집숍 빔스가 이곳에 처음 문을 열었다. 의류부터 소품까지 그리고 타 브랜드와의 콜라보까지 선보이는데 일본만의 심플하고 빈티지한 디자인이 시선을 사로잡는다. Japan Style을 좋아한다면 망설이지 말기. *2호점은 청핀수뎬 신이뎬 1층에 있다.(P.223)

Address 台北市松山區富錦街340號
No.340, Fujin St., Songshan Dist

Tel 02-2767-2716

Open 평일 12:00 ~ 20:30, 토,일요일 11:30 ~ 20:30

Access MRT 송산지창 역 3번 출구 나와
광푸베이루(光復北路)를 따라 걷다
푸진제(富錦街)로 들어서면 된다. 도보 10~15분.

GPS 25.060384, 121.557093

커피 향과 레코드 비트!

빈스 & 비츠

Kao! Beans & Beats

카페에 들어서자마자 그루브~ 힙합 카페 빈스 & 비츠! 레코드, CD에서 흘러나오는 비트에 어깨가 절로 들썩인다. 커피 한 잔 또는 맥주 한 잔과 함께 전시된 레코드를 관람하면서 힙합 레이블처럼 감각적인 사진을 담아 보자. 이제부터 당신이 타이거 JK와 윤미래! 경쾌한 리듬과 블루지한 멜로디가 커피 향을 타고 실내에 가득 퍼지면 마치 뮤지션처럼 포즈를 취하고 사진을 찍어 보자. 찰칵!

Address 台北市松山區富錦街346號
No.346, Fujin St., Songshan Dist

Tel 02-2765-5533

Open 11:00~18:30

Access 빔스에서 도보 1분, 디아 카페 옆

Cost $$

GPS 25.060391, 121.557388

프랑스에서 건너온 아기자기한 소품들

쁘띠뜨 프로방스

소보라왕사 小普羅旺斯 Petite Provence

프랑스에서 온 아기자기한 생활용품과 소품들이 가득! 모두 담아 집으로 데려가고 싶다. 주방과 욕실 용품, 생활용품, 의류 그리고 액세서리까지 종류도 다양하다. 직수입된 독특한 제품들인 만큼 가격대는 조금 높은 편.

Tip 알아두면 유용한 꿀팁

매장 내 사진 촬영은 금지

Tip 푸진제 둘러보기 Tip

Stay & go와 Petite Provence 사이에 보이는 큐슈 팬케이크 카페(Kyushu Pancake Café)와 소넨토르 카페(Sonnentor Café)도 푸진제에서 핫한 곳이다.

Address	台北市松山區富錦街447號 No.447, Fujin St., Songshan Dist
Tel	02 2768 1618
Open	10:30 ~ 19:00(일요일 휴무)
Access	Stay & Go에서 도보 5분
Web	www.petiteprovence.fr
GPS	25.060895, 121.561424

푸딩처럼 달콤한 타이베이의 하루

오 쁘띠 꾸숑

하꾸샤오관 哈古小館 au petit cochon

발음마저도 아주 사랑스러운 오 쁘띠 꾸숑! 귀엽고 작은 아기돼지가 반겨주는 프랑스 레스토랑이다. 프랑스 음식은 조금 생소하게 느껴지지만 푸진제에서 만큼은 파리지앵이 되어 여유로운 한때를 즐기자. 반드시 먹어야 할 메뉴는 디저트로 좋은 수제 푸딩. 푸딩 한 스푼을 입에 떠 넣으면 타이베이의 하루가 달콤해질 것. 미니멈 차지 1인당 280NT$.

Address	台北市松山區富錦街469號 No.469, Fujin St., Songshan Dist
Tel	02 2767 8483
Open	08:30 ~ 17:30 (화요일 휴무)
Access	Petite Provence에서 도보 3분
Cost	$$
GPS	25.060959, 121.562453

근사한 가죽 소품 장만해 볼까?

디아 카페

De'A

귀엽고 커다란 사슴 조형물이 반기는, 클래식한 가죽 제품을 판매하고 커피도 마실 수 있는 카페형 멀티숍이다. 유행에 민감하지 않은 디자인과 외국에서 수입된 제품들이 반짝이고 있다. 유달리 눈에 띄는 것이 있다면 고민 말고 데려오자! 바로 이것이 유니크! 향긋한 커피와 달콤한 와플을 즐기며 천천히 둘러보자. 가죽 제품 외에 소품들도 함께 판매하고 있으니 잠깐 들러 구경을 해도 괜찮은 곳이다.

Address 台北市松山區富錦街348號
No.348, Fujin St., Songshan District, Taipei City 105
Tel 02 2747 7276
Open 12:00~19:30
Access 빈스 & 비츠 옆
Cost $$
GPS 25.060504, 121.557475

타이베이의 여유

푸진 트리 353

Fujin Tree 353 Café by Simple Kaffa

푸진제의 잇 플레이스로 타이완의 여유로움이 카페 전체에 녹아 있다. 푸진 트리는 의류부터 꽃, 소품, 가구를 판매하는 Fujin Tree Group에 속한다. 그래서일까? 빈티지한 가구와 소품들이 더욱 여유롭게 만든다. 라마르조꼬 GB5 에스프레소 기계를 사용하고 원두는 약배전으로 커피 맛은 마일드해 무난하게 즐길 수 있다. 가구를 판매하는 Fujin Tree 353 Home과 이웃해 있어 함께 들리기 좋다.

Address 台北市松山區富錦街353號
No.353, Fujin St., Songshan District, Taipei City 105
Tel 02 2749 5225
Open 09:00~20:00
Access 디아카페 맞은편 오른쪽 위치.
Cost $$
GPS 25.060673, 121.557781

5
NORTH TAIPEI

WALK
AROUND

타이베이 북부 (중산 to 단수이)

타이베이 마니아들의 놀이터 중산(中山), 옛 타이베이로
시간 여행을 떠나는 디화제(迪化街)와 따롱퉁(大龍□),
유황온천으로 몸을 녹일 수 있는 양밍산(陽明山)과
신베이터우(新北投) 그리고 아름다운 석양에 물들어
마음까지 휴식하는 단수이(淡水)까지.
다양한 매력이 넘치는 이곳으로 빠져보자.
어찌 타이베이와 사랑에 빠지지 않을 수 있을까?

1

NORTH TAIPEI

기억에
남는
8장면

2

3

1. 중산에서 만난 재미난 그림, 눈팅밤팅 코피가 나도 좋아!
2. 닝샤예스에서 새우 낚시 중인 꼬마 강태공
3. 신베이터우 청설모에게 먹이를 주는 할아버지
4. 홍마오청, 비에 젖어 보석 같은 거미줄
5. 마지^2 스퀘어에서 만난 심술주머니 가득 꼬마
6. Now is Your Time
7. 양밍산 칭톈강 하늘을 나는 키티
8. 알록달록 비늘을 입고 있는 용

타이베이 북부 MRT Map

타이베이처짠(台北車站)을 중심으로 MRT 레드 라인을 따라 북쪽, 중산(中山) 역을 기점으로 단수이(淡水) 역을 포함해 오렌지 라인 중산궈샤오(中山國小) 역과 싱톈공(行天宮) 역까지 타이베이 북부 일정을 계획하면 편리하다. 타이완의 역사와 문화를 자세히 들여다보고 개성이 넘치는 카페와 맛있는 식당에서 먹고 마시고, 몸과 마음이 맑아지는 온천에서 휴식 그리고 아름다운 석양과 야경으로 로맨틱하기까지! 타이베이의 다양한 매력에 배를 띄워 돛을 올리고 바람 따라 흘러가 보자. 유유자적 풍류객!

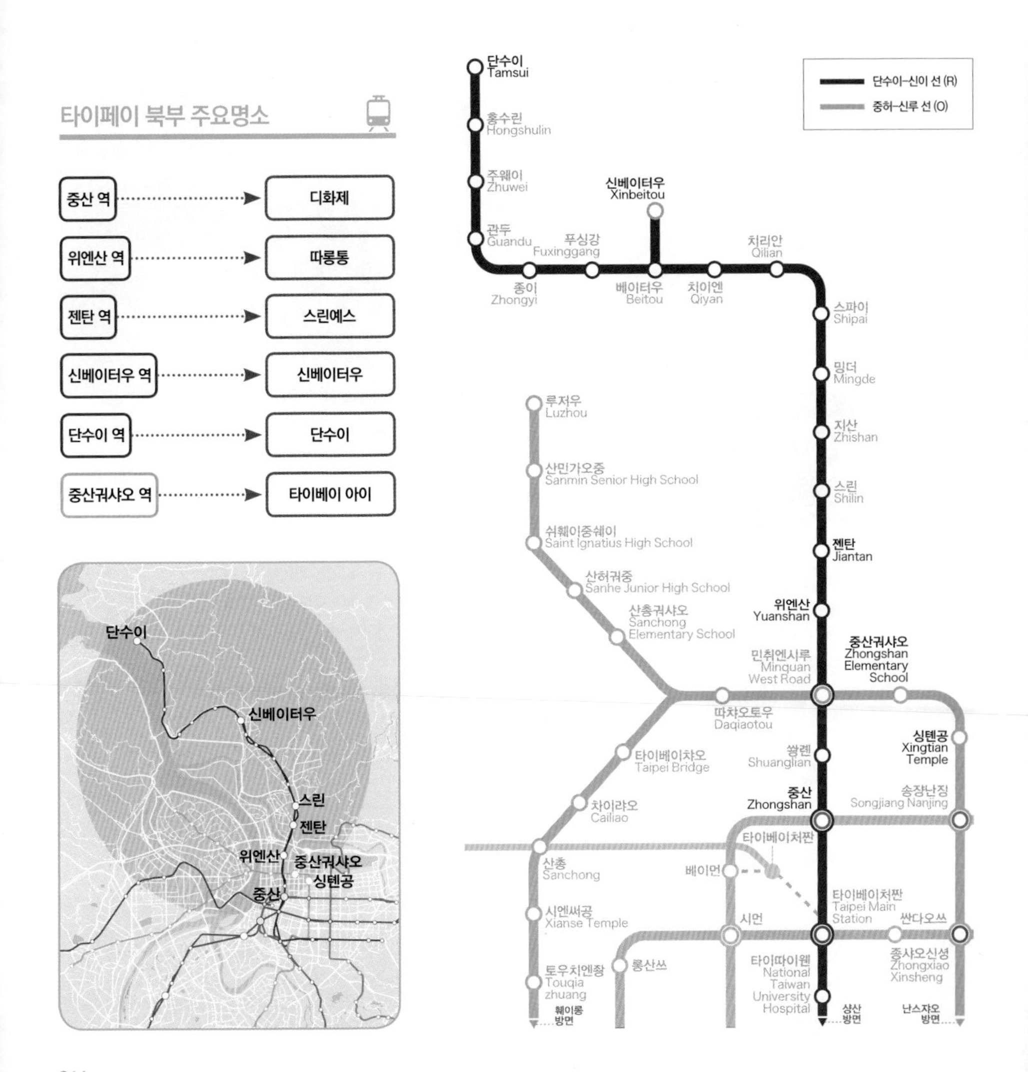

추천 일정

Start!

꾸공보우위엔

프랑스 파리의 루브르, 영국 런던의 대영박물관, 미국 뉴욕의 메트로 폴리탄 그리고 러시아 상트페테르부르크의 예르미타시 박물관과 함께 세계 5대 박물관으로 어깨를 나란히 하는 타이완을 넘어 아시아를 대표하는 박물관이다.

택시+MRT+도보 20분

따롱통

풍수지리적으로 용이 들어앉은 곳이라 따롱통 일대는 예로부터 이곳에 정착한 이주민부터 현지인까지 무슨 일이든 잘된다고 한다. 바오안공에 들러 사랑하는 이의 건강을 기원하고 콩먀오에서 공자의 가르침을 배우고 좋은 기운도 받자.

도보+MRT 30분

신베이터우

타이베이를 찾는 많은 사람이 온천으로 어디가 좋냐고 물을 때마다 추천하는 곳이 바로 신베이터우! 도심에 가까이 있기 때문이기도 하지만 특히 베이터우스(北投石)에 포함된 소량의 방사성 라듐이 몸에 아주 좋기 때문이다.

타이베이 아이

중화 문화를 경험하기 좋은 것 중 하나가 바로 경극이다. 공연 후 배우들과 기념사진도 남길 수 있으니 타이베이 여행에서 더할 나위 없는 추억이 될 것. 시즌마다 공연 프로그램이 다르므로 여행 일정에 따라 웹 사이트를 통해 미리 참고하자.

도보+MRT 12분

스린예스

이미 100년을 넘긴 타이완을 대표하는 야시장으로 처음 타이베이를 찾았다면 반드시 들려야 하는 곳이기도 하다. 우리나라 여행자들에게 이어폰 줄감개, 망고 젤리, 애완용품 그리고 일회용 렌즈가 유명하다.

도보+MRT 30분

단수이

한가로이 강변을 거닐다 그저 멍하니 타는 듯 아름다운 석양을 바라보며 타이베이 여행에서 최고의 순간을 보낼 수 있는 곳. 영화 〈말할 수 없는 비밀〉의 배경으로 더욱 사랑받고 있다.

도보+MRT 25분

중산 & 위엔산
위엔산 圓山
따차오토우 大橋頭
만취엔시루 民權西路
중산궈샤오 中山國小
쐉롄 雙連
중산 中山
따롱통 바오안공 大龍峒保安宮
따롱통 大龍峒
44감터 四十四坎舊址
타이베이스 콩먀오 台北市立孔廟
디이투어 第一土鵝
위엔산따판띠엔 圓山大飯店
타이베이구스관 臺北故事館
타이베이스리메이수관 台北市立美術館
위엔민퐁웨이관 原民風味館
엑스포공원 花博公園
브릭 웍스 Brick Works
러판 樂飯
마지마지 스퀘어 MAJI² Square
시티은행 ATM
우체국
하마 스시 はま寿司
상인쉐이찬 방향 上引水產
타이베이 디스커버 호스텔 台北發現青年旅舍
아우쓰카페이 澳氏咖啡
타이베이 아이 臺北戲棚
따허 大和日本料理
부라오마수 不老麻糬
쐉롄차이스창 雙連菜市場
즈양 滋養製菓
디화207 迪化207
펑웨이구오삔 豐味果品
바오안 싱바커 星巴克 保安門市
짜러푸 家樂福
따다오청 방향 大稻埕碼頭
쿼리루 波麗路
닝샤예스 寧夏夜市
라이찌커자이젠 賴雞蛋蚵仔煎
샤하이청황먀오 霞海城隍廟
디화제 迪化街
융러스창 永樂市場
워킹북 行冊
우체국
프로그 카페 蛙咖啡
셴가오사카페이 森高砂咖啡館
샤오예딩 小藝埕
미켈러 米凱樂啤酒吧
샤오르즈상하오 小日子商
루스터 카페 & 빈티지 公雞咖啡
중산 난징시루얼스우썅 南京西路25巷
루피공작실 鹿皮工作室
다인 인 카페 Dine in café
니치니치 日子咖啡
미랑지카페이관 米朗琪咖啡館
FAVTORY FAVtory 快.食.尚
더 나인 The nine
송쟝난징 松江南京
청핀R79 誠品R79
청핀셩훠난시뎬 誠品生活南西店
푸따산동증쟈오따왕 福大山東蒸餃大王
페이첸우 肥前屋
타이거 슈가 老虎堂
Sun Yat-sen Fwy
Qingchang Bridge
Beian Rd
Xinsheng Elevated Rd
Yumen St
Section 3, Chengde Rd
Section 4, Yanping North Rd
Dihua St
Lane 59, Hami St
Jiuquan St
Kulun St
Minzu West Rd
Minzu East Rd
Section 3, Zhongshan N Rd
Binjiang St
Jianguo Elevated Rd
Section 3, Chongqing North Rd
Dalong St
Changji St
Yining St
Dehui St
Nong'an St
Linsen North Rd
Fushun St
Taipei Bridge
Section 1, Minquan East Rd
Section 2, Minquan East Rd
Liangzhou St
Jinzhou St
Bau'an St
Guisui St
Wanquan St
Ningxia Rd
Section 1, Minsheng West Rd
Section 2, Minsheng East Rd
Minsheng West Rd
Zhongshan Rd
Nanjing West Rd
Section 1, Nanjing East Rd
Section 2, Nanjing East Rd
Chang'an West Rd
Taiyuan Rd
Songjiang Rd
Jilin Rd
Siping St
0 100m 200
N

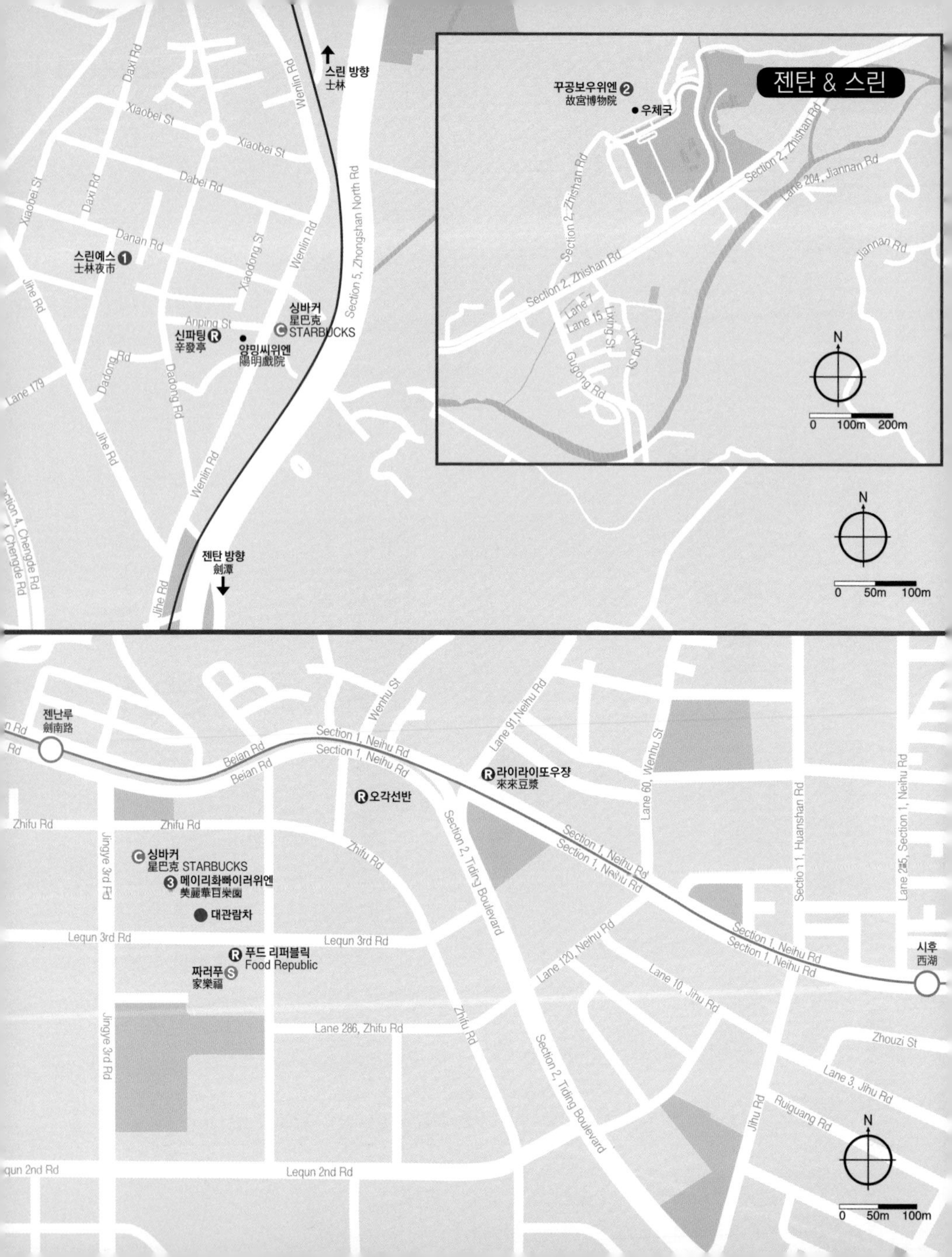

젠탄 & 스린
스린 방향
士林
스린예스 1
士林夜市
싱바커
星巴克
STARBUCKS
신파팅 R
辛發亭
양밍씨위엔
陽明戲院
젠탄 방향
劍潭
꾸공보우위엔 2
故宮博物院
우체국
Xiaobei St
Daxi Rd
Dabei Rd
Danan Rd
Jihe Rd
Anping St
Dadong Rd
Xiaodong St
Wenlin Rd
Lane 179
Section 5, Zhongshan North Rd
Section 4, Chengde Rd
Chengde Rd
Section 2, Zhishan Rd
Lane 204, Jiannan Rd
Jiannan Rd
Lane 7
Lane 15
Lixing St
Gugong Rd
N
0 100m 200m
0 50m 100m
젠난루
劍南路
시후
西湖
Beian Rd
Section 1, Neihu Rd
Wenhu St
Lane 91, Neihu Rd
Lane 60, Wenhu St
라이라이또우쟝
來來豆漿
오각선반
Zhifu Rd
Jingye 3rd Rd
싱바커
星巴克 STARBUCKS
3 메이리화빠이러위엔
美麗華百樂園
대관람차
Lequn 3rd Rd
푸드 리퍼블릭
Food Republic
짜러푸 S
家樂福
Section 2, Tiding Boulevard
Section 1, Huanshan Rd
Lane 235, Section 1, Neihu Rd
Lane 120, Neihu Rd
Lane 10, Jihu Rd
Lane 286, Zhifu Rd
Zhouzi St
Lane 3, Jihu Rd
Ruiguang Rd
Jihu Rd
Lequn 2nd Rd

신베이터우
신베이터우
新北投
① 신베이터우
新北投
왓슨스
屈臣氏
싱바커
星巴克
STARBUCKS
수이메이온천
水美溫泉
③ 타이베이스리도수관 베이터우
臺北市立圖書館北投分館
④ 베이터우원취안보우관
北投溫泉博物館
베이터우친수이루톈원취엔
北投親水露天溫泉
⑤ 메이팅
梅庭
⑥ 디러구
地熱谷
만커우라멘
滿客屋拉麵
펑황거원취엔회관
鳳凰閣溫泉會館
취엔위엔공위엔파오자오츠위엔취
泉源公園溫泉泡腳池園區
푸싱공위엔파오자오츠위엔취
復興公園泡腳池
우체국
베이터우
北投
N
0
100m
200m

단수이
단수이강
淡水河
① 단수이
淡水
② 단수이라오제
淡水老街
③ 단수이환허따오루
環河道路
④ 후웨이제이관
滬尾偕醫館
⑤ 홍마오청
紅毛城
⑥ 단장가오지중쉬에
淡江高級中學
⑦ 샤오바이공
小白宮
⑧ 후웨이파오타이
滬尾礮臺
⑨ 전리따쉬에
眞理大學
⑩ 위런마터우
淡水漁人碼頭
싱바커
星巴克
STARBUCKS
허안 싱바커
星巴克 河岸門市
STARBUCKS
라비레뷔디오쥬
天使熱愛的生活
원화아게이
文化阿給
아샹샤쥐엔
阿香蝦捲
샹카오단까오
現烤蛋糕
아포테단
阿婆鐵蛋
단수이교회
教淡水教會
마제통샹
馬偕銅像
료거샤오카오지츠바오판
溜哥燒烤雞翅包飯
칭광홍또우빙
晴光紅豆餅
쭤안공위엔
左岸公園
쯔메이솽바오타이
姊妹雙胞胎
바오나이나이화즈샤오
寶奶奶花枝燒
사가공작합대왕
佘家孔雀蛤餐廳
Section 3, Xinshi 1st Rd
Section 1, Zhongshan N Rd
Section 1, Zhongzheng Rd
Zhongzheng Rd
Xinmin St
Guanhai Rd
Guanhai Blvd
Zhongxiao Rd
Wenxin St
Wenhua St
Section 1, Zhongshan Rd
Section 3, Longmi Rd
Section 1, Zhonghua Rd
Waziwei St
N
0 200m 400m

타이완의 주방
디화제
적화가 迪化街
Dihua Street

MUST SEE 타이베이 시내 북서쪽 단수이강(淡水) 인근에 자리한 디화제는 타이완 전역에서 가장 큰 규모와 역사를 자랑하는 전통 재래시장이다. 특히 설날 Lunar New Year에는 발 디딜 틈 없이 많은 사람이 찾는다. 전국 지방에서 올라온 특산품인 상어 지느러미, 제비집, 영지버섯 등과 함께 진귀한 음식 재료들과 한약재, 건어물, 견과류, 차 등을 판매하므로 '타이완의 주방'이라는 별명을 가지고 있다. 약 800m의 거리에 500호가 넘는 상점들이 들어서 있고 이 중에는 개업한 지 100년이 넘는 곳도 많다고 한다. 타이베이 초창기 모습이 그대로 남아 있는 이곳의 건축물들은 타이베이시 정부에서 문화재로 지정해, 마음대로 헐거나 증축하지 못하도록 규제하고 있다. 최근 도시재생사업의 일환으로 대대적 복원사업을 진행하여 개보수를 마친 거리는 더욱 멋진 거리로 탈바꿈하여 남녀노소, 여행자들의 발걸음이 늘어나는 추세이다. 무엇보다 현지인들과 여행객들에게 여전히 인기 있는 것은 디화제에 위치한 샤하이천황먀오(霞海城隍廟). 이 사원은 수호신과 성황을 모시는 곳이지만 함께 모시는 사랑을 관장하는 사웨샤라오런(月下老人, 월하노인)을 찾는 발걸음이 끊이질 않는다. 영화 〈루시 Lucy〉 촬영지인 융러스창(永樂市場)부터 타이완 로컬 편의점인 하이라이프 Hi life 1호점, 오래된 우체국, 개성이 넘치는 카페와 레스토랑부터 타이완 수공예품 상점까지 이곳 디화제에 있다. 분위기 있는 옛 거리를 천천히 거닐며 타이베이의 정취에 흠뻑 빠져 보자.

Access
1. MRT중산(中山)역 4번 출구 나와 오른쪽 난징시루(南京西路)를 따라 직진. 도보 15분.
2 MRT솽롄(雙連)역 1번 출구 나와 왼쪽 민셩시루(民生西路)를 따라 직진. 도보 15분.
3 MRT베이먼(北門)역 Y27로 나와 오른쪽 타청제(塔城街)를 따라 직진. 도보 8분.
(이정표가 잘 되어 있으니 표기만 따라 가면 된다.)

디화제 볼거리 & 먹거리

단수이 석양만 아름답냐? 나도 아름답다!!
따다오청

대도정마두 大稻埕碼頭 Dadaocheng Wharf

롱산쓰(龍山寺) 일대가 1800년대 중반부터 호수와 강의 수위가 점점 낮아지면서 좀 더 북쪽인 이곳으로 항구를 옮겨 왔다. 당시 쌀이 주요 무역상품 중 하나였는데 따다오청(大稻埕)은 이름에서도 알 수 있듯이 원래 벼를 수확한 후 탈곡하여 쌀을 자연스럽게 말리던 곳이었다. 도시가 확장되면서 항구의 기능은 단수이로 이동했지만, 여전히 단수이 하류와 연결되어 있어 개인 요트 등이 정박하고 오간다. 주요 항을 잇는 페리도 한정적으로 운용되고 있다. 단수이의 석양은 두말하면 잔소리겠지만, 이곳 따다오청 역시 그 못지않게 아름답다. 중산과 디화제를 둘러볼 때 날씨가 좋다면 일몰 시각에 맞춰 한 번 들려보는 것도 좋을 듯하다.

Access 디화제(迪化街) 북쪽 입구와 만나는 민셩시루(民生西路)에서 단수이 강으로 직진. 도보 2분.

Address	103台北市大同區迪化街一段21號 No.21, Sec. 1, Dihua St., Datong Dist., Taipei City 103
Tel	02 2706 0128
Open	10:00 ~ 18:00
Access	디화제(迪化街) 중간 위치.

영화 루시
융러스창

영락시장 永樂市場 Yongle Market

1908년 처음 문을 연 융러스창(永樂市場)은 타이완 최대의 원단 도매시장으로 자리매김했다. 산업화로 점차 융러스창을 찾는 발걸음이 뜸해졌지만 2010년 타이베이시 정부와 상인들, 시민들의 노력으로 처음 모습을 되찾았다. 붉은 벽돌의 건물로 재건해 원단 도매시장으로서 역할뿐 아니라 문화역사의 공간으로 재탄생하였다. 형형색색 예쁜 타이완 원단을 직접 떼어 가방, 지갑 등 파우치 등으로 제작이 가능해 나만의 실용적인 기념품을 남기기에도 그만이다. 8층에는 타이베이 인형극 전시관이 있으니 잠시 들러 둘러보기 좋다. 그리고 이곳은 2014년 뤼크 베송 감독의 영화 〈루시Lucy〉의 촬영지로 영화 초반 루시(스칼렛 요한슨)가 미스터 장(최민식)에게 납치되어 합성 약물을 몸속에 넣은 채 감금되었다가 약물이 반응하면서 능력을 얻어 탈출하는 장면을 찍은 곳이기도 하다.

내 사랑은 어디에?

샤하이청황먀오

하해성황묘 霞海城隍廟 Xia Hai Temple

영혼을 관장하며 선과 악을 재판하는 성황을 모신 사원. 타이완의 유명한 사업가가 젊은 시절, 모든 일을 성황께 빌어 많은 일을 이뤘고 이에 감사의 뜻으로 지금의 규모로 사원을 증축하였다. 어느 정도 자리를 잡게 되자 가정을 이루고 싶었던 그는 성황께 사랑을 관장하는 월하노인(月下老人)을 함께 모셔도 되겠냐 여쭙게 되고 성황은 이를 수락했다고 한다. 월하노인까지 그를 도와 화목한 가정을 이루게 되니 이 사원의 영험함이 타이완 전역으로 널리 퍼져 많은 이가 찾게 되었다. 무엇보다 사랑을 찾기 위한 그리고 사랑을 이루기 위한 남녀들의 발걸음이 끊임없다. 실제로 이곳은 소원을 이룬 신랑 신부가 감사의 뜻으로 예를 올린 과자 등의 공양이 넘쳐난다. 사랑을 이루고 싶은 이가 있다면 이곳을 찾아 빌어보자. 내 사랑은 어디에?

Address 103台北市大同區迪化街一段61號
No.61, Sec. 1, Dihua St., Datong Dist.
Tel 02 2558 0346
Open 06:16 ~ 19:47
Access 디화제(迪化街) 중간, 융러스창(永樂市場) 옆.

Made in Taiwan

샤오예딩

소예정 小藝埕 Small Art Courtyard

우리가 잘 알고 있는 드러그 스토어, 왓슨스(屈臣氏, Watsons)가 시작된 곳이다. 약 100년 전, 왓슨은 청나라에 외국 상인들과의 교류과 활발해지고 의학이 들어오기 시작하자 이곳에 최초의 서양식 약국을 열었다. 기록에 따르면 시먼딩쪽에도 비슷한 시기에 몇몇 서양식 약국이 문을 열었다고 하지만 왓슨의 약국이 가장 유명했다고 한다. 세월이 흘러 현재의 왓슨스는 홍콩을 본사로 둔 세계적인 드러그 스토어 체인이 되었다. 본점인 이곳은 1998년 화재로 인해 건물 내부기 파손되면서 방치되었다가 타이베이시 문화국에 의해 기념물로 지정 및 재건되었다. 현재 건물은 가방, 파우치, 우산, 아기용품 및 다양한 패브릭 제품 등 다양한 타이완 수공예품 상점과 카페 및 레스토랑으로 다양하게 활용되고 있다.

Address Address 台北市大同區迪化街一段34號
No. 34, Sec. 1, Dihua St., Datong Dist.
Tel Tel 02 2552 1321
Open Open 09:30 ~ 19:00
Access Access 디화제(迪化街), 융러스창(永樂市場) 건물 맞은 편 A SWATSON & Co. 역사 건물. (이어진 작은 골목을 따라 수공예품을 판매하는 작은 상점들이 줄지어 있다)

디화제
추천 5

옛 타이베이로 떠나는 시간여행
디화207
적화207박물관-사인박물관
迪化207博物館-私人博物館 Museum207

1962년에 지어진 오래된 집은 처음 약국으로 사용되었다. 도시 확장으로 인해 따다오청의 역할이 분산되고 사람들이 떠나면서 10년 이상 버려진 빈 건물로 방치되었다. 이후 2009년 타이베이시 기념물로 지정되고 2017년 4월, 사립 박물관으로 재탄생했다. 붉은 벽돌에 곡선 모양의 바로크 양식 창문, 테라초 타일 바닥까지 오래된 3층 건물은 박물관으로서 매력을 더한다. 이곳을 만든 창립자, 천궈츠(陳國慈)는 말한다. "박물관은 항상 새로운 것이 아니어도 된다고 믿는다. 박물관이 지역 사회의 오래된 건축물로 역사를 위한 무대가 되어 자신의 이야기를 할 수 있도록 하는 것이 효과적이라고 생각한다." 이 역사의 무대로 들어서 잠시 땀을 식히며 옛 타이베이로 시간 여행을 떠나보자. 천궈츠는 타이베이 스토리 하우스 등을 운영하며 각종 전시회 등 사적 수입을 활용해 현재 디화207 박물관을 무료 개방하고 있다. 무엇보다 그녀의 말에 따라 4층 옥상에 오르면 펼쳐지는 붉은 지붕의 디화제는 타이베이에서 가장 아름다운 풍경이다.

Address	台北市大同區迪化街一段207號 No. 207, Sec. 1, Dihua St., Datong Dist.
Tel	02 2557 3680
Open	월, 수~금요일 10:00 ~ 17:00, 토, 일요일 10:00 ~ 17:30(화요일 휴무)
Admission	무료
Access	길게 펼쳐지는 디화제(迪化街) 2/3지점. (주소를 따라 이곳저곳 구경하며 거닐다 보면 찾을 수 있다)

디화제
추천 6

모나카 한 입
즈양
자양제과 滋養製菓
Lin's Wagashi Confectionery

1953년, 처음 잡화점과 빵집으로 문을 연 이곳은 세대를 이으며 일본식 화과자 전문점으로 전환하면서 현지인들에게 사랑받는 곳으로 거듭났다. 앙코, 팥고물부터 토란 등 다양한 재료로 만든 소를 넣은 마키와 모찌 등 다양한 화과자부터 서양식 화과자 그리고 타이완 전통 파인애플 케이크, 펑리수까지 판매하고 있다. 좋은 재료로 예쁘게 만들어 가격대는 있지만 새로운 먹거리 기념품을 원한다면 여기만한 곳도 없다. 무엇보다 이곳은 찹쌀 피로 만든 과자를 바로바로 구워 직접 쑨 팥고물을 넣어 만든 모나카를 담백한 차와 함께 내어 준다. 귀여움과 달콤함으로 타이베이 여행에서 즐거운 순간을 남기기에 더할 나위 없다. 모나카 한 입을 마음속에 저장해보자. 모나카 주문은 매장 안 계산대에서 하고 바깥쪽에서 받으면 된다. 모나카 1개 50 NT$ (시음 컵 크기 차 포함)

Address	台北市大同區迪化街一段247號 No. 247, Sec. 1, Dihua St., Datong Dist.
Tel	02 2553 9553
Open	09:00 ~ 19:00
Cost	$~$$$
Access	디화제(迪化街一段)과 량저우제(涼州街)가 만나는 곳에 있다.
GPS	25.060488, 121.509450

싱그러운 과일이 가득한

펑웨이구오삥

풍미과품 豐味果品館

소비자가 가장 맛있는 과일을 맛볼 수 있게 타이완 전역을 발품 팔아 찾은 좋은 과일을 선보이는 과일 가게. 대형 농장이 아닌 오로지 좋은 품질을 생산하는 소농을 찾아 시세보다 높은 가격으로 매입하여 공동 성장을 추구한다. 소비자와 생산자 모두를 생각하는 착한 가게인 것이다. 게다가 수입 일부를 타이완 원주민들을 돕는 곳에 쓰고 있어 이곳에서 구매하면 좋은 일에 동참할 수 있다. 과일을 담는 나무 상자의 나무를 이용한 인테리어에서 농가를 생각하는 마음이 느껴진다. 제철 생과일주스부터 제철 과일, 샐러드, 디저트 그리고 과일주까지 모두 맛볼 수 있다. 이곳에서 건강하고 상큼한 과일로 타이완을 맛보자. 1층에는 엄선한 최상급의 과일을 산지별로 가지런하게 나무 상자에 담아 진열해두었고 1층과 연결된 정원과 2층은 음료를 주문한 고객에게 카페로 개방된다. 이곳에서는 때에 따라 제품 발표회 등 다양한 행사가 열리기도 한다.

Address	台北市大同區迪化街一段219號 No. 219, Sec. 1, Dihua St., Datong Dist.
Tel	02 2557 6763
Open	월~금요일 10:00~19:00, 토, 일요일 09:00~19:00
Cost	$~$$$
Access	디화207박물관과 즈양제과 사이.
GPS	25.059774, 121.509509

풍미 작렬! 크래프트 맥주

미켈러

米凱樂啤酒吧 Mikkeller Taipei

2014년 세계 맥주 포럼, RateBeer.com에서 전 세계 3위 브루어리로 선정되었을 만큼 세계적인 입지를 다지고 있는 펍이다. 미켈러의 이름은 브루마스터인 미켈Mikkel Borg Bjergsø과 저널리스트 켈러Kristian Klarup Keller가 힘을 합쳐 만들었다는 의미를 담은 것이다. 전 세계, 40개국 이상에 맥주를 수출하고 있고 우리나라와 타이완을 포함하여 미켈러라는 이름으로 펍을 여러 곳 운영하고 있다. 이곳은 미켈러의 기존 맥주와 함께 타이완 양조장에서 만들어진 수제 맥주 그리고 타이완 햄버거, 거바오와 간단한 스낵류도 함께 즐길 수 있어 애주가라면 충분히 방문할 가치가 있다. 또한 주문 전 시음도 가능해서 입맛에 맞는 수제 맥주를 선택할 수 있게 도와준다. 디화제에 오래된 건물과 미켈러의 심플한 인테리어가 조화롭다. 2층에 오르면 맥주 라벨에서도 볼 수 있는 남녀 캐릭터를 볼 수 있는데 미켈과 그의 아내, 페닐 팽Pernille Pang을 표현한 아바타이다. 우리나라에서 흔히 말하는 오너캐(릭터)와 함께 기념 사진도 남겨보자.

Address	台北市大同區南京西路241號 No. 241, Nanjing W. Rd., Datong Dist.
Tel	02 2558 6978
Open	일, 월, 수~금요일 16:00 ~ 00:00, 토요일 16:00 ~ 01:00 (화요일 휴무)
Cost	$~$$
Access	디화제(迪化街) 입구.
GPS	25.053691, 121.510159

디화제 추천 9

타이완 커피를 만나다
센가오사카페이

고사가배관 森高砂咖啡館 San Coffee

타이완이 커피 생산지라는 것을 아는 사람은 극히 드물다. 작지만 남북으로 긴 섬나라이다 보니 아열대부터 열대 기후와 화산 지형을 가지고 있어 고품질의 커피를 생산하고 있다. 다만 차 생산에 집중했던 과거로 인해 현재 생산량은 그렇게 많지 않다. 이곳은 핸드 드립 커피만을 판매하기 때문에 라테, 카푸치노 등 베리에이션 커피 메뉴를 즐기는 여행자에게는 적합하지 않다. 그러나 블랙커피를 즐기거나 카페 관련 업계 종사자라면 타이베이 여행에서 카페 투어로 꼭 가볼 만한 곳이다. 따뜻한 커피를 주문하면 아이스로 차갑게도 즐길 수 있게 준비해주기 때문에 두 가지 타입으로 모두 경험할 수 있다. 타이완 커피 중 북동부지방, 이란 현 커피는 현재 생산량이 소비량을 따라가지 못해 맛볼 수 없지만, 다양한 화산 지형 덕분에 각자 개성이 강한 커피 맛을 볼 수 있으니 일행이 있다면 모두 다른 맛을 주문하길 추천한다.

Address 台北市大同區延平北路二段1號
No. 1, Sec. 2, Yanping N. Rd., Datong Dist.
Tel 02 2555 8680
Open 일~목요일 12:00 ~ 21:00, 금, 토요일 12:00 ~ 22:00
Cost $$
Access 디화제(迪化街) 입구에서 오른쪽 난징시루(南京西路)를 따라 직진. 도보 2분.
GPS GPS 25.054017, 121.511842

디화제 추천 10

커피, 맥주, 음식 그리고 책
워킹북

행책 行冊 Walkingbook Bistro

1916년, 의사이자 민족운동가였던 장웨이수이(蔣渭水) 선생이 병원을 개업한 곳. 동시에 타이완 문화 협회이자 신문사 타이완 민보를 창립하여 반일본 식민운동과 현대적인 사상을 만인에게 알렸던 곳이다. 워킹북은 이러한 역사적인 장소를 책과 음식, 커피 등을 매개체로 문화 교류 및 취미의 장으로 재탄생시켰다. 1층에서는 커피 또는 칵테일 등 주류를 마실 수 있으며 좌석 또한 최대한 편안하게 쉴 수 있도록 준비해뒀다. 2층에서는 서양 음식을 즐길 수 있고 3층에서는 책을 읽을 수 있는 도서관과 같은 공간이 펼쳐진다. 천천히 맛있고 예쁜 음식을 즐기며 문화 교류의 장을 열어보자. 여행이란 휴식이기도 하지만 자신을 돌아보고 찾아가는 과정이기도 하다. 역사적인 배경을 배제하더라도 분위기 좋은 실내 장식, 듣기 좋은 음악과 더불어 특별한 식사를 사랑하는 사람들과 즐기는 그것만으로도 문화이다. 그나저나 수제 맥주 맛이 참 좋다.

Address Address 台北市大同區延平北路二段33號
No. 33, Sec. 2, Yanping N. Rd., Datong Dist.
Tel 02 2558 0915
Open 화~금요일 17:30 ~ 23:00, 토요일 12:00 ~ 23:00, 일요일 12:00 ~ 22:00 (월요일 휴무, 2층 식사의 경우, 토, 일요일 15:00 ~ 17:30 휴게 시간)
Cost $$~$$$
Access 센가오사카페이(森高砂咖啡館)에서 북쪽으로 도보 1분.
GPS 25.054852, 121.511771

타이베이 중산(中山)에서 사랑을 외치다

중산 난징시루얼스우샹 & 츠펑제 (중산카페거리)

중산 남경서로25항 & 적봉가 南京西路25巷 & 赤峰街

Access MRT중산(中山)역 4번 출구 나와 오른쪽에 보이는 골목길로 들어서면 된다.

백화점과 고층 빌딩 가운데 자리한 중산역과 쐉롄역 사이 골목들에는 타이베이 마니아들의 아지트 같은 공간들이 모여 있다. 이곳에서는 오래된 가옥과 철물점들 사이로 예쁘고 편안한 카페부터 멋진 옷과 소품들이 넘쳐나는 디자인 숍, 콘셉트 스토어, 맛있는 레스토랑과 헤어숍까지 만날 수 있다. 2018년 10월, 청핀성훠난시점(誠品生活南西店)이 개점하고 중산역과 쐉롄역 사이 공원도 오랜 공사 끝에 리모델링하면서 중산은 점점 도심 속 시민들의 휴식공간으로 발전해가고 있다. 삼천동, 익선동 골목과도 닮은 이곳은 타이베이 여행에서 여유로운 한 때를 보내기에 최적의 장소! 여행의 한 순간을 연인, 친구, 가족과 같이 사랑하는 사람들과 함께하기에도 때로는 오롯이 본인만을 위한 시간을 갖기에도 너무나 좋은 곳이다. 난징시루얼스우샹(南京西路25巷)과 새롭게 떠오르는 츠펑제(赤峰街)으로 이어진 작은 골목골목에 자리한 오래된 건물에 숨은 카페와 레스토랑이 많으니 타이베이에서 본인만의 아지트를 만들어보자. 여행지에서 자신만의 장소가 있다는 것만큼 멋진 일도 없으니까!

North Taipei Spot❸
중산 & 위엔산

중산의 새로운 랜드마크!

청핀성훠난시뎬

성품생활남서점 誠品生活南西店
Eslite Spectrum Nanxi

서점이 진정한 문화생활 공간으로 거듭났다. 타이완을 넘어 아시아를 대표하는 서점, 청핀수뎬(성품 서점)은 생활 전반의 품격을 높이는 브랜드 청핀성훠의 새로운 지점이다. 2018년 9월 문을 연 이곳에는 총 165개의 타이완 및 중산 상업지구 독점 브랜드가 입점해 있어 타이완만의 좋은 제품과 감성, 동시에 세계적인 트렌드를 엿볼 수 있다. 단순한 쇼핑몰이 아닌 새로운 경험을 제공하는 문화 공간이다. 깔끔하게 목재로 된 실내 인테리어와 귀여운 외관 역시 눈여겨볼 만하다. 서점과 더불어 카페와 식당이 입점해 편리하다.

Address	台北市中山區南京西路14號 No.14, Nanjing W. Rd., Zhongshan Dist.
Tel	02 2581 3358
Open	일~목요일 11:00~22:00, 금, 토요일 11:00~22:30
Access	MRT중산(中山)역 1번출구 나와 오른쪽. 좁은 도로(長安西路19巷2弄)를 건너면 바로 있다.
GPS	25.052451, 121.520660

North Taipei Spot❹
중산 & 위엔산

모래 속에서 찾은 보물

청핀R79 / 중산디샤수제

성품R79 / 중산지하서가 誠品R79 / 中山地下書街
Eslite R79 Store / Zhongshan Underground Book Street

성품 서점 브랜드 중 하나로 지하상가를 서점으로 탈바꿈한 공간이다. 그들이 가지고 있는 문화와 생활에 관한 생각이 전해져서 기분 좋은 곳이다. 한국이 아니다 보니, 언어를 모르면 구매할 수 있는 품목이 별로 없긴 하지만 중산 카페거리를 거닐다 뜨거운 햇살이나 비를 피해 숨어들기도 좋은 곳이다. 산책하기에도 좋은 보물 같은 공간이다.

Address	Address 台北市中山區南京西路16號 No.16, Nanjing W. Rd., Zhongshan Dist.
Tel	02 2563 9868
Open	11:00~21:30
Access	MRT중산(中山)역 4번 출구쪽 지하도와 연결되어 있다.
GPS	25.052984, 121.520366

2015년 북부 타이완 10대 야시장 1위!

닝샤예스

녕하야시장 寧夏夜市
Ningxia Night Market

Address	台北市大同區寧夏路 Ningxia Rd., Datong Dist
Open	17:30 ~ 00:00
GPS	25.057005, 121.515523

그리 크지 않은 규모에 옹기종기 기차처럼 줄지어 있는 노점이 오랜 시간 자리를 지켜 온 타이완 먹거리 천국이다. 이 가운데 20여 곳은 50년 동안 대를 이어 모두 합하면 1,000년이라는 시간 동안 각자의 맛을 지켜온 곳이기도 하다. 현지인들에게 가장 사랑받는 이곳은 최근 우리나라 여행자들의 발걸음도 조금씩 늘어나는 추세다. 타이완 선식, 타이완 주먹밥, 오징어순대 같은 볶음밥을 채운 오징어 등 여느 야시장에서 볼 수 없는 먹거리도 많다. 닝샤예스에서 가장 유명한 먹거리는 굴 부침개인 커자이젠(蚵仔煎 Taiwanese Oyster Omelet)! 사람도 많고 규모도 큰 스린(士林)이나 조금 멀리 떨어진 라오허제(饒河街) 야시장이 부담스럽거나 진정한 타이완 야시장을 경험하고 싶은 여행자에게 추천하는 곳이다.

Access	1. MRT 중산(中山) 역 4번 출구 나와 오른쪽 난징시루(南京西路)를 따라 직진. 도보 10분 2. MRT 솽롄(雙連) 역 1번 출구 나와 왼쪽 민셩시루(民生西路)를 따라 직진. 도보 8분.

닝샤예스 먹거리

여기 굴전은 꼭 먹어야 해!

라이찌커자이젠

뢰기가자전 賴記蚵仔煎 Lài jì hézǐ jiān

타이베이 현지인들에게 닝샤예스에서 제일 유명한 맛집이 어디냐 물으면 가장 먼저 답하는 곳이 바로 이곳 라이찌(賴記)이다! 라이(賴) 성을 가진 가족이 운영하는 곳으로 타이완 특산물 중 하나인 굵고 싱싱한 굴을 사용해 만드는 굴 부침개! 다른 곳과 달리 굴 비린내 없이 아주 맛이 좋아 소주 한 잔이 생각날 정도다. 워낙 유명한 맛집이라 줄을 서는 것은 기본이다. 현지인들과 어울려 맛있는 굴 부침개를 기다려 보자.

Address	台北市大同區民生西路198之22號 No.198-22, Minsheng W. Rd., Datong Dist., Taipei City 103
Tel	02 2558 6177
Open	16:00 ~ 01:00 (화요일 휴무)
Access	MRT 솽롄(雙連) 역 1번 출구 나와 왼쪽 민셩시루(民生西路)를 따라 직진, 닝샤예스 입구 전에 있다. 도보 7분.
GPS	25.056952, 121.516025

거니는 것만으로 로컬!

쌍롄차이스창

쌍련채시장 雙連菜市場
Shuanglian vegetable Market

Address	台北市中山區民生西路45巷 Ln. 45, Minsheng W. Rd., Zhongshan Dist.
Open	07:00~14:30
Access	MRT쌍롄(雙連)역 2번 출구 나와 왼쪽.
GPS	25.057760, 121.520812

정확히 언제인지 알 수 없지만 적어도 100여 년 전부터 시장이 형성되었던 것으로 보이는 재래시장은 지역 이름을 따 쌍롄차이스창 또는 길 이름을 따 민셩시루쟈오스(民生西路朝市)로도 불린다. 일제강점기, 중국에서 한 상인이 타이완으로 건너오면서 모시고 온 원창디쥰(문창제군, 文昌帝君) 신상을 시장 주변 숲에 모셨고 이후 많은 사람이 공명(功名)을 얻어 유명해지기 시작했다. 1960년, 지금의 원창공(文昌宮) 사원을 건립하였고 사람들의 발길이 더욱더 늘면서 시장도 활기를 띠게 되었다. 이후 1978년, 인근 건물에 쌍롄스창(雙連市場)도 문을 열게 되면서 분산, 축소되는 듯하였으나 1997년, MRT가 개통하면서 다시 활기를 찾아 지금의 모습이 되었다. 타이완 사람들의 삶을 들여다보기 더할 나위 없이 좋은 곳으로 전통 간식부터 쉐이쟈오(水餃), 증쟈오(蒸餃) 등 딤섬류와 뉴러우몐(牛肉麵), 미펀탕(米粉湯) 등 장을 보고 시장기를 달래는 현지인들과 한데 어우러져 로컬을 만끽해보자.

알아두면 쓸데없는 꿀팁

아침에 일찍 일어나 산책을 즐기는 이에게 더할 나위 없이 좋은 곳으로 규모는 크지 않으나 쌍롄스창(MRT쌍롄역 1번 출구 나와 왼쪽 닝샤예스 방향 도보 5분, 07:00~12:00, 월요일 휴무)과 함께 천천히 거닐며 둘러보기를 추천한다. 아울러 입시, 진급, 자격증 등 각종 시험을 앞둔 여행자라면 사원에 들러 간절하게 기도를 드려보자. (원창공 사원, Open 07:00~21:00)

비즈니스 맨의 안식처

싱톈공

행천궁 行天宮
Hsing Tian Kong

Address	台北市中山區民權東路二段109號 No.109, Sec. 2, Minquan E. Rd., Zhongshan Dist
Tel	02-2502-7924
Open	04:00 ~ 22:30
Admission	무료
Web	www.ht.org.tw
Access	MRT 싱톈공 (行天宮) 역 3번 출구 나와 송장루(松江路)를 따라 도보 3분.
GPS	25.062864, 121.533874

MUST SEE 1967년에 건립된 싱톈공은 '동양인의 인생'이라고 불리는 삼국지의 관우 장군을 본존으로 모시고 있는 사원이다. 신의(信義)가 두터웠던 관우 장군은 무력이 뛰어난 명장으로만 알고 있지만, 유비 휘하의 인재들이 모이기 이전부터 재무 관리를 도맡을 정도로 지력도 뛰어났다고 한다. 주판을 발명했다는 설도 있는데 중국식 주판이 발명된 시기가 3세기 경이니 그 시대와 얼추 맞아 떨어진다. 도교에서 관우 장군은 재물의 신, 공부의 신 등 다양하게 관장하는데 이곳에서의 역할은 재물의 신으로 직장인과 사업가의 발걸음이 끊이질 않는다. 사업을 하면서 관우 장군과 같이 신의 즉, 믿음과 의리가 있어야 거래가 이어지지 않을까?

Tip 알아두면 쓸데없는 꿀팁

주판은 기원전 이집트에서 '아바커스(Abacus)'라는 이름으로 지금 우리가 알고 있는 형태와는 달랐다고 한다. 이후 그리스 수학자 플라톤에 의해 그리스와 로마, 유럽 전역으로 전해졌다. 중국식 주판이 발명된 시기는 기원후 3세기 경이고 우리가 떠올리는 주판은 2차 대전 후 개량된 것이다.

Tip 알아두면 유용한 꿀팁

쫀득쫀득 맛있는 찹쌀떡~♪ MRT 싱톈공(行天宮) 역 3번 출구 나와 오른쪽, 싱톈공 방향으로 가는 길에 보이는 세븐일레븐과 지오다노 매장 사이 골목에서 판매하는 찹쌀떡, 부라오마수(不老麻糬)는 현지인들 사이에 별미로 소문이 자자하다. 매월 휴무가 다르고 13:00~19:00까지 영업시간이지만 다 팔리면 문을 닫는다. 일단 보이면 한 번 잡숴봐~

드래곤 보트 페스티벌

용선제 龍船祭 Dragon Boat Festival

약 2,500년 동안 이어오고 있는 중화 전통 축제로 매년 음력 5월 5일, 단오절에 열리는 세계적인 축제다. 용선제의 유래는 기원전 229년, 초나라 정치가였던 굴원이 진나라의 공격에 대항할 정책을 건의했으나 초나라 회왕은 이를 듣지 않고 결국 진나라에 잡혀 객사하기에 이른다. 이를 알게 된 굴원은 탄식하다 강에 뛰어들었다. 이를 구하기 위해 백성들은 필사적으로 노를 저었으나 결국 시신조차 발견하지 못했고, 물고기들이 그의 시신을 훼손하지 못하게 하려고 달걀, 술, 떡, 밥을 던져 유인하였다고 한다. 이후 단오절에 고기, 달걀, 밥을 섞은 찰밥을 대나무 잎에 싼 '종쯔(粽子)'를 먹고 배를 타고 노를 저어 경합을 벌이는 용선제가 생겨났다. 1976년 홍콩 대회 이후 세계적인 축제와 스포츠로 발전하게 되었다.

알아두면 유용한 꿀팁

단오절에 하는 놀이로 날달걀을 바닥에 세우는 것이 있는데 바로 서면 행운이 깃든다고 한다. 용선제가 열리는 따자부두에서 장터도 서기 때문에 맛있는 음식, 타이완 비어와 함께 경기를 관람하며 특별한 타이베이 여행을 경험해보자.

Address 台北市中山區 大佳瑪頭
Open 매년 음력 5월 5일
(2일 또는 3일 간 진행, 행사 일정이 달라 질 수 있으므로 확인 요망)
www.timeanddate.com/holidays/taiwan
Web www.facebook.com/2017dragonboat
Access 싱톈공 왼쪽 버스정류장 셔틀 버스 운행
GPS 25.076019, 121.537488

타이완 경극으로 만나는 중화

타이베이 아이

타이베이희붕 臺北戲棚
Taipei Eye

칭칭~ 경극의 악대가 분위기를 고조시키니 총총~ 분장을 한 배우들이 무대 위를 휘젓는다. 타이베이 여행에서 타이완, 중화를 경험하기 가장 좋은 것이 바로 경극이다. 1915년 꾸샨롱(辜顯榮)이 일본인으로부터 단수이 극장이 인수, 개보수해 타이완신우타이(台灣新舞台)라는 이름으로 역사와 문화적으로 가장 중요한 중화전통예술공연장을 만들었다. 하지만 안타깝게도 2차 세계대전 당시 미국의 폭격으로 극장이 폐허가 되었고 전쟁이 끝나기 전 꾸샨롱이 운명해 중화의 전통 예술이 잊히는 듯했다. 1989년 꾸샨롱의 후손, 꾸전부(辜振甫)가 문교재단(辜公亮文教基金會)을 설립하고 경극의 대가, 리촌빠우(李寶春)와 함께 운영하면서 세계적으로 인정받기 시작했다. 2004년 타이완 신우타이를 타이베이 아이(Taipei Eye)라는 이름으로 지금의 자리, 스민청(士敏廳)에 재설립하였고 2002년 타이완 시멘트에서 지었다. 타이완 경극, 타이베이 아이의 가장 큰 장점은 공연이 시작되기 전과 끝나고 난 뒤 출연 배우들과 함께 기념사진도 남길 수 있다는 것. 공연 중에 한, 중, 영, 일 4개 국어로 번역된 자막을 보여준다.

알아두면 유용한 꿀팁
여행 액티비티 플랫폼(KKday, Klook, WAUG 등)을 이용하면 현장 발권보다 조금 더 저렴하게 입장권을 구매할 수 있다.

Address 台北市中山區中山北路二段113號
No.113, Sec. 2, Zhongshan N. Rd., Zhongshan Dist Taipei City 104
Tel Tel 02 2568 2677
Open 월, 수, 금요일 20:00(60분 공연), 토요일 20:00(90분 공연)
Web www.taipeieye.com (티켓 예약 가능)
Admission 월, 수, 금요일 550NT$, 토요일 880NT$
Access MRT 중산궈샤오(中山國小)역 2번 출구로 나와 왼쪽으로 직진. 코코 버블티쪽으로 건너 직진. 도보 6분.
GPS 25.060503, 121.523284

타이완 북부의 가장 중요한 문화중심지
따롱통
대룡동 大龍峒
Dalongdong

Access MRT 위엔산(圓山) 역 2번 출구 나와 길건너 쿤룬제(庫倫街)를 따라 직진, 따롱제(大龍街)일대를 이른다.
GPS 25.073069, 121.515871

MUST SEE 따롱통은 1624년과 1661년사이 네덜란드의 타이완 정착기에 불렸던 'Pourompon'이라는 이름에서 유래되었는데 단수이와 지롱강이 교차하는 물길을 일컫는 별명이었다. 청조(清朝)에도 계속 이 별명을 사용해오다 같은 발음의 한자인 隆(융)에서 龍(용)으로 바꿔쓰게 되는데 풍수지리적으로 용이 들어 앉은 곳이라고 한다. 그래서일까 따롱통 일대는 예로부터 이곳에 정착한 이주민부터 현지인까지 무슨 일이든 잘 풀렸다고 한다. 많은 고적과 영험한 도교 신들이 잠들어 있는 유서 깊은 지역으로 롱산쓰(龍山寺)가 있는 망가(艋舺)와 함께 옛 타이베이의 모습을 엿볼 수 있는 곳이다. 타이완 전통요리를 맛볼 수 있는 오래된 식당, 따롱통 예스(大龍峒夜市)를 비롯해 초기 타이베이의 상업이 번창했던 모습을 볼 수 있는 44감터(四十四坎街)까지 근대와 현대가 공존하는 복고적 아름다움이 물씬 풍기는 문화중심지로 들어가 보자.

Tip 알아두면 유용한 꿀팁

44감터 四十四坎街
The 44 Shop Houses

따롱통 바오안공을 짓고 남은 벽돌, 나무 등의 자제를 활용해 사원 주변으로 상가와 집을 짓기 시작했다. 당시에 지은 건물 수가 44개였기에 44감터라 불린다고. 조금씩 개보수됐지만 과거의 풍경을 그려보기에는 충분하다. 따롱통 바오안공을 바라보고 왼쪽 옆에 위치한다.

고색창연 너무나 아름다운

따롱통 바오안공

대롱동 보안궁 大龍峒 保安宮
Dalongdong Baoan Temple

Address	台北市大同區哈密街61號 No.61, Hami St., Datong Dist
Tel	02 2595 1676
Open	6:00 ~ 22:00
Web	www.baoan.org.tw
Admission	무료

타이완은 여러 가지 이유로 바다를 건너온 이민자들이 많다. 바오안공은 그렇게 타지에서 살길을 찾아 유랑하는 사람들의 정신적 보루이자 염원이 담긴 사원. 1742년 타이완으로 이주한 푸젠성(福建省) 통안(同安)인들이 이곳 따롱통 지역으로 이주하면서 통안현(同安縣) 츠지공(慈濟宮)의 보생대제(保生大帝)라는 수호신을 모셔와 바오안공(保安宮)이라 했다 전해진다. 말 그대로 통안인들을 보우해 달라는 뜻이다. 당시 목조건물이었던 바오안공은 1805년, 보생대제의 보우하심에 감동한 사람들이 자금을 모아 규모를 넓혀 궁전을 지었으며 그것이 현재에 이르렀다. 타이완 각처의 제사나 축제 등도 이곳에서 열리고 있을 만큼 영험하기로 유명한 사원으로 유네스코 '아시아 태평양 문화유산 보존상'을 수상하였다.

알아두면 유용한 꿀팁

의학의 신으로 추앙받는 보생대제는 979년 푸젠성(福建省)에서 태어나 오본(吳本)이라는 이름을 쓰던 실존 인물이다. 일생 의술을 베풀고 세상을 다스려 많은 사람을 구했을 뿐 아니라, 명성조 때 황후의 질병을 치료하여 그에게 용포를 하사하고 궁전을 건축해 준 후 '의신(醫神)'이라 하여 후세에 전하게 하였다. 그래서 바오안공을 지나는 사람들은 잠시라도 시간을 내어 가족의 건강과 회복을 기원한다.

Access	MRT 위엔산(圓山) 역 2번 출구 나와 길건너 쿤룬제(庫倫街)를 따라 직진, 따롱제(大龍街)에서 오른쪽. 도보 10분. (이정표가 잘 되어 있어 찾기 쉽다.)
GPS	25.073208, 121.515537

지성선사(至聖先師), 공자를 만나다

타이베이스 콩먀오

타이베이시 공묘 台北市孔廟
Taipei Confucius Temple

Address	台北市大同區大龍街275號 No.275, Dalong St., Datong Dist
Tel	02 2592 3934
Open	화 ~ 토요일 08:30 ~ 21:00, 일요일 08:30 ~ 17:00 (월요일 휴관)
Web	www.ct.taipei.gov.tw
Admission	무료
GPS	25.072943, 121.516602

1879년에 세워진 사원으로, 고대 중국의 가장 위대한 철학자이자 성인으로 존경받고 있는 공자를 모신 곳이다. 1894년 중일 갑오전쟁 후, 타이완을 점령한 일본군이 콩먀오에 주둔하면서 건물의 상당수가 손실되었고 심지어 1907년 일제는 일어 학교를 세운다는 명목으로 이곳을 헐었다. 1925년 따롱통의 유지들과 주민들이 합심하여 토지를 사들이고 타이완 최고 건축가인 왕이슌(王益順)을 중심으로 1939년 콩먀오를 재건했다. 공자 즉, 지성선사는 중화민족의 선현이자 성인이기 때문에 그 성격이 비종교적이라 여느 사원과 같이 신상은 볼 수 없으며 공자의 소박한 성격을 나타내 전체적으로 화려하기보다 수수한 느낌이다.

Tip 알아두면 유용한 꿀팁

죽음에 관한 유교적 관점에 관한 이야기

유가에서 사후의 삶 즉, 사후생(死後生)에 대해 관심을 가지지 않게 된 계기는 공자의 제자가 죽음에 관해 여러 방면으로 질문하자, 공자는 대답이 아닌 맞질문으로 응대하였다고 한다. 그로서는 관심이 없는 분야이거나 스스로도 알 수 없었으므로 그리 했던 것일까? 예를 들어 "사람도 섬길 줄 모르면서 귀신을 섬기려고 하느냐?" "삶도 모르는 주제에 어찌 죽음을 알려 하느냐?" 등인데, 이후 유가의 제자들은 죽음과 죽음 이후에 관한 문제를 거론하지 않는다. 즉 현세가 중시되었다는 것이다. 성리학자들에게서 공자의 가르침을 기본으로 발전시킨 인간 삶의 이론이 우리나라 유교적 풍습에 지대한 영향을 미친다. 집안에서 올리는 제사가 그 예인데 현세로 다시 온다고 믿는 것이 죽음 이후의 삶을 모르기 때문에 현세의 삶이 좋다고 생각하는 것이다.

도교

道教Taoism

관썬따디

그 나라의 종교를 보면 그 나라가 보인다. 타이완 사람 대부분이 너그럽고 친절한 이유도 여기에 있다. 인구의 93%가 믿고 따르는 그들의 종교이자 철학, 도교에 대해 알아보자.

기원

기원전 3세기, 산악신앙(山嶽信仰)을 토대로 신선설이 생겨났다. 이에 더해 무속신앙, 자연숭배 등 사람의 힘으로 어찌할 수 없는 것을 해결한다는 방술(方術)이 생겨나고 전국시대에 이르러 민간에도 널리 퍼졌다. 이를 신선방술이라 한다. 방술을 행하는 사람을 방사(方士)라 하는데 진시황(秦始皇) 때부터 국사(國事)에 지대한 영향을 미쳤고 무엇보다 기댈 곳 없던 백성들의 마음을 사로잡았다. 이후 전설의 임금, 황제(黃帝)와 도덕경의 노자(老子)를 신선으로 한 황로신앙(黃老信仰)이 생겨나면서 이를 신선방술에 더하고 당시 신흥 종교였던 불교의 교리를 더하여 도교라는 종교로 발전하게 되었다.

관쓰인부사

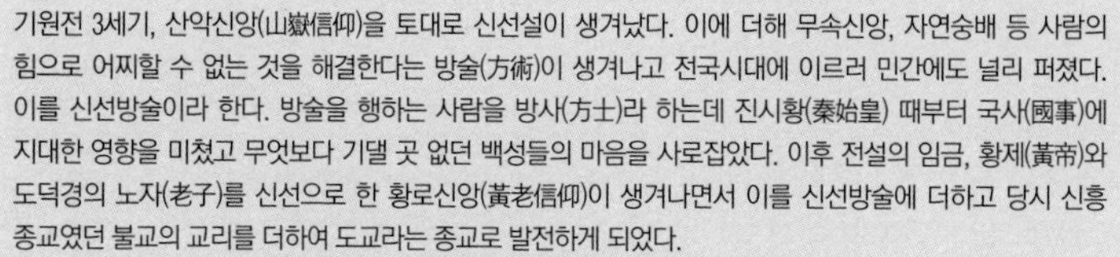

마쭈

특징

도교는 4세기 이후 불교를 바탕으로 교리를 체계화시키고 종교로 자리 잡기 시작했다. 본래 자연 발생한 민간신앙이었기 때문에 교조를 엄밀하게 따지고 밝혀낼 수 없다. 노자를 교조로 내세우기도 하는데 초기 종교로 모습을 갖추려는 방사들에 의한 것이다. 도교를 다시 요약하자면, 신선설을 중심으로 고대의 민간신앙, 음양오행, 의술, 점성술, 풍수지리, 도가와 유가 등을 보태고, 그것에 불교를 본받아 체제를 조직화하고 교리를 만들어 종교로 자리매김했다. 건강하게 오래 사는 삶을 주목적으로 현세의 길복을 추구하면서 유교와 불교는 물론 다른 신앙까지 포괄적으로 받아들이는 포용성이 강하다.

바오썬따디

사람 그리고 신

도교는 신을 절대자이자 스승으로 모시는데 가르침을 토대로 심신을 수양하면 사람도 신과 같은 신선이 된다 믿는다. 노자를 개조(開祖)로 한 도가사상으로 도를 닦고 덕을 쌓으며 공자를 개조로 한 유가사상의 인(仁)을 중심으로 사람이 항상 갖추어야 하는 도리, 인의예지신(仁義禮智信), 오상(五常)을 수양한다. 이밖에도 도교 안에는 여러 사상의 좋은 것들이 더해져 있다. 이를 종교이자 철학으로 삼고 그 속의 다양함을 배우고 깨우쳐 삶에 녹여내다 보니 타이완 사람들 대부분이 친절하고 옛것은 아끼되 새로운 것에 너그럽다. 도교를 들여다보면 타이완 사람들이 보인다. 함께 하는 삶, 사람 그리고 신.

위에라오

위황쌍디

투디공

타이베이 소풍

마지마지 스퀘어

MAJI² 集食行樂
MAJI² Square

MUST SEE 여느 쇼핑몰과는 달리 탁 트인 타이베이 엑스포 공원 안에 자리 잡고 있어 마치 소풍을 나온 듯 즐거운 곳이다. 길게 늘어선 컨테이너 푸드코트에서 한식을 포함한 세계 각국의 간단한 먹거리를 만나고 라이브 공연을 들으며 주변으로 들어선 분위기 좋은 레스토랑에서 낭만 가득한 타이베이의 한때를 보내자. 그리고 다양한 수공예품, 기념품 등을 판매하는 MAJI Market 그리고 유기농 식자재부터 소품까지 있는 MAJI Food & Deli에서 쇼핑도 즐길 수 있다. 넓게 펼쳐진 엑스포 공원에는 미술관 등도 있어 문화도 즐길 수 있다. 복합문화공간으로 친구, 연인, 가족 모두가 함께하기 너무나 좋은 타이베이의 매력적인 여행지! 노천 테이블에 앉아 공원 풍경을 바라보며 커피 또는 시원한 맥주를 마시는 것도 묘미이다.

Tip 알아두면 유용한 꿀팁

마지마지 스퀘어에서 타이베이 미술관으로 가는 길에 보이는 건물 위엔민퐁웨이관(原民風味館)은 원주민 예술가의 작품과 타이완 원주민을 알리는 곳으로 규모가 크지 않아 잠깐 들리기 좋은 곳이다.

Access MRT 위엔산(圓山) 역 1번 출구 나와 왼쪽, 엑스포공원 경기장 왼쪽으로 따라가면 된다. (이정표를 따라가면 된다.) 도보 3분.

GPS 25.069649, 121.521729

North Taipei Spot ⑬
중산 & 위엔산

타이베이의 구겐하임
타이베이스리메이수관
타이베이시립미술관 台北市立美術館
Taipei Fine Arts Meseum

1983년에 문을 연 타이완 최대 규모의 현대미술관이다. 사각으로 이뤄진 타이베이 미술관과는 다르지만, 흰색의 기하학적 외관이 마치 뉴욕의 구겐하임 미술관을 떠올리게 한다. 엑스포 공원과 이어져 있어 도심 속 문화휴식공간으로 타이베이 시민들에게 사랑받고 있는 곳이다. 1 ~ 3층은 전시실, 지하에는 디자인 숍, 박물관, 휴식 공간이 있으니 천천히 둘러보도록 하자. 여행 중에도 문득문득 떠오르는 복잡한 일상에서 벗어나 오롯이 타이완 작가들의 미술 작품의 세계로 빠져보자.

Address 台北市中山區中山北路三段181號
No.181, Sec. 3, Zhongshan N. Rd., Zhongshan Dist
Tel 02 2595 7656
Open 09:30 ~ 17:30, 토요일 09:30 ~ 20:30 (월요일 휴무)
Web www.tfam.meseum
Admission 30NT$ (국제학생증 소지시 15NT$)
Access MRT 위엔산(圓山) 역 1번 출구 나와 왼쪽, 엑스포 공원 경기장 왼쪽으로 따라가면 된다. (이정표를 따라가면 된다.) 도보 8분.
GPS 25.072393, 121.524756

North Taipei Spot ⑭
중산 & 위엔산

동화나라 작은 박물관
타이베이구스관
타이베이고사관 台北故事館
Taipei Story House

1913년 지어진 타이베이의 차(茶)무역상 천자오쥔(陳朝駿)이 타이완의 유일한 잉글랜드 튜더 (1485년~1603년 잉글랜드를 다스린 왕가) 양식의 건축물로 당시 사업가와 상류층의 사교장으로 사용되었다. 1998년 타이베이 시 문화유산으로 지정해 관리하고 있다. 2003년부터 천자오쥔의 후손인 천궈츠(陳國慈)에 의해 타이베이 생활문화양식 등을 이야기하는 아기자기한 박물관, 타이베이구스관으로 재탄생하였다. 타이베이 사람들의 생활상부터 부담 없는 가격의 깜찍한 기념품, 무엇보다 동화 속에 들어온 듯 착각을 불러일으키는 외관까지 소소한 볼거리가 가득한 곳이다.

Address 台北市中山區中山北路三段181-1號
No.181-1, Sec. 3, Zhongshan N. Rd., Zhongshan Dist
Tel 02 2586 3677
Open 10:00 ~ 17:30 (월요일 휴무)
Web www.storyhouse.com.tw
Admission 50NT$ (학생 40NT$)
Access MRT 위엔산(圓山) 역 1번 출구 나와 왼쪽, 엑스포공원 경기장 왼쪽으로 따라가면 된다. (타이베이시립미술관 옆) 도보 8분.
GPS 25.073095, 121.524552

North Taipei Spot ⑮
중산 & 위엔산

동화 같은 타이완판 네버랜드!

타이베이스어통신러위엔

타이베이시아동신락원 臺北市兒童新樂園
Taipei Children's Amusement Park

램프의 요정을 따라서 오즈의 성을 찾아 나서볼까? 동화처럼 환상적인 어린이들의 세상, 모험의 꿈을 타고 무지개를 건너 도착한 이곳은 바로 타이베이스어통신러위엔 어린이 놀이공원! 엄마와 아빠 그리고 어른들도 매표소를 통과하면 모두가 피터 팬과 웬디가 되는 도심 속 네버랜드! 원래 놀이공원이 있던 위엔산(圓山) 지역이 국가 고적지로 분류되면서 2014년 12월, 타이베이 시에서 자라나는 아이들이 교육과 여가 그리고 문화를 경험할 수 있는 아이들을 위한 공간을 새롭게 만들었다. 어린이와 함께하는 타이베이 여행이라면 더없이 좋고 어른들도 동심의 세계로 모험을 떠날 수 있어 더할 나위 없다. 어릴 적 나풀나풀 날아다녔지만 잊고 지냈던 아름답고 순수한 그곳 네버랜드! 아이와 함께 아름답고 신비한 나라로 하하 호호 날아 모험을 떠나보자!

알아두면 유용한 꿀팁
입장료는 물론 놀이기구 이용까지 이지카드로 결제할 수 있다.

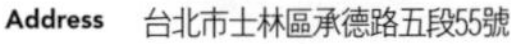

Address	台北市士林區承德路五段55號 No.55, Sec. 5, Chengde Rd., Shilin Dist., Taipei City 111
Tel	02 2181 2345
Open	월~금요일 09:00~17:00, 토요일 09:00~20:00, 일요일 09:00~18:00
Admission	30NT$(6세 미만 무료, 7 ~ 11세 15NT$ 문의)
Rides	Ride 총 13종의 놀이기구 이용 시 1종마다 30NT$ 또는 20NT$ 이용 요금.
Access	MRT 스린(士林) 역 1번 출구. 놀이공원과 잇는 셔틀버스 또는 버스 이용.(255번, Red 30번, 620번)
GPS	25.097212, 121.514956

중화민국 역사의 장

위엔산따판띠엔

원산대반점 圓山大飯店
The Grand Hotel

Address	台北市中山區中山北路四段1號 No.1, Sec. 4, Zhongshan N. Rd., Zhongshan Dist., Taipei City 104
Tel	02 2886 8888
Open	24hr
Access	MRT 위엔산(圓山) 역과 위엔산따판띠엔(圓山大飯店)을 잇는 셔틀버스가 20분 또는 30분 간격으로 있다. 약 10분.
GPS	25.078304, 121.526137

타오위엔 공항에서 타이베이로 들어오는 길에 가장 먼저 눈에 띄는 붉은 궁전이 있다. 모두가 궁금해하는 이 건물이 바로 〈꽃보다 할배〉에서 할아버지들이 마지막 밤을 묵었던, 그리고 많은 스타와 외국 대사 등 귀빈들이 묵었던 위엔산따판띠엔 원산 호텔이다. 1949년 타이완으로 후퇴한 중화민국 초대 총통인 장제스는 타이베이에 외국 대사 등 귀빈이 묵을 5성급 호텔이 없다는 점을 아쉬워했다. 이에 그의 아내 쑹메이링(宋美齡)은 일제강점기에 신사가 있던 지금의 위엔산 명당 자리에 호텔 건립을 제안했고, 장제스는 중화 문화를 서구에 알리기 위해 화려한 전통 궁전 양식으로 설계할 것을 지시했다. 1952년 5월 문을 연 뒤 여러차례 확장을 거쳐 1973년 쌍십절(10월 10일 중화민국 건국기념일)에 현재의 모습을 갖추어 타이베이의 상징으로 자리 잡았다. 화려한 호텔의 외관만으로도 눈길을 사로잡지만, 자세히 보면 더 흥미로운 것들이 있다. 먼저, 본관 지붕 양 끝에 두 마리의 용 머리가 보통과 달리 호텔 안쪽으로 향해 있는 것을 볼 수 있다. 용은 전통적으로 비와 물을 상징해 화마(火魔)를 막는 벽사(辟邪)의 역할을 하는데 1995년 6월 호텔 보수 공사 중 지붕에 화재가 발생해 상층부가 파괴되었고 피해 복구를 하면서 앞으로 있던 용머리를 180° 돌려 더는 화재가 일어나지 않길 바라며 1998년 재개장하였다고 한다. 또 한 가지는 당시 소문으로만 떠돌던 장제스의 비밀 벙커와 터널이다. 위의 화재로 그동안 감춰졌던 비밀의 공간이 모습을 드러냈는데, 장제스가 귀빈을 접대하던 영빈관으로 쓰인 만큼 중국의 공습에 대비한 벙

커와 터널을 호텔 아래 숨겨 타이베이 어딘가로 대피할 수 있게 연결했다고 한다. 180m 정도의 길이로 약 1만 명을 한번에 수용할 수 있는 규모라고 하니 실로 대단하다. 간혹 벙커와 터널은 특별 이벤트를 통해 대중에게 공개한다고 한다. 꼭 숙박하지 않더라도 역사의 장을 둘러보며 중화민국의 귀빈이 되어보는 것은 어떨까?

알아두면 유용한 꿀팁

호텔에 들어서면 마치 화려한 박물관으로 들어온 듯한데 2층에 전시된 사진 속 장제스 정권과 이를 찾은 귀빈들의 모습을 통해 중화민국의 전성기를 엿볼 수 있다.
1층 입구 로비 왼쪽에 있는 레스토랑에서 판매하는 스페셜티 커피가 향이 아주 좋다. 호텔 커피로 품질도 좋은데 가격은 착하다. 커피를 음미하며 타이베이를 찾은 귀빈이 되어보자.

놓치면 안 될 작품들

백년금룡(百年金龍)
2차 세계대전 후 대포를 녹여 만든 용으로 24K 금으로 도금했다.

구룡벽(九龍壁)
지하 연회장 문에 있는 이것은 자금성의 문양을 모델로 만들었으며 접견에서 정보를 보호하기 위함이었다고 한다.

매화조정(梅花藻井)
매화 잎의 갯수 5는 축복을 의미하고 23마리의 금룡과 16마리의 봉황은 번영을 의미한다.

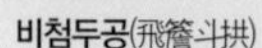

비첨두공(飛簷斗拱)
중화 전통 건축양식으로 처마를 표현할 때 올리는 잡상(雜像)으로 십신(十神)이라고도 하며, 길상(吉祥)과 화마를 제압하는 벽사의 의미

대청낙지파리문(大廳落地玻璃門)
정문 입구 문에 새겨진 옥색 문양 사이에 고대 문자로 중화민국만세(中華民國萬歲)이다.

타이완 No.1 야시장

스린예스

사림야시장 士林夜市
Shilin Night Market

Address	台北市士林區基河路101號 No.101, Jihe Rd., Shilin Dist
Tel	02 2881 5557
Open	17:00 ~ 00:00
Access	MRT젠탄(劍潭) 역 1번 출구 왼쪽으로 나오면 바로 보인다. NET쪽으로 길을 건너면 된다. 도보 1분.
GPS	25.089265, 121.524478

MUST SEE

1909년 처음 문을 열어 이미 100년을 넘긴 이곳은 타이베이 여행자들이 꼭 찾는 타이완을 대표하는 야시장으로 그 범위 또한 굉장히 방대하다. 방사형으로 펼쳐진 골목 곳곳에 자리하고 있는 노점들과 함께 마치 미국 드라마 〈워킹데드〉를 보는 듯한 착각이 들 정도로 사람들로 가득한 곳! 워낙 유명한 곳이니만큼 찾는 사람도 많아 음식 맛은 예전 같지 않고 노점도 많이 바뀌어 아쉽지만 여전히 많은 노점들이 오랜 시간 자리를 지키고 있다. 스린야시장은 그 규모답게 먹거리뿐 아니라 기념품 가게까지 500여 개 점포가 들어서 있어 구경하는 재미가 가득하니 꼭 한 번은 들려 보자. 우리나라 여행자들에게 이어폰 줄감개, 망고 젤리, 애완용품 등이 유명하다.

Tip 알아두면 유용한 꿀팁

MRT 젠탄(劍潭) 역 1번 출구와 마주하는 NET 매장 입구 등지고 오른쪽 노점 중 액세서리를 파는 가판대가 있다면 꼭 한 번 들러 구경해보자. 주인 아주머니가 직접 디자인해서 만드는 수공예품으로 가격까지 저렴하다. 금속 알레르기가 없다면 나만의 예쁜 액세서리를 찾아보자.

타이완 명물 지파이를 대표하는 **하오따따지파이**

호대대계배 豪大大鷄排 Háo dàdà jī pái

저렴한 가격에 엄청난 크기를 자랑해 타이완 젊은이들이 가장 좋아하는 먹거리 중 하나. 게다가 우리나라 사람이라면 모두가 사랑하는 치느님! 치킨가스를 닮은 지파이면 모든게 해결 된다. 메뉴는 이 커다란 지파이 단 하나! 뭘 먹을지 고민할 필요도 없다. 어딜가나 뭘 먹을지 결정이 힘든이에게 제격이다. 타이완 맥주 한 캔과 함께 지파이를 오물거리며 야시장을 둘러보면 그 재미를 더한다. 지파이 70NT$

향수를 불러 일으키는 오랜 영화관 **양밍씨위엔**

양명희원 陽明戲院 at movies

문을 연 지 70년 가까운 오래된 극장이다. 이 오랜 극장을 보고 있으면 어릴 적 아빠, 엄마 손을 잡고 가던 극장 나들이가 생각날지 모른다. 서울의 피카디리나 대구의 동성아트홀과 같은 추억을 불러일으키는 장소랄까? 타이완 역시 우리나라와 마찬가지로 대형 영화관으로 인해 작은 영화관들이 사라지고 있다. 영화관 앞으로 스린의 명물 거대한 지파이와 왕자치즈감자까지 있으니 먹거리와 함께 복고풍의 오래된 영화관을 배경으로 사진을 남기는 것도 타이베이 여행의 한때를 기념하기에 더없이 좋을 듯하다.

왕자치즈감자 **왕즈치쓰마링수**

왕자기사마령서 王子起士馬鈴薯
Prince Cheese Potato

스린예스를 찾은 여행자라면 모두가 한 번 먹어봐야 하는 왕자치즈감자! 지금은 시먼딩이나 라오허제에서도 만나볼 수 있지만 그래도 원조 중의 원조 스린에서 먹어야 제맛이다. 인기가 많아 줄을 서야하는 것은 기본! 이것도 야시장의 묘미 중 하나이니 즐겨라! 엄청난 치즈 양에 한 번 놀라고 괜찮은 맛에 두 번 놀라고 계속 먹으면 좀 짜서 세 번 놀란다. 일행이 있다면 하나로 사이좋게 나눠 먹자. 토핑에 따라 가격이 조금씩 다르다. (55 ~ 65 NT$)

Address 台北市士林區文林路113號
No.113, Wenlin Rd., Shilin Dist
Tel 02 2881 4636
Open 10:00 ~ 23:00 (마지막 상영)
Access MRT 젠탄(劍潭) 역 1번 출구 나와 NET쪽으로 길을 건너 오른쪽 직진. 도보 5분.
GPS 25.088303, 121.526065

세계 5대 박물관

꾸공보우위엔

고궁박물원 故宮博物院
National Palace Museum

Address	台北市士林區至善路二段221號 No.221, Sec. 2, Zhishan Rd., Shilin Dist
Tel	02 2881 2021
Open	일 ~ 목요일 08:30 ~ 18:30, 금, 토요일 08:30 ~ 21:00
Admission	성인 350NT$, 국제학생증 소지시 150NT$, 취학전 아동 무료, 오디오 가이드 렌탈 150NT$
Web	www.npm.gov.tw

프랑스 파리의 루브르, 영국 런던의 대영박물관, 미국 뉴욕의 메트로 폴리탄 그리고 러시아 상트페테부르크의 예르미타시 박물관과 함께 세계 5대 박물관으로 꼽히는 꾸공보우위엔은 아시아를 대표하는 박물관이다. 1965년 개관 후 2007년 확장을 거쳐 지금의 모습에 이르렀다. 중국 모든 역사를 아우르는 약 70만 점의 어마한 양의 유물은 주요 전시물인 옥 배추, 추이위바이차이와 동파육을 닮은 러우싱스 등을 제외하고 3 ~ 6개월마다 순환되는데 모두 보려면 약 20년의 세월이 걸린다고 한다. 이처럼 가치가 높고 많은 양의 유물이 중국이 아닌 타이완에 남게 된 데에는 타이완 초대 총통인 장제스(蔣介石)와 국민당 군대의 역할이 아주 크다. 항일전쟁과 국공내전으로 인해 불안한 중국의 정세 속에 유물을 중요시했던 장제스의 지시로 난징 및 여러 곳으로 분산시킨 뒤 1948년 타이완으로 이동 시 유물도 함께 옮겨왔다. 그나마 박물관이 소장한 유물의 양도 과거의 22%에 지나지 않는다고. 한국어 오디오 가이드 대여 서비스가 있으니 더욱 재미있는 역사 여행이 될 것이다.

Tip 알아두면 유용한 꿀팁

동영상 촬영 및 음식물 반입 금지. 일부 사진촬영이 가능한 것도 있지만 이 역시 플래시를 터뜨리거나 셀카봉을 사용할 수 없다.

Access	MRT 스린(士林) 역 1번 출구로 나와 직진, 왓슨스에서 오른쪽으로 향하면 바로 버스 정류장이 보인다. 버스 255, 304, 815, R30, M1 중 탑승 15~20분 소요.
GPS	25.102374, 121.548217

꾸공보우위엔(고궁박물원)을 대표하는 유물

러우싱스
육형석 肉形石

우리에게는 삼겹살 돌로 유명한 청대 유물로, 간장으로 장시간 우려낸 동파육(坡肉)과 비슷한 모양이 눈길을 사로잡는다. 삼겹살과 닮은 갈색 천연석에 껍질 부분을 좀 더 염색하고 땀구멍을 조각 해 좀 더 실감나게 표현했다.

추이위바이차이
취옥백채 翠玉白菜

흰색과 녹색을 지닌 천연 통옥에 조각된 작품으로 청나라 광서제의 왕비인 서비가 가져온 혼수품으로 배추는 신부의 순결함을 의미하고 배추 위에 살아 있는 듯 조각된 여치는 다산을 상징한다고 한다

샹야토화쉬에룽원타오츄
상아투화운룡문투구 象牙透花雲龍紋套球

3대에 걸쳐 상아를 조각한 것으로 공 속의 공이 17개가 있다. 겉에서부터 파고들어가 공 하나를 만들고 그 공을 깍아서 그 안에 공을 또 만들어 총 17개의 공을 조각한 작품으로 각각의 공들이 따로따로 사유롭게 회전이 가능하다고 한다. 현대 기술로는 14개까지 밖에 못 만들었다고 하니 놀라운 작품이 아닐 수 없다.

띠아오간란허샤오쩌우
조감람핵주 雕橄欖核小舟

18세기 궁중장인 진조장(陳祖章)의 작품으로 손톱 크기에 불과한 높이 1.6cm, 길이 3.4cm의 올리브 씨앗에 작은 배를 조각했는데 창문은 여닫이가 가능하고 배를 탄 8명 모두 자세가 다르며 배 안에 소품까지 정밀하게 조각되어 있다. 배 하단에는 제작일자와 300여 자의 글귀가 적혀 있어 과연 인간의 손으로 조각한 것이 맞는지 눈을 의심할 정도로 멋진 작품이다.

로맨틱 대관람차

메이리화빠이러위엔

미려화백락원 美麗華百樂園
Miramar Entertainment Park

Address 台北市中山區敬業三路20號
No.20, Jingye 3rd Rd., Zhongshan Dist.
Tel 02 2175 3456
Open 일 ~ 목요일 11:00 ~ 23:00, 금, 토요일, 공휴일, 공휴일 전날 11:00 ~ 00:00
Web www.miramar.com.tw
Rides 월 ~ 금요일 150NT$, 토, 일요일, 공휴일 200NT$
(국제학생증 할인)

타이완의 각종 TV 프로그램의 배경으로 자주 등장하는 곳으로 쇼핑과 엔터테인먼트를 한 곳에서 즐길 수 있는 타이베이를 대표하는 복합쇼핑몰이다. 100m 높이의 대관람차를 타고 바라보는 타이베이 야경이 아름다워 우리나라 여행자들에게도 사랑받는 곳이다. 총 48개 관람차 중 2개 차량은 투명한 크리스탈로 되어 있고 관람차 1대에 6명씩 최대 288명을 태울 수 있다. 저녁에는 탑승을 기다리고 있는 연인들을 위해 한 칸씩 건너 탑승시키는 센스! 덕분에 연인들의 데이트 장소로도 사랑받는다. 천천히 돌아 한 바퀴에 17분이 소요되는데 관람차에 탑승하지 않더라도 천악(天樂), 지채(地彩), 풍무(風舞)라는 자연과 인생, 예술의 혼연일체를 주제로 밤하늘에 펼쳐지는 멋진 대관람차의 조명 쇼를 감상하면 된다. 또한, 세계 최대 규모의 IMAX 영화관에서 영화를 관람하거나 인근에 위치한 까르푸에서 쇼핑을 즐겨보자. 까르푸 1층에 있는 중국 근대 콘셉트의 푸드 리퍼블릭(Food Republic)에서는 먹거리와 볼거리를 동시에 즐길 수 있다.

Tip 알아두면 유용한 꿀팁

스릴을 즐기는 여행자라면 상하좌우 360도로 조망할 수 있는 크리스털 투명 관람차를 추천한다. 다만 투명 관람차는 2대뿐이어서 사람이 많을때는 대기시간이 길다.

Access 1. MRT 젠난루(劍南路) 역 3번 출구 나오면 바로 보인다. 도보 2분
2. MRT 젠탄(劍潭) 역 1번 출구 나와 오른쪽 셔틀버스 정류장 이용
(셔틀버스 무료, 20분 소요)
GPS 25.083297, 121.557176

North Taipei Spot ❶
신베이터우

전세계 두 곳 뿐인 라듐 유황 온천

신베이터우

신북투 新北投
Xinbeitou

울창한 숲에 둘러싸여 주변 풍광이 아름다운 베이터우에는 전세계에 딱 두 곳인 라듐 유황 온천이 있다. 도심과 가까워 접근성이 좋기도 하지만 특히 베이터우스(北投石)에 포함된 소량의 방사성 라듐이 몸에 아주 좋다고 한다. 게다가 온천욕을 끝내고 나면 매끈한 피부에 스스로 반할 정도다. 처음 일제강점기 일본군의 치료 목적으로 개발되었고, 해방 후 호주와 미국군이 주둔하면서 유흥지화되었으나 타이베이 시가 온천 휴양지로 대규모 개발 사업을 추진하면서 현지인뿐 아니라 타이베이를 찾는 여행객들에게 사랑받는 곳이 되었다. 베이터우 온천의 진원지인 디러구(地熱谷)에서부터 흘러나오는 온천수는 신베이터우 곳곳으로 흘러가는데 시냇가에 발만 담그고 있어도 온천의 효능을 충분히 느낄 수 있다. (아무 곳에서나 온천욕이 가능했던 과거에는 이 물에 발만 담그고 있어도 온천의 효능을 충분히 느낄 정도였다고 한다.) 신베이터우 온천은 수질이 워낙 좋아 시설을 크게 신경 쓰지 않는다면 가격 적당하고 마음에 드는 온천탕으로 골라 뜨뜻한 물에 몸을 담그자. 온천욕과 함께 고즈넉한 신베이터우 온천 지구를 산책하며 삼림욕도 즐기고 온천수로 만들어 국물이 끝내주는 라면 한 그릇으로 든든하게 배를 채우면 건강한 타이베이 여행 완성!

Access MRT 신베이터우(新北投) 역을 나서면 신베이터우 온천 지구가 시작된다.
GPS 25.136941, 121.503933

North Taipei Spot ❷
신베이터우

100년 기차역

신베이터우처짠 빠이니엔이짠

신북투기차역 백년역참 新北投車站 百年驛站
Xinbaitou Old Train Station

1916년 개통한 신베이터우 기차역. 지금의 MRT가 개통되기 전인 1989년까지 기차로 이곳을 오갔다. 타이베이 시에서 MRT 계획 후 1989년 선로를 철거하고 신베이터우처짠을 장화(彰化) 지역으로 옮겼다. 1997년 단수이를 잇는 MRT 2호선이 개통하면서 점점 잊혔다. 하지만 이를 기억하던 베이터우 장안리 이장과 시민들이 기부금을 모으고 시에 끊임없이 건의한 끝에 오랜 기차역을 다시 제자리로 옮겼고 개보수 후 2017년 4월 1일 시민들의 문화공간으로 탈바꿈했다. 무엇보다 기차역을 철거한 것이 아니라 그대로 옮겨 보존했다는 것, 옛것을 아끼고 보존하는 타이완 문화에 그저 감탄할 뿐이다.

Tip 알아두면 유용한 꿀팁
컬렉터들에게 반가운 소식! 타이베이 여행 기념품으로 이름난 나무 오르골 중에서 신베이터우처짠 오르골을 이곳에서 구매할 수 있다.

Address 台北市北投區七星街1號
No.1, Qixing St., Beitou Dist
Tel 02 2528 9580
Open 화~목요일 10:00~18:00, 금~일요일 10:00~20:30
Admission 무료
Access MRT 신베이터우(新北投) 역 나와 오른쪽 뒤돌아 보이는 치싱공위엔(七星公園)에 바로 보인다.
GPS 25.136645, 121.503459

신베이터우 온천 추천

꽃보다 할배의 노천 온천
베이터우친수이루톈원취엔
북투친수노천온천 北投親水露天溫泉
Millennium Hot Spring

2001년 만들어진 천희탕(千禧湯)이라는 멋진 이름이 있는 이곳은 신베이터우에서 가장 유명한 노천 온천으로 저렴한 가격이 장점이며 현지인들부터 여행자들이 모두 함께 어울리는 곳이다. 우리나라의 여러 가이드북에도 소개되었지만, 무엇보다 〈꽃보다 할배〉 출연자들이 이용하면서 더욱 유명해진 곳이다. 남녀 공용 혼탕이라 수영복을 입어야 하고 수영복이 없으면 현장에서 바로 구매 가능하며 수건 같은 개인용품도 챙기는 편이 좋다. 높낮이가 다른 6개의 탕이 있는데 위로 올라갈수록 온도가 높다. 중간중간 준비 시간에 온천수 교체 및 청소를 해 수질 및 위생 관리가 철저하니 걱정은 안드로메다로!

Address	台北市北投區中山路6號 No.6, Zhongshan Rd., Beitou Dist
Tel	02 2897 2260
Open	05:30 ~ 07:30, 08:00 ~ 10:00, 10:30 ~ 13:00, 13:30 ~ 16:00, 16:30 ~ 19:00, 19:30 ~ 22:00
Admission	성인 40NT$, 학생 20NT$(어린이, 65세 이상 경로우대)
Access	MRT 신베이터우 (新北投) 역 입구를 나와 중산루(中山路)를 따라 직진. 도보 8분
GPS	25.137001, 121.508531

친절한 온천 여관

펑황거원취엔회관

봉황각온천회관 鳳凰閣溫泉會館

Phoenix Pavilion Hot Spring Resort

신베이터우에서 아는 사람만 안다는 소박한 온천 여관. 나무와 다다미 등 일식으로 지어져 타이베이에서 일본을 느낄 수 있어 온천 여행의 묘미를 더한다. 이곳의 가장 큰 장점은 오롯이 가족, 친구, 연인 등 사랑하는 사람과 함께 즐길 수 있는 프라이빗 온천! 저렴한 가격에 하늘을 바라보며 노천 온천처럼 즐길 수 있다. 친절한 직원들과 신베이터우의 세계적으로 이름난 온천수는 덤이다! 객실 타입이 모두 달라 욕실 구조도 다르다. 다만 객실에 있는 욕실은 대부분 좁다는 평이다. 또한, 온천수를 사용할 수 있는 시간이 정해져 있으니 물이 나오지 않는다고 당황해하지 말자. 고즈넉한 신베이터우를 거닐며 그 유명한 온천 라멘을 맛보는 여유를 원한다면 이곳에서 하루 묵는 것도 좋다. 뜨끈한 온천수에 몸을 담그고 있으면 '봉황이 앉은 누각'이라는 옛말이 절로 떠오른다. 이런 호사라면 누구라도 거부하기 어렵지 않을까?

Tip 알아두면 유용한 꿀팁

숙박 예약 시 331호는 피할 것! 유독 방이 더 좁아 불만이 나오는 곳이다.

Address	台北市北投區溫泉路天主巷1號 No.1, Tianzhu Lane, Wenquan Road., Beitou Dist
Tel	02 2891 2827
Open	08:00~23:00
Admission	프라이빗 온천 1인당 300NT$
Access	MRT 신베이터우(新北投) 역 나와 중산루(中山路)를 따라 직진, 디러구(地熱谷) 입구 지나 언덕 위 만커우라멘(滿客屋拉麵)을 지나 있다. 도보 13분.
GPS	25.136148, 121.510352

족욕이면 충분해

취엔위엔공위엔파오쟈오츨위엔취

천원공원포각지원구 泉源公園泡腳池園區

Quanyuan Park Foot Spa

한적한 공원 안에 마련된 노천 족욕탕. 신베이터우에는 무료 족욕탕이 몇 있지만 이곳은 다른 족욕탕에 비해 거리가 멀어 현지인들 외에 여행자를 찾아보기 힘들다는 게 장점! 수건만 챙겨가면 되는데 슬리퍼에 반바지 차림이면 그마저도 필요 없다. 추억을 떠올리게 하는 정겨운 초록색 수도 펌프를 손으로 꾹꾹 눌러 발을 씻고 탕에 발을 담그면 되는데 삼림 속에서 족욕을 즐기고 있으면 잠이 솔솔 온다. 아쉽게도 탕 내에서 음식물 섭취는 금지되어 있지만 마치고 편의점에서 시원한 맥주 한 캔이면 금상첨화!

Address	台北市北投區珠海路155號 No.155, Zhuhai Rd., Beitou Dist
Open	08:00 ~ 18:00 (월요일 휴관)
Admission	무료
Access	MRT 신베이터우(新北投) 역 입구를 나와 세븐일레븐과 경찰서가 보이는 취엔위엔로(泉源路)를 따라 오른다. 도보 15분.
GPS	25.141460, 121.509929

우리나라 여행자들이 사랑하는 온천

수이메이온천

수미온천 水美溫泉
Sweetme Hotspring Resort

현대적인 온천호텔로 투숙객은 개인탕과 대중탕 모두 무료로 이용할 수 있어 신베이터우에서 하루 숙박을 계획하는 여행자들에게 좋은 선택이 아닐 수 없다. 깔끔한 시설에 수질 관리도 철저해 현지인과 여행자 모두의 마음을 사로잡은 곳이니 믿고 이용할 수 있다. 무엇보다 역과 가까워 접근성이 좋고 이용자가 많이 없는 평일에는 이용료를 할인해주거나 이용 시간을 늘려주는 등 탄력적인 운영으로 우리나라 여행자들 사이에서 사랑받고 있다.

Address	台北市北投區光明路224號 No.224, Guangming Rd., Beitou Dist
Tel	02 2898 3838
Open	토 ~ 목요일 08:00 ~ 00:00, 금요일 12:00 ~ 00:00
Admission	대중탕 800NT$, 개인탕 1,200NT$ ↑
Access	MRT 신베이터우(新北投) 역 입구를 나와 오른쪽 광밍루(光明路)를 따라가면 된다. 도보 2분.
GPS	25.136117, 121.505071

족욕이면 충분해 두 번째

푸싱공위엔파오쟈오츨위엔취

복흥공원포각지 復興公園泡腳池
Fuxing Park Foot Spa

다른 족욕탕보다 가까운 거리에 있어 접근성도 좋고 수용인원도 100명까지 가능한 곳이다. 어디든 마찬가지겠지만, 현지인과 여행자 모두가 뒤섞이는 곳인 만큼 수돗가에서 발을 깨끗이 씻고 온천수에 발을 담그자. 족욕으로 땀을 빼주고 나면 여행에서 쌓인 피로가 싹 가시는 느낌. 하지만 접근성이 좋은 만큼 주말이면 엄청난 사람들이 몰린다는 게 단점이라면 단점. 굳이 온천욕을 할 생각은 없지만 신베이터우 온천은 체험해보고 싶은 여행자들에게 추천하는 곳이다.

Address	台北市北投區中和街61號 No.61, Zhonghe St., Beitou Dist
Open	08:00 ~ 18:00 (월요일 휴관)
Admission	무료
Access	MRT 신베이터우(新北投) 역 입구를 나와 왼쪽 중허제(中和街)를 따라 직진, 푸싱공위엔(復興公園) 내 있다. 도보 5분.
GPS	25.138770, 121.502231

North Taipei Spot ❸
신베이터우

아름다운 도서관
타이베이스리도수관 베이터우
타이베이 시립도서관 북투 분관 臺北市立圖書館北投分館
Taipei Public Library Beitou Branch

우리 동네에도 있었으면 하는 아름다운 도서관이다. 만약 그랬다면 엄청나게 공부를 열심히 해서 다른 일을 하고 있었을지도 모르겠다는 생각을 하게 한다. 물론 그렇지는 않겠지만 그만큼 매일 가고 싶은 아름다운 외관의 도서관이다. 친환경 에코 건축물로도 유명한데 태양열 발전을 사용하고 빗물을 이용해 정원을 가꾼다고 한다. 기본적으로 실내는 사진 촬영이 금지되어 있지만 안내데스크에서 신청서를 작성하고 허락을 받아 사진 촬영을 할 수 있다고 하니 2012년 세계에서 가장 아름다운 도서관 25선에 이름을 올린 이곳을 사진에 담아 보자. 물론 공부하는 학생들 방해되지 않게 쉿! 플래시는 노노!

Address	台北市北投區光明路251號 No.251, Guangming Rd., Beitou Dist
Tel	02 2897 7682
Open	화 ~ 토요일 08:30 ~ 21:00, 일, 월요일 09:00 ~ 17:00
Admission	무료
Access	MRT 신베이터우 (新北投) 역 입구를 나와 중산루(中山路)를 따라 직진. 도보 5분.
GPS	25.136386, 121.506385

North Taipei Spot ❹
신베이터우

공중목욕탕으로 바라본 베이터우 온천 역사
베이터우원취안보우관
북투온전박물관 北投溫泉博物館
Beitou Hot Springs Museum

1913년 일제강점기에 지어진 한때 동아시아 최대 대중목욕탕이었다. 100년이 넘은 이 일본식 건물은 현재 신베이터우의 대표적 관광명소로 탈바꿈했다. 2층의 다다미방은 목욕 후 차를 마시며 이야기를 나누던 휴식공간이었고 1층에 대중목욕탕이 자리하고 있었다. 온천박물관을 둘러보고 더위를 식히며 그 당시를 그려보는 것은 어떨까? 무엇보다 박물관에서는 베이터우에서 처음 발견되어 지명을 딴 베이터우석(北投石)을 볼 수 있는데 몸에 좋은 방사성 라듐을 뿜어낸다고 한다.

※2017년 9월 4일부터 2018년 10월 26까지는 내부수리로 인하여 휴관.

Tip 알아두면 유용한 꿀팁

타이완, 일본, 칠레에서만 볼 수 있는 베이터우석은 1cm의 결정을 만드는 데만 약 130년이 소요되는데 우리가 볼 수 있는 것은 무려 800kg에 달하니 나이를 짐작하기도 어렵다.

Address	台北市北投區中山路2號 No.2, Zhongshan Rd., Beitou Dist.
Tel	02 2893 9981
Open	09:00 ~ 17:00 (월요일 휴관)
Admission	무료
Access	MRT 신베이터우(新北投) 역 입구를 나와 중산루(中山路)를 따라 직진. 도보 6분.
GPS	25.136573, 121.507148

North Taipei Spot❺
신베이터우

위대한 시인이자 서예가의 별장

메이팅

매정 梅庭
Plum Garden

1930년대 지어진 타이완을 대표하는 위대한 시인이자 서예가 위유런(于右任)의 별장이었다. 2층은 일식 목재 구조로 밟으면 굉장히 정겨운 느낌이 들고, 1층은 철근과 진흙으로 만들었으며 대형 방공호가 있다고 한다. 위유런은 일본과 영국 유학 후, 상하이로 돌아와 신주일보(神州日報) 등 신문을 창간하면서 청조를 비판하기도 해 중화권 신문기자들의 아버지로 칭송받았다. 각종 청탁을 피해 이곳에 머물며 은둔생활을 했다고 한다. 메이팅에는 현재 그의 서예작품과 그의 작업실 등 그와 관련된 각종 자료를 전시하고 있다. 한국어 설명도 있으므로 신베이터우 일원을 산책할 때 더위도 피할 겸 잠시 들러 둘러보는 것도 좋다.

Address	台北市北投區中山路6號 No.6, Zhongshan Rd., Beitou Dist
Tel	02 2897 2647
Open	09:00 ~ 17:00 (월요일 및 공휴일 휴관)
Admission	무료
Access	MRT 신베이터우(新北投) 역 입구를 나와 중산루(中山路)를 따라 직진. 도보 9분.
GPS	25.137023, 121.508672

North Taipei Spot❻
신베이터우

섭씨 100℃로 보글보글

디러구

지열곡 地熱谷
Beitou Thermal Valley

베이터우 온천의 진원지. 가까이 가면 달걀 썩은 냄새와 같은 유황 냄새로 가득한 지옥 같은 곳이라 하여 디위구(地獄谷)라고도 불렀다 한다. 앞이 제대로 보이지 않을 정도로 수증기가 가득한 디러구는 수온이 85~100℃ 사이로 굉장히 높아 물이 끓고 있는 모습도 볼 수 있다. 예전에는 온천수에 난간도 없었고 달걀도 삶아 먹었다고 하는데 뜨거운 온천수에 화상을 입는 안전사고가 발생하면서 모든 것이 금지되었다. 한창 더운 여름철에는 난간에 다가서는 것조차 어려울 정도! 그래도 날 것 그대로의 온천을 보기란 쉽지 않으니 신베이터우를 찾았다면 반드시 들러봐야 할 곳이다.

Address	台北市北投區中山路 Wenquan Rd., Beitou Dist
Tel	02 2720 8889
Open	09:00 ~ 17:00 (월요일, 공휴일 휴관)
Admission	무료
Access	MRT 신베이터우(新北投) 역 입구를 나와 중산루(中山路)를 따라 직진하다보면 이정표가 나온다. 도보 12분.
GPS	25.137763, 121.511616

타이완 사람들이 가장 사랑하는 로맨틱 플레이스

양밍산

양밍산 陽明山
Yangmingshan National Park

타이완 국가공원으로 지정될 만큼 아름다운 자연경관을 자랑하는 곳으로 타이베이 현지인들이 사랑하는 관광명소이다. 신베이터우와 함께 유황 온천으로 잘 알려진 곳이지만 양밍산공원 내 이동이 불편하고 주요 관광명소와 온천 단지가 떨어져 있어 아직 한국 여행자들에게 본연의 매력이 잘 알려져 있지 않다. 그러나 한 번 가본 사람이라면 로맨틱 타이베이 야경을 잊지 못할 것. 시간이 허락한다면 하루 일정으로 이국적인 자연 경관을 벗 삼아 하이킹을 즐기고, 온천 단지에서 피로를 푼 뒤 땅거미가 내리면 로맨틱한 타이베이 야경을 보길 추천한다. 전체를 돌아볼 시간이 없다면 타이베이 시내에서 가까우므로 하이킹이나 온천욕 혹은 야경 감상 중 한두 가지만으로 일정을 잡아도 된다. (이동 시간 및 셔틀 버스 운행 간격 고려할 것)

Tel	02 2861 3601
Open	8:30 ~ 16:30 (비지터 센터 운영시간)
Web	www.ymsnp.gov.tw
Admission	무료
Access	1. MRT 타이베이처짠(台北車站) 역 북문 쪽으로 나와 260, 260區 버스, 30NT$ 종점 하차 2. MRT 젠탄(劍潭) 역 1번 출구 왼쪽 紅5, 小15 버스, 15NT$ 종점 하차 3. MRT 신베이터우(新北投) 역 맞은편 공원 입구 小9, 230 버스, 15NT$ 종점 하차
GPS	25.146358, 121.525070

알아두면 유용한 꿀팁

순환버스는 공원 내 주요 관광지들을 오간다.
108번 순환버스는 양밍산 국가공원 내 주요 관광지들을 오간다. 운행 시간은 07:00 ~ 17:30이며 이용료는 원데이 패스 60NT$, 편도 15NT$이다. 모든 정류장에 정차하지 않으므로 목적지를 확인하고 타야하며 원데이 패스 구입은 108번 버스 양밍산 종점 사무소에서 가능하다.

양밍산 추천 온천

타이베이 마니아들이 추천하는 온천!

양밍산 온천단지

양밍산 온천단지 陽明山 溫泉區
Yangmingshan Hot Springs

다양한 볼거리를 함께 하려면 신베이터우를 추천하지만, 오롯이 온천만 즐긴다면 이야기가 달라진다. 양밍산 주요 관광명소와 함께 모두 둘러보기에는 이동이 불편하지만, 온천만을 위한 양밍산 온천 단지는 타이베이 시내와 가깝고 크고 작은 온천 약 10개가 옹기종기 모여 있어 이끌리는 대로 들어가면 그뿐이다. 우라이나 신베이터우 온천보다 가격 대비 시설이 좋고 이용자 대부분이 현지인이라는 점도 굉장히 매력적이라 타이베이 마니아들은 이곳 양밍산 온천을 애용한다. 우리나라 여행자들이 좋아할 만한 뜨겁고 진한 유황온천으로 수질도 아주 좋다. 대부분 노천탕이 많고 대중탕과 가족탕으로 구분되어 있어 원하는 대로 선택할 수 있다. 온천만 이용해도 되지만 식사와 함께 온천을 이용할 수 있는 패키지 상품도 있으니 참고하자. 1인 가족탕 이용 시 안전상 이유로 금지된 곳도 있는데 혼자 꼭 이용하고 싶다면 안전사고 시 책임을 묻지 않는다는 각서를 써야 한다. 반나절 양밍산 온천에서 피로를 풀고 타이베이 여행을 더욱 개운하고 깔끔하게 보내는 것은 어떨까?

알아두면 유용한 꿀팁

양밍산 유황온천의 경우 신베이터우에 비해 pH 농도가 더 높아 탈모의 우려가 있어 머리카락은 온천수에 직접 담그지 않는 것이 좋다고 한다. 샤워 캡을 주는 온천도 있다고 하니 필요하면 요청해보자.

Access	MRT 스파이(石牌) 역 1번 출구 나와 오른쪽 횡단보도 건너 단테커피 지나면 있는 버스 정류장에서 508, 535, 536 버스를 타고 싱이루산(行義路三) 정류장 하차, 버스 약 15분 소요. 온천 단지 이정표를 따라 도보 5분.

예스러운 일본풍 온천

촨탕

천탕온천양생요리 川湯溫泉養生料理
Kawayu SPA

1998년 일본 교토식 온천을 본떠 만든 촨탕은 타이베이 현지인들에게 사랑받는 곳이다. 큰 규모에 고풍스런 외관 그리고 일본에 온 것으로 착각할 만한 분위기 덕에 친구, 가족 등 사랑하는 사람과 함께하면 더할 나위 없이 좋을 듯하다. 식사와 함께 또는 오롯이 온천만을 즐겨도 되고 무엇보다 대중탕과 가족탕의 가격이 같은 것이 가장 큰 매력이다. 단, 주말 가족탕 이용 시 반드시 식사를 포함한 패키지로만 가능하다. 샴푸와 샤워 젤은 비치되어 있지만 수건은 준비해가야 하고, 위생상 대중탕에서는 온천에서 지급하는 샤워캡을 반드시 착용해야만 한다.

Address 台北市北投區行義路300巷10號
No.10, Ln. 300, Xingyi Rd., Beitou Dist
Tel 02 2874 7979
Open 16:00~01:00(여름 및 겨울 영업시간 상이, 홈페이지 참조)
Web www.kawayu-spa.com.tw
Cost 대중탕 및 가족탕 1인 200NT$, 식사 포함 1인 400NT$↑
Access MRT 스파이(石牌) 역 1번 출구 나와 오른쪽 횡단보도 건너 단테커피 지나면 있는 버스 정류장에서 508, 535, 536 버스를 타고 싱이루산(行義路三) 정류장 하차, 버스 약 15분 소요. 온천단지 이정표를 따라 도보 7분.
GPS 25.139145, 121.529602

맛있는 식사와 함께

탕라이

탕뢰 湯瀨
Yuse SPA

촨탕과 같이 온천만을 이용해도 되지만 이곳 탕라이는 식사가 만족스러운 곳이다. 식사를 주문하면 온천 이용권을 함께 주는데 식사 후 온천 또는 온천 후 식사를 선택해 편안하게 즐기면 된다. 물론 깔끔한 시설의 온천 역시 훌륭하다. 식사와 함께 온천을 즐기기에 가격대비 아주 괜찮은 곳으로 가족 또는 연인과 함께하기 좋은 곳이다. 고급 가족탕과 VIP 가족탕에는 수건이 준비되어 있지만, 대중탕과 일반 가족탕에는 수건이 따로 준비되어 있지 않아 수건을 준비해 가야 한다.

Address 台北市北投區行義路300巷1號
No.1, Ln. 300, Xingyi Rd., Beitou Dist
Tel 02 2876 0888
Open 07:00~00:00(온천 이용시간, 화요일 휴무)
Web www.yuse-spa.com.tw
Cost 대중탕 250NT$, 가족탕(2인 기준) 1인당 250NT$↑ 이며 온천탕에 따라 가격이 달라진다. 식사(온천 이용권 포함) 1인당 메뉴에 따라 가격이 다름 예) 469NT$ +10%
Access MRT 스파이(石牌) 역 1번 출구 나와 오른쪽 횡단보도 건너 단테커피 지나면 있는 버스 정류장에서 508, 535, 536 버스를 타고 싱이루산(行義路三) 정류장 하차, 버스 약 15분 소요. 온천단지 이정표를 따라 도보 7분.
GPS 25.138900, 121.529151

하늘과 맞닿은 아름다운 언덕

칭톈강

경천강 擎天崗
Qingtiangang

양밍산 관광명소 중 가장 이국적이고 광활한 풍경을 선사하는 자연방목 목장이다. 말 그대로 하늘과 맞닿은 아름다운 언덕과 젠틀한 바람을 만끽하노라면 누구나 절로 힐링하게 된다. 천천히 거닐며 사색에 잠겨도 좋고 멋진 풍경에 심취해 아무 생각이 없어도 좋은 곳. 풀을 뜯으며 노니는 검은 소들의 눈망울은 어찌나 맑은지, 곳곳에 퍼질러진 소똥마저 정겹다. 간단한 도시락이나 스낵 등 주전부리와 함께 맥주 한 캔이면 더 이상 바랄 게 없다. 아쉽게도 이곳에는 음료 자판기 외에는 매점이 없어 양밍산에 오르기 전 먹거리를 미리 준비해야 한다. 날 맑은 밤에 별을 보는 데이트 코스로도 유명하다고 하니 별 헤는 밤, 별 하나에 추억과 별 하나에 사랑을 나누자.

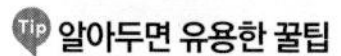

알아두면 유용한 꿀팁

칭톈강에 오르기 전 안내소에서 유황 광산으로 유명했던 양밍산에 대한 자료를 볼 수 있다.

무료 온천을 즐길 수 있는 곳

렁수이컹

냉수갱 冷水坑
Lengshuikeng

다른 온천에 비해 온도가 낮아 붙여진 이름으로 약 40℃정도라는데 실제로는 더 낮게 느껴진다. 이곳은 온천욕과 족욕 모두 무료로 즐길 수 있지만 아쉽게도 규모가 그리 크지 않다. 칭톈강과 가까워 넓은 초원과 이어진 하이킹을 즐기고 등산 후 개운하게 땀을 씻어보자. 정겨운 타이베이 사람들과 함께 족욕으로 피로를 풀어주면 더할 나위 없다. 또한 렁수이컹 온천과 도보 5분 거리에 있는 우유 빛깔의 호수 뉴나이후(牛湖)에서 우유를 마시듯 사진을 남 겨보자. 뉴나이후는 유황침전물로 인해 이처럼 뽀얀 빛깔을 띠고 있다.

Open 06:00 ~ 09:00, 10:30 ~ 13:00, 14:30 ~ 17:00, 18:30 ~ 21:00(매월 마지막 주 월요일 또는 음력설 전날, 또는 천재지변시 휴무)

유황가스가 솟구치는 분화구

샤오유컹

소유갱 小油坑
Xiaoyoukeng

양밍산은 여전히 유황 가스가 솟구치고 온천수가 들끓는 활화산으로 그 모습을 자세히 들여다볼 수 있는 곳이 바로 샤오유컹이다. 일제강점기에 유황을 채취하던 광산이었지만 지금은 여행자들의 호기심을 자극하는 증기를 뿜어내는 장관을 보여주는 곳으로 여러 매체에 소개되면서 양밍산 관광 명소로 더욱 유명해졌다. 뜨거운 온천수와 유황 가스가 분출되고 있으니 안전사고가 나지 않게 구역 안으로 들어가거나 바닥을 만지지 말자.

Open 09:00 ~ 16:30

아름다운 칼라꽃이 만개한 고원지대

주즈후

죽자호 竹子湖
Zhuzihu

화산 폭발로 형성된 화산호(火山湖) 지역으로 예전 대나무가 많아 붙여진 이름이다. 해발 670m의 습지 지역인 만큼 봄(3, 4월)에는 고산 습지식물인 하얗고 예쁜 칼라꽃, 이곳 말로 하이위(海芋) 꽃이 만개해 장관을 이룬다. 때에 맞춰 하이위(海芋) 축제가 열리는데 타이베이 현지인들은 이때 가족과 사랑하는 이와 함께 이곳을 찾아 제철 산나물 요리를 맛보고 하얀 꽃밭을 거닐며 행복한 봄날을 보낸다. 향도 좋고 그 모습도 단아한 칼라꽃 그리고 꽃보다 아름다운 사람들과 함께 주즈후의 꽃밭을 산책하는 것이야 말로 진정한 여행의 즐거움 아닐까?

North Taipei Spot❶
단수이

석양이 아름다운 항구도시
단수이
닭수 淡水
Tamsui

MUST SEE 우리나라 여행객들에게 '말할 수 없는 비밀'의 배경으로 더욱 사랑받는 곳이다. 한가로이 강변을 거닐다 그저 멍하니 타는 듯 아름다운 석양을 바라보며 타이베이 여행에서 최고의 순간을 보낼 수 있는 곳이 단수이다. 단수이는 스페인과 네덜란드, 청나라, 영국 등 열강들의 흔적을 찾아볼 수 있는 역사의 장이기도 하다. 예전부터 무역 상인들이 드나들어 19세기 말까지 타이완을 대표하는 항구였으나 강하구의 퇴적 현상으로 대형 선박이 오갈 수 없어 대부분 기능은 지룽(基隆)항으로 옮겨 갔고 지금은 타이베이 시민들의 쉼터이자 여행자들의 아름다운 여행지로 주목 받고 있다. 신베이시에 속해 있어 타이베이 근교 지역으로 분류하지만 MRT로 쉽게 이동할 수 있다. 타이베이 중심가를 기준으로 약 40분 정도 소요된다. 한가로이 강변 산책을 하며 단수이를 대표하는 맛있는 먹거리와 함께 역사와 영화 속 주인공이 되어 보자.

Tip 알아두면 유용한 꿀팁

단수이(淡水)는 우리가 생각하는 이상으로 범위가 넓어 한나절 또는 최소한 반나절은 소요된다. 체력이 허락하는 한 도보 여행을 추천하지만 단수이 주요 명소를 잇는 紅26, 836 버스를 활용하면(MRT 단수이(淡水) 역 2번 출구 쪽 버스정류장) 시간과 체력 모두 절약할 수 있다. 자전거를 대여할 수도 있지만, 오르막길도 많고 강변 외에는 자전거 타기가 모호해서 추천하지 않는다.

Access MRT 단수이(淡水) 역 1번 출구로 나와 왼쪽으로 가면 단수이 강변과 바로 연결된다.

GPS 25.167040, 121.444599

North Taipei Spot❷
단수이

맛있는 단수이
단수이라오제
담수노가 淡水老街
Tamsui Old Street

MRT 단수이(淡水) 역 1번 출구를 나와 왼쪽으로 처음 만나는 스타벅스와 강을 사이로 왁자지껄하고 시끌벅적한 사람들과 먹거리로 넘쳐나는 골목인 공밍제(公明街)가 나타나는데 단수이의 대표 먹자골목인 단수이라오제(淡水老街)의 시작으로 중정루(中正路)를 따라 길게 이어진다. 단수이를 대표하는 유부 당면과 아게이(阿給), 간장 메추리알, 달걀, 톄단(鐵蛋) 등 타이완 먹거리들이 줄지어 있다. 또 하나, 타이완 1960~70년대 콘셉트로 기념품과 소품들을 판매하는 상점도 곳곳에 있어 우리나라의 그 시절과 닮아 향수를 자극한다. 이것저것 간식들을 맛보고 구경하다 보면 단수이 강물이 흐르듯 모르게 시간이 흐른다.

Access MRT 단수이(淡水) 역 1번 출구 왼쪽, 공밍제(公明街)와 중정루(中正路)로 이어진다.

GPS 25.171031, 121.438535

낭만이 가득한 단수이

단수이환허따오루

담수환하도로 淡水環河道路
Tamsui Riverside

단수이라오제와는 또 다른 낭만을 자아내는 단수이 강변, 강변을 따라서 만날 수 있는 엄청나게 키가 큰 소프트 아이스크림부터 대왕 오징어튀김 등 먹거리와 옛날 유원지에서 보던 풍선 터뜨리기와 같은 오락시설 그리고 강변을 바라볼 수 있는 카페와 레스토랑이 줄지어 있다. 여유롭게 거니는 것도 좋지만, 커피나 맥주 한 잔과 함께 흐르는 단수이강과 거니는 사람들을 바라보며 그 시간을 즐기는 것은 어떨까? 무엇보다 턱을 괴거나 의자에 몸을 파묻어 아무 말이나 생각도 필요 없는 오롯이 아름다운 단수이 석양을 감상해보자.

Access MRT 단수이(淡水) 역 1번 출구 왼쪽, 강변.
GPS 25.169151, 121.441015

단수이 먹거리

속이 꽉 찬 풀빵

칭광홍또우빙

청광홍두병 清光紅豆餅
Qīng guāng hóngdòu bǐng

칭광스창이 원조인 풀빵계의 지존으로 개인적으로 단수이에 가면 꼭 먹는 간식이다. 저렴한 가격에 꽉 찬 속이 먹을 때마다 흐뭇한 웃음을 짓게 한다. 빵이 대부분인 우리나라 붕어빵이나, 국화빵만 먹다 칭광홍또우빙을 먹는 순간, 이것이 신세계! 단팥도 많이 달지 않아 좋고 무엇보다 한 입 씹을 때 주체를 못 하고 터져 나오는 슈크림이 아주 맛있다. 입 데지 않게 조심! 맛있게 먹는 비결은 세로로 베어 먹는 것인데 크림이 이쪽 저쪽 새는 것을 방지해준다. 풀빵 1개 10NT$

Access MRT 단수이(淡水) 역 1번 출구 나와 단수이라오제(淡水老街)가 시작되는 공밍제(公明街) 초입 왼쪽에 있다. 도보 2분.
GPS 25.171366, 121.438396

대왕 카스테라! 원조가 어디고?

샹카오단까오

현고단고 現烤蛋糕
Xiàn kǎo dàngāo

여행자들의 입소문으로 유명해져서 여러 가이드북에도 소개된 단수이의 명물 대왕 카스테라를 판매하는 곳이다. 사실 사이즈가 크다는 점 외에는 '왜?'라는 의문이 머릿속을 맴돌지만 그래도 단수이까지 왔다면 원조의 맛은 보고 가야하지 않을까? 길 건너에 원조를 주장하는 대왕 카스테라 집이 하나 더 있지만 별다른 마찰 없이 각자 장사를 잘하고 있다. 실제로 줄을 길게 선 사람들은 대부분 현지인이 아닌 한국을 비롯한 외국인 여행자들인지라 원조를 따지는 일 자체가 무의미하다. 양이 엄청나서 일행과 하나 사서 인증 사진을 남기고 맛보는 것에 만족하면 그뿐이니 줄이 적은 쪽에서 사는 것이 시간상으로 이득! (일반 90NT$, 치즈 130NT$, 가격 할인 시 일반 80NT$, 치즈 100NT$)

Address 新北市淡水區中正路228-2號
No.228-2, Zhongzheng Rd., Tamsui Dist., New Taipei City
Tel 02 2626 7860
Open 월~금요일 09:00~18:00, 토, 일요일 08:00~20:00
Access MRT 단수이(淡水) 역 1번 출구 나와 공밍제(公明街)와 만나는 중정루(中正路) 왼쪽으로 직진, 푸유공(福佑宮)을 지나 오른쪽에 있다. 도보 10분.
GPS 25.170560, 121.439090

단수이에서 맛보는 닭 날개 볶음밥

료거사오카오지츠바오판

류가소고계시포반 溜哥燒烤雞翅包飯
Liū gē shāokǎo jīchì bāofàn

스펀 명물 닭 날개 볶음밥을 이제 단수이에서도 만날 수 있다. 핑시선 스펀 역 닭 날개 볶음밥 주인장의 형이 운영하는데 가격과 맛은 같은데 친절을 더했다. 스펀 역에서는 닭 날개 볶음밥과 취두부 맛이 있는데, 이곳 단수이에는 볶음밥을 기본으로 스파게티 맛이 있다! 스파게티에 토마토 소스를 좀 더 넣었으면 하는 아쉬움이 있지만, 특색 메뉴를 즐길 수 있다는 것만으로 타이베이 여행의 묘미를 더한다. 이미 스펀에서 닭 날개 볶음밥을 경험했다면 이번에는 스파게티 맛에 도전해보자! (닭 날개 볶음밥, 스파게티 각 65NT$)

Access MRT 단수이(淡水) 역 1번 출구 왼쪽, 강변산책로인 단수이환허따오루(淡水環河道路)를 따라 걷다보면 오른쪽 푸유공(福佑宮)으로 가는 길에 있다. 도보 9분.
GPS 25.170009, 121.439543

바삭한 튀김 꼬치

아샹샤쥐엔

아향하권 阿香蝦捲

Ah Shang Shrimp Roll

단수이에서만 맛볼 수 있는 또 하나의 명물 샤쥐엔(蝦捲)! 네모 반듯하게 자른 반죽피에다가 새우와 돼지고기를 갈아 만든 소를 채워 말아 만든 튀김이다. 그 모양이 새우를 닮았다 하여 샤쥐엔 하권(蝦捲)이다. 샤쥐엔 튀김 세 개를 꼬치에 꽂은 것이 단돈 20NT$! 너무 바삭해서 과자를 먹는 듯한 기분이다. 와사비와 마늘, 칠리소스 중 입맛에 맞게 선택해 먹으면 된다.

Address 新北市淡水區中正路230號
No.230, Zhongzheng Rd., Tamsui Dist., New Taipei City
Tel 02 2623 3042
Open 10:30~19:00
Access MRT 단수이(淡水) 역 1번 출구 나와 공밍제(公明街)와 만나는 중정루(中正路) 왼쪽으로 직진, 푸유공(福佑宮)을 지나 오른쪽에 있다. 대왕 카스테라 옆집. 도보 10분.
GPS 25.170756, 121.439096

단수이 특산물

아포테단

아파철단 阿婆鐵蛋

Ah Po Iron Eggs

타이베이 여행 중 장조림같이 까만 알들을 파는 곳을 보면서 궁금해 하는 사람이 많다. 단수이 특산물 중 하나인 테단(鐵蛋)으로 달걀이나 메추리알을 각종 재료를 넣은 간장에 오랫동안 졸인 음식이다. 겉이 딱딱하다 하여 테단이라 부르는데 막상 먹어보면 짜지도 않고 쫀득해서 우리나라 장조림과 달리 반찬이 아닌 간식으로 좋다. 단수이의 수많은 테단 가게들 중에서도 가장 이름난 집으로 40년 전통으로 만든 맛이 으뜸이다. 아포(阿婆)는 할머니를 뜻한다.

Address 新北市淡水區中正路135-1號
No.135-1, Zhongzheng Rd., Tamsui Dist., New Taipei City
Tel 02 2625 1625
Open 09:00 ~ 22:00
Access MRT 단수이(淡水) 역 1번 출구 나와 공밍제(公明街)와 만나는 중정루(中正路) 왼쪽으로 직진, 푸유공(福佑宮)을 지나 왼쪽에 있다. 도보 9분.
GPS 25.170435, 121.439184

North Taipei Spot ❹
단수이

단수이 최초의 선교사를 만나다

마제통샹

마해동상 馬偕銅像
A Statue of Mackay

단수이에 최초로 기독교를 전파한 선교사 맥케이 박사(馬偕, Dr. Mackay)를 기념하기 위한 동상이다. 그의 이름인 맥케이를 타이완 사람들은 마제(馬偕)라 불렀다. 그는 종교뿐 아니라 서양 의술 및 교육을 전파하고 발전시키는데 크게 이바지했다. 동상 왼쪽 옆으로 난 작은 골목 안으로 그가 설립한, 현재 타이베이에서 산부인과로 가장 유명한 마제이웬(馬偕醫院)의 전신이기도 한 타이완 최초의 서양식 병원인 후웨이제이관(滬尾偕醫館)과 단수이 교회(淡水教堂)가 있다. 현재 후웨이제이관은 마제 박사 박물관과 카페로 운영 중이라 단수이 여행 중 잠시 쉬어가기에 좋다.

Address	新北市淡水區馬偕街6號 No. 6, Maxie St, Tamsui Dist
Tel	02 2621 4043(후웨이제이관)
Open	토요일 11:00~17:00, 일요일 13:00~17:00(월~금요일 휴관)
Web	mackay.org.tw
Admission	무료
Access	MRT 단수이(淡水) 역 1번 출구 왼쪽 공명제(公明街)와 만나는 중정루(中正路) 왼쪽 직진. 도보 11분
GPS	25.171806, 121.438547

North Taipei Spot ❺
단수이

아름다운? 붉은 머리!

홍마오청

홍모성 紅毛城
Fort San Domingo

1628년 스페인에 의해 처음 목조로 지어진 요새로 산도밍고(San Domingo)라 불렀다. 지금은 그 흔적을 찾아볼 수 없지만 여전히 그 이름을 사용하고 있으며 현재 볼 수 있는 홍마오청(紅毛城)은 스페인을 몰아낸 네덜란드에 의해 1649년 더욱 견고하게 세워진 요새로 샌안토니오(San Antonio)로 불렸다고 한다. 당시 원주민들이 붉은 머리칼과 수염을 가졌던 네덜란드인을 홍마오(紅毛)라고 부른 데서 유래하여 이곳을 홍마오청이라 부르게 되었다. 이후 명, 청나라 그리고 영국, 일본, 미국, 호주까지 이곳을 영사 관저로 사용하였으며 1980년 일반인에게 개방되었다. 우여곡절이 많았던 역사의 중심지였지만 지금은 아름다운 건물을 배경으로 사진을 남기는 여행자들의 관광명소로 거듭나고 있다.

Tip 알아두면 유용한 꿀팁
홍마오청 오른쪽 뒤편으로 전리따쉬에(真理大學)와 연결되는 샛길이 있다.

Address	新北市淡水區中正路28巷1號 No.1, Ln. 28, Zhongzheng Rd., Tamsui Dist., New Taipei City
Tel	02 2623 1001
Open	월~금요일 09:30~17:00, 토, 일요일 09:30~18:00
Access	MRT 단수이(淡水) 역 2번 출구 앞 버스정류장에서 紅26 버스, 홍마오청(紅毛城) 정류장에서 하차, 약 5분 소요. MRT 단수이(淡水) 역에서 도보 20분.
Admission	80NT$ (홍마오청, 후웨이파오타이 3곳 포함)
GPS	25.175448, 121.432934

North Taipei Spot ❻
단수이

〈말할 수 없는 비밀〉의 바로 그곳
단장가오지중쉬에
담강고급중학 淡江高級中學
Tamkang High School

타이완 유명 배우이자 가수인 '저우제룬(周杰倫 · 주걸륜)'의 모교. 저우제룬은 학창시절의 경험을 토대로 각본을 쓰고 감독, 주연까지 맡아 영화 〈말할 수 없는 비밀〉을 완성했고, 배경이 되었던 모교는 이후 타이베이 대표 여행지로 자리매김했다. 1914년 설립된 타이완 북부 최초의 사립 고등학교로 수많은 인재를 배출한 명문이다. 동서양의 건축양식이 혼합된 건물과 키가 큰 야자수가 있는 아름다운 교정으로 여행자들의 사랑을 받고 있지만 아쉽게도 주말이나 휴일 정해진 시간 외에는 출입을 금하고 있다. 이는 베이터우(北投)에서 일어난 학생 살해 사건 때문인데 거의 모든 학교에서 사전에 허락된 사람 외에는 출입을 금하고 있다. 기한이 정해져 있지 않아 언제 다시 볼수 있을지 알 수 없다. 영화 속의 교정을 걸어보고 싶다면 주말이나 휴일에 방문하길 권한다.

알아두면 유용한 꿀팁

학생들이 없는 주말 또는 휴일에 일반인에게 개방하는데 오픈 시간은 조금씩 달라진다. 교정 출입을 원할 시 경비 아저씨께 문의 해보자. 평일이라도 예외적으로 출입 가능한 곳이 교내 카페이다. 다시 한 번 강조하지만 교정에는 허락 없이 절대 들어가지 말자.

Address MRT 단수이(淡水) 역 2번 출구 앞 버스정류장에서 紅26 버스, 홍마오청(紅毛城) 정류장에서 하차, 약 5분 소요. MRT 단수이(淡水) 역에서 도보 20분.
GPS 25.175658, 121.43565

North Taipei Spot ❼
단수이

단수이 개항, 관세사무소 **샤오바이공**
소백궁 小白宮 Tamsui Customs Officers' Residence

1862년 청나라때 단수이를 개항했지만 무역에 대한 경험이 부족해 1870년이 되어서야 외국인 직원을 둔 관세사무소를 설립했다. 1997년 국가 고적으로 지정되어 단수이 근대 역사의 흐름을 볼 수 있는 곳으로, 넓은 정원과 아치형 기둥이 늘어선 새하얀 영국식 건물은 사진 놀이를 즐기기에도 좋은 곳이다.

Address 新北市淡水區真理街15號
Tel 02 2628 2865
Open 월 ~ 금요일 09:30 ~ 17:00, 토, 일요일 09:30 ~ 18:00, 매월 첫 번째 월요일 휴무
Access MRT 단수이(淡水) 역 2번 출구 앞 버스정류장에서 紅26 버스, 홍마오청(紅毛城) 정류장에서 하차, 약 7분 소요. MRT 단수이(淡水) 역에서 도보 20분.
Admission 80NT$(홍마오청, 샤오바이공, 후웨이파오타이 3곳 포함)
GPS 25.174193, 121.436268

North Taipei Spot ❽
단수이

청불전쟁, 외세를 물리치자! **후웨이파오타이**
호미포태 滬尾砲台 Huwei Fort

1884년 8월 베트남을 차지하기 위해 통킹(北圻)만에서 시작된 청불전쟁이 불씨가 되어 푸저우(福州)와 타이완(臺灣)의 항구를 포격하기에 이른다. 지룽(基隆)에서는 패되했지만 단수이에서는 프랑스 함대를 물리쳤다. 이후 타이완 총독 류밍촌(劉銘傳)은 해안 방어의 취약함을 깨닫고 독일 전문가를 고용해 서양식 요새를 단수이를 포함한 다섯 곳에 10개의 요새를 지었다. 다행히 완공 후 사용되지 않았다. 후웨이(滬尾)는 하구(河口)를 뜻하는 말이다.

Address 新北市淡水區中正路一段6巷34號
Tel 02 2629 5390
Open 월 ~ 금요일 09:30 ~ 17:00, 토, 일요일 09:30 ~ 18:00, 매월 첫 번째 월요일 휴무
Access MRT 단수이(淡水) 역 2번 출구 앞 버스정류장에서 紅26 버스, 후웨이파오타이(滬尾砲台) 정류장에서 하차 후 도보 8분.
Admission 80NT$(홍마오청, 샤오바이공, 후웨이파오타이 3곳 포함)
GPS 25.179389, 121.429368

North Taipei Spot ⑨
단수이

타이완 최초 서양식 대학교
전리따쉬에

진리대학교 真理大學
Aletheia University

타이완 최초의 서양식 대학교로 1882년 캐나다 선교사 마제(馬偕 · Dr. Mackay) 박사에 의해 설립되었고 영국 옥스퍼드 대학교를 모델로 삼아 지었다고 한다. 이후 1999년 고대 그리스어인 '알레테이아(Aletheia)'로 명칭이 변경되었지만 이 역시 '진리(真理)'를 뜻한다. 분수대 뒤편, 옥스퍼드 대학이라 불리던 뉴진쉐탕(牛津學堂)은 국가 고적으로 현재 마제 박사와 관련된 자료와 대학 역사자료를 전시 보관하고 있는 학교 역사관으로 쓰이고 있다. 홍마오청과 연결되는 길에 있는 대예배당 등 영화 <말할 수 없는 비밀>의 배경이기도 하다.

Address	新北市淡水區真理街32號 No.32, Zhenli St., Tamsui Dist., New Taipei City
Tel	02 2621 2121
Web	www.au.edu.tw
Admission	무료
Access	MRT 단수이(淡水) 역 2번 출구 앞 버스정류장에서 紅26 버스, 홍마오청(紅毛城) 정류장에서 하차 약 5분 소요 + 도보 5분
GPS	25.176912, 121.435148

North Taipei Spot ⑩
단수이

영원한 사랑을 약속하는
위런마터우

어인마두 漁人碼頭
Tamsui Fisherman's Wharf

단수이 관광명소 중 가장 멀리 떨어져 있어 접근성은 떨어지지만 로맨틱한 분위기 만큼은 단연 최고이다. 과거 어부들의 배가 드나들던 항구였지만 지금은 개인 요트들과 이국적인 리조트와 호텔, 항구를 따라 늘어선 카페 등이 로맨틱한 분위기를 더한다. 특히 해질 무렵 위런마터우는 아름답기로 유명한 단수이 석양의 화룡점정(畫龍點睛)! 위런마터우를 잇는 '연인의 다리', 칭런차오(情人橋)는 연인이 손을 잡고 건너면 영원히 헤어지지 않는다는 이야기가 전해진다. 사랑하는 연인과 함께라면 믿거나 말거나 손을 꼭 잡고 다리를 건너보자.

Access	1. MRT 단수이(淡水) 역 2번 출구 앞 버스정류장에서 紅26 버스, 종점인 위런마터우(漁人碼頭)역 하차. 약 25분 소요. 2. 단수이 선착장과 위런마터우를 연결하는 페리가 있다. (회사마다 가격 차이가 있다. 50NT$/60NT$)
GPS	25.183021, 121.410701

빠리

팔리 八里 Bali

단수이강을 사이에 두고 잘 보존된 자연 생태계와 아름다운 자연경관으로 타이베이 현지인들에게 사랑받는 곳이다. 자전거를 대여해 페달을 구르면 산뜻한 강바람이 송골송골 맺힌 땀방울을 식혀주어 더욱 기분이 좋다. 풍경을 벗 삼아 강변을 달리다 만나는 맹그로브숲 그리고 철새, 새우, 게, 물고기, 조개 등 자연이 살아 숨쉬는 와즈웨이 자연생태보호구역(子尾自然保留區)을 온몸으로 느껴보자. 빠리 선착장에 내려 처음 만나는 빠리라오제(八里老街)에서 대왕 오징어튀김의 원조인 보할머니집에서 오징어 튀김도 먹고 명물 쌍둥이 도넛, 솽바오타이(雙胞胎)도 맛보자. 자전거를 타고 멀리 나가지 않는 이상 생각보다 볼거리도 많지 않아 실망할 수도 있지만, 단지 이지카드를 단말기에 찍고 페리에 올라 단수이강을 건너는 것만으로도 색다른 경험이 될 것이다. 타이베이 현지인들은 빠리의 영어 철자가 인도네시아의 발리와 같아 농담 삼아 빠리를 Bali라고 영어로 답하는데 외국인들은 이곳이 인도네시아 발리인 줄 알고 굉장히 부러워하기도 한다. 빠리에서 찍은 사진을 인스타그램에 올릴 때 해시태그를 'BALI'라고 달아보자. 좋아요를 누르는 숫자가 순식간에 증가하는 경험을 하게 될지 모를 일이다.

빠리(八里)에서 자전거 빌리기

빠리 선착장과 빠리라오제(八里老街) 사이 강변 왼쪽과 오른쪽으로 사설 자전거 대여소가 있고 빠리 선착장 오른쪽 강변을 따라 가면 있는 쭤안공위엔(左岸公園) 안에 빠리취(八里區)에서 운영하는 자전거 대여소가 있다. 공공기관에서 운영하는 만큼 가격도 저렴하고 이지카드로도 결제 가능하다. (1시간 15NT$~) 사설은 다소 요금이 비싼 편이지만 2인용, 4인용 등 여러 종류를 선택할 수 있다. 대여 시 여권 또는 신분증을 맡겨야 한다. (종류별 가격이 다름, 50NT$~)

Access 단수이 페리 선착장에서 빠리행 페리를 타면 된다. (약 15분 소요)

편도요금 23NT$ (이지카드 결제 가능 및 선착장 앞 매표소 티켓 구매)

대왕 오징어튀김의 원조

바오나이나이화즈샤오

보할머니화지소 寶奶奶花枝燒 Bǎo nǎinai huāzhī shāo

타이베이 여행에서 만나게 되는 대왕 오징어튀김의 시작이 바로 보할머니집이다. 빠리에서 명성을 얻고 타이완 전역으로 퍼져나갔다. 빠리 곳곳에서 흔히 볼 수 있는 대왕 오징어 튀김이지만 기왕이면 원조집에서 맛을 봐야하지 않을까? 튀김에는 맥주가 제격! 빠리 라오제 끝자락에 있는 편의점에서 맥주를 구입해 오징어튀김과 함께 시원하게 한 모금 들이켜 보길. 주문과 동시에 초벌로 튀겼던 것을 다시 튀겨주기 때문에 따뜻하고 바삭바삭하게 먹을 수 있다. 소스 선택이 가능한데 고춧가루 양념, 마요네즈, 와사비, 후춧가루 등이 있다.
(小 100NT$ / 大 150NT$)

Address 新北市八里區渡船頭街26號
No.26, Duchuantou St., Bali Dist., New Taipei City

Tel 02 2610 4071

Open 월~금요일 10:00~19:00, 토요일 09:00~20:30, 일요일 09:00~20:00

Access 빠리(八里) 선착장으로 나와 맞은편 빠리라오제(八里老街) 왼쪽에 있다. 도보 2분.

GPS 25.158572, 121.435006

타이완 쌍둥이 도넛

쯔메이솽바오타이

자매쌍포배 姊妹雙胞胎 Zǐmèi shuāngbāotāi

보할머니 대왕 오징어튀김과 더불어 빠리의 명물로 꼽히는 먹거리. 이름 그대로 자매가 30년 넘게 운영하는 타이완식 쌍둥이 도넛 집이다. 여느 도넛에 비해 달지 않고 쫀득한 맛이 좋다. 쌍둥이 도넛 솽바오타이(雙胞胎)와 일반 도넛 톈톈췐(甜甜圈)이 대표 메뉴로 인기가 좋아 저녁 즈음에는 매진되고 없는 경우가 많다. 다른 도넛과 빵 종류도 판매하고 있지만 빠리 명물인 만큼 대표 메뉴 하나씩 먹어보길 추천한다.

Address 新北市八里區渡船頭街25號 No.25, Duchuantou St., Bali Dist., New Taipei City
Tel 02 2619 3532
Open 월, 수요일 ~ 금요일 09:00 ~ 20:00, 토, 일요일 09:00 ~ 21:00 화요일 09:00~19:30
Access 빠리(八里) 선착장으로 나와 맞은편 빠리라오제(八里老街) 오른쪽에 있다. 도보 2분.
GPS 25.158744, 121.434959

영양 듬뿍, 초록입홍합

셔지아콩취에거따왕

사가공작합대왕 佘家孔雀蛤大王 Shé jiā kǒngquè há dàwáng

영양이 듬뿍, 무엇보다 관절에 좋기로 유명한 초록입홍합 요리로 유명한 셔지아콩취에거따왕! 단수이(淡水)에도 지점이 있고 빠리(八里)가 본점이다. 메뉴는 같아도 본점이 더 맛있다는 평이 많아 일부러 빠리 본점을 찾는 사람이 많다. 인기 메뉴는 단연 초록입홍합 요리! 그 중 자오파이콩취에거(招牌孔雀蛤)가 현지인들에게 가장 인기 있다. 함께 올라가는 채소는 향이 조금 강하기 때문에 향에 민감한 사람은 간마늘이 듬뿍 들어간 쏸룽콩취에거(蒜蓉孔雀蛤)를 추천한다. 맥주와 함께하면 아주 그만이다.

Address 新北市八里區渡船頭街22號 No.22, Duchuantou St., Bali Dist., New Taipei City
Tel 02 2610 3103
Open 10:30 ~ 20:30
Access 빠리(八里) 선착장으로 나와 맞은편 빠리라오제(八里老街) 왼쪽에 있다. 도보 2분.
GPS 25.158666, 121.435280

NORTH TAIPEI

Cost 인당 100NT$ 이내 $ | 100NT$-499NT$ $$ | 500NT$ 이상 이상 $$$

RESTAURANT

•

CAFE & DESSERT

•

PUB & BAR

육즙이 풍부한 타이베이 최고의 만두

푸따산동증쟈오따왕

복대산동증교대왕 福大山東蒸餃大王

Fú dà shāndōng zhēng jiǎo dàwáng

MUST EAT 1991년 문을 열어 지금까지 꾸준하게 타이베이 현지인들과 일본 여행자들에게 사랑받는 찐만두 가게. 한국 사람들에게는 아직 덜 알려진 이 집의 증쟈오(蒸餃)는 트립어드바이저에서도 높은 순위에 오른 전세계가 다 아는 맛집이기도 하다. 최근 우리나라 가이드북에도 소개가 되었고 여행자들의 입소문으로 조금씩 알려졌다. 언제나 이 좁은 식당으로 들어서면 만두를 찌는 증기가 가득하고, 많은 사람이 맛있는 찐만두를 기다리는 모습이 침샘을 자극한다. 맥주와 함께 육즙이 가득한 증자오(蒸餃) 찜통 하나면 절로 불개 박수를 준비하게 된다. 매콤한 고추기름과 간마늘, 간장 그리고 식초를 잘 섞어 만든 소스에 찐만두를 푹 찍은 후 호호 불어서 야무지게 한 입! 젓가락으로 먹다 보면 만두가 육즙이 터질 수 있으니 숟가락에 올려 육즙과 함께 샤오롱바오 못지않은 풍미를 느껴보자. 타이완 짜장면인 샹구짜장멘(香菇炸醬麵)도 푸따(福大)의 인기 메뉴로 표고버섯이 주재료로 들어가 우리나라 자장면과 달리 담백하다. 작가 부부가 중산에 가면 꼭 들리는 단골집이다. 증쟈오(蒸餃) 85NT$,샹구짜장멘(香菇炸醬麵) 75NT$

Address	台北市中山區中山北路一段140巷11號 No.11, Ln. 140, Sec. 1, Zhongshan N. Rd., Zhongshan Dist
Tel	02 2541 3195
Open	11:30 ~ 20:30 (일요일 휴무)
Cost	$ ~ $$
Access	MRT 중산(中山) 역 2번 출구 나와 오른쪽 골목 직진, 사거리에서 왼쪽 도보 3분.
GPS	25.051521, 121.521606

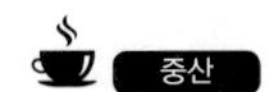

그 남자와 그 여자의 작업실

루피공작실

록피공작실 鹿皮工作室

순정만화 〈그 남자와 그 여자의 사정〉과 같이 귀엽고 따스한 그 남자와 그 여자의 작업실이다. 작업실을 운영하는 두 젊은 작가들은 알콩달콩한 커플로 그 사랑스러운 분위기가 공간 안에 그대로 녹아 있는 듯하다. 본인들의 작품 외 주변 젊은 작가들의 작품도 함께 전시하고 판매하는데 보고 있으면 절로 웃음이 나올 정도로 창의적이고 귀여우며 예쁘다. 아기자기한 소품, 소모품, 의류 등을 판매하고 있으니 스스로를 위한 선물을 해보자.

Address	Address 台北市大同區赤峰街41巷2-4號
	No. 2-4, Ln. 41, Chifeng St., Datong Dist.
	Tel 0934 026 955
Tel	Open 월요일~금요일 14:00~20:00, 토, 일요일
Open	13:00~20:00
Cost	Access MRT중산(中山)역 4번 출구나와
Access	난징시루얼스우샹(南京西路25港) 6번째 골목,
	츠펑제쓰스이샹(赤峰街41巷) 2/3지점 즈음 2층. 도보
	3분. (입구가 좁아 찾기 힘들 수 있으니 참고)
GPS	25.054824, 121.519827

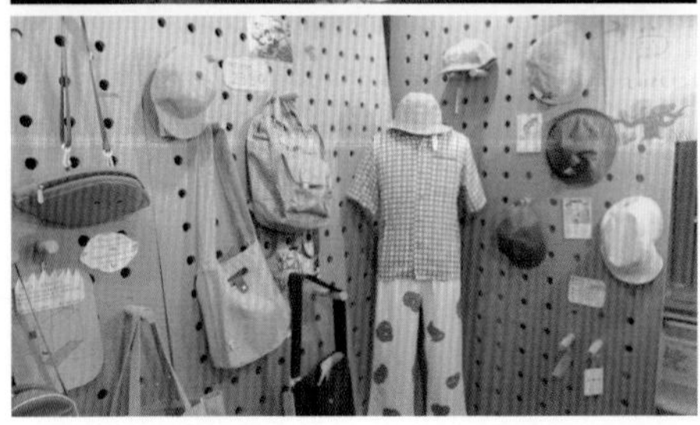

본고장도 인정한 장어덮밥

페이첸우

비전옥 肥前屋

현지 사람부터 여행자까지 모두 사랑하는 자타공인 장어덮밥 맛집이다. 심지어 본고장 일본에서 온 여행자들도 타이베이 여행에서 꼭 들리는 곳이라니 두말하면 잔소리! 일본과 비교해 훨씬 저렴한 가격에 맛까지 좋으니 더할 나위 없다. 장어가 들어간 달걀말이가 조금 느끼할 수도 있으니 양배추 볶음으로 씹는 식감을 올려주고 따뜻한 사케 한 잔 곁들이면 세상 흐뭇한 미소가 절로 머금어진다. 가격과 맛, 모두 가장 만족스러운 곳으로 장어덮밥이라면 무조건 여기! 장어덮밥, 정말 일본이 본고장인가 의심이 갈 정도다.

Address 台北市中山區中山北路一段121巷13-2號
No. 13-2, Ln. 121, Sec. 1, Zhongshan N. Rd., Zhongshan Dist.

Tel 02 2561 7859

Open 11:00~14:30, 17:00~21:00(월요일 휴무)

Access MRT중산(中山)역 2번 출구나와 직진. 오쿠라프레스티지 호텔 맞은편 텐진제(天津街)로 들어서 중산베이루이뚜안121샹(中山北路一段121巷 골목으로 들어서면 된다. 도보 5분.

GPS 25.051203, 121.523707

중산

커피와 함께 따뜻하고 향긋한 나날

니치니치

日子咖啡
Nichi Nichi

카페에 들어서면 조용히 책을 보거나 노트북으로 작업하는 사람을 쉽게 볼 수 있다. 일본어로 매일, 나날이라는 뜻의 니치니치라는 이름과 같이 커피와 함께 따뜻하고 향긋한 나날을 보냈으면 하는 주인장의 바람과 정성이 커피 한 잔 한 잔에 스며들어 있다. 엄선한 원두와 디저트를 선보이며 여유로운 커피 브레이크를 선사한다.

Address	Address 台北市大同區赤峰街17巷8號 No. 8, Ln. 17, Chifeng St., Datong Dist.
Tel	Tel 02 2559 6669
Open	Open 13:00~22:00
Access	Access MRT중산(中山)역 4번 출구나와 난징시루얼스우샹(南京西路25港) 2번째 골목, 츠펑제스치샹(赤峰街17巷) 중간 즈음에 있다. 도보 2분.
GPS	GPS 25.053712, 121.519665

중산

흑당 버블티 붐?!

타이거 슈가

노호당 老虎堂
Taiger Sugar

한국에 흑당 붐을 일으킨 장본인이라고 할 수 있는 타이거 슈가! 한국과 비교해 약 30~40%의 저렴한 가격으로 원조의 나라에서 버블티를 제대로 즐겨보자. 타이완 내 많은 흑당 버블티 브랜드를 탄생시키기도 한 이곳에서는 쫄깃쫄깃한 쩐주(珍珠)와 함께 흑당의 달콤함을 제대로 즐길 수 있다. 조금 단단한 한국의 쩐주와는 식감이 조금 다르다. 버블티를 좋아한다면 타이완 여행에서 하루 한 잔은 필수! 기회가 된다면 깔끔한 단맛의 원조 흑당 버블티인 천산딩(p.203) 또한 추천한다.

알아두면 유용한 꿀팁

시먼딩, 타이베이 기차역, 단수이, 스린예스, 중산 지점이 있으니 일정 동선에 따라 찾아갈 수 있다.

Address	台北市中山區中山北路一段140巷9號 No.9, Nanjing W. Rd., Zhongshan Dist.
Tel	02 2100 1559
Open	11:00~22:00
Access	MRT중산(中山)역 2번 출구 나와 오른쪽 골목 직진, 사거리에서 왼쪽 도보 3분 (푸따산동증쟈오따왕 옆)
GPS	25.051481, 121.521685

아기자기 디저트

다인 인 카페

Dine in caf□

좁은 골목길에 난 초록색 문을 열고 들어서면 우리만의 아틀리에와 같은 공간으로 들어서게 된다. 팬케이크, 샌드위치 등 브런치 메뉴부터 파스타 등의 식사 메뉴, 칩스와 같은 간단한 스낵까지 가능한 곳이다. 그렇지만 무엇보다 이곳에서는 아기자기 귀여워 먹기조차 아까운 디저트를 추천한다. 산책할 때 한 번씩 들러 입안 가득, 마음 가득 달콤함을 충전해 기기 좋은 곳이다. 커피도 좋지만, 차와 함께 먹기를 추천한다.

Address	台北市中山區中山北路二段36巷11號 No. 11, Ln. 36, Sec. 2, Zhongshan N. Rd., Zhongshan Dist.
Tel	02 2521 9586
Open	12:00~09:30
Access	MRT중산(中山)역 4번 출구나와 난징시루얼스산샹(南京西路23港) 중간 즈음 만나는 중산베이루얼뚜안사스료샹(中山北路二段36巷)으로 들어서면 있다. 도보 4분.
GPS	25.054367, 121.521934

생활잡지에서 공간으로 태어나다

샤오르즈샹하오

소일자상호 小日子商號

타이완 생활잡지, 〈샤오르즈(小日子)〉가 설립한 콘셉트 스토어로 자체 제작한 물품과 함께 잡지에서 소개하고 있는 타이완 제품도 판매하고 있다. 주요 제품은 자체 디자인 한 타이완 유행어 스티커인데 대부분 젊은 세대의 인생관을 표현하고 있어 많은 공감대를 얻어 인기가 있다. 심플해서 매치하기 쉬운 에코 백부터 중성적인 유니섹스 스타일의 티셔츠, 볼펜 등 모두 인기 품목이다. 샤오르즈가 출판한 잡지 역시 구매할 수 있다. 쇼핑 더불어 버블티, 우롱차 그리고 커피 등 음료 역시 즐길 수 있는데 딱히 테이블은 마련되어 있지 않다. 귀여운 가게 외관에 마련되어 있는 간이 의자에 앉아 잠시 쉬며 기념 사진을 남기기에 좋다. 특히 차 음료는 타이완 유명 차 브랜드, 유기명차(有記名茶)로 만든다고. 음료를 사는 데 편리하도록 한국어 메뉴도 준비되어 있다.

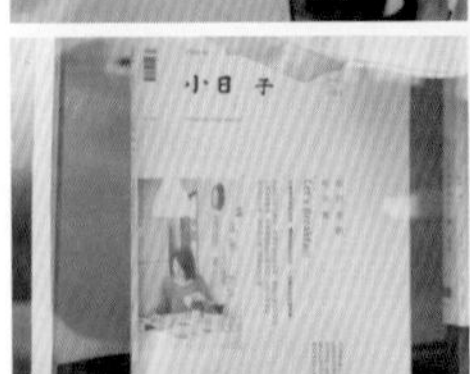

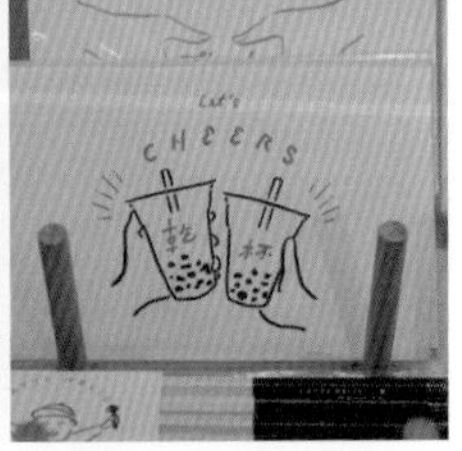

Address	台北市大同區承德路二段91巷50號 No. 50, Ln. 91, Sec. 2, Chengde Rd., Datong Dist.
Tel	02 2550 0225
Open	11:00~19:30
Access	MRT쐉롄(雙連)역 1번 출구나와 난징시루얼스우샹(南京西路25港) 3번째 골목, 츠펑제우스산샹(赤峰街53巷) 끝에서 보인다. 도보 3분.
GPS	25.056140, 121.519622

타이베이에서 즐기는 오키나와

하마 스시

はま寿司
Hama Sushi

저렴한 가격에 맛있는 초밥과 우동 그리고 사케까지 깔끔한 식사 한 끼! 오키나와 아메리칸 빌리지 맛집으로 유명한 하마 스시를 타이베이에서도 즐길 수 있다. 꼬마 손님도 우동과 유부초밥을 맛있게 먹고 기분 좋게 나설 수 있는 곳. 무엇보다 부모님, 아이와 함께하기 좋은 곳이니 조금은 기름신 음식에 지쳤을 때 찾으면 더할 나위 없다.

Address 台北市中山區中山北路二段185號
No. 185, Sec. 2, Zhongshan N. Rd., Zhongshan Dist.
Tel 02 2552 8700
Open 11:00~23:00
Access MRT민취엔시루(民權西路)역 9번 출구 나와 직진하다 만나는 스타벅스에서 북쪽으로 직진. 또는 MRT중산궈샤오(中山國小)역 1번 출구 나와 직진하나 만나는 스타벅스에서 북쪽으로 직진. 도보 5분.
GPS 25.063803, 121.522655

맛있는 와플

미랑지카페이관

멜랑지카페 米朗琪咖啡館
Melange Café

현지인들이 사랑하는 와플 전문 카페로 여러 가이드북에 소개되어 한국인 여행자들에게도 사랑받고 있다. 사실 우리나라에서는 와플의 열기가 식고 제대로 된 와플 카페도 찾기 어렵지만, 미랑지의 달콤하고 부드러운 게다가 두툼하고 양까지 넉넉한 와플이라면 이야기가 다르다. 진한 커피 한 잔과 함께 토핑이 듬뿍 올려진 와플을 한 입 베어 물면 말랑말랑하고 사랑스러운 타이베이 여행이 완성! 특히 상큼한 딸기와 딸기 시럽 그리고 커스터드 크림이 가득한 딸기 크림 와플이 유명하다. 헤럴드 신문을 보는 듯한 메뉴판도 재미를 더하니 사진에 담아보자.

Tip 알아두면 유용한 꿀팁
워낙 인기가 많은 곳이라 직원에게 얘기하고 대기표를 받아야 한다. 같은 골목에 있는 2호점으로 좌석 지정 될 수 있으니 참고.

Address 台北市中山區中山北路二段16巷23號
No.23, Sec. 2, Zhongshan N. Rd., Zhongshan Dist
Tel 02 2567 3787
Open 월 ~ 금요일 07:30 ~ 22:00, 토, 일요일, 공휴일, 공휴일 전일 08:30 ~ 22:00
Web www.melangecafe.com.tw
Cost $$ ~ $$$ + 10%
Access 중산(中山) 역 4번 출구 나와 왼쪽 신광싼웨3관(新光三越三館) 골목으로 들어가 첫 번째 오른쪽 골목. 도보 2분.
GPS 25.053200, 121.520872

그래 가끔 하늘을 보자

루스터 카페 & 빈티지

公雞咖啡
Rooster café & Vintage

중산의 카페 골목 난징시루얼스우썅(中山區南京西路25巷)은 개성 넘치는 카페와 카페테리아, 식당, 편집숍이 넘쳐나 산책하며 이곳저곳 둘러보기 좋은 곳이다. 루스터 카페 & 빈티지 역시 그중 한 곳으로 정리되지 않은 듯 빈티지한 소품이 놓여 있어 편안한 분위기가 아주 매력적인 곳이다. 날씨가 좋은 날 야외 테이블에 앉아 가만히 하늘을 올려다보기 좋고, 한적한 중산 카페 골목을 거니는 사람들을 관찰하는 것도 재밌다. 브런치 메뉴인 샌드위치, 버거 등도 있어 간단하게 요기하기에도 좋다.

알아두면 유용한 꿀팁

루스터 카페 & 빈티지의 커피 맛은 아주 마일드해서 진한 커피를 좋아하는 사람의 취향에는 맞지 않을 수 있다. 이럴 때는 과감하게 난징시루얼스우썅의 다른 카페를 찾아보자.

Address	台北市大同區南京西路25巷20-5號 No.20-5, Ln. 25, Nanjing W. Rd., Datong Dist
Tel	0982 081 464
Open	09:00~19:00(월요일 휴무)
Cost	$$
Access	1. MRT 중산(中山) 역 4번 출구 나와 오른쪽 골목 직진, 도보 5분. 2. MRT 솽롄(雙連) 역 1번 출구 나와 왼쪽 골목 직진, 도보 2분.
GPS	25.055977, 121.520405

응답하라 1930 상하이

붜리루

볼레로 波麗路
Bolero

마치 영화 속에서 보던 근대 상하이로 들어선 듯하다. 흑백 영화 시대의 샹송과 엘비스 프레슬리의 명곡들이 흘러나오고 지난 세월이 느껴지는 자리에 앉으면 정장을 갖춰 입은 웨이터들이 주문을 받는다. 〈응답하라 1988〉에서 정환이네 가족이 돈가스를 먹던 장면이 절로 떠오르는 돈가스의 맛은 부드럽고 무엇보다 정겹다. 버터를 발라 따뜻하게 데워진 빵과 디저트로 나오는 귤 그리고 흑설탕, 연유와 함께 제공되는 커피까지 한 모금 입에 물면 마치 즐거운 시간여행을 떠난 것 같다. 커피는 블랙커피로 제공되는데 먼저 조금 마시고 흑설탕과 연유를 섞어 흔히 말하는 다방 커피로 달달하게 마셔보자. 또 다른 묘미!

알아두면 유용한 꿀팁

창업주인 아버지의 뒤를 이어 두 형제가 2대째 운영 중이다. 314號가 본점으로 308號로 분점을 냈다.

Address	台北市大同區民生西路314號 No.314, Minsheng W. Rd., Datong Dist
Tel	02 2555 0521
Open	10:00~22:00
Web	www.bolero.com.tw
Cost	$$ ~ $$ +10% (돈가스 330NT$ + 10%)
Access	MRT 솽롄(雙連) 역 1번 출구 왼쪽 나와 직진, 닝샤예스(寧夏夜市) 지나서 좀 더 가면 있다. 도보 12분.
GPS	25.056875, 121.511910

타이완 무역의 중심, 따다오청

바오안 싱바커

보안 스타벅스 星巴克 保安門市
Baoan STARBUCKS

20세기 초 타이완에서 가장 중요한 상업과 무역 활동의 중심지이자 중화와 서양 문화의 교착지였던 따다오청(大稻埕)! 붉은 벽돌로 지어올린 이 고풍스러운 서양식 건물은 본래 이 지역의 대부호(大富豪)였던 펑리왕(鳳梨王) Pineapple King, 예진투(葉金塗)가 설립한 파인애플 통조림 회사였다. 그가 젊은 나이에 운명한 후 신문사, 병원, 상점 등 다양한 형태로 임대되었는데 그중 가장 유명했던 것은 따다오청에서 제일가는 사교 클럽 '뉴 차이나'였다. 이후 1997년에는 건설회사에서 매입해 건물을 허물고 새로이 지으려고 했으나, 근대 역사를 보존하려는 시와 시민들의 노력으로 철거를 중단하고 원형 복구에 힘써 지금의 모습을 갖추었다. 건물 외벽 3층에 새겨진 글자 타이(泰)는 예진투의 회사인 진타이샹(金泰享)의 로고로 파인애플 두 개와 꽃과 잎 문양에 둘러싸여 있다. 진한 커피 한 잔과 함께 펑리왕이 살아가던 근대를 떠올리면 타이베이 도심 한복판의 카페에 소설 〈모비 딕〉의 일등 항해사 스타벅이 나타날 것만 같다.

알아두면 유용한 꿀팁

스타벅스는 소설 〈모비 딕(백경)〉에 나오는 일등 항해사의 이름, '스타벅'에서 유래 되었다. 원래는 포경선의 이름을 따 '피쿼드'로 문을 열고 로고 '사이렌'은 피쿼드 호 뱃머리 장식이었지만 소설에서 피쿼드 호는 침몰하기 때문에 이름을 스타벅스로 변경했다.

Address	台北市大同區保安街11號 No.11, Bao'an St., Datong Dist.
Tel	02 2557 8493
Open	07:00 ~ 22:30
Cost	$ ~ $$$
Access	MRT 따자오투(大橋頭) 역 2번 출구 나와 고가차도 아래 건너 직진. 도보 7분.
GPS	25.059302, 121.513429

감성 돋는 수산시장

상인쉐이찬

상인수산 上引水產

Addiction Aquatic Development

이런 수산 시장이 세상에 또 있을까? 들어서자마자 감성 저격하는 분위기 깡패! 모든 이를 사로잡는 아우라가 느껴진다.

1922년 처음 완화 지역에 문을 연 수산시장으로 1975년 지금의 자리로 옮겼다. Mutsui 식음료 그룹에서 창립 20주년을 맞아 2012년에 상인 수산이라는 이름으로 재래시장을 확장, 통합하여 재탄생시켰다. 대표적인 스시와 해산물 바부터 각종 신선한 재료 등을 판매하는 마켓, 훠궈, 구이 등 10개의 테마 구역으로 나뉘어 있어 취향에 따라 즐길 수 있다. 마켓에 있는 쇼케이스 상품들은 일찍 가야 다양하게 먹을 수 있지만 낮보단 어스름한 저녁이나 밤이 분위기가 더 좋다. 타이완의 싱싱한 해산물에 맥주나 사케를 곁들여 달달한 타이베이의 밤을 느껴보자.

Address	台北市中山區民族東路410巷2弄18號 No.18, Aly. 2, Ln. 410, Minzu E. Rd., Zhongshan Dist
Tel	02-2508-1268
Open	11:00~23:30
Web	www.addiction.com.tw
Cost	$$~$$$
Access	MRT 싱톈공(行天宮) 역 3번 출구에서 택시 5분 내외
GPS	25.066704, 121.537011

알아두면 유용한 꿀팁

상인수산 스시 바 입장 시 세트 메뉴 580NT$ ~ 980NT$(좌석이 없는 입석 형태) 상인수산 쇼케이스 진열 판매하는 음식을 구매해 바깥 테이블을 이용하면 저렴한 가격에 초밥, 회덮밥, 해산물 등 다양한 메뉴를 즐길 수 있다. 80NT$ ~ 600NT$

Only Cash!

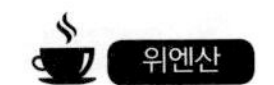

타이베이로 떠나는 호주 배낭여행

아우쓰카풰이

오지카페 澳氏咖啡
Aussie Cafe

타이베이 여행 왔는데 마치 호주로 배낭여행을 온 듯한 기분이다. 카페를 들어설 때 가장 먼저 반겨주는 것은 바로 캥거루! 호주를 경험한 여행자라면 향수가 일렁이고 처음 접한 여행자라면 타이베이와는 또 다른 이국적인 느낌이 출렁인다. 주인장이 호주 워킹홀리데이를 다녀와 여행자 숙소 콘셉트로 문을 연 카페. 롱 블랙, 플랫 화이트 등 호주식 커피와 라떼 아트로 그려진 코알라, 캥거루 같은 호주의 동물 친구들도 만나보자! 무엇보다 주인장의 귀여운 애견 비숑은 타이베이 여행을 좋은 추억으로 만들어 줄 것이다

Address 台北市中山區中山北路二段115巷33號
No.33, Ln. 115, Sec. 2, Zhongshan N. Rd., Zhongshan Dist.
Tel 02 2521 9192
Open 월 ~ 금요일 12:00 ~ 21:00, 토, 일요일 10:00 ~ 21:00
Cost $ ~ $$
Access MRT 중산궈샤오(中山國小) 역 2번 출구로 나와 왼쪽으로 직진. 코코 버블티쪽으로 건너 직진 따허(大和) 지나 오른쪽 작은 골목으로 들어서면 보인다. 도보 6분.
GPS 25.060975, 121.524302

내 인생 사시미동!

따허

대화일본요리 大和日本料理

Dahe Japanese Restaurant

사시미동을 떠올리면 군침이 입 안 가득 맴돈다. 숙성된 사시미와 싱싱한 생선알이 간이 잘 된 초밥 위에 푸짐하게 올려져 있다. 같이 올려진 와사비를 적당량 덜어내고 초밥과 대충 쓱쓱 비벼준 뒤 덜어낸 와사비로 만든 장에 사시미 한 점을 살짝 찍어 한 입에 쏙! 풍미 작렬! 초밥도 생강채와 생선알을 젓가락으로 크게 떠서 한 입 더하면 이것이 천국의 맛! 타이완 맥주로 깔끔한 마무리! 따허(大和)를 일본어로 발음하면 야마토(やまと), 일본 최초의 율령 국가의 이름이자 지금 일본의 별칭으로 타이완에서 정통 일본 요리를 선보이고자 하는 것이 고스란히 묻어난다. 사시미동과 소고기 우동 등 요리 대부분 적당한 가격에 맛도 좋다.

Address	台北市中山區錦州街17號 No.17, Jinzhou St., Zhongshan Dist.
Tel	02 2531 7786
Open	11:30 ~ 14:00, 17:00 ~ 22:30
Cost	$$ ~ $$$
Access	MRT 중산궈샤오(中山國小) 역 2번 출구로 나와 왼쪽으로 직진. 코코 버블티쪽으로 건너 직진. 도보 5분.
GPS	25.060418, 121.524432

따롱통에서 기력회복

디이투어

제일토아 第一土鵝

Dì yī tǔ é

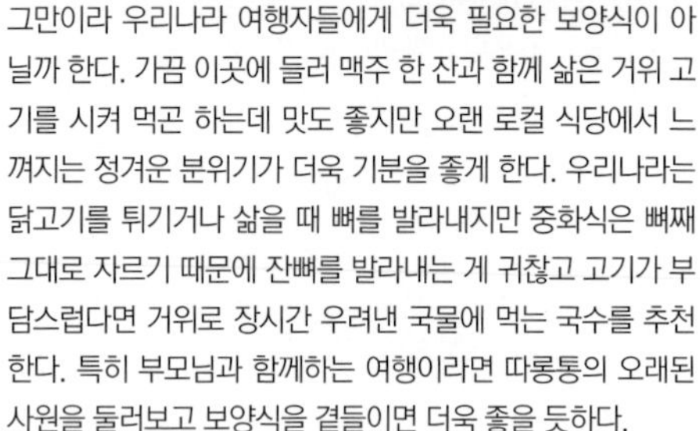

닭도 오리도 아닌 거위 요리를 ㅈ
으로 따롱통(大龍峒)의 터줏대감
타이완 사람들에게 사랑받는 노
속을 편하게 해주며 오장의 열을
그만이라 우리나라 여행자들에게 더욱 필요한 보양식이 아닐까 한다. 가끔 이곳에 들러 맥주 한 잔과 함께 삶은 거위 고기를 시켜 먹곤 하는데 맛도 좋지만 오랜 로컬 식당에서 느껴지는 정겨운 분위기가 더욱 기분을 좋게 한다. 우리나라는 닭고기를 튀기거나 삶을 때 뼈를 발라내지만 중화식은 뼈째 그대로 자르기 때문에 잔뼈를 발라내는 게 귀찮고 고기가 부담스럽다면 거위로 장시간 우려낸 국물에 먹는 국수를 추천한다. 특히 부모님과 함께하는 여행이라면 따롱통의 오래된 사원을 둘러보고 보양식을 곁들이면 더욱 좋을 듯하다.

Address	台北市大同區酒泉街54-1號 No.54-1, Jiuquan St., Datong Dist
Tel	02-2593-2844
Open	15:00~21:00
Cost	$ ~ $$
Access	MRT 위엔산(圓山) 역 2번 출구 나와 길건너 쿤룬제(庫倫街)를 따라 직진 공자묘와 바오안공이 있는 따롱제(大龍街) 입구 맞은편에 있다. 도보 7분.
GPS	25.071936, 121.516067

저렴하고 맛있는 빙수

신파팅

신발정 辛發亭
Xīnfātíng

MUST EAT

1972년 오픈한 빙수 가게로 얼린 우유를 갈아 만든 눈꽃 빙수를 타이완 최초로 개발한 곳이다. 한국의 달달한 팥빙수 맛에 익숙하다면 심심할 수도 있지만, 화학첨가물이 들어가지 않은 좋은 재료만을 사용해 달지 않고 건강한 맛이 일품이다. 단연 스린예스(士林夜市)를 대표하는 맛집 중의 맛집! 망고 빙수도 냉동 망고를 사용하는 빙숫집과 달리 망고가 나오는 제철에만 만들어 더욱 달고 맛있다. 인파가 붐비는 시장통이 싫은 사람이라도 이 빙수 만큼은 꼭 한 번 먹고 오길 권하고 싶다. 사진이 있는 영어 메뉴판이 따로 있어 주문하기도 어렵지 않으니 사람 구경만으로도 정신없는 스린예스의 뜨거운 열기를 식히러 가보자. 땅콩 잼을 우유에 섞어 만든 눈꽃 빙수, 쉐산투웨이삐엔(雪山蛻變〈花生〉)이 이곳을 대표하는 메뉴니 참고하자.

Tip 알아두면 유용한 꿀팁

신파팅(辛發亭)이 있는 골목이 워낙 좁아 사람들이 엉켜 이동해야 하는데 연인들은 가면 자연스럽게 서로 꼭 껴안거나 손을 잡아야 하므로 '러브 스트리트(Love Street)'라는 별명이 있다.

Address	台北市士林區安平街1號 / No.1, Anping St., Shilin Dist
Tel	02 2882 0206
Open	월~금요일 15:00 – 00:00, 토, 일요일 12:00 ~ 00:00 (겨울철 15:00 오픈) $ ~ $$
Cost	MRT 젠탄(劍潭) 역 1번 출구 나와 NET쪽으로 길을 건너
Access	오른쪽 직진, 양밍씨위엔(陽明戲院) 극장 오른쪽 옆 골목으로 들어가면 된다. 도보 6분.
GPS	25.088411, 121.525737

젠탄 & 스린

속이 풀려야 일도 잘 풀린다

만커우라멘

만객옥납면 滿客屋拉麵
Mǎn kè wū lāmiàn

MUST EAT

신베이터우 명물, 유황온천수로 만든 온천라멘! 타이베이 현지인들에게 사랑받는 이곳은 여행자들의 입소문을 타기 시작해 최근 가이드북에도 소개되고 있다. 신베이터우를 찾으면 꼭 들려야 하는 맛집으로 처음 이곳을 찾았을 때만 해도 외국인이라고는 찾아보기 어려웠는데 지금은 한국인이라고 얘기하면 타이완 돼지갈비와 미소라멘이 함께 나오는 세트 메뉴인 파이구라멘(排骨拉麵)을 추천해줄 정도가 되었다. 돼지갈비 맛도 일품이지만 수타면의 식감이 좋고 특히 온천수로 끓인 라멘 국물은 아주 시원해 속이 확 풀린다. 좀 더 얼큰한 맛을 찾는다면 김치를 더한 파오차이차샤오라멘(泡菜叉燒拉麵)이 있다. 땀을 흘리며 라멘 그릇의 바닥을 보고 나면 종일 타이베이 곳곳을 쏘다니느라 쌓인 피로가 확 풀리는 기분이다.

Address	台北市北投區溫泉路110號 No.110, Wenquan Rd., Beitou Dist
Tel	02 2893 7958
Open	11:00 ~ 14:00, 17:00 ~ 21:00 (월요일, 공휴일 휴무)
Cost	$$
Access	MRT 신베이터우(新北投) 역 나와 중산루(中山路)를 따라 직진, 디러구(地熱谷) 입구를 지나 언덕 위에 있다. 도보 12분.
GPS	25.136207, 121.510909

옛 시절로 시간 여행

푸드 리퍼블릭

Food Republic

옛 타이완으로 들어선 듯 빈티지한 분위기가 매력적인 푸드 코트 푸드 리퍼블릭! 미려화백락원(미라마 파크) 옆 까르푸 건물 1층에 위치한 이곳에는 입점한 각 음식점들이 60, 70년대에나 볼 수 있을 법한 붉은 벽돌과 목재로 꾸며져 있고 곳곳에 있는 녹슨 자전거와 수레 같은 소품들 때문에 타이완의 옛 거리를 거니는 듯하다. 푸드코트답게 선택의 폭이 넓은데 타이완 음식을 비롯해 홍콩, 태국, 베트남, 한국 등 전 세계 음식들을 한 곳에서 만나 볼 수 있다. 굳이 식사하지 않더라도 구경하기 좋을 뿐 아니라 썬메리 펑리수도 입점해 있어 펑리수를 사기위해 들러보자. 까르푸와 함께 있어 쇼핑하기에도 더없이 좋다.

Address 台北市中山區樂群三路218號
No.218, Lequn 3rd Rd., Zhongshan Dist
Tel 02 8502 0621
Open 일 ~ 목요일 11:00 ~ 22:00, 금, 토요일 11:00 ~ 00:00
Cost $$
Access MRT 젠난루 (劍南路) 역 3번 출구 나와 보이는 미려화백락원 뒤 까르푸 1층. 도보 3분.
GPS 25.082443, 121.558033

클린턴 전 대통령도 다녀 간

라이라이또우쟝

래래두장 來來豆漿
Lai Lai Du Jang Taiwan Style Snack & Breakfast

미려화백락원(미라마 파크)에 들렀다면 1980년에 문을 연 '라이라이또우쟝'에서 시원하고 담백한 두유와 함께 딴빙(계란 밀전병) 그리고 샤오롱바오까지, 맛있고 저렴한 타이완 전통 식사를 경험해보자. 단골이었던 타이완의 한 장군이 1993년 12월 9일 이곳에서 식사하고 난 뒤 사망하였고(암살로 추정) 이후 더욱 명성을 얻기 시작했다. 24시간 문을 여는 곳으로 언제든 찾아가 현지인들과 어울려 전통 식사를 즐겨보자. 시원한 두유 또는 따뜻한 땅콩 두유가 맛이 좋다. 푸항또우쟝의 딴빙보다 기름기가 적어 먹을 만하고 샤오롱바오는 여느 집보다 피가 두꺼워 한국의 찐만두와 맛이 비슷하다.

Address 台北市內湖區內湖路一段93號
No.93, Sec. 1, Neihu Rd., Neihu Dist
Tel 02 2797 9253
Open 24시간 연중무휴
Cost $ ~ $$
Access 지엔난루(劍南路站) 역 1번 출구 나와 미라마 백화점(맞은편)이 보이는 베이안로 (北 安路)를 따라 도보 10분.
GPS 25.084559, 121.561333

잊지못할 로맨틱 타이베이

더 탑

屋頂上
The Top

양밍산(陽明山)에서 바라보는 야경도 물론이지만 로맨틱한 타이베이의 밤을 보내기에 더할 나위 없는 곳이다. 분위기 있는 조명이 야자수와 함께 어우러지는 이국적인 풍경 속에서 멀리 보이는 야경을 스크린 삼아 칵테일이나 시원한 맥주를 곁들이면 아주 로맨틱하다. 연인들에게 추천하지만, 로맨틱이라고 꼭 연인과 함께하라는 법이 있나? 사랑하는 가족, 친구와 함께해도 좋을 곳이다. 식사 메뉴는 선택의 폭이 넓지만, 가격대비 만족스럽지 않으니 인당 미니멈 차지를 맞출 정도의 스낵 정도만 주문하면 좋을 듯하다.

알아두면 유용한 꿀팁

'더 탑'이라는 이름처럼 정상에 있어 대중교통으로 접근이 어렵다. 택시 이용이 가장 좋은 방법. 돌아올 땐 직원에게 콜택시를 요청하면 된다.

Address	台北市士林區凱旋路61巷4弄33號 No.33, Aly. 4, Ln. 61, Kaixuan Rd., Shilin Dist
Tel	02 2862 2255
Open	월~금요일 17:00~03:00, 토, 일요일 12:00~03:00
Cost	$$ ~ $$$ (미니멈 차지 350NT$)
Access	MRT 젠탄(劍潭) 역 또는 MRT 스린 (士林) 역에서 택시를 타면 된다. (요금 약 300NT$ ↑)
GPS	25.133601, 121.539389

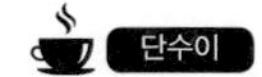

친숙해서 더 좋은, 사이렌의 유혹

허안 싱바커

하안 스타벅스 星巴克
Tamsui Riverside STARBUCKS

어느 나라를 여행하건 이상하게 스타벅스는 친숙하고 편안한 느낌이다. 특히 단수이 강변에 있는 이 하얀 건물의 스타벅스는 석양을 보기에 최적의 장소를 제공해 더욱 유명하다. 또한, 한국어가 가능한 파트너가 있으며 매장 곳곳에도 한국어가 눈에 띈다. 2층 야외석은 단수이의 아름다운 석양을 기다리는 사람들로 언제나 북새통이니 조금 일찍 가서 자리를 잡는 것이 좋다. 1층 야외 테이블도 매우 좋지만 무더운 한여름에는 다시 생각해봐야 한다.

Address	新北市淡水區中正路205號 No.205, Zhongzheng Rd., Tamsui Dist., New Taipei City
Tel	02 2625 3320
Open	월~금요일 08:00~22:00, 토, 일요일 07:30~22:30
Web	www.starbucks.com.tw
Cost	$$
Access	MRT 단수이(淡水) 역 2번 출구 나와 왼쪽 단수이 강변을 따라 직진, 도보 12분.
GPS	25.171398, 121.437130

운명 같은 카페

라비레뷔디오쥬

천사들이 꿈꾸는 세상 天使熱愛的生
La Vie Revee Des Anges

천사들의 세상으로 날아온 그 누군가를 만날 것만 같은 운명 같은 카페. 쉽게 지나칠 수 있는 조그만 카페지만 좁은 계단을 따라 2층으로 오르면 마치 프랑스의 어느 작은 바닷가 마을에 있는 듯하다. 프랑스 영화 〈천사들이 꿈꾸는 세상〉의 제목을 딴 이곳에서 상큼한 레몬을 맥주병 입구에 꽂은 시원한 코로나와 함께 단수이강을 바라보고 있으면 기분이 참 좋다. 조각 레몬을 맥주병으로 밀어 넣고 상큼하게 한 모금 들이키고 앉아 있노라면 카페 이름 한 번 참 잘 지었다 생각하게 된다.

알아두면 유용한 꿀팁

알고보면 재미있는 한자이름은 천사열애적생(天使熱愛的生)이다.

Address 新北市淡水區中正路233之1號
No.233-1, Zhongzheng Rd., Tamsui Dist., New Taipei City
Tel 02 8631 2928
Open 월~금요일 14:00~00:00, 토요일 13:00~02:00, 일요일 13:00~00:00
Cost $$
Access MRT 단수이(淡水) 역 2번 출구 나와 왼쪽 단수이 강변을 따라 직진, 스타벅스를 지나고 고양이와 소녀 동상이 있는 곳을 지나 오른쪽 좁은 길에 있다. 도보 15분.
GPS 25.172824, 121.435483

원조보다 맛있는 유부 당면

원화아게이

문화아급 文化阿給
Wénhuà ā gěi

쉽게 설명하자면 유부 당면이다. 새콤달콤 매콤한 떡볶이 맛이 나는 토마토소스를 올린 유부 당면 아게이(阿給)와 맑은 국물에 돼지고기가 들어간 어묵이 들어간 위완탕(魚丸湯)을 함께 먹으면 궁합이 잘 맞는다. 토마토소스는 매운 정도를 선택할 수 있는데 한국인 입맛에는 약간 입술이 얼얼한 중간 매운 소스가 딱이다. 영화 〈말할 수 없는 비밀〉로 유명한 담강 고등학교가 근처에 있어 메뉴 중에 '저우제룬(周杰倫 · 주걸륜)' 세트 메뉴가 있는 것이 재밌다. 단수이에 왔다면 단수이 명물 중 하나인 아게이는 꼭 한 번 먹어보자.

알아두면 유용한 꿀팁

바로 옆집이 단수이 아게이의 원조, 라오파이아게이(老牌阿給)지만 우리 입맛에는 심심하고 유부 주머니가 더욱 두껍다.

Address 新北市淡水區真理街6-4號
No.6-4, Zhenli St., Tamsui Dist., New Taipei City
Tel 02 2621 3004
Open 월~금요일 06:30~18:30, 토, 일요일 06:30~19:00
Cost $
Access 단장가오지중쉐(淡江高 級中學) 정문 등지고 왼쪽으로 직진, 내리막길 초입에 있다.
GPS 25.173813, 121.437421

6 TAIPEI SUBURBS

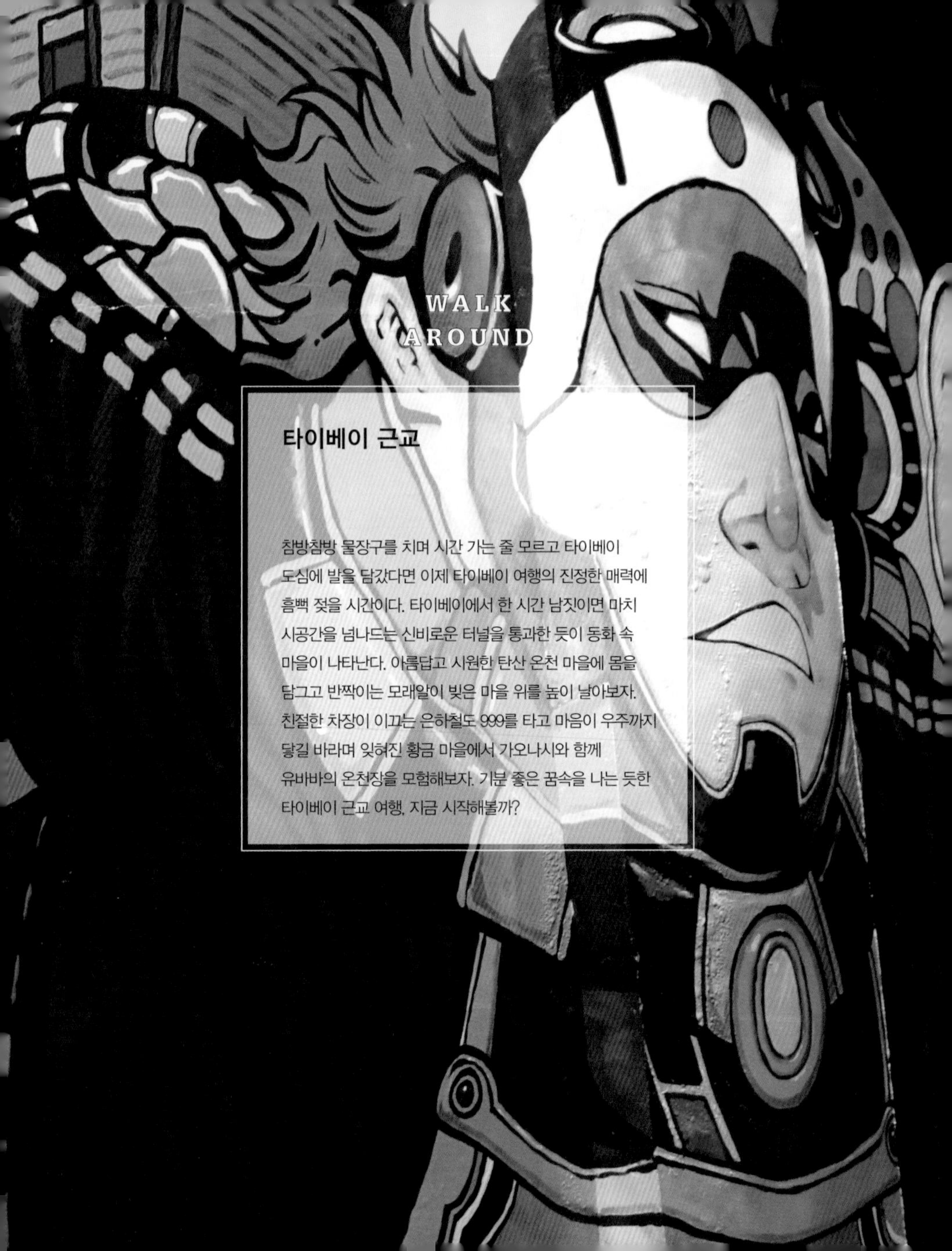

WALK AROUND

타이베이 근교

참방참방 물장구를 치며 시간 가는 줄 모르고 타이베이 도심에 발을 담갔다면 이제 타이베이 여행의 진정한 매력에 흠뻑 젖을 시간이다. 타이베이에서 한 시간 남짓이면 마치 시공간을 넘나드는 신비로운 터널을 통과한 듯이 동화 속 마을이 나타난다. 아름답고 시원한 탄산 온천 마을에 몸을 담그고 반짝이는 모래알이 빛은 마을 위를 높이 날아보자. 친절한 차장이 이끄는 은하철도 999를 타고 마음이 우주까지 닿길 바라며 잊혀진 황금 마을에서 가오나시와 함께 유바바의 온천장을 모험해보자. 기분 좋은 꿈속을 나는 듯한 타이베이 근교 여행, 지금 시작해볼까?

Taipei Suburbs

타이베이 도심에서 멀지 않아 기차 또는 버스를 타고 한 시간 남짓이면 닿을 수 있다. 북동부의 예류(野柳)와 지롱(基隆), 핑시셴(平溪線), 진과스(金瓜石), 지우펀(九□) 그리고 남동부의 우라이(烏來)와 선컹(深坑), 스딩(石碇)까지! 타이베이의 숨은 매력 속으로 빠져보자.

알아두면 유용한 꿀팁

좀 더 부지런한 여행자라면 지우펀을 둘러보고 지롱으로 이동해 먀오커우 야시장을 둘러봐도 좋다. 무엇보다 기차 시간을 항상 확인하고 버스는 도로 사정에 따라 배차 간격이 달라 질 수 있어 변수가 발생할 수 있으니 일정 계획시 여유를 두는 것이 좋다. 아이 또는 부모님과 함께하는 가족여행이나 짧은 시간에 많은 곳을 둘러보고 싶은 여행자라면 택시 투어를 추천한다.

알찬 타이베이 근교 여행

09:00 타이베이처짠

기차를 타고 타이베이에서 출발.
(기차 시간 09:00)

기차 약 35분

09:40 뤠이팡처짠

핑시셴 기차여행 출발!
(기차 시간 10:03 *배차 시간 변경될 수 있음)

기차 약 25분

11:00 스펀

닭날개 볶음밥 먹고 천등 날리기.
(뤠이팡행 핑시셴 기차 시간 12:45, *배차 시간 변경될 수 있음 뤠이팡 역에 출발하는 788번 또는 1062번 버스, 배차 간격 15~20분)

기차 + 버스 약 1시간

14:00 진과스

광부도시락 맛보기
세계에서 가장 큰 금괴 만지기
인양하이를 바라보며 힐링
취안지탕에서 관우장군 만나기
(취안지탕에서 지우펀행 버스를 타면 된다.)

버스 약 15분

17:00 지우펀

센과 치히로가 되어 지우펀 골목을 탐험해볼까?

버스 약 1시간 30분

20:00 타이베이

타이베이 MRT 종샤오푸싱 역 도착!

TAIPEI SUBURBS

기억에
남는
8장면

2

3

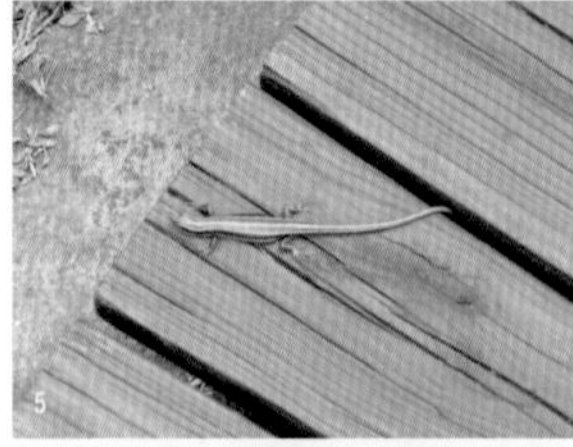

1. 징통, 시원하게 목욕하는 강아지
2. 허우통, 고양이야 어디가? 밥 먹어야지!
3. 지우펀에도 고양이, 사람들이 왜 이렇게 많은 거냥!
4. 진과스에서 만난 초록초록 메뚜기
5. 인양하이에서 무지개색 도마뱀과 니하오~
6. 진과스, 예쁜 배낭을 메고 황금산성을 오르는 왕달팽이
7. 징통에서 만난 빛바랜 슬리퍼 한 쌍
8. 허우통에서 만난 고양이 소년

한눈에 보는 근교

단수이 구
淡水區
단수이강
淡水河
바리 구
린커우 구
林口區
우구 구
五股區
루저우 구
蘆洲區
스린 구
士林區
싼충 구
三重區
다퉁 구
大同區
쑹산 구
松山區
네이후
內湖
타이베이
선캉
신좡 구
新莊區
신베이 시
구이산 구
龜山區
타이완 타오위안 국제공항
Taiwan Taoyuan International Airport
臺灣桃園國際機場
타오위엔
중리 시
中壢區
수린 구
樹林區
투청 구
土城區
원산 구
文山區
신뎬 구
新店區
우라이

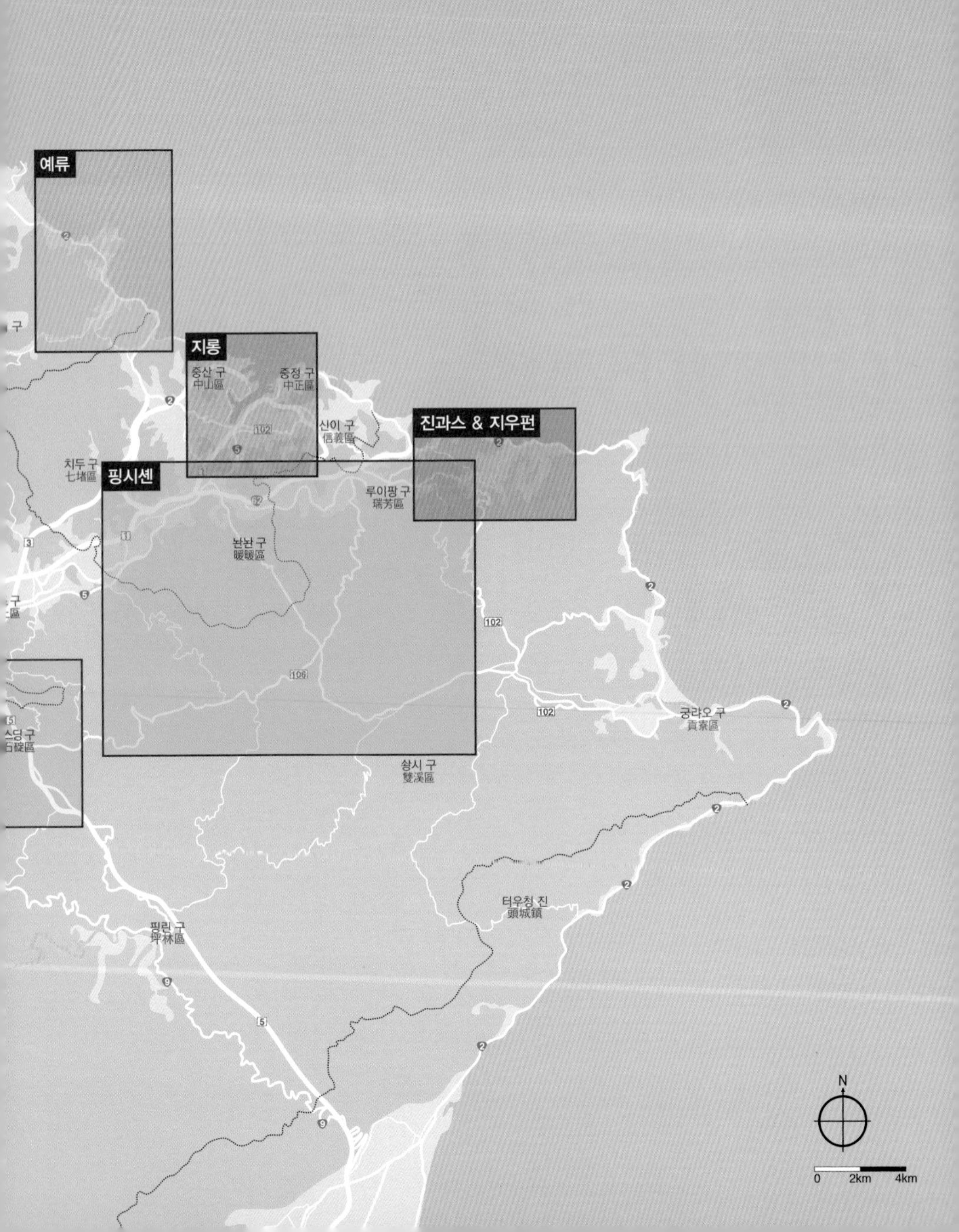

예류
지룽
중산 구
中山區
중정 구
中正區
신이 구
信義區
진과스 & 지우펀
치두 구
七堵區
핑시셴
루이팡 구
瑞芳區
놘놘 구
暖暖區
궁랴오 구
貢寮區
솽시 구
雙溪區
터우청 진
頭城鎮
핑린 구
坪林區
N
0
2km
4km

우라이
복라도
Volando Urai Spring Spa & Resort
우라이타이야주보우관
烏來泰雅民族博物館
1 우라이라오제
烏來老街
R 야꺼산주러우샹창
雅各山豬肉香腸
우라이루톈공공위츠
烏來露天公共浴池
우라이타이처
烏來觀光台車
2 우라이푸뿌
烏來瀑布
Xinwu Rd
Huanshan Rd
Wulai District
Wenquan St
Lane 86, Wenquan St
Xiaoyi Industry Rd
Lane 15, Laka Rd
Yeyao St
Pubu Rd
Xinfu Rd
N

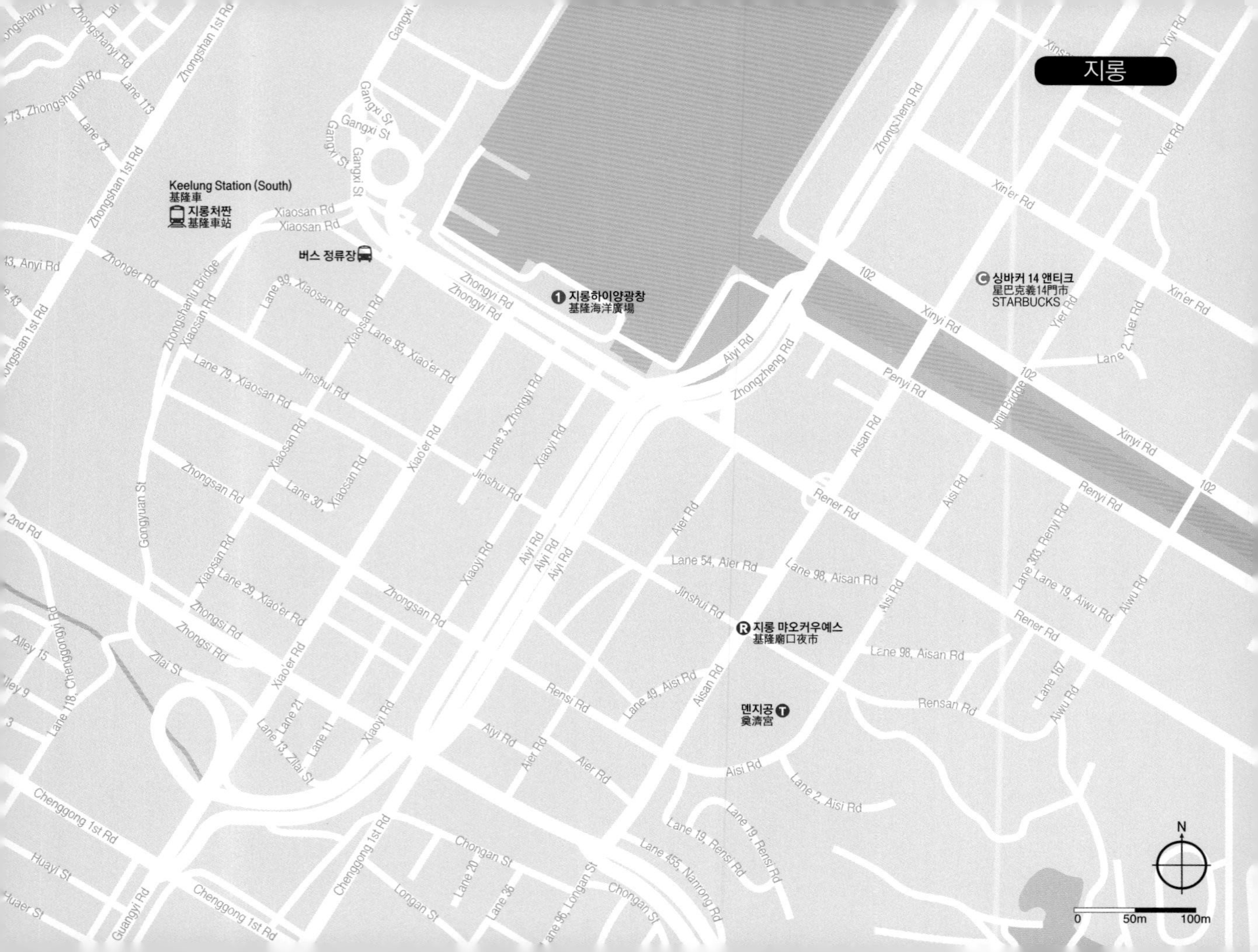
지룽
Keelung Station (South)
基隆車
지룽처짠
基隆車站
버스 정류장
1 지룽하이양광창
基隆海洋廣場
C 싱바커 14 앤티크
星巴克義14門市
STARBUCKS
R 지룽 먀오커우예스
基隆廟口夜市
뎬지궁 T
奠濟宮
N
0
50m
100m

예류

예류 등대 1
野柳燈塔
선녀 신발 바위
仙女鞋
여왕 바위
女王頭
린티엔전 동상
林添禎銅像
촛대 바위
燭台石
버섯 바위
蕈狀岩
예류디즈공위엔 1
野柳地質公園
2 예류하이양스제
野柳海洋世界
3 예류바오안공
野柳保安宮
C 85℃카페 이딴가오
85度C萬里野柳店
4 뤄터펑
駱駝峰
Wanli District
Gangxi Rd
Yutian Rd
Yuao Rd
Shijiao Rd
Guangyu Boulevard
Guangyu 1st Rd
Feicui Rd
Yicui Rd
Riguang Rd
Tingtao Rd
무스탕 패러글라이딩 클럽
Mustang Paragliding Club
Masu Rd
Masuding St
Shitou Rd
야니커 5
亞尼克

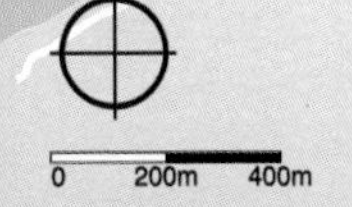

N
0
200m
400m

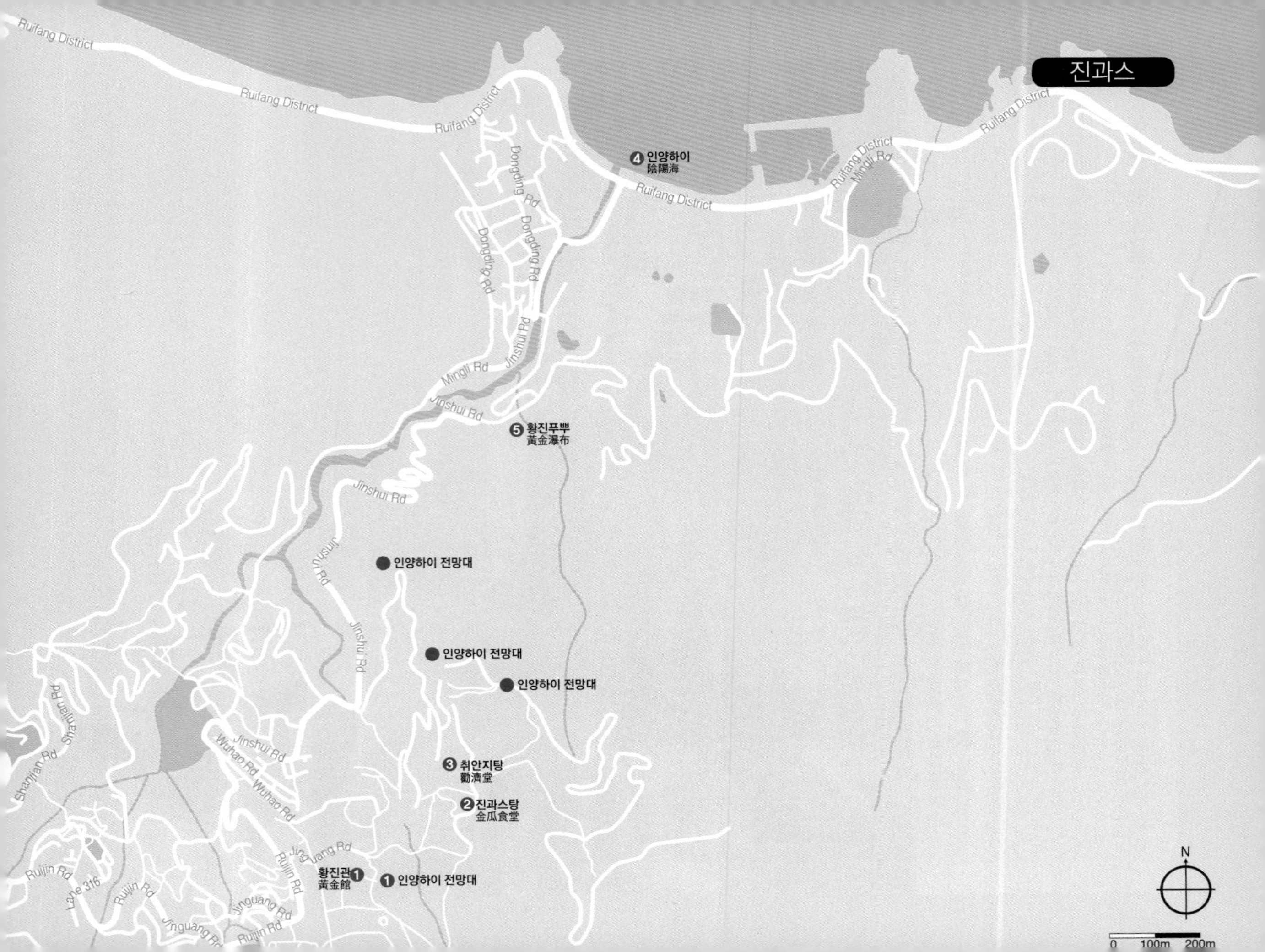
진과스
Ruifang District
Ruifang District
Ruifang District
Ruifang District
Ruifang District
Ruifang District
Mingli Rd
4 인양하이
陰陽海
Dongding Rd
Dongding Rd
Dongding Rd
Jinshui Rd
Mingli Rd
Jinshui Rd
5 황진푸뿌
黃金瀑布
Jinshui Rd
Jinshui Rd
Jinshui Rd
인양하이 전망대
인양하이 전망대
인양하이 전망대
Shanjian Rd
Shanjian Rd
Jinshui Rd
Wuhao Rd
Wuhao Rd
3 취안지탕
勸濟堂
2 진과스탕
金瓜食堂
Jinguang Rd
황진관 1
黃金館
1 인양하이 전망대
Ruijin Rd
Ruijin Rd
Lane 316
Ruijin Rd
Jinguang Rd
Jinguang Rd
Ruijin Rd
N
0 100m 200m

사이다처럼 시원한 탄산 온천

우라이

오래 · 烏來 · Wulai

타이베이 남부, 탄산 온천으로 유명한 우라이(烏來)는 편리한 교통으로 접근성이 좋아 타이베이 근교여행지로 유명하다.
우라이는 타이완의 많은 원주민 중 타이야족(泰雅族)의 땅으로, 온천을 보고 '끓는 물'이라는 의미의 'Ulai'라고
부르던 것에서 유래하며 탄산수소나트륨이 풍부해 피부에 좋은 효과가 있어 미인탕이란 별명으로도 불린다.
제일 먼저 만나게 되는 우라이의 필수 관문, 우라이라오제(烏來老街)에서 맛있는 먹거리를 오물거리며
호기심 가득한 눈으로 구경하다 보면 사람들이 강가에서 한가로이 온천을 즐기는 진풍경을 만나게 된다.
노천 온천에서 현지인들과 함께 어울려 온천욕을 즐기고 싱싱한 나무가 우거진 골짜기와
그 사이를 시원하게 굽이쳐 흐르는 강 그리고 웅장한 우라이 폭포까지.
아름다운 우라이 자연을 벗 삼아 천천히 거닐어보자. 타이베이 근교여행지와 또 다른 분위기와 매력을 발산하는
우라이 힐링 여행, 시작해볼까?

Access 1 MRT 신뎬(新店) 역 출구 나와 오른쪽 버스정류장에서 우라이(烏來)행 849번 버스를 타고 종점에서 하차. 소요시간 약 40분, 요금 15NT$

Access 2 MRT 타이베이처짠(台北車站) 역 M8번 출구 나와 왼쪽으로 직진. 경찰서 마크가 있는 작은 횡단보도 건너 왼쪽에 있는 버스 정류장에서 우라이(烏來)행 849번 버스를 타고 종점에서 하차. 소요시간 약 1시간 30분, 요금 NT 65$

Tip 알아두면 유용한 꿀팁

우라이(烏來) 여행 시 MRT 신뎬(新店) 역과 가까운 곳에 있는, 타이완 드라마 〈장난스런 키스〉의 촬영지로 유명한 아름다운 옥빛 호수 비탄(碧潭)과 함께 둘러보면 좋다.

자연을 벗삼아 즐기는 무료 온천

우라이루톈공공위츠

오래노천공공욕지, 烏來露天公共浴池
Wulai Public Hot Spring

우라이라오제(烏來老街)를 지나면 푸른 난쓰시(南勢溪)강에서 많은 사람이 온천욕을 즐기는 진풍경을 만나게 된다. 80℃에 달하는 뜨거운 온천수를 35~40℃의 따뜻한 수온으로 처리하고 우라이 관리소에서 현지인과 여행자가 어울려 편하게 이용할 수 있게 수질까지 관리하는 무료 온천이다. 탄산수소나트륨이 풍부한 무색 무취의 온천수로 피부미용에 좋고, 신경통 등에도 효과가 있다고 한다. 더욱 아름다운 피부미인으로 거듭나고 싶다면 우라이로 떠날 때 수영복과 수건은 꼭 챙기자.

Access 우라이라오제(烏來老街) 끝에 있는 란셩따챠오(攬勝大橋) 다리를 건너 오른쪽으로 가다보면 보이는 온천으로, 좁은 계단을 따라 내려 가면 된다.

Tip 알아두면 유용한 꿀팁

가벼운 복장으로도 온천욕이 가능하니 여분의 옷을 챙겨가는 것도 좋다.

최고의 휴식, 최고의 온천

볼란도

Volando Urai Spring
Spa & Resort

우라이에서 가장 인기 있는 온천 리조트로 최근 우리나라 여행자들에게 폭발적인 사랑을 받는 곳이다. 한국인 직원도 있다고 하니 이용이 더욱 편리하며 고급스러운 온천 시설에 최고의 우라이 풍경까지 함께 할 수 있다. 대중탕에서 온천만을 이용할 수도 있지만, 무엇보다 우라이의 절경이 보이는 방에서 온천욕과 함께 오롯이 휴식을 취하며 지친 심신을 재충전하는 것은 어떨까? 우라이라오제(烏來老街)까지는 도보로 15분 거리에 있어 산책 삼아 걸으며 우라이를 둘러보기에도 좋다.

Tip 알아두면 유용한 꿀팁

프라이빗 온천의 경우 룸 타입과 뷰에 따라 가격이 달라지고, 4월~9월, 하절기에는 모든 온천 가격이 좀 더 저렴하다.

Address 新北市烏來區新烏路五段176號
No.176, Sec. 5, Xinwu Rd., Wulai Dist., New Taipei City

Tel 02 2661 6555

Open 08:00 ~ 23:00 (매주 목요일 12:00 ~ 23:00)

Web www.volandospringpark.com

Cost 대중탕 월 ~ 금요일 850NT$, 토, 일요일 1,000NT$ (10월 ~ 3월, 동절기 1인 기준 요금)
프라이빗 온천 월 ~ 금요일 1,260NT$, 토, 일요일 1,400NT$ (10월 ~ 3월, 동절기 2인 1실 1시간 사용 기준 요금. 이용시간 또는 인원 추가 이용시 +)

Access 849번 버스를 타고 우라이(烏來) 버스 종점 두 정거장 전 옌디(堰堤)에서 하차, 세븐일레븐 편의점 옆에 있다.

가장 먼저 만나는 맛있는 우라이 관문

우라이라오제

오래노가 烏來老街
Wulai Old Street

우라이 여행에서 가장 먼저 만나게 되는 필수 관문으로 타이야 부족의 역사와 문화를 볼 수 있는 우라이타이야주보우관(烏來泰雅族博物館)과 맛있는 먹거리 노점, 기념품상점 그리고 식당을 겸한 온천장들이 줄지어 있다. 우라이에서 꼭 맛보아야 할 우라이 토속음식으로는 대나무로 밥을 지은 주통판(竹筒飯), 산돼지고기로 만든 소시지, 산주러우샹창(山猪肉香腸), 구운 떡꼬치, 마수(麻糬) 등이 있다.

Access 우라이(烏來) 버스 종점에서 하차 후 주차장과 경찰서 쪽으로 직진, 훼미리마트 오른쪽으로 보이는 작은 다리를 건너면 된다. 도보 5분.

우라이 라오제 먹거리

여기 소시지는 꼭 먹어야 해!

야꺼산주러우샹창

아각산저육향장 雅各山猪肉香腸
Yǎgè shān zhūròu xiāngcháng

Address 新北市烏來區烏來街84號
No.84, Wulai St., Wulai Dist., New Taipei City
Tel 02 2661 2427
Open 10:00 ~ 20:00
Cost $ ~ $$
Access 우라이라오제(烏來老街) 끝에 있는 란셩따챠오(攬勝大橋) 다리 근처에 있다.

맛있기로 유명한 독일 소시지도 잊게 하는 타이완 소시지는 작가가 가장 좋아하는 간식이자 맥주 안주이기도 하다. 언제나 어디서나 타이완 소시지를 먹을 때 산주러우(山猪肉)인지를 꼭 확인하고 먹으라 권하는데 산주러우는 타이야족(泰雅族)의 토속 음식이라 그런지 다른 어느 곳의 소시지보다 맛있다. 주말이면 노점에서부터 란셩따챠오(攬勝大橋) 다리까지 줄을 서니 과연 우라이 명물 중 명물이다. 타이완 맥주와 함께 먹으면 더욱 맛있고 즐거운 우라이 여행 완성! 산주러우샹창(山猪肉香腸) 1개 35NT$

알아두면 유용한 꿀팁
마늘과 함께 먹으면 더욱 맛있다. 타이완 마늘은 우리나라에 비해 매운맛이 강하니 조금씩 베어 먹자.

탄성마저 잊게 되는 아름다운 절경

우라이푸뿌

오래폭포 烏來瀑布
Wulai Waterfall

높이 82m, 폭 10m의 3단 폭포로 특히 비가 내린 후 수량이 많으면 그 웅장한 모습에 탄성마저 잊게 된다. 위로는 우라이 비밀의 화원, 윈셴러위엔(雲仙樂園 · Yun Hsien Resort)을 잇는 우라이 케이블카가 오가고 높은 절벽을 타고 내리는 폭포를 그저 멍하니 바라보고 있어도 머릿속이 맑아지는 기분이다. 절벽 앞에 있는 트럭을 개조한 노점 카페에서 커피나 타이야족(泰雅族)의 전통주를 섞어 만든 음료를 마시며 파라솔 그늘에 앉아 유유자적(悠悠自適) 시간을 보내는 것은 어떨까?

Access 1 우라이라오제(烏來老街) 끝에 있는 란셩따챠오(攬勝大橋) 다리를 건너 왼쪽, 직진. 도보 15분.

Access 2 우라이라오제(烏來老街) 끝에 있는 란셩따챠오(攬勝大橋) 다리 너머에 있는 기차역에서 우라이타이처(烏來觀光台車)를 타고 이동.

Tip 알아두면 유용한 꿀팁

우라이푸뿌를 향할 때 운치 있는 거리를 걷는 것도 좋지만, 기회가 된다면 귀여운 장난감 기차 같은 우라이타이처(烏來觀光台車 · Wulai trolley)를 타고 가보자. 날씨에 따라 운행을 중단하니 참고. 편도 50NT$

장난스러운 키스

비탄

벽담 碧潭
Bitan

타이완 드라마 〈장난스러운 키스〉의 촬영지로 유명한 비탄(碧潭)은 푸른빛이 감도는 못이라는 뜻으로 그 이름에 걸맞게 아름다운 신뎬시(新店溪)강이 푸른 옥빛을 발한다. 길이 200m의 흔들다리 비탄댜오챠오(碧潭吊橋)를 건너며 드라마 속 주인공이 되어보자. 저녁에는 다리에 조명이 켜지면서 로맨틱한 분위기를 연출하는데 강변을 따라 들어선 레스토랑에서 비탄의 야경과 함께 멋진 저녁 시간을 보내는 것은 어떨까? 우라이를 오갈 때 함께 하기 좋은 타이베이 여행지이다.

Access MRT 신뎬(新店) 역 출구 나와 왼쪽으로 보이는 강이 바로 비탄(碧潭)이다.

비와 당신

지롱

기룽 · 基隆 Keelung

지롱(基隆)은 연평균 강수량 5,000mm로 비가 많이 내리는 지역. 비 내리는 날을 좋아하는 당신이라면
타이베이 여행의 또 다른 묘미를 찾게 될 것이다. 물론 맑은 날도 있으니 걱정은 접어두기를.
타이완 남부 가오숑(高雄)에 이어 두 번째로 큰 항구도시로 우리나라 인천과 닮았다.
이 지역의 지형이 시장이나 집에서 닭을 가두어 기르는 대나무 우리와 형태가 비슷하다 하여 과거에는 발음은 같지만 뜻이 다른
지롱(鷄籠)이었지만, 1891년 톈진조약 이후 현재의 무역항 이름으로 기능을 시작했다.
일제강점기에 타이완 철도의 북쪽 기점인 동시에 일본 섬과 잇는 항구로
지리적 · 군사적 요충지로 항만시설을 개선하면서 대형 선박들이 정박할 수 있게 되었고
현재까지도 타이완의 해상무역 중심으로서 소임을 다하고 있다.
무엇보다 지롱의 자랑은 바로 맛있는 먹거리와 해산물 요리가 즐비한 먀오커우예스(廟口夜市)!
타이완 사람이 사랑하는 야시장 Top 10에 항상 이름을 올리는 곳으로
거의 모든 상점의 음식이 맛이 좋아 더욱 매력적이다.
핑시셴(平溪線), 진과스(金瓜石) 그리고 지우펀(九份) 일정과 함께 계획하면 좋다.

Access 1	MRT 타이베이처짠(台北車站) 역 Z3 출구 나와 타이베이시짠A동(台北西站A棟 타이베이 서부 버스터미널 A동)에서 궈광커윈(國光客運) 1813번 지롱(基隆)행 버스를 탄다. 약 1시간 소요(요금 55NT$, 이지 카드 결제 가능)
Access 2	MRT 종샤오둔화(忠孝敦化) 역 4번 출구 나와 보이는 버스 정류장에서 1800번 지롱(基隆)행 버스를 탄다. 약 1시간 소요(요금 47NT$)
Access 3	MRT 타이베이처짠(台北車站) 역과 연결된 기차역, 타이베이처짠(台北車站)에서 지롱행 기차를 탄다. 약 50분 소요(요금은 기차 종류에 따라 다르다. 41NT$, 64NT$)

Tip 알아두면 유용한 꿀팁

미국 LA에 있는 할리우드(HOLLYWOOD) 간판과 비슷한 지롱(KEELUNG) 간판을 꼭 사진에 담아보자.

Taipei Suburbs

지롱 Spot❶

항구도시 지롱을 만끽하다

지롱하이양광창

기룽해양광장 基隆海洋廣場

Keelung Maritime Plaza

지롱의 영문 철자를 이용한 벤치 조형물이 있는 광장에서 지롱항의 모습을 관망할 수 있는 곳으로 현지인과 여행자들이 한데 어우러져 한껏 여유로운 모습의 항구도시로서 매력적인 자태를 뽐내고 있다. 대형 크루즈가 정박한 지롱항의 이색적인 모습에 호주 시드니를 떠올리기도 한다. 버스에서 내리면 닿는 이곳에서 사진 놀이도 하고 바다를 바라보며 머릿속을 비우면 정신 건강에도 좋다. 지롱항의 풍경과 바닷바람을 즐겼다면 이제 천천히 지롱 속으로 걸어 들어가 보자.

Access 1800번, 1813번 버스에서 내리면 바로 보인다. 기차를 이용할 경우 지롱 기차역과 지롱 버스 터미널 중간에 있는 육교를 건너면 된다. 도보 3분.

Taipei Suburbs

지롱 Spot❷

앤티크한 사이렌의 유혹

싱바커 14 앤티크

스타벅스 14 앤티크 星巴克義14門市

Keelung antique Starbucks

여행 중에 우리에게 친숙한 곳을 만나면 괜히 반갑기는 누구나 마찬가지다. 특히 스타벅스, 사이렌의 유혹은 쉽게 떨치기 어려운데 나라별로 판매되는 상품들도 다르고 특색있는 스타벅스 매장들도 많기 때문이지 않을까? 스타벅스 마니아에게 강추하는 지롱 스타벅스 14 앤티크 매장이 바로 그런 조건에 딱 맞는 매장. 오래된 근대 건물에 앤티크한 분위기와 소품 그리고 판매되는 상품들도 남다르다. 무엇보다 재미난 서비스는 우표가 함께 동봉된 엽서를 구매해 사연을 적어넣은 뒤 1층 우편함에 넣으면 실제로 발송된다는 사실. 커피 한 잔과 함께 사랑하는 이에게 그리고 누구보다 사랑하는 자기 자신에게 엽서를 띄워 보내자.

Address	基隆市中正區義一路14號 No.14, Yi 1st Rd., Zhongzheng Dist., Keelung City
Tel	02 2427 8583
Open	일 ~ 목요일 07:00 ~ 22:30, 금, 토요일 07:00 ~ 23:00
Web	www.starbucks.com.tw
Cost	$$
Access	지롱하이양광창(基隆海洋廣場)에서 바다를 바라보고 오른쪽, 지롱항(基隆港) 방향으로 가다 만나는 작은 강쪽에 있는 지롱원화중신(基隆文化中心) 건물과 영퐁잉항(永豐銀行 영풍은행) 사이 도로로 들어가면 있다. 도보 6분.

반짝반짝 빛나는 지룽의 밤
지룽 먀오커우예스
기융 묘구 야시장
Keelung Miaokou Night Market

Address 基隆市仁愛區仁三路
Ren 3rd Rd., Ren'ai Dist., Keelung City
Open 24시간
Access 지룽하이양광창(基隆海洋廣場) 건너편, 바다를 바라보고 오른쪽으로 중이루(中一路)를 따라 직진, 높은 옥상 간판이 눈에 띄는 맥도날드가 있는 사거리에서 오른쪽, 직진하면 된다. 도보 8분.

현지인들에게 타이완 북부의 관광 명소를 물어보면 빠지지 않고 추천하는 곳 중 하나가 바로 지룽 먀오커우예스 야시장이다! 모든 상점은 아니지만, 시장은 24시간 운영하고 있어 현지인들은 야시장을 뺀 먀오커우(廟口)라고 부른다. 땅거미가 내리면 모든 상점이 불을 밝혀 밤에 더욱 유명하다. 이름에서 알 수 있듯이 '뎬지공(奠濟宮)'이라는 사원 앞에 선 야시장으로 입구부터 시작해 점차 규모가 커져 지금은 골목골목 뻗어 있다. 항구도시에 있는 만큼 굴, 새우, 게, 오징어, 문어 등 해산물 요리부터 여느 야시장에서 보지 못했던 다양한 먹거리들을 만나볼 수 있다. 주요 노점 간판에는 번호와 영문 표기가 있어 기억하기 쉽고 무엇을 판매하는지도 대략적으로나마 파악할 수 있어 편리하다.

Tip 알아두면 유용한 꿀팁

먀오커우(廟口)를 지키는 뎬지공(奠濟宮)은 카이장(開漳)성왕을 모신 도교 사원으로 1875년에 건립되었다. 카이장성왕은 물을 관장하는 신으로 마주(媽祖) 여신과 함께 강과 바다를 지키는 수호성인으로 추앙받고 있다.

숟가락으로 비벼 만든 수제 아이스크림

No.37 썬쟈 파오파오빙

沈家 泡泡冰
Pao Pao Ice

먀오커우(廟口)에 가면 꼭 먹는 명물, 보고 있으면 손이 아플까 걱정이 될 정도로 곱게 간 얼음과 함께 원재료를 섞어 숟가락으로 마구마구 비벼 만드는 수제 아이스크림이다. 타이완 전통 아이스크림으로 이제는 먀오커우 외에는 찾아보기 힘드니 꼭 한 번 먹어보자. 땅콩 맛이 기본이자 전통 메뉴! 그 외에 파인애플, 레몬 등 다양한 맛이 있으니 입맛에 맞게 고르면 된다. 맛있는 먹거리와 사람들의 열기로 가득한 먀오커우, 파오파오빙으로 몸을 식히고 탐험을 시작해볼까? 전 메뉴 개당 45NT$

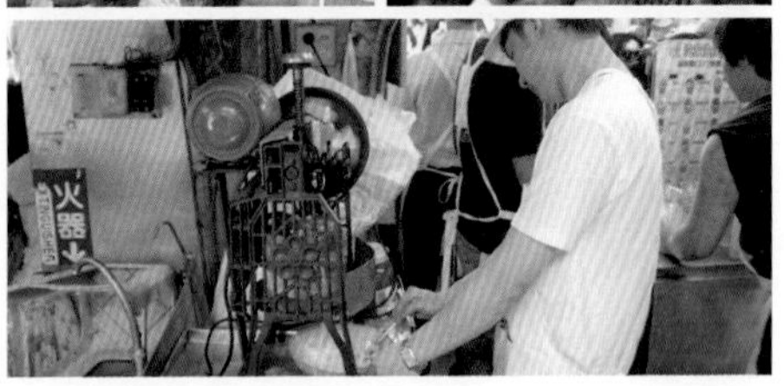

Address	基隆市仁愛區愛四路36號 No.36, Ai 4th Rd., Ren'ai Dist., Keelung City
Tel	0933 240 438
Open	16:00 ~ 02:00 (노점에 따라 오전 10:00부터 영업 시작)
Cost	$$ ~ $$$
Access	연속된 번호판을 하나씩 내건 가판대들이 늘어선 런산루(仁三路)와 교차하는 또 다른 노점들이 가득한 아이쓰루(愛四路)로 들어서면 된다.

먀오커우에 가면 꼭 먹는 영양 간식

No.58 톈썬푸 잉양산밍쯔

TSP天盛鋪 營養三明治 TSP Nutritious Sandwich

먀오커우(廟口)를 대표하는 맛집. 먀오커우에 가면 일단 이곳에 먼저 찾아가 사람 사이를 뚫고 번호표부터 뽑는 게 급선무다. '샌드위치가 맛있어 봤자'라고 생각한다면 오산! 매일 만드는 찰진 반죽을 바로 튀겨서 싱싱한 오이와 토마토, 달걀, 햄 그리고 마요네즈를 듬뿍 넣은 특제 샌드위치다. 한 입 베어 물면 짧은 탄성과 함께 입꼬리가 절로 올라갈 것. 얼핏 즉석 크로켓과 비슷하지만 더 부드럽고 상큼하다. 언제나 샌드위치를 기다리는 사람들로 넘쳐나니 번호표부터 뽑고 대기자가 많으면 주변 다른 먹거리 구경에 나서보자.
샌드위치 55NT$

싱싱한 해산물 요리

라오빙나이요우팡씨에

老兵奶油螃蟹
Lǎobīng nǎyóu pángxiè

라오빙(老兵), 말 그대로 베테랑 해산물 요리를 선보이는 곳이다. 항구도시 지롱답게 싱싱한 해산물은 기본! 원하는 조리방식으로 모두 가능하다고 하나 타이완의 해산물 조리는 튀김이나 구이, 찜이 일반적이다. 일정 금액 이상 주문 시 서비스로 해산물을 더 추가해주니 메뉴판을 잘 들여다보지. 싱싱한 해산물로 만든 요리를 기다리다 보니 뭔가 빠진 것 같다. 맥주는 따로 판매하지 않으니 옆 편의점에서 구매해 함께 곁들이면 금상첨화.

자연이 만들어 낸 신비의 땅

예류

야류 · 野柳 · Yehliu

타이완 북부해안의 작은 어촌마을에 지나지 않았던 예류(野柳, 예리우가 정확한 발음이나 우리에게 친숙한 예류로 적는다)는 예부터 바다에 의지해 생계를 유지하면서 지리적 특성상 쌀이 부족해 따다오청(大稻埕)이나 지룽(基隆) 등의 상인을 통해 쌀을 공급받아야 했다. 그렇게 쌀을 운송할 때마다 이곳의 몇몇 주민이 야핑줴이(鴨平嘴, 가는 대나무 끝부분을 깎아 날카롭게 만든 것)로 상인의 등에 멘 쌀가마니를 찔러 구멍을 내어 쌀이 흘러내리면 따라가며 주웠다고 한다. 쌀 상인들이 자주 이런 일을 겪으며 "예인(야만인)에게 또 리우(당했어)했어"라는 말을 했고, 여기서 이름이 유래되었다고 한다. 이처럼 멋지고 아름다운 자연환경도 여기서 나고 자란 그들에게는 일상에 지나지 않았다. 지질학자에 의해 예류가 세계 지질학상 중요한 해양 생태계 자원으로 밝혀지면서 아름답고 신비롭기까지 한 예류의 자연환경은 최고의 명소로 떠올라 전 세계 많은 여행자의 사랑을 받는 곳이다. 감히 인간으로서 가늠조차 할 수 없는, 세계 어디에서도 쉽게 찾아볼 수 없는 위대한 자연의 품에 안겨보자.

Access MRT 타이베이처짠(台北車站) 역 Z3 출구 나와 타이베이시짠A동(台北西站A棟 타이베이 서부 버스터미널 A동) 또는 MRT 스정푸(市政府) 역 2번 출구와 연결된 스푸좐윈찬(市府轉運站)에서 궈광커윈(國光客運) 1815번 진산(金山)행 버스를 탄다. 약 1시간 30분 소요(요금 96NT$, 이지카드 결제 가능). 정류장에서 도보 10분(예류가 종점이 아니므로 승차 시 미리 기사에게 목적지가 예류라고 말하면 예류 정류장에서 알려주거나 방송해 준다)

예류의 하늘을 날다

무스탕 패러글라이딩 클럽

Mustang Paragliding Club

예류를 색다르게 즐기는 방법, 바로 패러글라이딩이다. 타이완 북부 해안과 예류의 절경 위를 난다는 것, 그것만으로도 시원하게 가슴이 뻥 뚫린다. 뛰기 전까지 가슴의 쿵쾅거림, 예류를 날며 고함도 지르고 한바탕 웃으며 아드레날린과 엔도르핀을 함께 마음껏 분출해보자. 25년의 비행 및 교육 경험을 자랑하는, 야생마(野馬)라 불리는 리더 그리고 패러글라이딩 경험이 풍부한 강사들이 곁에서 도와주기 때문에 전혀 걱정할 필요가 없다. 예약은 따로 필요 없으며 날씨에 영향을 크게 받는 만큼 전날 밤 또는 당일 오전 9시 전 전화 문의로 진행 여부를 확인 후, 장소로 이동해 다시 전화하면 된다.

Web www.0932926289.com

Cost 패러글라이딩 1인 1회 1,600NT$ (할인가이며 평균 3,000~ 3500NT$, 할인기한이 미정이니 가격 문의는 필수)

Access 예류(野柳)를 지나는 진산(金山)행 궈광커윈(國光客運) 1815번을 타고 만리(萬里) 세븐일레븐 앞 정류장에 내려 0932 926 289 번호로 전화하면 픽업을 해준다. 버스 기사에게 페러글라이딩을 한다고 말하거나 패러글라이딩 사진을 보여주면 된다.

자연이 만들어 낸 신비의 땅

예류디즈공위엔

야류지질공원 野柳地質公園
Yehliu Geopark

1천~2천5백만 년 동안 형성된 예류의 사암은 오랫동안 침식과 풍화 작용 때문에 우리에게도 잘 알려진 고대 이집트의 여왕, 네페르티티(Nefertiti)를 닮은 여왕 바위부터 초코송이처럼 귀여운 버섯 바위 그리고 금방이라도 요리할 수 있을 것 같은 생강 바위까지 기암괴석이 수없이 많은 지질공원이다. 크게 3구역으로 나뉘는데 1구역은 버섯 바위와 생강 바위가 밀집하고 있어 기념사진을 남기기 더없이 좋은 곳이다. 특히 유명한 촛대 바위 및 아이스크림 바위도 이곳에 있다. 2구역은 바위의 갯수가 1구역보다 적지만 예류를 대표하는 여왕 바위, 용머리 바위가 있으며 바닷가에는 기이한 암석 사총사인 코끼리 바위, 지구 바위, 땅콩 바위 그리고 얼굴도 마음도 예쁜 당신이 꼭 찾아야 할 선녀 신발 바위가 있다. 3구역은 아주 중요한 생태보호구역으로 새바위, 구슬 바위 그리고 24 효 바위 등을 아름다운 자연경관과 함께 보존하고 있으며 멀리서만 봐오던 촛대 바위를 모델로 만들었다는 예류 등대도 볼 수 있다. 여기까지 올랐다면 등대에 앉아 잠시 쉬면서 시원한 타이완 맥주 한 캔을 곁들이면 더 좋을 것 같다. 보통 예류를 둘러보는데 2시간 이상이 소요되고 시간이 없다면 유명한 기암괴석을 보는 데만 1시간 정도 소요되는데 날이 너무 더우면 예정보다 일찍 빠져 나오는 여행자들도 많다. 시간이 허락한다면 쉬엄쉬엄 예류 구석구석을 둘러보길 추천한다.

Address 新北市萬里區港東路167-1號
No.167-1, Gangdong, Wanli Dist., New Taipei City
Tel 02 2492 2016
Open 08:00 ~ 17:00 (5 ~ 8월 08:00 ~ 18:00, 비바람이 강하거나 천재지변 시 휴관)
Web www.ylgeopark.org.tw
Admission 성인 80NT$, 국제학생증 소지 및 6세~12세 학생(115cm 이상) 소아 40NT$, 6세 미만(115cm 미만) 무료.
Access 예류(野柳) 버스 정류장에서 내린 후 왼쪽 내리막 길을 따라 도보 10분.

Tip 알아두면 유용한 꿀팁

예류디즈공위엔(野柳地質公園)은 날씨에 영향을 많이 받는 곳으로 공원 내 그늘이 전혀 없어 날씨가 너무 화창해도 문제다. 무엇보다 안전사고에 유의해야 하며 표시된 빨간 선을 넘어가면 안 된다. 비바람이 심하면 공원 부분적으로 또는 전체가 휴관하는 경우도 있다. 해가 쨍쨍한 날은 챙이 큰 모자, 선크림, 선글라스는 필수이고 비 오는 날에는 바람이 강해 우산보다는 우의가 편하다.

Tip 알아두면 유용한 꿀팁

예류디즈공위엔(野柳地質公園)은 관광안내소와 3구역 입구에 망고 스무디와 커피를 판매하는 작은 카페가 있다. 가페에시는 밍고 스무디를 추천한다! 다른 먹거리나 음료가 필요하다면 공원 밖에 있는 세븐일레븐으로 가자.

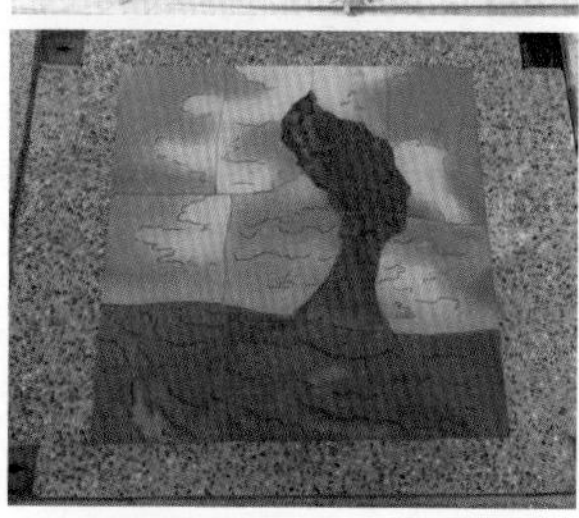

예류디즈공위엔(野柳地質公園)을 대표하는 볼거리

촛대 바위 燭台石
Candle Shaped Rock

공원 내의 가장 기이한 지형 경관으로 바닷가에 있는 커다란 초가 녹아내리는 듯한 형상을 하고 있다. 지름이 약 1~1.5m 사이이며, 위는 가늘고 아래는 굵으며 꼭대기 중앙에는 석회질의 동그란 결핵(結核 · Concretion)을 가지고 있어, 마치 촛대와 같은 형상을 하고 있다.

버섯 바위 蕈狀岩
Mushroom Rock

예류에는 버섯 같은 형상의 바위가 있는데 위쪽은 굵고 큰 구슬 형상의 바위이며, 아래쪽은 비교적 가는 돌기둥으로 이루어져 있다. 이러한 바위를 버섯 바위라 부른다. 예류에서 가장 유명한 버섯 바위로는 여왕 머리가 있다. 버섯 바위의 머리 부분과 목 부분 형태에 따라 세 부류로 나눌 수 있다. 지세가 높은 곳에는 '가는 목형', 중간에는 '굵은 목형', 그리고 지세가 낮은 곳에는 '목이 없는 형'이 있다.

여왕 바위 女王頭
Queen's Head

예류의 상징인 여왕 바위는 버섯 바위의 한 종류로 지각이 융기되는 과정에서 해수의 차별 침식작용으로 형성되었다. 바위의 높이를 타이완 북부 지각과 비교하여 평균 상승 속도를 계산하면, 여왕 바위의 나이는 거의 4천 살에 가깝다고 한다. 1962~1963년 사이, 바위 꼭대기의 절리가 갈라지게 되었고, 그 모습이 마치 고대 이집트의 여왕, 네페르티티 또는 영국의 엘리자베스 여왕 같아 지금의 이름을 얻게 되었고 예류의 상징이 되었다. 비바람에 의한 풍화작용과 함께 관광객들이 만지는 바람에 침식 속도는 가속화되었고, 현재 가장 가는 부분의 목둘레는 단지 130cm 정도밖에 남지 않아 곧 볼 수 없을지도 모른다고 한다.(현재는 여왕 바위를 만질 수 없게 규제하고 있다)

린티엔전(林添禎) 동상
林添禎銅像
The Statue of Lin Tianzhen

공원으로 지정되기 전 예류는 안전상에 취약점이 많았다. 1964년 3월 18일, 국립 타이완 대학의 학생들이 소풍을 왔는데 그중 한 학생이 바닷가에서 사진을 찍다 실족하여 바다에 빠졌다. 노점에서 물건을 팔던 어민 린티엔전(林添禎)이 그를 구하기 위해 바다로 뛰어들었지만, 불행하게도 모두 익사하고 말았다. 자신을 아끼지 않고 사람을 구하기 위해 용기를 낸 린티엔전의 이야기를 널리 알리기 위해 현지에 동상을 세우고 교과서에 싣도록 하였다.

선녀 신발 바위 仙女鞋
Fairy's Shoe

전설에 의하면 선녀가 속세

에 내려와 예류의 거북이 요괴를 굴복시킨 후에 바닷가에 깜박하고 두고 간 신발이라고 한다. 생강 바위의 한 종류이며, 암층(岩層)에 비교적 단단한 칼슘 성분의 바위를 오랜 시간 해수의 침식작용과 지층의 횡압력으로 인해 가로와 세로로 교차하는 균열을 만들어 신발의 형태를 형성하게 되었다.

예류 등대 野柳燈塔
Yehliu Lighthouse

1967년 촛대 바위를 모델로 설립된 예류 등대는 11.3m 높이로 거북 머리 산 정상에 있다. 예류 등대는 타이완 최북단의 푸구이자오(富貴角) 등대 및 지롱(基隆) 등대의 빛이 비치는 반원 한가운데 세워져 있어 지롱(基隆) 항의 항해 기능을 더욱 강화하고 있다.

바다 친구들과 니하오

예류하이양스제

예류해양공원 野柳海洋世界
Yehliu Ocean World

예류디즈공위엔(野柳地質公園)과 이웃하고 있는 해양공원. 200여 종의 해양생물을 볼 수 있는 아쿠아리움과 깨물어주고 싶도록 귀여운 물개와 돌고래들의 신나는 공연 그리고 손에 땀을 쥐는, 아찔한 높이에서 뛰어내리는 다이빙 쇼도 관람할 수 있다. 기암괴석만 보고 예류를 떠나기에는 아쉽고 특히 아이와 함께하는 가족여행이라면 더없이 좋은 시간을 보낼 수 있을 것이다.

Address 新北市萬里區港東路167-3號
No.167-3, Gangdong, Wanli Dist., New Taipei City
Tel 02 2493 1111
Open 월 ~ 금요일 009:00 ~ 17:00, 토, 일요일 09:00 ~ 17:00
공연시간 월 ~ 일요일 10:30, 13:30, 15:30 (3일 이상 공휴일 10:30, 13:00, 14:30, 16:00)
Web www.oceanworld.com.tw
Admission 성인 330NT$, 6세 이상 학생 280NT$, 65세이상 225NT$, 6세 미만 무료
Access 예류디즈공위엔(野柳地質公園) 입구 맞은편에 있다.

카이장(開漳)성왕이 선택한 예류

예류바오안공

야류보안궁 野柳保安宮
hliu Baoan Temple

1820년에 건립되어 200여 년 동안 예류의 수호신으로 카이장(開漳)성왕이 자리를 지킨 유서 깊은 사원이다. 사원의 건립 배경이 아주 흥미로운데 건립된 해에 배 한 척이 표류하다 예류 부근 해역으로 흘러들었고 주민들이 배에 올랐을 때, 사람은 흔적도 없고 사원을 지을 건축자재와 카이장(開漳) 성왕 불상이 있었다고 한다. 이에 주민들은 신의 뜻으로 받아들여 배에 있던 건축자재로 지금 위치에 사원을 짓고 불상을 모셨다. 이후 바오안공(保安宮)에 마주(媽祖) 여신과 투디공(土地公)도 함께 모시면서 예류 지역이 사원 이름처럼 평안하다고 전해진다. 특히 정월 대보름(음력 정월 15일)에는 매우 중요한 민속종교 행사도 열리는데 때에 맞춰 찾는다면 더욱 기억에 남을 타이베이 여행이 될 것이다.

Address 新北市萬里區港東路69號
No.69, Gangdong, Wanli Dist., New Taipei City
Tel 02 2492 5402
Open 06:00 ~ 22:00
Admission 무료
Access 예류(野柳) 버스 정류장에서 내린 후 왼쪽 내리막 길을 따라 도보 5분.

예류 바닷가 이색 포토존

뤄터펑

낙타 바위 駱駝峰
Camel Rock

작은 항구를 사이에 두고 예류디즈공위엔(野柳地質公園) 바로 아래 위치한 이색 포토존. 한국 여행자들이 택시 투어로 다녀오면서 알려지기 시작한 뤄터펑은 요즘 예류에서 가장 인기있는 관광명소로 꼽힌다. 사암 언덕 정상에는 낙타 등에 있는 혹을 쏙 빼닮은 기이한 바위가 있는데 독특한 지형 덕분에 사진놀이 하기에 제격. 수천만 년의 세월 동안 침식된 바위는 마치 라떼(Latte)처럼 진한 갈색 띠를 두르고 있으니 가까이 다가가 사암을 자세히 들여다보자. 갈색 띠는 사암의 성분 중 철성분이 서로 자성에 이끌려 만들어진 천연의 예술작품. 오랫동안 자연스럽게 판의 형태로 굳어진 부분 때문에 바위와 바위 사이가 갈라진 것도 확인할 수 있다.
*안전사고 유의!

Access 예류디즈공위엔(野柳地質公園) 입구 전, 세븐일레븐을 바라보고 왼쪽으로 도로를 따라 가면 된다. 도보 10분.

부드럽고 달콤한 롤케이크

야니커

야니극 亞尼克
Yannick

부드러운 생크림을 듬뿍 넣은 촉촉한 롤케이크! 혼자서 한 롤 정도는 게눈 감추듯 먹을 수 있을 정도로 맛있다. 여기저기 생크림을 묻혀도 모르고 먹는 그 맛은 특히 진한 커피를 곁들였을 때 가장 맛있다. 유지방 20%의 생크림을 듬뿍 발라 만든 롤케이크는 이곳 만리(萬里) 본점에서 먹어야 제맛. 예류를 구경하느라 기운이 빠졌다면 야니커의 달달한 롤케이크로 당 충전! 다만 생크림 롤케이크는 조각으로 판매하지 않고 포장만 가능하다.

Address 新北市萬里區瑪鍊路127之5號
No.127-5, Masu Rd., Wanli Dist., New Taipei City
Tel 02 2492 6359
Open 월 ~ 금요일 10:00 ~ 18:30, 토, 일요일 10:00 ~ 22:00
(포장 매장)
Cost $$
Access 만리(萬里) 세븐일레븐을 바라보고 오른쪽 직진, 도보 3분.

타이베이 시먼(西門)점

Address 台北市中正區寶慶路32號1樓
1F., No.32, Baoqing Rd., Zhongzheng Dist
Tel 02 2370 2036
Open 일 ~ 목요일 11:00 ~ 21:30, 금, 토요일 11:00 ~ 22:00
Cost $$
Access MRT 시먼(西門) 역 3번 출구 나와 Hallmark 1층 입점해 있다. 도보 1분.

기차로 떠나는 탄광마을

핑시셴

평계선 · 平溪線 · Pingxi Railway

핑시셴(平溪線)은 본래 1921년 7월, 산댜오링(三貂嶺)부터 징통(菁桐)까지 12.9km 구간의 7개 탄광 마을을 잇는
석탄 운송용 철도로 개통되었다. 1980년대 후반 탄광 산업이 쇠퇴하면서 사라질 위기에 처했다가
1992년 타이완 정부에 의해 현재와 같은 관광열차로 다시 태어나면서 마을은 활력을 되찾았다.
여행자들에게 익숙한 뤠이팡(瑞芳)은 허우통(猴硐)과 더불어 타이완 동부를 잇는 동부간셴(東部幹線)의 요지이면서
동시에 타이베이(台北)와 지룽(基隆), 진과스(金瓜石), 지우펀(九□) 등을 잇는 교통의 허브의 역할을 하는
핑시셴 기차여행의 출발점으로 자리매김하게 된다. 이후 여행객의 증가로 인해 2014년 7월에는 빠두(八堵)에서 징통까지
12개 역으로 핑시셴을 연장 운행하고 있다. 그중에서 고양이 마을 허우통, 〈꽃보다 할배〉로 유명해진 스펀(十分),
원조 천등마을 핑시(平溪) 그리고 마지막 정차역 징통까지 4개 탄광 마을이 가장 유명하다.
핑시셴을 운행하는 객차는 지하철과 같은 구조라 지정된 좌석이 없고 빈자리에 앉는 자유석 방식이다.
차창 밖으로 지나가는 탄광 마을과 청초하고 고즈넉한 풍경들은 기차여행의 낭만을 마음껏 누리게 해준다.
물론 주말이나 휴일에는 핑시셴 객차가 여행자들로 가득하다.
세계 각국의 여행자들로 넘쳐나는 주말을 피할 수 없다면 되도록 이른 아침 핑시셴 기차에 몸을 실어보자.

탄광마을 기차여행 준비

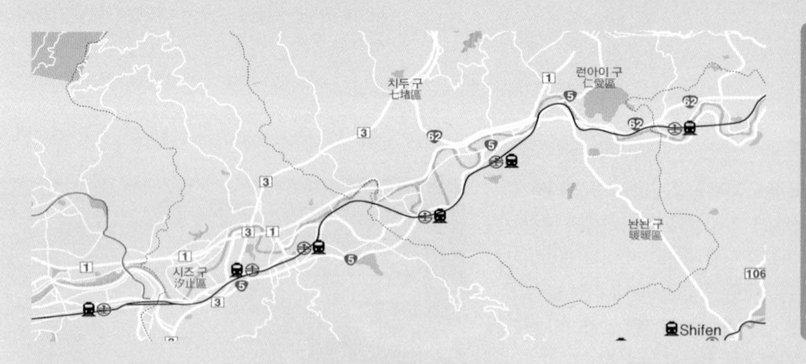

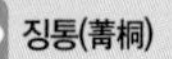

- 징통(菁桐)
- 핑시(平溪)
- 링쟈오(嶺腳)
- 완구(望古)
- 스펀(十分)
- 따화(大華)
- 산댜오링(三貂嶺)
- 허우통(猴硐)
- 뤠이팡(瑞芳)

핑시셴 기차여행의 시작은 뤠이팡(瑞芳 Ruifang)!

핑시셴(平溪線) 기차여행을 하려면 먼저, 뤠이팡처짠(瑞芳車站 · 뤠이팡 기차역)으로 가서 핑시셴으로 갈아타야 한다. 타이베이처짠(台北車站 · 타이베이 기차역)에서 뤠이팡까지 가는 기차는 빠른 순서에 따라 세 가지로 쯔창하오(自强號), 쥐광하오(莒光號), 취지엔처(區間車)가 있다. 종류에 따라 45분~1시간 정도로 크게 차이가 없어 시간에 맞춰 들어오는 기차를 타면 된다. 따로 표를 구매해도 되지만 편리한 이지카드를 사용하자. 이지카드를 사용하면 지정석이 아니라 취지엔처 요금과 같아 저렴하게 이용할 수 있다는 것도 좋다. 좌석에 앉아 편히 가고 싶다면 창구에서 쯔창하오나 쥐광하오 표를 구매해야 한다. (자동판매기 역시 좌석이 지정되지 않으니 참고) 지하 1층, 4번 플랫폼에서 탑승하면 되는데 한 플랫폼에 여러 행선지의 기차가 정차하니 차량 번호와 시간을 꼼꼼하게 확인하자.

핑시셴 1일권(Pinxi Line One Day Pass) VS 이지 카드(Easy Card)

타이베이처짠(台北車站) 또는 뤠이팡처짠(瑞芳車站) 매표소에서 하루 동안 무제한으로 핑시셴 기차를 이용할 수 있는 1일권을 살 수 있다. 표를 사지 못했다면 기차를 타고 난 뒤에 승무원에게 살 수 있고 수시로 표 검사를 하므로 잘 보관하자. 핑시셴 기차 환승은 뤠이팡처짠 3번 플랫폼에서 하면 된다. 이정표가 잘 되어있어 크게 어려움이 없지만, 배차 시간이 평균 1시간 간격이고 평일 또는 주말, 시즌별로 배차 시간이 다르므로 시간표를 보면서 일정을 잘 계획해야 한다. 기차를 놓치면 그만큼 시간이 지체되기 때문이다. 여유롭게 핑시셴의 명소들을 모두 둘러본다면 1일권이 경제적이지만 주요 명소 몇 곳만 본다면 이지카드가 더 저렴할 수 있다. 핑시셴_1일권

Access 1 **기차:** 타이베이처짠(台北車站)에서 뤠이팡처짠(瑞芳車站)까지 쯔창하오 76NT$, 지광하오 59NT$, 취지엔처 49NT$(자유석). 소요시간 약 45분~1시간, 배차 간격 30분~1시간. 이지카드 사용시 49NT$ 동일하며 자유석(입석)이다.

Access 2 **버스:** MRT 종샤오푸싱(忠孝復興)역 2번 출구 나와 오른쪽 버스 정류장에서 1061번 또는 1062번 버스 탑승 후 뤠이팡처짠(瑞芳車站) 하차. 소요시간 약 40분, 요금 83NT$

야옹, 고양이 마을
허우통
후동 猴硐
Houtong

Access 1 뤠이팡처짠(瑞芳車站)에서 핑시셴 기차로 한 정거장, 약 10분 소요.
Access 2 타이베이처짠(台北車站)에서 허우통처짠(猴硐車站)까지 바로 갈 수 있다. 약 55분 ~ 1시간 10분 소요.

말랑한 젤리 발바닥으로 도도하게 사뿐사뿐 걸어 다니는 고양이들의 마을 허우통(猴硐). 핑시셴의 여느 마을과 마찬가지로 탄광 마을이었던 이곳은 탄광 주변에 타이완 원숭이가 많이 살고 있어 원숭이 동굴이란 의미로 허우통이라 불렸다. 기차역에 내리면 가장 먼저 반겨주는 역무원 고양이와 함께 기념사진을 남겨보자. 기찻길을 가로지르는 특이한 모양의 구름다리에 오르면 주민들이 설치한 캣타워 등 고양이를 위한 편의 시설이 있는데 한가로이 낮잠을 자거나 다리를 건너는 고양이들과 인사를 나눌 수 있다. 언덕 위 마을에는 주민들이 운영하는 카페와 기념품 상점들이 드문드문 있는데 고양이들과 함께 산책하다 들르기 좋다. 2013년 CNN이 세계 6대 고양이 마을로 선정한 허우통은 고양이를 사랑하는 타이완 사람들에게도 관광명소로 주목받고 있다. 물론 애묘인이 아니어도 상관 없다. 일단 발을 들여 놓으면 고양이 캐릭터로 꾸며진 아기자기한 마을 분위기에 취해 자신도 모르게 셔터를 누르게 될 테니 말이다. 핑시셴의 마을 중 타이완에서 가장 번성했던 탄광마을의 옛모습이 가장 많이 남아 있다는 점도 여행의 묘미를 더한다.

타이완 산업혁명의 중심

허우통메이쾅보우위엔취

후동매광박물원구 猴硐煤礦博物園區
Houtong Coal Mine Ecological Park

Address	新北市瑞芳區柴寮路40號 No.40, Chailiao Rd., Ruifang Dist., New Taipei City
Tel	02 2497 4143
Open	08:00 ~ 18:00
Admission	무료
Access	허우통처짠(猴硐車站) 입구 나와, 노점 사이로 들어서면 된다. 도보 1분.

허우통처짠(猴硐車站) 입구를 나오면 노점 사이로 과거 타이완 산업혁명의 중심으로서 번영을 누리던 탄광마을, 허우통(猴硐)의 모습을 엿볼 수 있는 박물원 구역이 있다. 비전 홀에서 당시 탄광마을의 생활상을 둘러보고 나면 오른쪽에 폐허가 된 공장이 보인다. 1920년 문을 연 이곳은 당시 주요 석탄 공장 중 하나였던 뤠이산쾅예공스(瑞三 礦業公司 · 서삼광업공사)로 벽에 그려진 찬메이위궈 (產煤裕國) 즉, "석탄이 나라를 부유하게 한다"라는 문구가 돋보인다. 허우통은 실제로 연간 22만 톤의 석탄을 생산하던 곳으로 한때는 900가구, 6,000여 명의 사람들이 거주했던 부촌이었다. 폐공장 옆 계단을 따라 석탄을 운반하던 다리에오르면 허우통의 아름다운 풍경을 조망할 수 있다. 다리 건너에는 당시 사용하던 갱도가 있는데 입장료를 내면 갱도 체험이 가능하다. (입장료 50NT$)

허우통 명물
고양이 펑리수

고양이 마을로 유명한 허우통답게 펑리수도 고양이 모양이다. 너무 귀여워서 어떻게 먹을까 하다 눈을 질끔 감고 입에 넣었더니 맛도 좋다. 일부러 이 고양이 펑리수를 사러 오는 여행자들도 있으니 그 인기는 말할 필요가 없다. 고양이 얼굴, 고양이 얼굴에 몸까지 표현된 것까지 다양한 형태의 펑리수가 판매된다. 무엇보다 가장 취향 저격인 펑리수는 말랑말랑 젤리 같은 고양이 발바닥 모양의 펑리수! 너무 귀여워서 다시 돌아가 사고 싶은 충동이 일어날 정도다.

Access 뤠이팡처짠(瑞芳車站)에서 핑시셴 기차로 네 정거장, 약 30분 소요.

간절한 마음을 담아 하늘에 고하다

스펀

십분 十分
Shifen

핑시셴 기차가 오가는 철로에서 소원을 천등(天燈)에 적어 하늘에 날려 보내는 마을로 여느 탄광 마을보다 더욱 활기차고 아름다워 여행자들의 발길이 끊이지 않는다. 타이완 명물, 택시 투어를 이용하는 여행자들도 핑시셴으로 이어진 탄광 마을 중 반드시 들리는 곳이다. 스펀처짠(十分車站)과 스펀라오제(十分老街) 사이를 잇는 철로 주변에는 먹거리를 판매하는 노점과 기념품 상점 그리고 천등을 파는 가게들이 줄지어 있다. 많은 사람이 천등에 소원을 적고 있는 모습부터 기찻길에서 천등을 날리는 모습까지 모두 스펀의 진풍경이다. 태국의 매끌렁 기차 시장과 닮았지만 핑시셴 기차는 개통 이후 단 한 번도 안전사고가 난적이 없다고 한다. 곳곳에 안전 요원들이 상주하고 있는데 기찻길에서 사진 놀이를 하다 어디선가 호각 소리가 들려온다면 기차가 들어온다는 신호이니 얼른 철로에서 물러나자. 무엇보다 즐거운 여행을 위해서 철로 위를 거닐 때는 넘어지지 않게 항상 안전사고에 유의하자.

천등을 날리려거든 이 가게로

자룽마마톈등

가용엄마천등 佳蓉媽媽天燈
Jiāróng māmā tiān dēng

스펀(十分)에 도착하면 '가용엄마 천등' 간판이 걸린 가게가 가장 눈에 띈다! 간판에 한자보다 크게 적은 한글이 돋보이는 이 가게는 이미 우리나라 여행자들 사이에 소문난 스펀의 명소. 주인 아주머니가 한국 교포인 덕에 어렵게 영어나 중국어를 쓰지 않아도 되고 무엇보다 세심한 배려가 이 가게를 다시 찾게 만든다. 앞치마를 빌려주어 혹 먹물에 옷이 더러워지지 않게 해주고 소원을 다 적고 나면 드라이기로 말려주기까지! 여기서 끝난 게 아니다. 무엇보다 스펀의 하이라이트라고 할 수 있는 천등을 날릴 때 이런저런 자세를 잡아주시며 정성스럽게 사진과 동영상을 촬영해 주신다는 것! 스펀의 천등 가게는 모두 가격이 같으니 이 가게로 가지 않을 이유가 없다.

Tip 알아두면 유용한 꿀팁

옷에 먹물이 튀지 않게 앞치마를 하고 붓에 먹물을 최대한 빼고 글을 써야 번지지 않는다. 4색 중 기본 3색(빨간색=복, 노란색=돈, 흰색=건강) 외 한가지 색은 원하는 대로 고르면 된다.

Address 新北市平溪區十分街62號
No.62, Shifen St., Pingxi Dist., New Taipei City
Tel 0958 111 160
Open 10:00 ~ 19:30
(날씨에 따라 휴무 또는 천등을 날리지 않을 수 있음)
Cost $$ (단색 150NT$, 4색 200NT$)
Access 스퍼처짠(十分車站)에서 스펀라오제(十分老街)를 따라 직진. 도보 7분

스펀
추천 2

줄서서 먹는, 닭날개 볶음밥

료거사오카오지츠바오판

류가소고계시포반 溜哥燒烤雞翅包飯
Liū gē shāokǎo jīchì bāofàn

스펀(十分)에 가면 꼭 먹어야 하는 닭날개 볶음밥! 스펀에서 밖에 못 먹는다 했지만, 주인장의 형이 단수이(淡水)에도 문을 열었다. 하지만 역시 맛은 원조를 따라가지 못하는지 스펀에서 먹는 닭 날개 볶음밥이 제일 맛있다. 직원 대부분이 한국어가 가능해 주문하는 데 전혀 어려움이 없다. 닭날개 볶음밥과 김치 취두부 두 가지 맛이 있는데 타이완 음식이 입맛에 잘 맞는다면 김치 취두부 맛도 괜찮다. 스펀에서 이 닭날개 볶음밥을 먹어본 사람들은 한국에서 팔아도 잘되겠다고 한두 마디씩 하는데 부산 깡통시장에 실제로 생겼다고! 부산까지 날아간 닭날개의 명성을 확인해 보시라.

Address 新北市平溪區十分街52號
No.52, Shifen St., Pingxi Dist., New Taipei City
Tel 02 2495 8200
Open 10:00 ~ 20:00
Cost $
Access 스펀처짠(十分車站) 바로 옆, 도보 1분

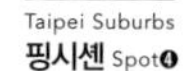

청아한 오르골 멜로디

스펀요우취

십분유취 十分遊趣
Shífēn yóu qù

타이베이에서 가장 많은 종류의 오르골을 진열하고 있는 곳이다. 예쁜 오르골에서 나는 청아한 멜로디에 눈을 뗄 수 없다. 특히 스펀요우취(十分遊趣) 타이베이에서 활동하는 디자이너들과 협력하여 다양한 디자인 소품들을 취급해 나만의 특별한 기념품을 구할 수 있다는 것이 가장 큰 매력이다. 스펀에서 닭날개 볶음밥으로 요기하고 천등에 소원을 적어 하늘로 올렸다면 스펀을 아니 타이베이를 추억할 기념품도 한 번 찾아보자. 굳이 사지 않더라도 구경하는 재미가 쏠쏠한 곳이다.

Address 新北市平溪區十分街102號
No.102, Shifen St., Pingxi Dist., New Taipei City

Access 스펀처짠(十分車站)에서 스펀라오제(十分老街)를 따라 직진. 철로 건너 로보트 모형이 서 있는 곳이다. 도보 7분.

숨은 보석 같은 공원

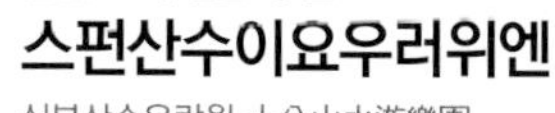

스펀산수이요우러위엔

십분산수유락원 十分山水遊樂園
Shífēn shānshuǐ yóu lèyuán

현지인들의 쉼터로 예전에는 캠핑 장소로 이용되기도 했다. 최근 들어 스펀푸뿌(十分瀑布)로 인해 여행자들의 발걸음이 꾸준히 닿고 있는 곳이기도 하다. 스펀(十分) 마을에서 조금 떨어져 있어 여름철에는 걸어서 이동하기가 조금 힘들지만 이왕이면 눈썹 폭포 또는 안경 폭포라 불리는 웬징동푸뿌(眼鏡洞瀑布)와 멋진 공원의 풍경을 감상해보자. 흔들다리, 관푸따챠오(觀瀑吊橋) 옆 철교(鐵橋)로 핑시센 기차가 지나는데 셔터를 누르면 그대로 작품이 된다. 다리를 건너면 잠시 쉬어가기 좋은 공원이 나오고 그 끝에 바로 웅장한 소리를 내뿜는 스펀푸뿌가 있다.

Address 新北市平溪區乾坑10號
No.10, Gankeng, Pingxi Dist., New Taipei City

Tel 02 2495 8409

Open 09:00 ~ 16:30 (여름철 6월~9월, 09:00 ~ 17:30)

Admission 무료

Access 스펀처짠(十分車站)에서 이정표를 따라 도보 30분↑, 택시 5분

타이완의 나이아가라 폭포

스펀푸뿌

십분폭포 十分瀑布
Shifen Waterfall

타이완의 나이아가라 폭포라 불리는 스펀푸뿌(十分瀑布)는 높이 12m, 폭 40m로 일 년 내내 수량이 풍부해 웅장한 자태를 뽐내는데 특히 비가 오고 난 뒤에는 엄청난 물보라를 일으키며 포효한다. 이 자연이 주는 백색 소음을 배경 음악으로 삼고 타이완 맥주 한 잔이며 여기가 바로 무릉도원! 폭포를 찾을 땐, 한참을 멍하니 머물다 오는 데 그리 마음이 편안해질 수가 없다. 자연의 소리는 특정 음높이가 아닌 넓은 대역으로 마음의 안정을 가져다준다고 한다. 2016년 2월 전망대를 보수해 폭포를 감상하기 더욱 좋아졌다. 폭포 주변으로 기념품 가게, 작은 카페 및 음식점 등이 있어 폭포 소리를 들으며 자연 속에서 여유로운 한때를 보내기 더할 나위 없다. 이것이야말로 힐링!

Access 스펀처짠(十分車站)에서 이정표를 따라 도보 30분↑ 택시 5분 스펀산수이요우러위엔(十分山水遊樂園) 입구에서 도보 5분.

Access 뤠이팡처짠(瑞芳車站)에서 핑시셴 기차로 일곱 정거장, 약 40분 소요.

핑시라서 핑시셴

핑시

평계 平溪
Pingxi

탄광 마을 중 가장 크고 번성했었던 핑시(平溪), 그래서 일곱 개 탄광 마을을 잇는 석탄 운송을 위한 광산 철도의 이름도 핑시셴(平溪線)이라 하지 않았던가. 옛 영화(榮華)는 뒤로한 채 조용한 마을을 타박타박 걸으면 '기찻길 옆 오막살이' 노래를 흥얼거리게 된다. 하지만 이렇게 조용한 마을도 음력 새해가 되면 어떤 유명한 관광 명소도 따라가지 못할 만큼 많은 사람으로 북적이는데 바로 핑시천등축제(平溪天燈節)가 열리기 때문이다. 핑시는 천등의 메카, 천등의 원조 마을로도 유명한데 평소와 달리 정말 많은 사람이 하늘을 수놓는 예쁜 천등을 만나기 위해 이곳으로 온다. 핑시셴 기차여행이나 타이베이 여행에서 자주 볼 수 있는 천등이 밤하늘을 가득 메운 예쁜 엽서나 사진이 눈앞에 고스란히 재현된다. 핑시는 타이완판 〈건축학 개론〉이라고 하는 〈그 시절, 우리가 좋아했던 소녀〉의 촬영지로도 유명하다.

Tip 알아두면 유용한 꿀팁

핑시에서 반드시 해야 할 한 가지 재미난 것이 있다. 철도교(鐵道橋)가 보이는 마을 다리 위에서 철도교를 지나는 핑시셴 기차를 사진에 담으면 소원이 이루어진다고 하니 꼭 한 번 시도해 보자. 기차 시간 확인 필수!

핑시 먹거리

할머니, 맛있는 소시지 하나 주세요~

톄다오르어창

철도열장 鐵道熱腸 Tiědào rècháng

핑시(平溪)에 가면 절대 놓치지 말아야 할 먹거리. 바로 할머니가 정성스레 구워주시는 소시지다. 타이완에서 먹을 수 있는 보통의 소시지와 달리 칼집을 내고 그 사이에 마늘과 파를 넣어 풍미를 더했다. 현지인들의 입소문을 통해 유명해진 할머니의 소시지를 한 입 베어물면 정성과 손맛이 입안 가득 퍼져나가는 듯하다. 가게 앞에 줄이 길게 늘어진 집을 찾으면 할머니 소시지를 맛볼 수 없다. 그 가게는 아마도 TV와 여행 가이드북에 소개된 핑시구스샹창(平 溪故事香腸)일 것이기 때문. 그 집 맞으편 기차 그림이 있는 톄다오르어창(鐵道 熱腸)을 기억하자!

Address 新北市平溪區平溪街18號
No.18, Pingxi St., Pingxi Dist., New Taipei City
Tel 02 2495 2302
Open 09:30 ~ 19:45
Cost $
Access 핑시처짠(平溪車站)에서 중허제(中華街)를 따라 마을로 들어서 핑시제(平溪街)와 만나는 사거리 바로 왼쪽 코너에 있다. 도보 2분.

핑시톈등지에

평계천등축제 平溪天燈節 Pingxi Lantern Festival

천등의 유래는 3세기, 위(魏)·촉(蜀)·오(吳)의 중국 삼국시대로 거슬러 올라간다. 모두가 알고 있는 촉나라의 승상, 파초선을 들고 있는 제갈공명(諸葛亮)이 옛날 멀리 떨어져 주둔하고 있는 아군에게 공격, 원군 요청 등을 알리기 위한 전술로 처음 고안했다고 한다. 후대에는 도적떼가 출몰하자 도적에게 금품을 빼앗긴 주민들이 다른 마을에 피해가 가지 않게 하려고 천등을 하늘로 올려 알렸다고 한다. 우편의 발달과 전화의 등장으로 천등은 사라지는 듯했지만 쇠퇴한 탄광 마을을 관광명소로 만든 소원을 비는 천등으로 새롭게 태어났다. 핑시셴 기차여행에서 빠질 수 없는 천등 날리기, 그중 가장 큰 마을인 핑시(平溪)에서는 매년 정월 대보름(음력 1월 15일)에 핑시톈등지에(平溪天燈節) 즉, 천등축제가 열린다. 축제 당일 총 여덟 번에 걸쳐 한 번에 200개의 꿈이 밤하늘을 수놓는데 잊을 수 없는 아름다운 풍경이다. 음력 새해와 정월 대보름 사이, 3일에 걸쳐 진행되는데 타이베이 여행 일정과 축제 시기가 비슷하다면 타이완관광청을 통해 날짜와 이동 방법 등을 꼭 확인해보고 잊을 수 없는 추억을 만들어보길 바란다. 축제 기간에는 차량 통제로 대중교통만 이용 가능하니 참고하자.

Access 뤠이팡처짠(瑞芳車站)에서 핑시셴 기차로 마지막 정거장, 약 45분 소요.

1년 정거장
징통
청동 菁桐
Jingtong

핑시셴(平溪線)의 마지막 정거장, 지드래곤의 노래 '1년 정거장'이 귓가에 맴도는 곳이다. "All ways waiting for you, All day I'll pray for you"라는 가사도 너무 잘 어울리는 소박하고 아름다운 마을 징통(菁桐)은 사색에 잠겨 그저 거닐거나 카페에 앉아 잠시 눈을 감고 젠틀한 바람을 느끼기 좋은 곳, 싱그러운 햇살을 즐기며 눈을 제대로 뜨지 못한 채 웃으며 서로를 바라볼 수 있는 그곳. 핑시셴 탄광마을 중 어디가 가장 좋으냐고 묻는다면 주저하지 않고 대답할 수 있는 곳이 바로 징통이다. 마을 주변으로 오동나무가 많아 징통이라 불리는 이곳은 1929년에 문을 연 징통처짠(菁桐車站)과 더불어 짧지만 고즈넉하니 거닐기 좋은 징통라오제(菁桐老街)로 빈티지한 기념품 상점과 카페가 들어서 있다. 천천히 거닐어도 볼거리가 참 많은 이곳은 핑시셴의 다른 마을처럼 천등을 날릴 수 있지만 대나무에 소원을 적어 매다는 것도 유명하다.
소원을 적는 대나무, 쉬위엔주(許願竹)는 40NT$

징통 이색 볼거리

파출소 지붕에 펼쳐지는 탄광마을 이야기

톈등파이추쉬

천등파출소 天燈派出所

Sky Lantern Police Station

징통(菁同)에 가면 딱딱한 파출소의 이미지와는 달리 친근한 천등 모양의 파출소가 있다. 그 모양만으로도 충분히 명물이라 징통을 찾는 여행자들은 모두 사진에 담기 바쁘다. 천등 파출소에는 그 모양 만큼 특별한 것이 숨어 있다. 파출소 위에 설치된 천등이 바로 LED 모니터 역할을 하는데 천등의 유래와 핑시셴 탄광마을의 이야기 그리고 현재까지의 모습을 영상으로 볼 수 있다. 2층에 있는 상점에 가서 신청하고 요금을 내면 된다. 유튜브에서 '天燈派出所'를 키워드로 검색하면 관련 영상들을 감상할 수 있다.

Address 新北市平溪區靜安路二段141號
No.141, Sec. 2, Jing'an Rd., Pingxi Dist., New Taipei City
Tel 02 2495 2358
Open 월 ~ 금요일 16:00 ~ 19:00, 토, 일요일, 공휴일 16:00 ~ 20:00 (LED Show 매 1시간마다)
Cost LED Show 150NT$
Access 징통처짠(菁桐車站)에서 나와 오른쪽, 징통라오제(菁同老街)를 따라 가면 도로변에 있다. 도보 2분.

바람이 불어오는 곳

탄창카풰이

탄장커피 碳場咖啡

Coal Café

석탄 공장을 개조한 탄창카풰이로 들어서면 나이 지긋한 주인이 환한 웃음으로 반겨준다. 오롯이 휴식을 취하기 좋은 이 카페는 징통을 발아래 두고 눈을 감은 채 불어오는 바람을 맞으며 사색에 잠기기 좋은 곳이다. 불현듯 가수 김광석의 노래를 흥얼거려 본다. "바람이 불어오는 곳 그곳으로 가네, 그대의 머릿결 같은 나무 아래로". 기차가 지나는 마을, 덜컹이는 창문이 있는 카페 베란다에 기대어 커피를 마시며 사랑하는 이에게 연서를 쓰는 것은 어떨까? 그대가 지금 꿈에 그리던 풍경 속 그곳, 징통에 있으니 말이다.

Address 新北市平溪區菁桐街50號
No.50, Jingtong St., Pingxi Dist., New Taipei City
Tel 02 2495 2513
Open 월~금요일 08:00~17:00, 토, 일요일 08:00~19:00
Cost $$
Access 징통처짠(菁桐車站) 철로 건너 언덕에 있는 메이광지녠공위엔(煤礦紀念公園) 공원 안쪽에 있다. (역 바로 맞으편 건물을 지나 안쪽에 있는 폐공장 건물) 도보 2분.

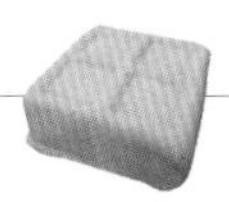

건강한 여행, 두부 마을

선컹 & 스딩

심갱 & 석정 · 深坑 & 石碇 · Shenkeng & Shiding

Taipei Suburbs
선컹 & 스딩 Spot❶

두부로 만든 먹거리로 가득 **선컹**

심갱 深坑
Shenkeng

타이베이 근교 여행에서 만나는 예쁜 마을들은 대부분 석탄이나 금, 구리 등을 채굴하던 탄광 마을이다. 그중 타이베이 남동부 근교에 있던 탄광 마을, 선컹(深坑)은 여느 마을과 달리 건강한 두부 마을로 재탄생했다.

타이완 두부의 중심지(Tofu Capital)라고 불리는 선컹! 두부 거리(Tofu Street)란 별명을 가진 선컹라오제(深坑老街)는 두부를 사용한 다양한 음식들을 판매하는 식당이 즐비하다. 물론 우리의 들숨을 멈추게 하는 취두부, 초또우푸(臭豆腐)도 있어 고린내가 가득하기도 하지만 한 고개를 넘으면 두부로 만들어 담백한 푸딩과 아이스크림이 발길을 사로잡는다. 처음 맛보았을 때는 그저 신기하기만 했었는데 이제는 두부 아이스크림을 먹으러 일부러 찾을 정도다.

곳곳에 어릴 적 흑백 TV로 보던 만화 캐릭터와 동네 문방구에서 본듯한 장난감이나 식품이 가득 진열된 상점은 우리네와 닮은 모습에 예쁜 꽃처럼 향수가 피어난다. 무엇보다 타이완의 정취가 물씬 풍기는 아름다운 옛 거리를 거닐며 사진 놀이에 흠뻑 빠져보자.

Tip 알아두면 유용한 꿀팁

선컹(深坑) 버스정류장에 서는 795번 버스는 무자핑시셴(木柵平溪線) 하오싱 버스로 징통(菁桐), 핑시(平溪), 스펀(十分)까지 운행하니 핑시셴(平溪線) 여행의 교통수단으로 삼아도 좋다. 버스로는 징통에 먼저 도착하니 징통을 둘러보고 기차로 이동하면 된다. 징통까지 요금 45 NT$,소요시간 약 1시간 30분.

Access MRT 스정푸(市政府) 역 3번 출구 앞 버스 정류장 912번 버스를 타면 된다. 소요시간 약 40분. 기사님에게 선컹에 간다고 하거나 글자를 보여주면 좋다. 요금 18NT$

선경 추천1

도전! 초또우푸

구자오춰

고조조 古早厝

Gu Zao Cuo

타이베이 여행에서 갑자기 훅하고 들어오는 취두부의 고린 내는 우리나라 여행자들에게 익숙지 않아 더욱 곤욕이다. 그 것이 아름다운 선컹(深坑)일지라도 초또우푸(臭豆腐)의 향기는 여전히 미간을 찌푸리게 만든다. 하지만 다른 나라의 건강한 음식문화를 무턱대고 싫다고 생각하지 말고 한 번 시도해보는 것은 어떨까? 우리가 즐기는 청국장 냄새에 깜짝 놀라는 외국인을 떠올려보자! 청국장을 먹어보고 좋아하는 외국인도 있다는 것도 기억하자! 구자오춰의 초또우푸는 생각보다 냄새가 그리 강하지 않고 토핑되는 바삭하게 튀긴 멸치와 다진 돼지고기 그리고 버섯 볶음 등과 잘 어울린다. 타이완 맥주를 마시며 안주로 조금씩 즐기는 것도 좋을 듯하다. 도전! 초또우푸!

Address 新北市深坑區深坑街140號
No.140, Shenkeng St., Shenkeng Dist., New Taipei City

Tel 02 2662 1508

Open 10:00 ~ 20:30

Cost $$

Access 선컹라오제(深坑老街)를 따라 직진, 지순먀오(集順廟) 사원 대각선 맞은편, 선컹(深坑) 버스 정류장에서 도보 2분.

선컹 추천2

예쁜 당신을 위한

옌이더싱/오리수팡

안예덕흥/구리소방 顏藝德興/歐里蔬房

The Yen's Workshop

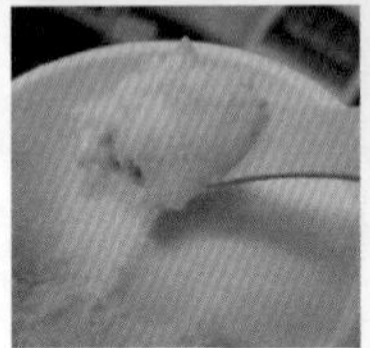

오래된 집의 외관을 그대로 유지하고 있는 옌이더싱(顏藝德興)은 타이완 미술가 옌(顏)의 아뜰리에다. 옌의 작업실은 독특하게도 정통 두부 푸딩과 아이스크림을 맛볼 수 있는 카페이기도 하다. 또한 그리스 농장에서 직거래로 들여오는 올리브 관련 제품을 판매하는 오리수팡(歐里蔬房)도 겸하고 있다. 노화 방지에 효과가 있는 올리브와 고단백 식품으로 탄탄한 몸매 가꾸기와 동맥경화 예방 효과가 있는 두부, 두 음식 모두 다이어트에 효과적이라고 한다. 아름다운 선컹라오제(深坑老街)를 거닐다 담백한 두부로 만든 디저트를 맛보며 올리브로 만든 다양한 제품을 둘러보자. 때때로 옌선생의 전시회도 열리니 작품도 감상할 수 있다.

Address 新北市深坑區深坑街48號
No.48, Shenkeng St., Shenkeng Dist., New Taipei City

Tel 02 2664 4525

Open 월~금요일 11:30~19:30,
토, 일요일 10:30~20:00

Cost $ ~ $$$

Access 선컹라오제(深坑老街)를 따라 직진. 지순먀오(集順廟) 사원을 지나 있다. 선컹(深坑) 버스 정류장에서 도보 5분.

Access 선컹 버스 정류장에서 666번 버스를 타면 된다. 소요시간 약 30분. 요금 15NT$.

바위집과 100년 대장간

스딩

석정 石碇
Shiding

선컹(深坑)과 이웃한, 버스로 약 30분 거리에 있는 탄광 마을 스딩(石碇)은 규모는 작지만, 옆으로 흐르는 개울의 돌과 바위산을 깎아 집을 지었던 옛 모습을 엿볼 수 있는 이색적인 마을이다. 바위집은 2차 세계대전 당시 주민들의 방공호로 이용되기도 했을 정도로 단단했다고 한다. 이 바위집들이 대부분 콘크리트 건물로 바뀌어 아쉽지만, 마치 동굴을 연상시키는 스딩동제(石碇東街)의 우스산하오(53號)는 당시 모습을 그대로 볼 수 있다. 언제까지 보존될지 모르지만 지금은 아쉽게도 주말에만 문을 연다고 한다. 길 끝자락에는 3대를 이어왔다는 100년이 넘은 대장간이 남아있는데 분주히 농기구를 손보는 장인과 이를 지켜보는 마을 노인들의 모습을 상상하게 된다. 스딩 역시 규모는 크지 않지만 선컹과 같이 두부를 사용한 음식과 디저트를 판매하고 있다. 천천히 타박타박 1시간이면 모두 둘러보는 조용하고 작은 이 마을은 외국인 여행자라곤 눈 비비고 찾아봐도 보이지 않는다. 알려지지 않은 만큼 천천히 여유로운 시간을 보내기에도 좋다

알아두면 유용한 꿀팁
17시면 거의 모든 상점들이 문을 닫으니 참고하자.

스딩
추천 1

두부 디저트의 모든 것
천지또우푸웨이

진기두부미 陳記豆腐味
Chén jì dòufu wèi

아이스크림부터 티라미수, 카스텔라, 치즈케이크 등 두부를 재료로 한 다양한 디저트와 차(茶)를 판매하는 곳으로 무엇보다 마치 빵또아 같은 두부 티라미수와 부드러운 백설기 같은 두부 카스텔라가 맛이 좋다. 수수한 외관과 특징 없는 단순한 실내 장식은 어릴 적 시골 할머니댁에서 보았을 법한 구멍가게에 들어선 듯 편안하고 정겨운 기운이 감돈다. 개울과 맞닿은 작은 마을, 스딩을 거닐다가 소박한 가게에서 맛본 담백한 두부 디저트는 카메라에 담아올 또 하나의 소소한 추억이 될 것이다.

Address 新北市石碇區石碇東街77號
No.77, Shiding E. St., Shiding Dist., New Taipei City
Tel 02 2663 2555
Open 10:00 ~ 18:00
Cost $
Access 버스정류장에서 스딩 아트센터 왼쪽으로 난 스딩동제(石碇東街)로 직진. 작은 분수 조형물 작은 광장 오른쪽에 있다. 도보 1분.

스딩
추천 2

돌로 만든 집
스딩빠이녠스토우

석정백년석두옥 石碇百年石頭屋
Shí dìng bǎinián shítou wū

옛날 개울에서 가져온 돌과 바위를 이용해 만든 스딩(石碇), 지붕을 따로 올리지 않은 동굴 형태의 건축양식을 유일하게 볼 수 있는 곳으로 2차 세계대전에는 방공호의 역할을 하며 주민들의 든든한 보금자리가 되었다. 이곳은 잡화점과 한약방으로 쓰이던 곳을 연결해 당시의 모습을 보여주고 있는데 곳곳에서 세월의 흔적을 찾아볼 수 있다. 내부에는 구식 주방 식기부터 약품을 보관하던 용기, 한약재를 손질하던 기구, 선반, 손저울 등을 볼 수 있어 당시 상황을 그려보기 좋다. 우리나라에서는 쉽게 볼 수 없는 다른 자연환경에 적응하며 살아온 스딩, 타이완 사람들의 생활 속에서 우리네와 다른 듯 닮은 모습을 찾아보는 것도 바위처럼 단단하지만, 두부처럼 부드러운 스딩의 또 다른 묘미다.

Address 新北市石碇區石碇東街53號
No.53, Shiding E. St., Shiding Dist., New Taipei City
Tel 02 2960 3460
Open 수~일요일 09:00~17:00(월, 화요일 휴무)
Cost 무료
Access 버스정류장에 스딩 아트센터 왼쪽으로 난 스딩동제(石碇東街)로 직진. 작은 분수 조형물 작은 광장 오른쪽 개울가와 나란히 하는 터널같은 스딩동제(石碇東街) 중앙에 있다. 도보 2분.

황금 산성

진과스

금과석 · 金瓜石 · Jinguashi

타이완 골드러시의 역사라고 불리는 황금 산성, 진과스(金瓜石)는 2차대전 당시 일본군 전쟁포로 광산이었다고 한다. 일제강점기, 철로 공사 중에 금광이 발견되면서 산속에 마을이 형성되고 금광촌으로 급부상하게 되면서 지우펀(九份)과 더불어 1920~1930년대 황금 시대를 열었다. 진과스에서 거대한 금광이 발견되자 일본군은 동굴과 협곡 등 더 많은 금광을 찾아 이 일대를 파헤쳤다. 이후 금광이 고갈되면서 사람들이 하나, 둘 떠나기 시작했고 결국 버려진 광산과 시설들만 남아 여느 폐광이 그러하듯 유령도시가 되어가고 있었다. 1990년대 대만 정부는 진과스 지역을 관광특구로 지정해 옛 황금 산성의 모습을 재현, 멋진 자연경관과 더불어 진과스만의 매력을 멋지게 자아낸다. 특히 벚꽃이 흩날리는 2~3월의 아름다운 진과스는 타박타박 거니는 것만으로도 기억에 오래도록 남을 곳이다. 관광객이 많아 번잡한 지우펀보다 한가로이 거닐 수 있는 진과스를 선호하는 사람이 많은 이유다. 햇살이 가득한 날에는 청초한 녹음에 물들고 비가 내리면 그 운치에 젖어들기 때문이다. 영화 〈비정성시〉의 배경으로 지우펀과 더불어 영화 촬영지로 꾸준히 사랑받고 있는 곳이기도 하다.

Access 1 MRT종샤오푸싱(忠孝復興站) 역 2번 출구 나와 푸싱난루이뚜안 180(復興南路一段180號) 앞 버스 정류장. 1062 번 버스. 소요시간 약 1시간 20분. 요금 113NT$(구간별 요금 다름)

Access 2 기차를 타고 뤠이팡처짠(瑞芳車站)으로 왔다면 기차역 정문을 나와 길 건너편 버스 정류장 또는 차량 진행 방향 직진하면 나오는 버스 정류장에서 788번, 856번, 1062번 소요시간 약 40분, 요금 15NT$

Tip 알아두면 유용한 꿀팁

랑만하오(浪漫號)! 891번 버스! 황진보우관(黃金博物館)부터 걷기에는 부담스러운 인양하이, 황금 폭포, 수이난동 등 진과스 주요 관광지를 한 바퀴 도는 관광버스로 이름처럼 낭만이 철철 넘친다. 보통 주요 명소에서 잠깐 하차해 둘러볼 수 있도록하지만 혹시 모르니 버스 기사에게 미리 사진 촬영 등 양해를 구하자.

황금 산성으로 들어서다

황진보우관취

황금박물관구 黃金博物館區
Gold Ecological Park

세계에서 가장 큰 금괴와 광부 도시락으로 우리나라 여행자들에게 인기 있는 곳이다. 일제 강점기 전쟁포로광산이었던 만큼 일본식 목조 건물들이 그대로 남아 있어 당시 생활상을 엿볼 수 있고 수려한 산세 속 금광석을 옮기던 탄차(炭車)가 다니던 철길을 따라 거닐며 여유로운 한때를 보내기 좋다. 입구에 있는 관광안내소에서 무료로 제공되는 한글 지도와 한국어 오디오 가이드를 대여해 황금 산성, 진과스를 더욱 자세히 들여다보자. 관광안내소 앞 온화하게 웃고 있는 광부 아저씨 모형과 함께 찍는 인증사진은 필수다. 원래 모형이 두 개였으나 5번 갱도 앞 모형은 태풍으로 인해 부서졌다.

Address 新北市瑞芳區金光路8號
No.8, Jinguang Rd., Ruifang Dist., New Taipei City
Tel 02 2496 2800
Open 월 ~ 금요일 09:30 ~ 17:00, 토, 일요일 09:30 ~ 18:00 (매월 첫째 주 월요일 휴관, 매표 마감 관람 종료 30분 전)
Admission 80NT$ (금광 체험 50NT$ 별도, 문의)
Access 진과스 황진보우관(黃金博物館) 버스 정류장에서 내려 관광안내소까지 도보 1분.

황진보우관취(黃金博物館區)의 볼거리 & 먹거리

진과스 명물, 광부 도시락

광공스탕

광공식당 礦工食堂
Golden Impression Café

진과스를 대표하는 광부 도시락을 판매하는 식당이다. 푸짐하고 따뜻한 돼지갈비 덮밥과 함께 계절마다 다른 색의 진과스 지도가 귀엽게 그려진 보자기, 반찬을 보관하기 좋은 스테인리스 도시락통, 젓가락까지 모두 포함된 세트 메뉴가 가장 인기 있다. 스테인리스 도시락통을 포함한 돼지갈비 덮밥이 한국 돈으로 1만 원 조금 넘는 가격에 불과해 가격대비 훌륭한 한 끼 식사다. 기념품으로 진열해 두어도 좋지만, 유부초밥이나 김밥 등 도시락을 싸 다니기에도 아주 그만이다. 돼지갈비 덮밥은 워낙 우리나라 여행자들에게 인기가 높아 향신료를 줄이고 한국인 입맛에 맞췄고 이제는 김치까지 나온다! 한글 메뉴와 친절한 직원들 덕에 불편함이 전혀 없다. 통이 필요 없다면 돼지갈비 덮밥만 주문할 수 있다. (광공 점심 도시락 세트 290NT$, 돼지갈비 덮밥 180NT$)

Tip 알아두면 유용한 꿀팁

도시락 세트를 주문하면 음식과 스테인리스 통을 따로 주어 예전처럼 설거지할 필요가 없어졌다.

Access 황진보우관취(黃金博物館區) 내 파출소를 지나 오르막길을 오르면 아름드리 큰 나무 앞, 2층 목조건물.

황진보우관취
추천 2

황태자를 위한 별장

타이즈빈관

태자빈관 太子賓館
Crown Prince Chalet

일본 다나카 광업에서 1922년 히로히토 황태자의 방문을 기대하며 지은 일본식 별장이다. 하지만, 황태자가 타이완에 방문한 12일 동안 진과스에 방문하지 않아 한 번도 이용하지 않았다. 단 한 개의 못도 사용하지 않고 오롯이 나무에 홈을 내어 연결해 만들었는데 100년이라는 세월을 버텨 타이완에 현존하는 일본식 목조 건축 중 가장 섬세하고 아름답다는 평가를 받고 있다. 실내는 들어갈 수 없지만 고풍스러운 정원을 타박타박 거닐며 사진 놀이하기 좋은 곳이다.

Access 황진보우관취(黃金博物館區) 내 쾅공스탕(礦工食堂) 지나 계단을 올라가면 있다.

알아두면 유용한 꿀팁

세계에서 가장 큰 금괴를 만나고 나오면 기념품 가게 옆으로 커다란 산업기계가 보인다. 무엇일까? 보통 쉽게 지나치는데 진과스에서 가장 중요한 역할을 한 에어 컴프레서 즉, 갱도에 공기를 주입하던 공기 압축기다. 1871년에 설립된 잉거솔랜드(Ingersoll Rand)는 미국 기업으로 일제강점기, 그 시절 일본에 기계를 판매했다. 일본의 진주만 공격이 없었다면 미국은 중립국으로 전범 국가인 일본에 지속해서 각종 산업기계와 무기를 판매했을 것이다.

모두 부자 되세요!

황진관

황금관 黃金館
Gold Museum

진과스를 대표하는 순도 99.9%, 무게 220kg, 5만 8,667돈으로 무려 시가 100억 원을 오르내리는 세계에서 가장 큰 금괴가 있는 황진관(黃金館)! 금을 만나러 가는 전시관에는 당시의 금광 생활을 엿볼 수 있는 번산우컹(本山五坑), 광산의 미니어처부터 광부들이 사용하던 물품들, 밀랍인형으로 금을 만드는 과정도 볼 수 있다. 무엇보다 이곳이 전쟁포로 광산이었음을 여실히 보여주는 자료가 적게나마 전시되어 있으니 꼭 한 번쯤 읽어보길 바란다. 2층에 다다르면 금으로 만든 개미, 메뚜기, 게 그리고 여러 전시품을 만날 수 있는데 특히 금괴를 만지기 위해 길게 늘어선 줄이 진풍경이다. 금괴는 투명 상자 안에 전시되어 있고 숫자가 있는 전광판은 그날의 금 시세를 적용한 시가를 타이완 달러로 표시한 것이다. 상자 양쪽으로 구멍이 나 있어 손을 넣어 만질 수 있는데 금괴를 만진 손을 호주머니나 가방에 넣으면 금 기운이 들어온다고! 여러분, 모두 부자 되세요~

Access 황진보우관취(黃金博物館區) 내 쾅공스탕(礦工食堂) 지나 계단을 따라 올라가면 된다. 입구에서 도보 8분.

관우 장군의 강한 기운이 느껴지는

취안지탕

권제당 勸濟堂
Goldguangong

Address	新北市瑞芳區祈堂路53號 No.53, Qitang Rd., Ruifang Dist., New Taipei City
Tel	02 2496 1273
Open	06:00 ~ 20:00
Admission	무료
Access	황진관(黃金館)을 등지고 오른쪽으로 난 반월형 구름다리를 지나 산책로를 따라가면 된다. 도보 10분. 또는 891번, 1062번(종점) 버스 이용

1896년 청대 말 건축양식으로 건립된 도교 사원으로 관우 장군을 주신으로 모시고 있다. 장군이 마을을 지켜주고 있다고 생각하는 진과스 사람들, 그도 그럴 것이 높이 10.6m, 무게 25t의 동남아시아에서 가장 거대한 관우 장군의 구리 동상이 근엄한 표정으로 마을을 내려다보고 있다. 관우 장군은 의(義)를 지키는 상업의 신이기도 하지만, 지략도 뛰어나 공부의 신이기도 하다. 사업, 상업에 종사하는 사람이나 시험을 앞둔 학생, 직장인들 모두 찾아와 기도를 올린다. 2층이나 3층으로 올라 정성껏 수작업으로 만들어진 사원 구석구석을 자세히 볼 수 있어 개인적으로 가장 좋아하는 도교 사원 중 한 곳이다. 3층에는 대리석을 조각해 그린 삼국지에서 유명한 이야기, 호뢰관(虎牢關) 전투를 볼 수 있다. 해질녘 취안지탕(勸濟堂)에 올라 관우 장군과 함께 수수하게 아름다운 진과스를 내려다보자면 마음이 편안해진다.

Taipei Suburbs
진과스 Spot❹

푸른 바다에 이는 황금색 물결
인양하이
음양해 陰陽海
Yin yang Hai

구리 등 광물질이 함유된 황금물이 푸른빛 바다와 만나 이루는 신비한 자연의 아름다움에 감탄하게 된다. 365일 볼 수 있지만 바람이 불지 않는 맑은 날에 그 색이 또렷하게 대비를 이루는데 일 년 중 손가락에 꼽을 정도다. 이 황금물의 발원지는 황금 폭포가 생성되는 산 안쪽으로 비가 많이 와도 폭포의 수량은 거의 비슷하다. 바다를 바라보면 마치 그늘(陰)에 볕(陽)이 비친듯하다 해서 인양하이(陰陽海)라 불린다. 전망대에 올라 아무 말 없이 그저 멍하니 바라보는 것만으로도 정신이 맑아진다. 작가가 가장 좋아하는 풍경 중 하나이다.

알아두면 유용한 꿀팁

인양하이(陰陽海)쪽으로 보이는 고성 같은 건물은 스산청(十三層)이라 불리는 곳으로 일제강점기 구리제련소였다. 처음 18층이었으나 자연재해로 13층만 남아 있는데 사진 촬영 및 영화 촬영도 했었지만, 붕괴 위험이 있어 출입을 금하고 있다. 산줄기를 따라 길게 보이는 터널 같은 것은 굴뚝으로 구리제련 시 발생하는 유독가스를 산 뒤쪽으로 배출하기 위한 것이라고 한다.

Access 황진관(黃金館)을 등지고 오른쪽으로 난 반월형 구름다리를 지나 산책로를 따라 가다 보이는 취안지탕(勸濟堂)을 지나 직진. 공용주차장 쪽 인양하이(陰陽海) 전망대까지 도보 15분 또는 891번, 1062번(종점) 버스 이용.

Taipei Suburbs
진과스 Spot❺

타이완의 굴포스
황진푸뿌
황금폭포 黃金瀑布
Gold Waterfall

굴포스(Gullfoss) 그리고 아르헨티나와 브라질의 이구아수(Iguazu)와 비견되는 아름다운 황진푸뿌(黃金瀑布)는 진과스의 관광명소로 빠질 수 없는 곳이다. 자연이 주는 신비한 풍경 때문에 웨딩 촬영지로도 인기가 많다. 다만 손으로 만지는 일은 삼가자. 구리 등의 광물질이 섞인 물은 피부에 닿거나 마시면 해롭다. 폭포 오른쪽으로 보이는 웅장한 검은 바위산, 헤이진강따산(黑金强大山)은 킹콩 산이라고도 불리는 정기가 좋은 산으로 지역민들에게 사랑받고 있다. 우리가 바라보는 쪽은 킹콩의 엉덩이 부분이고 마름모꼴 봉우리가 킹콩의 머리로 웅크리고 있는 모양이다. 사진에 남겨 강한 정기를 담아가 보자.

Access 도보로도 이동할 수 있지만 도로를 따라가야 하므로 위험하다. 891번 버스를 이용.

작은 상하이

지우펀

구분 · 九份 · Jiufen

오래전 아홉 농가만이 살고 있어 지우후(九戶)라고 불리던 작은 산골 마을이었다. 두메산골이다보니 멀리서 장을 봐와야 했는데 필요한 물품을 사온 뒤 공평하게 나누었다. 이처럼 9등분 한다고 해서 지우펀(九份)으로 부르던 것이 지명으로 굳어졌다. 지우펀은 진과스와 더불어 1920~1930년대 골드러시를 열면서 소용했던 산골 마을은 문전성시를 이루게 되었고 작은 상하이(小上海)라 불릴 만큼 부촌(富村)으로 번성했다. 1971년 금광이 고갈되면서 사람들이 하나둘 떠나 침체기를 맞이했지만, 맛집과 찻집, 골목골목 감성이 피어나는 마을 전경과 아름다운 풍경, 무엇보다 타이완의 유명한 영화, 〈비정성시(悲情城市)〉(1989) 촬영지로 타이베이를 대표하는 최고의 관광명소로 자리매김하면서 제2의 전성기를 맞이했다. 이후 일본 애니메이션 〈센과 치히로의 행방불명〉(2001)의 모티브가 되었다는 아메이차루(阿妹茶樓)로 인해 일본인 여행자들을 불러들이는가 하면 한국 드라마 〈온에어〉(2008)가 '비정성시'라는 찻집에서 촬영되어 이슈가 되기도 했다. 지우펀을 둘러보기 가장 좋은 시간은 늦은 오후로 16~17시 즈음 찾아가 먹거리로 요기하고 지우펀 거리를 거닐며 각종 기념품도 데려오자. 홍등이 켜지는 17시 30분경(여름철 18시 30분경), 저 멀리 지는 붉은 노을과 함께 예쁜 홍등으로 어둠을 밝힌 수치루(竪崎路) 계단을 오르는 것이 좋다. 여유가 있다면 지우펀에서 하룻밤을 보내며 여행객들이 드문 오전과 밤, 치히로와 하쿠가 되어 고요한 광산마을 골목을 조용히 거닐어 보자.

Access 1 MRT종샤오푸싱(忠孝復興站) 역 2번 출구 나와 푸싱난루이뚜안 180(復興南路一段180號) 앞 버스 정류장. 1062 번 버스. 소요시간 약 1시간. 요금 101NT$(구간별 요금 다름)

Access 2 기차를 타고 뤠이팡처짠(瑞芳車站)으로 왔다면 기차역 정문을 나와 길 건너편 버스 정류장 또는 차량 진행 방향 직진하면 나오는 버스 정류장에서 788번, 856번, 1062번 소요시간 약 30분, 요금 15NT$

GPS

알아두면 유용한 꿀팁

평일에는 지우펀의 거의 모든 점포가 19시 즈음 문을 닫으니 참고!

소녀 치히로, 하쿠와 가오나시를 만나다

수치루

수기로 竪崎路
Shuqi Road

Access 굽이친 지산제(基山街)를 따라가다 만나는 계단이 가로지르는 작은 사거리, 이 가파르고 긴 계단이 수치루(竪崎路)이다.

여기저기 구경하며 지산제(基山街)를 따라 걷다 보면 계단이 가로지르는 작은 사거리 오른쪽으로 많은 여행객이 저마다 사진 놀이에 여념이 없다. 지우펀 여행의 하이라이트, 타이완을 소개하는 수많은 사진과 영상에서 봐오던 홍등이 켜진 계단으로 펼쳐지는 예쁜 풍경이다. 〈비정성시〉, 〈온에어〉 등 영화와 드라마 촬영지로도 유명하며 무엇보다 애니메이션 〈센과 치히로의 행방불명〉에도 모티프를 주어 여행자들의 감성을 울린다. 마치 미로 속을 통과하듯 계단으로 들어서면 돼지가 된 엄마, 아빠를 구하기 위해 유바바의 온천장에서 일하는 치히로가 된 듯한 기분이다. 행방불명 된 치히로는 센이라는 이름을 부여받지만 치히로라는 이름을 잊어서는 안 된다. 황금만능주의에 휩쓸려 인간미를 잃어가는 현대인들에 대해 일침을 가했던 미야자키 하야오 감독은 혹시 20세기 초 골드러시로 사람들이 몰려들던 지우펀의 모습에서 영감을 받았던 건 아닐까? 골목과 거리를 따라 홍등이 환하게 밝혀진 지우펀과 아메이차루(阿妹茶樓)의 밤은 그래서 더욱 몽환적으로 느껴진다. 순수하고 인간미 넘치는 여행자라면 수치루(竪崎路)에서 가오나시를 만날지도 모른다. 다만 가오나시의 사금에 현혹되지는 말도록!

Tip 알아두면 유용한 꿀팁

차를 마시고 싶다면 지산제(基山街)와 수치루(竪崎路)를 따라 곳곳에 있는 찻집은 어느 곳을 찾아도 괜찮다. 저마다 개성이 있고 양질의 차를 내어주고 가격도 비슷하다. 그저 이끌리는 대로 취향에 맞게 들어서면 된다.

니하오, 지우펀!

지산제

기산가 基山街
Jiufen Old Street

지우펀라오제(九份老街) 버스 정류장에서 하차, 차량 진행 방향 오르막길을 올라 훼미리마트를 지나 세븐일레븐 옆 골목이 지산제(基山街)의 시작이다.

지우펀(九份)의 이름난 맛집과 상점이 줄지어 있는 지우펀를 대표하는 거리다. 평일에도 시끌벅적한 이 곳은 주말이 되면 골목에서 인파에 얽혀 미드 <워킹데드>의 한 장면을 찍어야 할지도 모르니 인내심을 가지자. 물론 이런 경험도 여행의 묘미! 워낙 많은 볼거리와 먹거리가 있어 그 마저도 잊게 한다. 지우펀에 가면 꼭 먹어봐야 하는 땅콩 아이스크림, 소시지, 송이버섯구이 등 맛있는 간식을 오물거리며 지우펀 명물이라는 오카리나, 캐릭터 파우치, 디자인 마그넷 등 다양한 상점, 이곳저곳 둘러보노라면 어느새 지우펀 기념품이 양손 가득! 마음이 뿌듯하다. 저렴한 가격에 품질까지 좋으니 나를 위한 또는 사랑하는 사람을 위한 선물로도 아주 그만이다. 아직 펑리수(鳳梨酥)를 구매하지 못했다면 지우펀에서만 구매 할 수 있는 수제 펑리수, 라오전샹(老珍香)을 추천한다. 늦은 오후나 저녁이면 음식재료, 가스 배달 차량 그리고 쓰레기 수거 차량이 좁은 지산제를 오가는 진풍경도 볼 수 있다.

지우펀 볼거리 & 먹거리

지우펀 추천 1

지우펀 최고의 누가 크래커
지우펀요우지
지우펀유기 九份游記
Nougat Cracker

우리나라 여행자들 사이에서 이름나 없어서 못 산다는 지우펀 55번 누가 크래커! 원고를 작성하거나 책을 읽을 때 먹기 시작하면 한 통은 게눈 감추듯 사라지고 없는 마약 크래커이기도 하다. 낱개 포장이 되어 있어 빨리 눅눅해지지 않고 무엇보다 크래커의 채소 맛이 강하지 않아 적당히 달달한 누가와 기막힌 조화를 이룬다. 개인차가 있겠지만 타이베이와 근교를 통틀어 가장 맛있는 누가 크래커를 꼽으라면 이 집을 추천하고 싶다. 그날의 상황에 따라 일찍 문을 닫을 때도 있으며 대량으로 구매하고 싶다면 예약은 필수다. 다만 영어가 통하지 않아 중국어로만 예약할 수 있으며 예약했다면 반드시 찾아가야 한다. 간혹 예약만 하고 찾아가지 않는 사람이 있는데 이런 경우 직접 찾아오고도 구매하지 못하는 사람이 생기기 때문이다.

알아두면 유용한 꿀팁

커피맛 누가 크래커 판매 개시! (동일 가격)

Address	新北市瑞芳區基山街55號 No.55, Jishan St., Ruifang Dist., New Taipei City
Tel	0931394553
Open	11:00 ~ 판매 종료 시 영업 종료
Cost	15개들이 1통당 150NT$(7박스 1,000NT$)
Access	세븐일레븐 옆 지산제(基山街) 입구에서 직진. 왼쪽에 있다. 도보 4분.

뭔가 특별한 펑리수를 찾는다면
지우펀라오전샹빙뎬
구분노진향병점 九份老珍香餅店
Golden Impression Café

오직 지우펀에서만 만날 수 있는 펑리수(鳳梨酥)로 지점을 여럿 거느린 프렌차이즈가 아닌 곳을 찾는다면 바로 여기다. 여행자들은 잘 알지 못하지만, 현지인들에게 사랑받는 펑리수로 즉석에서 만들어 내는데 따뜻한 펑리수를 시식해보니 파인애플 과육이 가득 씹히는 맛이 아주 일품이다. 입맛에 따라 다르겠지만, 한국에서 온 여행자들에게 인기 있는 어지간한 펑리수보다 맛이 좋다. 게다가 포장이 아주 예스럽고 고급스러워 선물용으로 추천한다.

Address	新北市瑞芳區基山街13號 No.13, Jishan St., Ruifang Dist., New Taipei City
Tel	02 2496 7531
Open	09:00 ~ 18:30
Cost	$$
Access	세븐일레븐 옆 지산제(基山街) 입구에서 직진. 왼쪽에 있다. 도보 1분

지우편 추천 3

돼지고기를 품은 두부

위안보어자이

어환백자 魚丸伯仔
Crown Prince Chalet

60년이 넘은 오랜 전통을 자랑하는 타이완 어묵 가게로 담백하고 심심한 어묵탕인 위안탕(魚丸湯)과 한국 부산의 시장에서 파는 비빔당면과 비슷한 간동펀(乾冬粉) 그리고 작가가 가장 좋아하는 또우간바오(豆干包)가 아주 맛있는 집이다. 메뉴는 4종류에 불과하지만 앞에 소개한 3가지가 주메뉴이다. 가격도 아주 저렴하고 단품 모두 단돈 30NT$! 세트 메뉴로도 판매하는데 워낙 저렴하니 할인은 없고 주문의 편의를 위해 만들었다. 직원들이 조금 퉁명스러운 것이 흠이긴 하지만 싸고 맛있으니 됐다.

Address 新北市瑞芳區基山街17號
No.17, Jishan St., Ruifang Dist., New Taipei City
Tel 02 2496 0896
Open 월 ~ 금요일 10:00 ~ 19:00, 토, 일요일 10:00 ~ 21:00
Cost $
Access 세븐일레븐 옆 지산제(基山街) 입구에서 직진. 왼쪽에 있다. 도보 1분

지우편 추천 4

지우편을 울리는 맑고 고운 소리

스청타오디

시성도적 是誠陶笛
Taiwan Ocarina

멀리서 들려오는 맑고 고운 소리에 이끌려 지산제(基山街)를 걷다 보면 어느새 닿아 있는 곳이다. 1998년 문을 열어 지금까지 직접 오카리나를 빚어 채색까지 해 수제 오카리나 장인으로 이름난 첸진쉬(陳金續) 아저씨네 집이다. 언제나 유쾌하고 재미난 입담으로 방문자들을 즐겁게 해주신다. 오카리나 연주도 좋지만, 호신용, 장식용으로도 좋아 선물하기 좋다. 부엉이, 개구리, 오리, 고양이, 거북이, 돌고래 등 다양한 모양과 크기가 있고 같은 모양이라도 채색이 모두 다르므로 취향에 맞게 고르면 되는데 오카리나를 구매하면 악보도 함께 준다.

Address 新北市瑞芳區基山街8號
No.8, Jishan St., Ruifang Dist., New Taipei City
Tel 02 2406 1721
Open 09:00 ~ 20:00
Cost $$ ~ $$$
Access 세븐일레븐 옆 지산제(基山街) 입구에서 직진. 오른쪽에 있다. 도보 3분

지우펀 추천 5

타이완 맥주의 친구
지우펀산주러우샹창

구분산저육향장 九份山豬肉香腸
Jiǔ fèn shān zhūròu xiāngcháng

지우펀에 가면 꼭 들리는 단골집이다. 이 소시지를 먹기 위해 타이완 맥주를 마신다고 해도 과언이 아닐 정도로 타이베이에서도 손꼽는 소시지 맛집! 지우펀산주러우샹창(九份山豬肉香腸)은 지산제(基山街) 곳곳에 노점이 자리하고 있다. 생마늘과 함께 먹으면 더욱 맛있는데 마치 맛있는 삼겹살을 먹는 것 같이 톡톡 터지는 식감 그리고 소시지의 풍부한 육즙이 생마늘과 어우러져 입안에서 춤을 춘다. 타이완 마늘은 우리나라 마늘보다 매운맛이 강하기 때문에 조금씩 베어 먹어야 한다. 소시지 1개 35NT$, 3개 100NT$

Access 세븐일레븐 옆 지산제(基山街) 입구에서 직진. 오른쪽에 있다. 도보 4분

일러스트레이터의 디자인 기념품
란산차오샤

람산조하 藍山朝夏
Lán shān cháo xià

티셔츠, 모자, 컵 등 모든 기념품을 일러스트레이터가 직접 디자인해 나만의 타이베이 여행 기념품을 가질 수 있다. 커플이나 가족이 함께 타이베이 여행의 추억을 남기려 티셔츠 등을 주문하는데 10~20분이면 완성! 기념품 자석, 마그넷을 추천하며 이 가게에만 있는 귀여운 디자인이 즐비하다. 특히 대그릇에 담긴 샤오롱바오 마그넷은 볼때 마다 웃음 짓게 만든다. 마그넷을 모으는 여행자라면 꼭 들려야 할 곳이지 않을까?

Address 新北市瑞芳區基山街30之1號
No.30-1, Jishan St., Ruifang Dist., New Taipei City
Tel 02 2496 7820
Open 10:00 ~ 19:00
Cost $$
Access 세븐일레븐 옆 지산제(基山街) 입구에서 직진. 오른쪽에 있다. 도보 5분

지우편 추천7

뾰로롱, 망고 젤리 **지우펀황마마쥐로**

구분황마마구약 九份黃媽媽蒟蒻
Jiǔ fèn huáng māmā j□ruò

타이베이 먹거리에서 빠지지 않는 것이 바로 망고 젤리! 망고가 타이완의 특산물이니 당연하다. 하지만 까르푸 같은 대형 마트나 여러 상점에서 판매하는 네모난 망고 젤리는 한두 번 먹고 나면 물려서 금방 질리고 마는 점이 아쉽다. 하지만 지우펀 황마마의 곤약젤리라면 이야기는 달라진다. 어릴 때 먹던 젤리포 같이 포장지를 뜯어서 한입에 쪽! 빨아들이면 뾰로롱하고 포동포동하고 탱글탱글한 젤리가 과즙과 함께 입안 가득 들어온다. 가게에는 망고를 비롯해 리치, 복숭아, 포도, 딸기의 과즙으로 만든 맛있는 젤리가 가득하다. 곤약젤리는 냉장고에 넣어 시원하게 먹으면 더 맛있다. 더불어 말린 채소 과자와 타이완 지도 모양 펑리수도 판매하고 있다.

Address	新北市瑞芳區基山街74號 No.74, Jishan St., Ruifang Dist., New Taipei City
Tel	02 2497 5330
Open	월 ~ 금요일 09:00 ~ 19:00, 토, 일요일 09:00 ~ 20:00
Cost	$ ~ $$
Access	세븐일레븐 옆 지산제(基山街) 입구에서 길을 따라 직진. 꽃장식, 파마머리가발로 유명한 우디샹창(無敵香腸)을 지나 오른쪽에 있다. 도보 7분.

지우펀 추천8

황금 도시의 흔적 **성핑시위엔**

승평희원 昇平戲院
Shengping Theater

1914년에 문을 연 성핑시위엔은 타이완 북부에서 가장 큰 극장이었다. 골드러시로 황금 도시의 영화를 누리던 지우펀(九份) 사람들은 이곳에서 여가를 보내곤 했다. 금광이 쇠퇴하면서 사람들은 하나, 둘 떠나고 강한 비바람과 태풍에 의해 문을 닫았다. 2011년 8월 타이완 정부에 의해 일부 복원되어 당시의 모습을 살펴볼 수 있는 전시관 형태로 다시 문을 열었다. 당시의 매표소와 매점, 영화 포스터 등을 볼 수 있으며 때때로 영화도 상영해 황금 도시로 시간 여행을 할 수 있으니 그곳으로 들어가 보자.

Address	新北市瑞芳區輕便路137號 No.137, Qingbian Rd., Ruifang Dist., New Taipei City
Tel	02 2496 2800
Open	월 ~ 금요일 09:30 ~ 17:00, 토, 일요일 09:30 ~ 18:00
Admission	무료
Access	아메이차루(阿妹茶樓)가 있는 수치루(竪崎路) 계단을 내려오면 작은 광장 왼쪽에 있다.

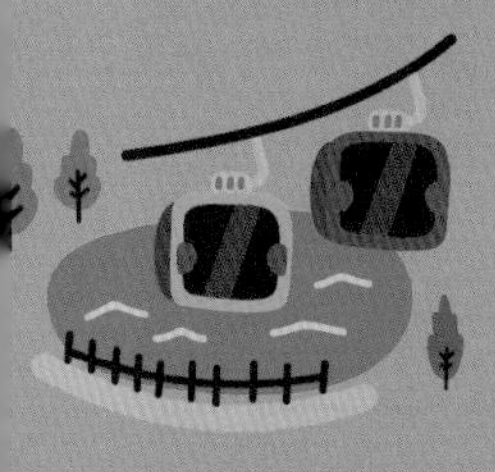

Welcome
to
Taipei

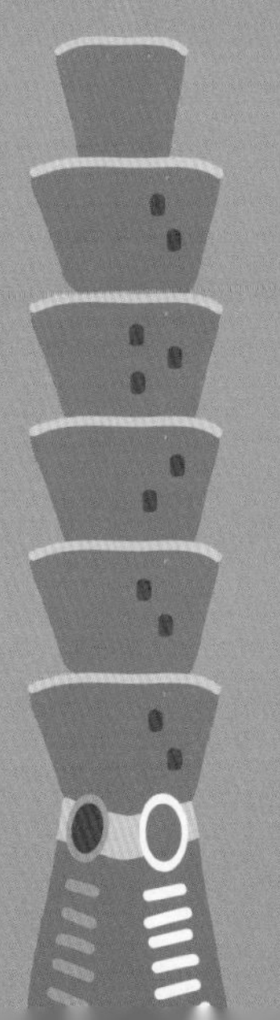

chapter 5

STAY

타이베이 숙소

at home in Taipei

내 집처럼 든든하고 편안한

1

한인 민박 & 호스텔

해외에서 내 집처럼 편안하게 머물며 현지 정보를 얻기 좋은 한인 민박,

그리고 전 세계 친구들을 만날 수 있는 호스텔까지! 여행자를 위한 맛집 추천이나

현지 투어를 쉽고편리하게 예약할 수 있는 것은 덤이다.

타이베이에 사는 친척 집, 친구 집에 놀러 가는 것처럼 즐겁고 행복한 여행의 시작!

타이베이의 내 집

앳홈

at home, Avril & Tsutomu's Home

머나먼 호주의 아주 작은 시골 마을, 카나나라 Kununurra에서 만나 세계 여행을 함께하면서 부부 연을 맺은 타이베이 여자 에이브릴과 대구 남자 츠토무의 집이다. 에이브릴과 츠토무의 영문 철자, 앞머리를 따서 AT home. 말 그대로 에이브릴과 츠토무의 집이기도 하고 사전적으로 '집에서', '편안한'이라는 뜻을 가지고 있어 타이베이 여행에서 내 집처럼 편안하게 머물다 가길 바라는 마음이 담겨 있다. 부부가 함께 직접 인테리어 디자인을 하고 가구와 소품은 여기저기 발품 팔아 준비했으며 구할 수 없던 제품은 이탈리아, 독일, 미국, 일본 등 현지에서 수입하고 구매했다. 특히 부부의 취미가 레고라 아기자기한 브릭과 피겨들이 곳곳에 고개를 내밀고 있다. 1인에서 4인까지 이용할 수 있는 원룸형 독채로 친구, 연인 또는 가족 여행에서 오롯이 우리만이 사용할 수 있는 말 그대로 타이베이의 내 집, 앳홈이다.

Address 台北市中山區林森北路
Linsen N. Rd., Zhongshan Dist
Kakao goldentsutomu
Check In/Out 15:00/11:00
Access MRT 중산국소(中山國小) 역 2번 출구에서 도보 3분
Web blog.naver.com/ung3256

친절한 두나씨!

청춘 타이페이

青春 Taipei

2016년, 처음 쉼(休)을 위해 타이완을 찾았다가 그 특유의 여유로운 감성과 착한 사람들에게 반해 여행이 길게 이어지게 되고 결국 이곳에 어울려 살아가고 있는 친절한 두나씨가 있는 곳이다. 그녀는 특유의 맑은 모습으로 청춘(青春) 타이페이를 운영하면서 좋은 사람들을 만나며 살아간다. 청춘은 프라이빗 룸 형태의 궈푸지녠관점과 도미토리 룸, 개인 룸 형태의 다안점 두 곳을 운영하고 있다. 방 선택의 폭이 넓어 혼자, 친구, 커플, 가족 여행 등 다양한 여행자에게 사랑받고 있다. 궈푸지녠관점은 최대 10명까지 독채로 사용이 가능해 가족 여행자들에게 인기가 많고 다안점은 도미토리로 구성돼 혼자 또는 배낭여행자 등 젊은 청춘들이 모이는 곳이다. 이곳은 하루 여행을 마치고 교류의 장이 열리는 사랑방과 같은 곳이라 언제나 활기차다. 또한 언제나 여행자와 함께하는 친절한 두나씨가 시원한 타이완 맥주를 마시며 그녀만의 휴식 방법을 모두 전수하여 더욱 즐거운 청춘이다!

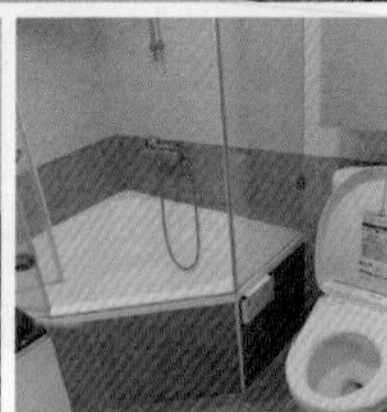

알아두면 유용한 꿀팁

기본적으로 책에서는 모두 '타이베이'로 표기하고 있으나 숙소명에서 '청춘 타이페이'로 사용하고 있어 그대로 표기하였다.

Address	台北市大安區延吉街 Yanji St., Da'an Dist
Kakao	yourtaiwan725
Check In/Out	14:00/11:00
Web	cafe.naver.com/taiwanyourhouse
blog	blog.naver.com/doona0725n

반짝반짝

스타 호스텔

Star Hostel Taipei Main Station

나무와 녹색으로 아늑하게 꾸며진 예쁜 인테리어와 타이베이에 더욱 깊은 매력으로 빠져들 수 있게 안내해주는 친절한 직원, 게다가 저렴한 가격까지 오롯이 여행자를 위한 심플 비전으로 문을 열었다. 그 마음이 전해져서일까? 타이베이를 찾는 전 세계 여행자들뿐만 아니라 우리나라 여행자들에게도 사랑받고 있다. 타이베이의 중심, 타이베이처짠(台北車站)역과 가까이 있어 주요 관광명소로 이동이 편리하고 즐거운 쇼핑몰, 큐스퀘어와도 가까워 타이베이에서 색다른 일상을 보낼 수 있다. 엘리베이터에서 내려 처음 만나는 휴게실에 작은 정자는 마치 숲속 정원을 들어서는 듯하고 단순하고 간결하게 꾸며진 모든 객실과 편의시설, 간단한 무료 조식까지 여행자들이 편안하게 머물 수 있도록 해 여느 호텔 부럽지 않은 말 그대로 반짝반짝 빛나는 스타 호스텔이다. 도미토리부터 싱글, 더블, 패밀리룸까지 선택의 폭이 넓어 1인 여행자부터 가족 여행자 등 모두에게 인기가 높다. 특히 우리나라 여름 휴가철이나 명절에는 예약하기가 하늘의 별 따기! 하지만 조금 걱정을 덜 반가운 소식이 있다. 2017년 11월 중순, 더욱 깨끗하고 편안하며 자연적인 스타 호스텔 이스트를 오픈했다. 비행기 표를 확정했다면 바로 다음에 해야 할 일은 스타 호스텔의 별을 따는 것이다.

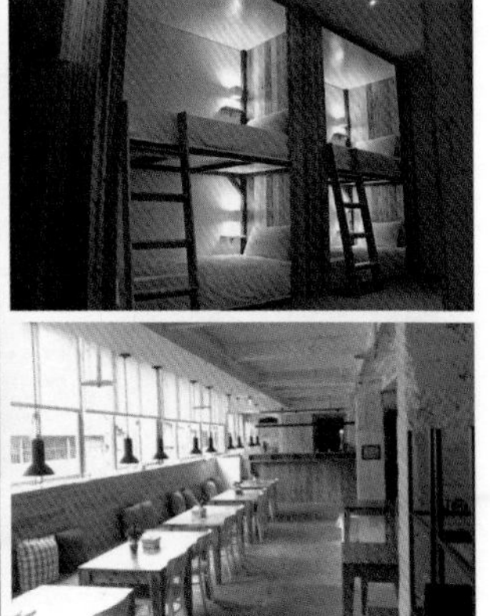

Address	台北市大同區華陰街50號4樓 4F., No.50, Huayin St., Datong Dist
Tel	02 2556 2015
Check In/Out	15:00/11:00
Access	MRT 타이베이처짠(台北車站) 역 Y13번 출구 나와 오른쪽으로 뒤돌아 왼쪽 타이위엔루(太原路)를 따라 직진. 세븐일레븐이 있는 사거리에서 오른쪽 골목으로 들어가면 된다. 도보 2분.
Web	starhosteltaipei.webnode.kr
Cost	도미토리 580NT$↑, 싱글룸 1,400NT$↑, 더블룸 1,980NT$↑, 트윈룸 2,080NT$↑

어메이징 피플, 어메이징 타이베이

홈미 호스텔

Homey Hostel

아름다운 비경의 감동 만큼 놀라운 여행의 매력은 현지에서 만나는 세계 각국의 여행자들이다. 사람을 콘셉트로 안전하게, 기쁘고 놀라운 경험을 하게 만들어 줄 홈미 호스텔! 원색의 다채로운 인테리어처럼 개성 있는 전세계 여행자들이 모이는 곳이기도 하다. 다정하고 친절한 직원들이 안전하고 놀라운 타이베이 여행을 위해 철도 예약과 택시 투어 예약, 타이베이 101빌딩 35층에 있는 스타벅스 예약(2일 전)까지 도와준다. 매주 수요일 저녁에는 저렴하게 즐길 수 있는 맥주 파티가 열리고 매주 금요일 저녁에는 홈미 직원과 함께 상산에서 멋진 야경을 볼 수 있는 하이킹 투어를 무료로 즐길 수 있다. 외에도 때마다 열리는 타이베이 축제를 함께할 수 있을 뿐 아니라 때에 따라 홈미 호스텔에서 진행하는 여러 가지 프로그램이 많으니 미리 웹사이트에서 확인해보자. 매일 아침, 직원들이 준비해주는 따뜻한 차와 커피, 토스트, 과일을 들며 전세계 여행자들과 어울려 따스한 정이 넘치는 홈미 호스텔의 매력 빠지게 될 것이다. 매력적인 도시 타이베이를 여행하는 동안 돌아보게 될 아름다운 풍경과 맛깔나는 음식들 만큼 놀라운 인연이 홈미에서 기다리고 있다.

Address 台北市大同區長安西路180號7樓
7F., No.180, Chang'an W. Rd., Datong Dist

Tel 02 2550 4499

Check In/Out 15:00/11:00

Access MRT 타이베이처짠(台北車站) 역 Y7번 출구 나와 뒤돌아 대로에서 왼쪽으로 직진. KFC끼고 왼쪽 골목으로 들어가면 있다. 도보 5분.

Web www.homeyhostel.com

Cost 도미토리 600NT$↑, 트윈룸(2층 침대) 1,260NT$↑, 더블룸 1,460NT$↑

When we are together

와우 호스텔

Wow Hostel

우리가 함께 있다는 것만으로 와우! 그것만으로도 행복함에 절로 감탄하게 된다. 배려와 우정을 콘셉트로 온화하고 녹색의 친환경적인 인테리어로 타이완 최고의 디자인 호스텔로 선정되었다. 저렴한 가격에 접근성이 좋은 시먼딩 중심에 있어 여행지를 오가기 편하고 시설도 나무랄 데 없다. 게다가 무료 조식으로 간단한 토스트와 커피 등이 제공되는데 고급스럽진 않지만 여행자의 아침식사로는 충분하다. 무엇보다 이용자 모두 감탄하게 되는 장소가 있으니, 그곳은 바로 야외 테라스! 이곳에서 타이완 맥주를 마시며 타이베이 여행의 하루를 마무리하는 것이 가장 기억에 남는다고 한다. 물론 다 좋을 수는 없다. 아래층에 노래방이 자리해 소음이 있다. 잠귀가 밝고 소음에 민감한 여행자라면 조금 더 신중하게 고려하길 바란다. 불행 중 다행이라고 해야할까? 호스텔에서는 투숙객 모두에게 귀마개를 제공한다. 이마저도 좋은 추억이 될지 누가 알겠나?

Address	台北市萬華區漢中街42號
Tel	02 2331 0530
Check In/Out	15:00/11:00
Access	MRT 시먼(西門) 역 6번 출구 나와 한종제(漢中街)를 따라 직진. 도보 3분.
Web	www.ximenwow.com

타이베이를 탐험하다!

타이베이 디스커버 호스텔

Taipei Discover Hostel

타이베이에서 나만의 여행지를 발견하고 무엇보다 나를 발견하는 것이야 말로 여행의 묘미! 우리네 인생을 발견하러 떠나는 모험가들이 머물 이곳은 원정대가 길을 잃지 않게 도와주고 탐험을 끝내고 돌아와 쉴 수 있게 이끌어주는 등대와 같이 빛난다. 그래서인지 로고도 등대. 원정대를 위한 캡슐형 도미토리는 개인 공간을 충분히 보장해주고 환풍기까지 개별로 부착되어 있어 쾌적하다. 무엇보다 하나의 층 전체를 여성 전용으로 운영하고 있어 여성 대원들이 안심하고 안전하게 이용할 수 있다. 24시간 개방된 7층 공용 공간에서는 주방이 있어 간단한 음식을 조리할 수 있고 휴식 공간이 있어 여행을 시작하고 마무리하기에 좋다. 이 밤이 깊어가지만 잠들기는 아쉬울 때, 시원한 타이완 맥주를 마시며 내일을 계획하거나 책을 읽고 친구와 도란도란 수다를 떠는 것은 어떨까?

Address	台北市中山區民權東路二段21號 No.21, Sec. 2, Minquan E. Rd., Zhongshan Dist
Tel	02 2598 0209
Check In/Out	15:00/11:00
Access	MRT 중산궈샤오(中山國小) 역 4번 출구 나와 뒤돌아 직진. 고가도로 아래 건너 도보 3분.
Web	www.discoverhostel.com

우주 속으로 두둥실

스페이스 인

Space Inn

2014년 8월, 스페이스 인 호는 부푼 꿈을 안고 타이베이에 착륙하였다. 이름에서 알 수 있듯이 우주를 콘셉트로 우주선에 탑승한 듯, 특별한 경험을 할 수 있는 것이 가장 큰 매력이다. 우주 공간에서 만난 세계 각국의 여행자들이 서로 여행과 삶에 관한 꿈을 교류하며 함께하는 것이 스페이스 인의 바람이다. 총 43개의 캡슐, 4인~12인까지 도미토리로만 구성되어 있지만, 침대마다 독서등과 USB 단자가 준비되어 있고 커튼이 있어 독립적인 공간으로 충분하며, 여성 전용 도미토리도 있어 여성 여행자도 안심하고 이용할 수 있다. 주방, 샤워실 등 깔끔한 시설과 우주복을 입고 있는 친절한 직원까지! 자, 이제 스페이스 인 호에 올라 우주여행을 떠나볼까?

Address	台北市中正區衡陽路51號B1 B1., No.51, Hengyang Rd., Zhongzheng Dist
Tel	02 2381 3666
Check In/Out	15:00/12:00
Web	www.spaceinn.com.tw
Cost	도미토리 595NT$↑
Access	MRT 시먼(西門) 역 4번 출구 나와 직진, 도보 5분.

구불구불, 타이베이 속의 세계

미앤더 호스텔

Meander Taipei Hostel

산티아고의 구불구불한 순례길을 걷는 여행자와 같이 타이베이 속에서 만나는 세계를 거닐어보자. 타이베이에 위치한 호스텔 중 가장 다양한 국가에서 온 여행자들이 한데 모이는 장소가 아닐까? 문득 젊은 날 다녀왔던 호주 워킹홀리데이의 추억이 떠오른다. 1층 휴게실에서는 테이블 축구 게임으로 즐거운 함성이 들리고 각국에서 온 여행자들이 삼삼오오 모여 타이완 맥주와 함께 서로 간의 이야기를 나누고 있다. 저렴한 가격에 무료 조식, 다양한 여행 정보와 예약을 돕고 있어 우리나라 여행자들에게도 인기몰이 중이다. 다만 엘리베이터가 없다는 것이 아쉽다.

Address	台北市萬華區成都路163號 No.163, Chengdu Rd., Wanhua Dist
Tel	02 23831334
Check In/Out	15:00/11:00
Web	www.meander.com.tw
Cost	도미토리 550NT$↑, 싱글룸 1,380NT$↑, 더블룸 2,060NT$↑
Access	MRT 시먼(西門) 역 6번 출구 나와 직진, 도보 8분.

Travel = O_2

옥시즌 호스텔

Oxygen Hostel

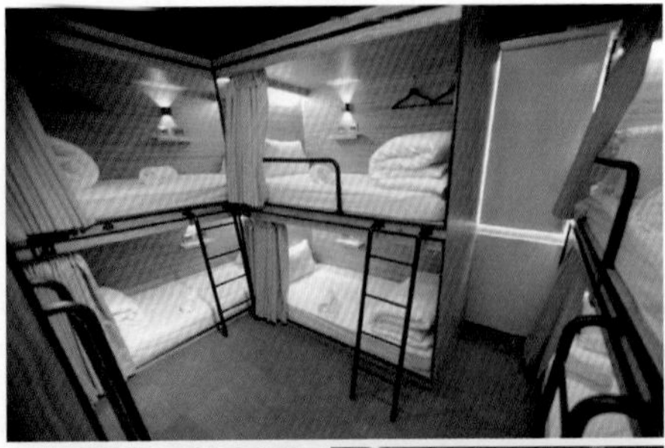

살아가기 위해 산소가 필요하듯 여행은 우리를 숨 쉬게 하는 산소와 같다. 타이베이 근현대의 역사가 살아 숨 쉬는 시먼딩 한복판에 위치한 옥시즌 호스텔. 바로 옆에 있는 총칭 스타벅스에서 진한 커피로 아침을 열고 호스텔 바에 앉아 시원한 생맥주 한 잔 들이키며 하루를 마무리하는 타이베이 여행은 매일매일 보람차다. 산소호흡기와 같은 친절한 직원들은 편리한 여행을 위해 여행자를 도와주고, 간결하지만 모두 갖춰진 도미토리에는 세계에서 모여든 여행자들이 만나 조용히 주고받는 여행 이야기로 가득 찬다. 오가는 대화는 우리가 살아있다는 증거가 아닐까?

Address 台北市中正區重慶南路一段100號
No.100, Sec. 1, Chongqing S. Rd., Zhongzheng Dist

Tel 02 2311 4567

Check In/Out 15:00/11:00

Access MRT 시먼(西門) 역 4번 출구 나와 직진.
총칭 스타벅스 옆에 있다.

타박타박, 용캉제♪

다안 파크

Daan Park Taipei

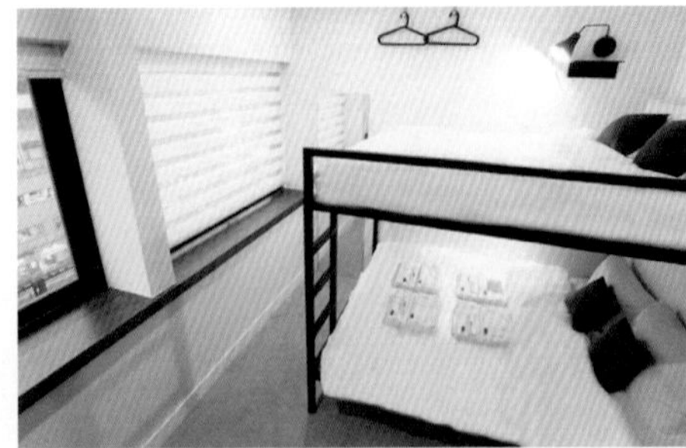

타박타박, 걷고 싶은 용캉제는 타이베이를 찾는 여행자들이 꼭 찾는 곳이지만 짧은 일정에 아쉽게도 정신없이 지나쳐야 하는 곳이기도 하다. 하지만 이제 용캉제를 동네 마실 다니듯 산책하고 싶은 여행자들이 주목할 만한 정보가 있다. 용캉제 주변으로 심플하고 미니멀한 호스텔들이 생겨나고 있는 것. 그중 한 곳이 바로 다안 파크! 도미토리부터 더블룸까지 모두 갖춰진 이곳은 홀로 떠난 여행부터 가족 여행까지 아우른다. 이름 그대로 다안 공원과도 가까워 도심 속 산책, 여유를 한껏 부리기 좋고 MRT 역과 가까워 주요 여행지로 이동도 편리해 다른 동네가 궁금할 때는 언제든 다녀올 수 있다. 그렇게 낮과 밤의 매력이 넘치는 우리 동네를 거닐어 보자.

Address 台北市中正區信義路二段271號
No.271, Sec. 2, Xinyi Rd., Zhongzheng Dist

Tel 02 2396 5222

Check In/Out 15:00/10:00

Access MRT 동먼(東門) 역 6번 또는 7번 출구 나와 직진.
도보 3분.

Hotel
나는 그래도
2
호텔

해외여행지에서 머무는 호텔은
일상과는 다른 특별한 경험이기도 하다.
일반 숙소와는 차별화된 서비스와 어메니티,
그리고 잠에서 깨면 기대되는 조식까지!
민박이나 호스텔도 충분히 매력적이지만
그래도 호텔이 최고라고 생각하는 여행자들을 위한 선택.
호텔은 여행의 또 다른 이름이다.

타이완 유일의 디자인 호텔

험블 하우스

Humble House

타이완에서 유일하게 Design Hotels™ 인증을 받은 험블 하우스는 예술과 문화 그리고 생활이 조화로운 호텔이다. '도심 속 화원'이라는 주제로 우아함이 곳곳에 묻어나고 유명 예술가들의 작품을 수집, 전시하고 있어 예술=생활이라는 철학을 지켜나가기 위해 노력하고 있다. 무엇보다 환경보호를 위해 친환경 소재를 50% 이상 사용했고, 투명 창문을 사용해 자연 채광이 되도록 하는 등 절전 전구 및 물 절약 시스템으로 설계해 총 235개의 객실과 호텔을 녹색건축물로 완성하였다. 친환경 호텔답게 레스토랑에서 사용하는 음식 재료 역시 제철 천연재료를 엄선하고 고객의 요청에 한해서만 침대 커버와 수건을 교체하고 호텔 내부의 모든 인쇄물은 친환경 인증 종이만을 사용, 재활용에 적극적으로 동참해 환경보호에 앞장서고 있다. 험블 하우스 이용 고객은 자연스레 환경보호에 동참하게 되는 것. 동양적 감성이 물씬 묻어나는 편안한 서비스는 사람과 사람의 관계를 중시하는 서비스 철학으로 고객의 요구 사항을 최우선으로 한다고 한다.

Address	台北市信義區松高路18號 No.18, Songgao Rd., Xinyi Dist
Tel	02 6631 8000
Check In/Out	15:00/12:00
Web	www.humblehousehotels.com
Cost	슈페리어룸 1만2,000NT$↑, 디럭스룸 1만3,000NT$
Access	MRT 스정푸(市政府) 역 3번 출구로 나와 오른쪽, 브리즈신이(微風信義) 백화점을 통과 해 벨라비타 백화점과 신광싼웨(新光三越) A4관 사이를 지나 길을 건너면 된다. 도보 3분.

합리적인 가격과 5성급 서비스

저스트 슬립

Just Sleep Hotel

타이완의 유명 호텔 체인 리젠트(Regent) 그룹이 만든 캐주얼 브랜드 호텔. 저스트 슬립은 '3B3C3S'라는 슬로건으로 모든 고객이 합리적인 가격에 5성급 호텔의 시설과 서비스 품질을 이용할 수 있도록 하는 것이 목표다. 여행에서 가장 중요한 잠자리를 위해 편안한 숙면을 도와줄 매트리스를 사용하고 있고, 귀엽고 아기자기한 인테리어의 객실과 괜찮은 평가를 받는 조식으로 우리나라 여행자들에게 사랑받고 있다. 특히 시먼관(西門館)은 타이베이의 명동이라 불리는 시먼딩에 있어 깊어가는 여행의 밤을 보내기 좋아 어느 호텔보다 한국 여행자들에게 인기가 많다. 특히 호텔 1층에 세븐일레븐 편의점이 위치해 밤 늦은 시간 허기를 달래거나 맥주 한 모금 들기에도 문제없다. 위에서 언급한 편안한 잠자리, 맛이 좋은 조식, 깔끔한 인테리어 그리고 친절한 직원까지 모든 것이 완벽하지만 하나같이 얘기하는 아쉬운 것 하나가 있는데 바로 방음 문제이다. 소음에 민감하다면 귀마개를 준비해 가자.

알아두면 유용한 꿀팁

3B3C3S란?

3B–Bed, Breakfast, Bath.
3C–Convenience, Comfort, Connection.
3S–Smart, Service, Stylish.

Address	台北市中正區中華路一段41號 No.41, Sec. 1, Zhonghua Rd., Zhongzheng Dist
Tel	02 2370 9000
Check In/Out	15:00/12:00
Web	www.justsleep.com.tw/Ximen/zh
Cost	슈페리어룸 4,500NT$↑
Access	MRT 시먼(西門) 역 5번 출구 나와 직진, 세븐일레븐 옆. 도보 4분.

즐거운 타이베이

암바 타이베이 시먼딩

Amba Taipei Ximending

앰배서더(Ambassador) 호텔 그룹이 50주년을 기념해 '인생은 여행, 즐겨라!' 라는 철학으로 만든 캐주얼 브랜드 암바 호텔이다. 층마다 다른 콘셉트의 재밌고 심플한 객실은 친환경, 재활용 소재를 사용해 만들었다. 162개의 객실은 빈티지한 소품과 패브릭 그리고 나무 소재로 편안한 분위기를 연출하고 있다. 로비와 시골 마켓, 서점과 나란히 자리한 치바(Chiba)는 합리적인 가격에 유기농 재료를 사용한 건강한 음식을 선보이고, 뮤직 라운지, 팅바(Tingba)에서는 매일 밤 다른 음악을 선보이는 디제잉과 공연이 열린다. 햇빛이 비치는 더 아트리움(The Atrium)에서는 타이베이의 맛있는 아침을 상쾌하게 시작할 수 있다. 또한, 시먼딩 깊숙이 자리한 호텔 지하 1층에서 4층까지 자리한 쇼핑몰 청핀우창뎬(誠品武昌店)에는 스타벅스와 비비안 웨스트우드, 무지(MUJI) 등이 있고 우리나라 여행자들에게 유명한 마사지 숍 황자빠리와 텐와이텐 훠궈도 가까운 곳에 위치해 있어 그야말로 즐겁고 편안한 타이베이 여행의 기점으로 삼을 수 있다.

Address	台北市萬華區武昌街二段77號 No.77, Sec. 2, Wuchang St., Wanhua Dist
Tel	02 2375 5111
Check In/Out	15:00/12:00
Web	www.amba-hotels.com/tc/ximending
Cost	미디엄룸 3,800NT$ ↑
Access	MRT 시먼(西門) 역 6번 출구 나와 시먼딩 입구인, 한중제(漢中街)를 따라 가다 왓슨스(Watsons)가 보이는 사거리에서 왼쪽 골목으로 직진 한번 더 사거리를 건너 직진. 도보 6분.

젊은 감각의 편안한 공간

스위오 호텔 시먼딩 & 다안

Swiio Hotel Ximending & Daan

스위오 호텔은 젊은 감각과 희망의 공간, 편안한 공간의 창조를 목표로 탄생했다. 단순함 속에 개성이 강한 젊은 감각의 시먼딩 지점은 접근성이 좋아 여행을 편리하고 활기차게 도와준다. 회색 빌딩으로 가득한 도심 속에서 진주조개 같이 반짝이는 흰색 외관의 다안 지점은 접근성이 만족스럽지 않지만, 자기만의 스타일을 강조하는 여행자에게 맞춤옷처럼 딱 들어맞는 곳이다. 1층에 있는 르블랑(Le Blanc)은 스위오의 오너인 롱(Long)이 뉴욕부터 홍콩까지 수많은 미슐랭 스타 레스토랑에서 요리한 베테랑 셰프들을 영입했고, 그들이 타이베이에 터전을 잡으면서 스위오 호텔과 함께 문을 열었다. 호텔 게스트에 한해 특별한 아침 식사를 제공하고 저녁에는 오로지 좋은 앵거스 쇠고기로 구운 스테이크와 보스턴 로브스터를 즐길 수 있다. 낭비를 최소화하고 품질과 가치를 극대화하는 그의 요리 철학이 스위오 호텔에도 고스란히 담겨 있어 타이베이에서 머무는 동안 여행에 가치를 더해 준다.

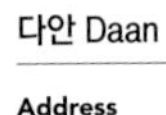

시먼딩Ximending

Address 台北市萬華區武昌街二段72號
No.72, Sec. 2, Wuchang St., Wanhua Dist., Taipei City 108

Tel 02 2375 5111

Check In/Out 15:00/12:00

Access MRT 시먼(西門) 역 6번 출구 나와 시먼딩 입구인, 한중제(漢中街)를 따라 가다 왓슨스(Watsons)가 보이는 사거리에서 왼쪽 골목으로 직진 한 번 너 사거리를 건너 직진, 암바 타이베이 시먼딩 맞은 편. 도보 6분.

다안 Daan

Address 台北市大安區大安路一段185號
No.185, Sec. 1, Da'an Rd., Da'an Dist

Tel 02 2703 2220

Check In/Out 15:00/12:00

Access MRT 다안(大安) 역 6번 출구 나와 직진, 동평제(東豐街)가 나오면 오른쪽 동평제를 따라 가면 흰색 건물이 보인다. 도보 7분.

Web www.swiio.com

시먼(西門)을 영어로 하면

웨스트게이트

Westgate Hotel

타이베이를 대표하는 시먼딩에서도 그 중심에 깔끔하고 모던한 인테리어로 2013년에 문을 연 웨스트게이트는 뛰어난 접근성으로 우리나라 여행자들에게 인기가 높다. 특히 모녀 여행자들에게 사랑받고 있는데 군더더기 없는 깔끔함으로 만족도가 높다. 단, 스탠다드룸에는 창문이 없으므로 답답함을 싫어한다면 예약 시 잘 살펴봐야 한다. 시먼딩 주변의 관광명소인 룽산쓰(龍山寺)와 중정지녠탕(中正紀念堂) 등으로 큰 부담 없이 도보 이동이 가능해 여유롭게 천천히 옛 타이베이를 거닐어도 좋다.

Address 台北市萬華區中華路一段150號
No.150, Sec. 1, Zhonghua Rd., Wanhua Dist

Tel 02 2331 3161

Check In/Out 15:00/12:00

Web www.westgatehotel.com.tw

Cost 디럭스룸 3,600NT$↑

Access MRT 시먼(西門) 역 6번 출구 나와 뒤돌아 대로변에서 왼쪽으로 가면 있다. 도보 1분.

나랑 동갑

유나이티드

United Hotel

1981년 처음 문을 연 낡은 호텔을 자연적이고 부드러운 디자인으로 리모델링해 친근하고 편안한 유나이티드 호텔로 다시 태어났다. 무엇보다 합리적인 가격에 MRT 궈푸지녠관(國父紀念館) 역과 가깝고 조식도 다른 호텔보다 잘 갖춰져 있어 우리나라 여행자들에게 인기가 높고 특히 부모님을 모시는 가족 여행자에게 사랑받고 있다. 망고 빙수의 원조 아이스 몬스터와 인기 만점 키키 레스토랑 등 타이베이 맛집과 카페가 가깝다. 주변 관광명소인 송산원창위엔취(松山文創園區)와 궈푸지녠관(國父紀念館) 그리고 타이베이 101빌딩까지 도보 이동이 가능하니 짐은 호텔에 맡기고 서둘러 길을 나서자.

Address 台北市大安區光復南路200號
No.200, Guangfu S. Rd., Da'an Dist

Tel 02 2773 1515

Check In/Out 15:00/12:00

Web www.unitedhotel.com.tw

Cost 이코노미룸 2,800NT$↑, 슈페리어룸 2,900NT$↑, 디럭스룸 3,100NT$↑

Access MRT 궈푸지녠관(國父紀念館) 역 5번 출구 나와 길 건너 오른쪽에 있다. 도보 2분.

잠언처럼 와닿는 타이베이 이야기

호텔 프라버브 타이베이

Hotel Proverbs Taipei

잠언으로 시작하는 아침, 그 깨달음으로 삶의 지혜를 얻는 밤처럼 여행지를 몸소 둘러보며 얻게 되는 값진 깨달음을 정리하고 곱씹으며, 또 다른 일정을 기대하며 시작하게 하는 잠언과 같이 편안한 쉼을 주는 숙소이다. 호텔 프라버브는 타이베이의 트렌드의 중심, 동취(東區)에 있어 현지인의 삶을 깊이 들여다볼 수 있고 SOGO 백화점과 가깝고 현지 맛집들이 즐비한 곳에 있다. 무엇보다 MRT 종샤오푸싱(忠孝復興) 역과 가까워 주요 관광지로 이동이 편리하다. 타이베이에서 펼쳐지는 우리 내와 닮았지만, 또 다른 이야기에서 잠언과 같이 깨달음을 가득 채울 수 있는 여행이 되길 바란다.

Address 台北市大安區大安路一段56號
No.56, Sec. 1, Da'an Rd., Da'an Dist
Tel 02 2711 1118
Check In/Out 15:00/12:00
Access MRT 종샤오푸싱(忠孝復興) 역 4번 출구 나와 직진. 사거리에서 왼쪽 골목으로 직진. 도보 3분.
Web www.hotel-proverbs.com

관우 장군의 정기를 받아

체크 인

Check Inn

삼국지의 관우 장군을 모시고 있는 싱톈공(行天宮)과 가까운 체크 인은 그의 신의(信義)를 본받아 여행자들에게 불편함이 없도록 노력한다. 싱톈공은 시험을 앞둔 학생, 승진을 앞둔 직장인 그리고 사업자에게 영험하기로 이름난 사원이니만큼 체크 인에 머문다면 여행 동안 아침, 저녁으로 관우 장군을 찾아 기도드리는 것은 어떨까? MRT 역이 옆에 있어 주요 여행지로 이동하기에 편리하고, 호텔에서 운영하는 작은 카페에서는 2013년 커피 리뷰에서 91점을 받은 콜롬비아 수프레모와 과테말라 우에우에테낭고 SHB 원두를 혼합해 강 볶음한 프렌치 로스트 커피를 즐길 수 있어 타이베이의 아침을 깨우고 밤을 마무리하기 더할 나위 없다.

Address 台北市中山區松江路253號
No.253, Songjiang Rd., Zhongshan Dist
Tel 02 7726 6277
Check In/Out 15:00/12:00
Access MRT 싱톈공(行天宮) 역 3번 출구 나와 왼쪽. 도보 1분.
Web www.checkinn.com.tw

Welcome
to
Taipei

I Taiwan

chapter 6

PLANNING

준비한 만큼 편안한 여행

❶ 도시 기본 정보
❷ 타이베이 언제가 좋을까?
❸ 그것이 알고 싶다, 타이베이
❹ 뭐 타고 가지? 항공권
❺ 타이완 달러, NT$ 환전
❻ 더욱 편리한 여행, Web & App
❼ 여행 짐 꾸리기
❽ 심 카드
❾ 타이완 일상 회화

환잉광린!
타이베이
臺北

* PPP란?

구매력평가지수 Purchasing-Power Parity의 약자로 각국에서 생산되는 상품, 서비스의 양과 물가 수준까지 참작해 소득을 단순히 표시한 GDP와 달리 실질소득과 생활 수준까지 짚어볼 수 있는 수치다.

기본 정보

국명 타이완 中華民國 Taiwan R.O.C(Republic of China)
수도 타이베이 臺北
면적 35,980km² (우리나라 면적의 약 36%)
인구 23,445,534명 (2015년)
경제 타이완 1인당 GDP(PPP*) $52,300(19위) /
우리나라 $44,390(32위) (IMF는 PPP 기준으로 국가별 GDP 순위를 정한다.)
시차 -1시간
민족 본성인(한족 85.3%), 원주민(1.3%), 외성인(중국 본토 각지 13%)
언어 공용어는 중어(中語)로 중국어와 타이완어를 사용하고,
외국어는 영어와 일본어를 많이 사용한다.
종교 도교(불교, 유교)가 90% 이상, 가톨릭교, 기독교와 이슬람교가 있다.
기후 온난 습윤, 비가 잦고 일교차가 크며 사계절이 뚜렷한 기후. 눈은 없다.
기온 연평균 23.6℃ 여름 평균기온 29.4℃ 겨울 평균기온 11℃.
지형 79개의 섬으로 이루어진 섬나라이고, 국토의 2/3가 산으로 이루어진 산악지형이다.

여행 정보

비자 우리나라는 비자 면제 협정에 따라 90일 무비자
여권 유효기간 6개월 이상 남아 있어야 한다.
통화 타이완의 공식 화폐는 뉴타이완달러 NT$ (1NT$=39.82원, 2018년 2월 살때 기준)
전압 100V 또는 110V로 돼지코가 필요하다.

긴급 연락처

주 타이베이 대한민국 대표부
Korean Embassy in Taipei Taiwan
Address 110台北市信義區基隆路1段333號1506室
Rm. 1506, 15F., No.333, Sec. 1, Keelung Rd., Xinyi Dist., Taipei City 110
Tel (886)-2-2758-8320~5(대표)
내선 25(여권) 내선 15(사건 · 사고) (886)912-069-230(비상연락)
Open 9:00~18:00(12:00~13:30 점심) 민원 접수 9:00~12:00, 14:00~16:00
Access MRT 타이베이 101/스마오(世貿) 역 1번 출구로 나와 오른쪽, 타이베이 컨벤션 센터 뒤편, 인터네셔널 트레이드 빌딩 15층에 있다.

타이베이 경찰국 외사서비스센터(外事服務站)
Tel 886-2-2556-6007(24시간)

타이베이 **언제가 좋을까?**

타이베이는 온난 습윤,
아열대 기후로 무더운 여름은
길고, 겨울은 짧지만 습하다.
그렇다면 타이베이 여행은
언제가 좋을까?
강수량과 날씨로만 따진다면
11월에서 3월 사이가 가장 좋지만
2015년과 2016년 겨울은 맑은 날은
찾아보기 힘들 정도로
비가 많이 왔다. 동남과 동북
아시아 사이에 있어 날씨는
언제나 예측하기 어렵고
수시로 변한다.
반짝반짝 맑은 날도 물기를
머금은 비내리는 날도 매력이
넘치는 타이베이 여행,
날씨는 인간이 선택할 수 없으니
시기별로 우리가 할 수 있는 것을
마음껏 즐기자!

2~5월

화창하고 따뜻한 타이완의 봄날, 비가 잦지만 괜찮아.

봄날의 타이완은 꽃봉오리 솜사탕을 틔우는데 2~3월은 벚꽃, 3~5월은 동백꽃과 칼라(Calla)가 만개한다. 우라이와 단수이, 진과스는 벚꽃이 예뻐 거닐기 좋으며, 4월에 양밍산은 온통 칼라꽃으로 하얗게 물든다. 비가 오면 어때? 우산 속 꽃길을 거닐자.

6~9월

덥고 습한 완연한 여름! 소나기, 이따금 태풍!

그런데도 타이베이의 사계절 중 여름이 가장 좋은 이유는 바로 여름에 나는 새콤달콤 맛도 좋고 영양 만점인 애플 망고와 제철 과일 때문이다. 세계적으로 품질을 인정받는 타이완 애플 망고를 한번 먹어보면 다른 망고는 미안하지만, 우리 그만 만나. 무엇보다 1년을 기다려 생 망고가 가득 올려진 정통 망고 빙수를 먹을 수 있는데, 상상만으로 입 안 가득 망고 향이 가득 퍼져 기분이 좋다. 그뿐만 아니라 멜론의 귀족, 속이 주황색인 칸탈로프 멜론도 나는데 편의점에서 소프트 아이스크림으로도 만날 수 있다. 애플 망고와 제철 과일만 있으면 무더운 여름아! 안녕, 잘 가~

10~1월

온화하고 짧은 겨울! 가랑비와 안개가 잦다.

타이완하면 떠오르는 마라훠궈, 뉴러우멘 등 따뜻한 국물 요리를 먹기 가장 좋은 타이완의 겨울! 우리나라와 같이 영하로 떨어지거나 눈이 오지는 않지만 타이완 사람들에게는 상대적으로 춥게 느껴져 패딩 점퍼와 목도리, 털모자를 하기도 한다. 옷가게에 들어서면 여름과 겨울 옷이 모두 걸려 있는 진풍경이 펼쳐진다. 아침, 저녁 일교차로 인해 가랑비와 안개가 잦다. 산과 바다에 둘러 쌓인 지우펀의 경우, 석양을 거의 볼 수 없지만 홍등이 켜지는 야경은 OK!

TIP 알아두면 유익한 꿀팁

타이베이 날씨(특히 외곽)는 현지인들도 예측 불가일 정도로 변화무쌍하다, 더운 나라답게 모든 장소에 에어컨 시설이 잘 갖춰져 있다. 봄, 여름, 가을에는 덥다 싶으면 빵빵하게 틀기 때문에 조금 앉아 있다 보면 춥게 느껴질 정도! 얇은 카디건은 챙기도록 하자. 겨울은 우리나라 여행자에게는 춥게 느껴지지 않더라도 난방 시설이 전혀 되어 있지 않아 아침, 저녁 일교차에 오들오들, 감기에 걸릴 수 있으니 두꺼운 카디건이나 스웨터, 플리스(후리스), 다운 점퍼 등을 챙기는 것이 좋다. 그 외 일기 예보에 따라 우산, 우의, 비에 젖었을 때 갈아 신을 여분의 신발(슬리퍼)을 준비하자.

그것이 알고 싶다
타이베이

가깝고도 먼 나라, 타이완!
1992년 8월 우리나라와 공식적인 수교가 단절되었다.
그로부터 1년 후, 비공식 상호 대표부를 설치하면서 실질 협력 관계를 유지해오고 있지만, 우리에게 잊힌 나라가 된 게 사실이다. 2003년 무비자 협정 이후, 타이완 영화와 드라마의 영향으로 점점 우리나라 사람들이 타이완을 찾기 시작했고 2013년 7월, 〈꽃보다 할배〉로 널리 알려지면서 핫한 여행지로 주목받고 있다. 그러나 여전히 중국과 같이 위험한 나라, 여느 동남아와 같이 개발도상국 즈음으로 생각하고 있는 사람들, 심지어 타이완이라는 이름도 모르는 사람들이 많다. 타이완 여행의 관문 타이베이! 타이베이를 처음 찾는 여행자들을 위한 '그것이 알고 싶다!'

1. 타이베이, 안전 신호등?

여행자들에게 가장 많이 받는 질문이기도 하다. 타이완 사람들은 그들의 철학이자 종교인 도교를 믿어 남에게 해를 끼치는 것을 싫어하고 항상 덕을 베푸는 친절한 사람들이 대부분이다. 2015년 세계 치안 순위 5위에 올랐고 세계에서 안전한 나라에 항상 열 손가락 안에 드는 치안 강국이다. 타이베이, 안전 신호등은 파란불! 걱정하지 말고 건너오세요~

2. 여자 혼자 여행?

일단 타이베이는 위에서 확인했듯이 안전한 곳이다. 여느 동남아 여행지보다 위험 요소들이 적고 여성전용 도미토리 숙박 시설도 잘 마련되어 있다. 무엇보다 친절한 타이완 사람들이 있다. 최근 여자 혼자 여행하기 좋은 곳으로 주목받고 있는데 여자 혼자 여행으로 검색만 해도 수만 건에 이를 정도로 수많은 혼자 여행자가 타이완을 다녀갔다. '즐거운 대만여행' 등 다양한 여행 커뮤니티에서 혼자 온 여행자들이 현지에서 모이기도 하니 새로운 인연을 만드는 것도 여행의 묘미다.

※그래도 조심!
2017년 1월 12일, 타이완 여행에서 유용한 택시 투어를 이용하던 우리나라 여학생들에게 불미스러운 사건이 발생했다! 아무리 친절한 타이완 사람들이라고 하지만, 사람이 사는 곳에는 나쁜 사람도 있다. 무턱대고 의심할 수는 없지만, 되도록 낯선 사람이 주는 음식 섭취는 금하고 늦은 시간에 다닌다거나 술에 과하게 취하는 등 우리나라에서도 위험한 행동은 하지 않도록 하자.

3. 첫 해외여행?

첫 해외여행이라면 괜찮은 정도가 아니라 강력히 추천한다. 가까운 이웃 나라답게 우리나라, 일본과 닮아 친숙하기도 하고 또 타이완의 독특한 문화로 이국적이기도 해 매력이 넘친다. 교통이 발달해 있어 편리하고 택시를 이용할 때도 미터기를 기준으로 가기 때문에 흥정할 필요가 없고 일부러 돌아가는 일도 없다. 교통비를 포함해 물가도 저렴하고 야시장에서 판매하는 물건들도 정가! 많이 사면 알아서 하나 더 끼워주거나 작은 단위에 돈은 빼주니 역시 흥정할 필요가 없다. 무엇보다 입이 닳도록 얘기해도 모자란 친절한 타이완 사람들이 있어서 한 번 오면 또 오고 싶은 곳이다.

4. 언어장벽, 중국어 VS 영어?

해외 어디를 가던 말이 통해야 뭘 하든 말든 할 텐데…. 걱정이 태산이요 두려움이 속삭인다. 하지만 즐거운 여행에서 쓸데없이 부정적인 생각은 할 필요가 없다. 영어를 원어민처럼 잘한다고? 영어를 잘하는 현지인을 만난다면 좋겠지만 타이완은 영어권 나라가 아니다. 중국어를 잘한다면 더할 나위 없이 좋겠지만 이도 쉽지 않다. 그럼 어떻게? 우리는 한국 사람이니까 한국어 쓰고 웃으면서 손짓, 발짓, 몸짓을 장착하면 된다. 친절한 타이완 사람들이 어떻게든 도와준다. 그래도 니하오(你好), 씨에씨에(謝謝) 등 간단한 인사말은 꼭 익혀두자! 작가도 타이베이에 살

고 있지만, 영어도 중국어도 못하는 것은 안 비밀이다.

5. 부모님과 함께, 패키지 VS 자유?

패키지여행, 물론 항공권부터 숙박까지 고민할 필요 없고 짧은 시간에 관광명소를 둘러 볼 수 있다. 하지만 알다시피 우리나라 여행문화도 점점 자유여행을 선호하고 있다. DIY(Do It Yourself)가 대세! 원하는 곳에서 숙박하고 원하는 곳을 여행하는 것이 잊지 못할 추억을 선사한다. 하지만 부모님과 함께인데 괜찮을까? 위에서 언급했듯 교통도 편리하고 교통비도 저렴해 여차하면 택시를 타도 된다. 타이완 명물, 택시 투어까지 곁들이면 금상첨화!

6. 타이완 음식?

산해진미(山海珍味)로 유명한 타이완 음식, 중화권 요리 중에 가장 기름기가 적고 담백한 편이다. 샹차이(香菜)나 향신료를 좋아한다면 괜찮겠지만, 아니라면 어떡할까? 입맛이란 게 제각각이어서 무엇이 좋다 나쁘다 단정할 순 없지만 무난하게 먹을 수 있는 볶음밥과 공신차이, 타이완을 대표하는 샤오롱바오, 망고 빙수 정도는 누구나 먹을 수 있는 음식. 가장 걱정하는 것은 바로 샹차이! 샹차이가 싫다면 이 말은 꼭 기억하자. '부야오, 샹차이!'

7. 타이완도 바가지?

더운 나라라 타이완도 동남아시아라고 대부분 생각하지만, 엄연히 따지면 동북아시아다. 그래서인지 여느 동남아처럼 바가지 요금이 있을 거라고 지레짐작하는 경우가 많은데 걱정할 필요 없다. 물론 사람이 사는 곳이라 나쁜 마음을 가진 사람도 있겠지만, 누누이 얘기했듯 친절한 타이완 사람들이 예로부터 배우고 익힌 양심과 염치를 가지고 살아가기 때문에 모든 식당이나 상점은 정가제로 바가지가 없으며 (지역에 따라 미미한 차이가 있다.) 택시는 미터기를 사용하고 가까운 거리도 승차거부 하거나 돌아가는 경우가 없다. 부득이하게 돌아가더라도 설명을 하는데 중국어라 우리가 못 알아들을 뿐이다. 타이베이뿐만 아니라 타이완 전역에서 흥정하는 우리네 모습이 어색할 정도!

8. 반입 금지와 면세 규정?

첫 해외여행, 즐거운 타이베이 여행을 위해 준비할 것도 면세점에서 사고 싶은 것도 많다. 그렇다면 타이완의 반입 금지 물품과 면세 규정은 어떻게 될까?

술 : 1병
(1ℓ 이하, 20세 이상 여행자에 한함)
담배 : 1보루
(200개비, 20세 이상 여행자에 한함)
면세 : 과세 후 가격이 2만NT$ 이하
(술, 담배 제외)
외환 : 1만US$ 이상 시 세관에 신고
약품 : 지병이 있어 약품을 복용해야 할 경우, 제한 성분이 포함되지 않아야 하고 6종류까지 가능(1종류 2병까지)
식품 : 가공된 것에 한해 6kg까지
(육류 반입 금지)
그 외 : 마약, 총, 칼 등 규정에 따라 금지된 물품.

* 지진 시 행동요령

이것만은 반드시 기억하자!
1. 엎드리고
2. 머리를 보호하고 몸을 피할 수 있는 테이블 등으로 이동
3. 지진이 멈출 때까지 고정된 것들을 붙잡는다.

국민재난안전포털
www.safekorea.go.kr

뭐 타고 가지?
항공권

타이베이 여행을 하기로 했다면
이제 콧노래를 흥얼거리며
항공권을 예약할 차례다.
항공권은 여행 경비와
일정 계획에서도 가장
중요한 부분을 차지한다.
타이베이를 오가는 항공사들이
늘어나면서 선택의 폭이
더욱 넓어졌다.
과연 어떤 항공사를
이용할 것인가?

저비용 항공사와 메이저 항공사,
가격도 일정도 천차만별이다.
출발 공항도 다양해져
인천, 김포, 김해 그리고
대구에서도 타이베이행
비행기를 탈 수 있다.
무조건 저렴한 것만이
좋은 것도 아니니 가격과
항공 일정까지 고려해
가장 합리적인 항공권으로
예약하자!

저비용 항공사 vs 메이저 항공사

저비용 항공사, 우리가 알고 있는 저가 항공사(Low Cost Carrier)로 비행기 기종, 제공되는 음료, 기내식 등을 단일화해 효율적인 서비스를 제공하고 지출 비용을 줄여 저렴한 가격에 항공권을 제공하는 것이다. 반대로 메이저 항공사(Full Service Carrier)는 일정마다 비행기 기종도 다르고 서비스도 다양하게 제공된다. 무조건 저비용이라고 해서 좋은 것만도 아닌 것이 바로 비행기 출발과 도착 시각이다. 늦은 밤 도착해 새벽에 돌아와야 한다면 굉장히 피곤한 여행이 될지도 모르기 때문. 그렇다면 저비용 항공사는 어떤 장점이 있을까? 타이베이를 연결하는 저비용 항공사의 가격 경쟁으로 메이저 항공사들도 특가를 내놓고 있어 가격이 비슷한 수준으로 떨어질 때가 있는데 그 때를 노려라!

일찍 예약할 수록 좋다. 얼리버드!

항공사마다 얼리버드라는 이름으로 특가 항공권을 판매하고 있는데 보통 3개월 전, 매월 한정된 기간에 항공권을 예약할 수 있다. 최근 타이베이가 주목받으면서 많은 항공사가 취항하고 있고 저비용 항공사의 장점인 저렴한 항공권의 의미가 무색해질 때도 있지만 여전히 서두를수록 더 저렴한 가격에 항공권을 구할 수 있다. 얼리버드, 말 그대로 일찍 일어나는 새가 벌레를 잡는다. 각 항공사 웹 사이트에 가입하면 얼리버드 소식을 메일로 미리 받아 볼 수 있다.

땡처리라는 것도 있던데?

보통 출발 15일 전에서 2일 전에 전문 여행사에서 저렴하게 내놓는 항공권이다. 사실 비교해보면 그렇게 저렴하지도 않다. 정말 저렴하게 항공권을 구했다 하더라도 숙소 예약부터 모든 것이 바쁘고 정신 없다. 바쁘게 계획한 일정은 여행을 정신없게 만들지도 모른다. 신중히 생각해서 결정해야 할 것이다.

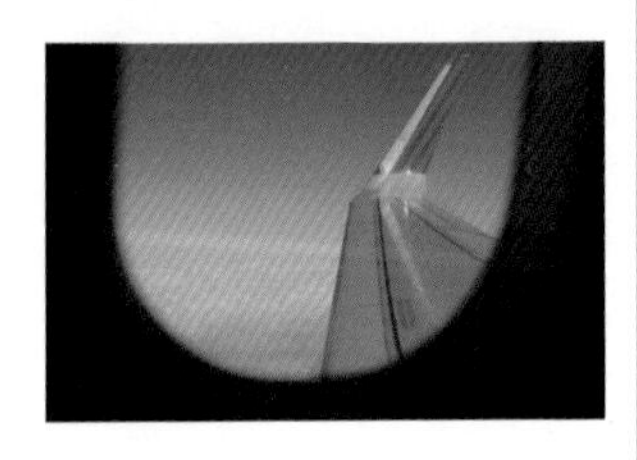

타이베이로 가는 하늘길

송산(TSA)-김포(GMP)
에바항공, 티웨이항공, 이스타항공

타오위엔(TPE)-인천(ICN)
에바항공, 중화항공, 대한항공, 아시아나, 캐세이퍼시픽, 타이항공, 스쿠트항공, 진에어

타오위엔(TPE)-김해(PUS)
에어부산, 제주항공, 중화항공, 대한항공

타오위엔(TPE)-대구(TAE)
티웨이항공, 타이거에어, 에어부산

타오위엔(TPE)-양양(YNY)
플라이 강원

타오위엔(TPE)-무안(MWX)
제주항공, 중화항공

항공권 예약

항공권 가격 비교 웹 사이트에서 합리적인 가격의 항공권 검색과 예약이 바로 가능하고 저비용 항공사의 경우 각 항공사 웹 사이트에서 수하물을 부치기 위한 추가 비용은 없는지 꼼꼼하게 비교해보고 예약하면 된다.

메이저 항공사
에바항공 www.evaair.com
대한항공 kr.koreanair.com
아시아나 www.flyasiana.com
캐세이퍼시픽 www.cathaypacfic.com
중화항공 www.china-airlines.co.kr
타이항공 www.thaiairways.com

저비용 항공사
에어부산 www.airbusan.com
제주항공 www.jejuair.net
이스타항공 www.eastarjet.com
티웨이항공 www.twayair.com
스쿠트항공 www.flyscoot.com
타이거에어 www.tigerairways.com
진에어 www.jinair.com

항공권 가격 비교

스카이스캐너 www.skyscanner.co.kr
인터파크 투어 tour.interpark.com

타이완 달러, NT$ 환전

NT$

타이완 화폐 단위는 뉴 타이완 달러, NTD(New Taiwan Dollar)로 NT$로 표기하고 위엔(元) 또는 콰이(塊)라고 읽는다. 지폐는 100, 500, 1,000NT$를 주로 사용하고 동전은 1, 5, 10, 50NT$를 사용한다. 외 200, 2,000NT$ 지폐와 20NT$ 동전도 있지만, 현지인들도 익숙지 않아 잘 사용하지 않고 보기도 힘들다. 20NT$ 동전을 혹 구하게 되면 여행 기념으로 간직해도 좋을 듯하다. (1NT$=39.82원, 2018년 2월 살때 기준)

얼마나 환전해야 할까?

'얼마 즈음 환전하면 될까요?'라는 질문이 가장 난감하다. 여행 경비는 계획하기 나름이고 변수도 생기기 마련이며 여행 스타일에 따라 차이가 크기 때문이다. 현지 백화점이나 쇼핑몰, 대형마트에서는 신용카드 사용이 가능하지만 대부분 현금을 사용한다. 미리 결제한 항공권과 숙박비 등을 제외하고 타이베이 여행에서 식사, 디저트, 교통비, 선물, 택시 투어 등을 고려해 하루 평균 2,300~2,800NT$ (약 8~10만 원)으로 조금 넉넉하게 예산을 잡으면 될 것이다.

어디서 해야 할까?

우리나라 시중 은행에서는 타이완 달러를 취급하는 곳이 많지 않을 뿐더러 있다고 해도 환율 우대가 주요 화폐에 비해 적다. 환전하기 가장 좋은 곳은 서울과 부산에 있는 사설 환전소이지만 다른 지역 사람들에게 접근성이 떨어진다. 큰돈이 필요 없는 짧은 여행에서는 크게 차이 나지 않으니 어느 것이 나을지 너무 고민하지 말자. 차비가 더 들고 시간 낭비다. 제일 편리한 것은 인터넷 환전을 한 뒤 해당 은행 공항지점에서 수령하는 방법. 주거래 은행의 체크카드로 해외 현금인출도 편리한 방법의 하나다. (해외 현금인출 가능 여부 확인) 귀찮긴 하지만 좀 더 환전에 유리한 것은 미국 달러로 환전해 현지 공항 또는 은행에서 타이완 달러로 이중환전하는 것인데 금액이 많을 수록 득이다.

TIP 알아두세요!

부담 없는 수수료로 씨티은행 현금 인출을 이용하는 여행자들이 많이 있지만, 여행자들의 접근이 편리한 지점이 많지 않은 것도 사실이다. MRT 스정푸(市政府) 역 3번 출구로 나와 신광싼웨 백화점 A8관, MRT 시먼(西門) 역 4번 출구 근처 등이 이용에 편리하다. 사용할 계획이 있다면 여행 전 미리 홈페이지에서 위치를 확인하자.

신용카드

짜러푸(Carrefour)와 같은 대형 마트와 백화점, 쇼핑몰, 아웃렛에서는 신용카드 사용이 가능하다. 뜻하지 않게 빛나는 아이템을 발견할지도 모르니 챙겨가자. VISA, Master, Amex, JCB 등이 있고 뒷면에 서명이 있어야 하며 여권의 영문명과 동일해야 한다.

더욱 편리한 여행
웹 & 앱
Web & App

'웹'으로 미리 만나는 타이베이

타이베이로 여행을 떠나기 전, 검색을 통해 만나는 다른 여행자들의 방대한 이야기를 나만의 여행 정보로 정리하기란 쉽지 않다. 하지만 타이베이 여행을 즐겁게 준비할 수 있도록 친절히 도와주는 곳이 있다. 미리 만나는 타이베이 웹!

즐거운 대만여행

타이완 여행을 대표하는 카페로 여행의 기초부터 추천코스, 생활정보까지 카페 검색란을 통해 필요한 정보를 쏙쏙 들여다볼 수 있는 곳이다. 친절한 타이완 여행자들과 이야기를 나누다 보니 푸통푸통, 두근거리는 내 가슴! 보고 싶어 잠 못 이루는 밤, 떠나기 전부터 이미 타이완과의 사랑은 시작되었다.

Web cafe.naver.com/taiwantour

타이완 관광청

타이베이로 여행을 떠나기 전, 타이완 관광청 서울 사무소에서 미리 만나볼 수 있다. 여행에 필요한 가이드북, 지도 등 자료를 주는 것은 물론이고 예약한 항공권을 가지고 직접 방문하면 현지에서 사용할 수 있는 쿠폰과 선물도 준다. 타이완은 사람부터 관광청까지 무엇이 이리도 친절하단 말인가! 서울에 살지 않는 사람은 어떡하냐고? 웹 사이트에서 지도와 가이드북을 신청하고 비용을 부담하면 우편으로 받을 수 있다.

Address 서울특별시 중구 삼각동 115 경기빌딩 902호 / Tel 02 732 2357~8
Open 월~금요일 09:00~13:00, 14:00~18:00
Access 지하철 2호선 을지로입구 역 3번 출구 나와 남대문로10길로 들어서면 왼쪽에 있다.
Web www.tourtaiwan.or.kr

편리한 타이베이 여행을 위한 '앱'

몇 날 며칠 인터넷을 빼곡하게 정리한 메모지와 가이드북, 지도가 너덜너덜해지도록 번갈아 보며 익숙지 않은 여행지를 헤매는 즐거움도 있지만, 여행지에서 시간은 야속하게도 더 빠르게 흘러간다. 아날로그 감성이 물씬 풍기는 여행도 좋지만, 주머니 속 모바일을 활용하면 좀 더 가볍고 빠른 여행을 할 수 있다. 편리한 타이베이 여행 앱!

구글맵 Google Maps

움직이는 방향을 표시해주기 때문에 여행지에서 필수 앱이다. 인터넷이 되는 곳에서 여행지를 미리 바로찾기 해 놓으면 인터넷이 되지 않는 곳에서도 사용할 수 있다.

푸통푸통(두근두근) 24시 타이완

타이완 여행을 24시간 도와주는 타이완 관광청에서 만든 앱이다. 타이베이뿐만 아니라 타이완 전역을 소개하고 하오싱 버스, 간단한 언어까지 다양한 정보를 얻을 수 있다.

타이완 날씨 Taiwan Weather

예측불가, 실시간으로 급변하는 타이완 날씨에 가장 적합한 앱이다. 바람, 기온, 습도 등 다양하게 볼 수 있고 무엇보다 한국어 지원이 된다.

타이베이 길잡이 Bus Tracker Taipei

지하철 역을 찾기에도 버거울 만큼 길치라면 꼭 필요한 앱이다. 현재 위치에서 가장 가까운 역에 파란색으로 MRT 노선도가 표기되어 가고자 하는 곳의 동선을 파악하기 편리하다.

무겁게
그러나 가볍게
여행
짐 꾸리기

처음 떠난 해외 여행지에서
무거운 짐을 끌고 길 찾기란
심리적으로나 체력적으로나
사람을 너무 지치게 한다.
바리바리 싸 들고 온 것도 많은데
여행 중 이것저것 쇼핑하다 보니
가지고 돌아가야 할 짐도 한가득!
여행을 떠날 때는 가볍게
가는 것이 가장 좋다.
어디든 사람 사는 곳인 만큼
필요한 것들은 모두 현지에서
구할 수 있다. 가볍게 가서
빈자리를 가득 채워
무겁게 돌아오자!

여권, 항공권, 현금, 카메라 그리고 스마트폰 ★

여행에서 다른 건 다 없어도 사실 상관없다. 여행을 위해 챙기는 짐들은 대부분 현지에서 구하면 되기 때문이다. 일단 떠나기 위해서는 여권과 항공권(체크인 시 여권과 결제 카드만 있어도 발권 가능), 현지에서 신나게 즐기는 데 필요한 현금, 그 순간을 사진에 남길 가벼운 카메라 그리고 여행을 도와줄 똑똑한 파트너 스마트폰만 있으면 준비 끝!

세면도구

예약한 숙소에서 제공하는 편의용품(Amenity)을 감안하면 더욱 가볍게 떠날 수 있다. 숙소에 따라 다르지만 보통 샴푸, 바디워시, 비누, 수건 등을 제공하며 호텔은 일회용 칫솔과 치약도 함께 제공한다. 여행용 치약, 칫솔, 빗 등은 항상 챙기는 것이 좋다. 호스텔도 제공하는 서비스가 많으므로 반드시 확인해보자.

화장품

필요한 화장품을 작은 플라스틱 화장품병에 적당량 덜어 가는 것이 짐을 줄이는 좋은 방법. 타이베이는 자외선 지수가 높다. 선크림도 반드시 챙길 것!

옷과 신발

옷과 신발이 편해야 여행이 편하다. 직업이 패션 모델이라면 어쩔 수 없지만, 많이 걸어야 하고 비가 잦은 타이베이 여행에서는 활동하기 편한 옷, 운동화, 슬리퍼 그리고 계절에 따라 외투를 챙기도록 하자. 여름에는 빵빵한 냉방시설 덕에, 겨울에는 난방시설이 없어 춥게 느껴질 수 있기 때문이다.

모자와 선글라스

강한 햇살에서 나를 보호해 줄 모자와 선글라스, 없어도 되지만 있으면 좋은 아이템이다. 꾸미기 귀찮을 때도 유용하게 쓰인다.

비상약

되도록 쓰일 일이 없길 바라지만 혹시라도 배탈이 나거나 감기가 들어 아프다면 말이 잘 통하지 않는 여행지에서 미리 챙겨간 비상약이 능력을 충분히 발휘한다! 평소에 즐겨 먹던 음식도 환경이 바뀌면 탈이 날 수도 있으니 지사제, 소화제는 필수! 또한, 여름철에는 에어컨 바람이 강하고 겨울철에는 일교차가 심한 타이완에서는 감기약과 두통약도 챙겨두면 좋다. 그 외 모기퇴치제나 연고, 밴드 등도 챙겨두면 좋다. 현지 약국에서 웬만한 것은 다 구할 수 있지만, 미리미리 유비무환(有備無患)!

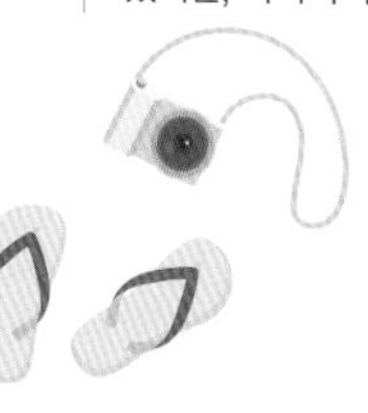

로밍보다는 **현지 유심 카드**

짧은 여행에서 가장 편하게 인터넷을 사용하는 방법은 사용하는 통신사에 데이터 로밍을 신청하는 것이지만 하루 만 원이라는 비용도 만만치 않다. 그렇다면 현지에서 인터넷을 어떻게 사용할 수 있을까? 타이완 역시 IT 강국! 가장 합리적인 가격으로 편리하게 사용하는 방법은 현지에서 심 카드를 구매하는 것이다. 우리나라 데이터 로밍의 1/3 정도면 데이터를 무제한으로 사용할 수 있다. 타오위엔 공항과 송산 공항에서 구매할 수 있다. 타이베이 시내에서도 구매할 수 있지만, 절차가 좀 더 복잡하고 사용 기한에 맞는 심 카드가 없을 수도 있다. 통신사마다 가격과 혜택은 대동소이한데 근교에서도 인터넷이 잘 되는 것은 중화텔레콤(中華電信)이다. 원하는 심 카드를 얘기하고 여권과 함께 모바일을 주면 친절한 직원이 알아서 교체해 준다. 심 카드로 교체하면 타이완 번호를 부여받아 한국에서 걸려오는 전화나 문자는 받을 수 없고 SNS와 메신저는 사용할 수 있다.

알아두면 유익한 꿀팁

일부 모델은 컨트리 록(한국에서만 사용할 수 있게 하는 기능)으로 잠겨 있어 해외에서 사용 제한이 있을 수 있으니 확인하고 잠겨 있다면 기능을 해제하고 가야 한다. 일행이 있다면 각자 구매하지 말고 한 명이 구매해 핫스폿으로 와이파이를 공유하면 된다.

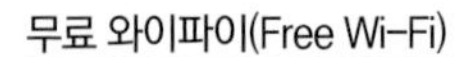

무료 와이파이(Free Wi-Fi)

공항이나 여행 정보를 제공하는 비지터 센터에서 무료 와이파이를 신청하면 지하철 역사, 주요 관광명소 등에서 인터넷을 사용할 수 있다. 여권을 제시하고 신청서를 작성하면 무료 와이파이 접속에 필요한 아이디와 비밀번호를 알려준다. 대부분 숙소에도 무료 와이파이가 제공되니 필요할 때만 사용하고 오롯이 여행에 집중하고 싶은 사람에게 좋다.

포켓 와이파이

와이파이 공유기를 현지에서 빌려 모바일과 연결해 인터넷을 사용할 수 있다. 저렴한 가격에 일행들 10명까지 사용할 수 있다. 한국에서 미리 신청하면 공항이나 편의점 등 지정된 장소에서 수령해 사용 후 반납하면 된다. 배터리가 조금 빨리 닳는다는 단점이 있다. 가격은 하루 한화 약 3,900원~6,000원이며, 현지 회사가 저렴하다. *단, 와이파이 공유자가 많을수록 배터리가 일찍 닳고 단말기 장애 또는 고장 시 데이터 이용이 어려울 수 있다.

아이비디오(iVideo) iVideo
www.lte-wifi.com
FUN대만투어 일망타진 超能量 智慧旅遊服務 Smart Traveling Service

kr.i-wifii.com

추천! 와이파이도시락

와이파이도시락은 빠른 인터넷속도, 저렴한 가격으로 최대 5명까지 사용할 수 있으며 인천공항에서 바로 대여할 수 있는 장점이 있다.

한국 사람이지만 **타이완 사람처럼**

한국을 방문한 외국인이
우리나라 말로 인사를 건네거나
고맙다는 말을 하면
반가운 마음에 떡 하나라도
더 주고 싶은 마음이 든다.
중국어를 쓰는 나라에서
영어로 대화하는 것에도
한계가 있기 마련,
짧게나마 그들의 언어를
사용해 보는 것은 어떨까?

숫자

0 **링 零** Líng
1 **이 一** Yī
2 **얼 二** Èr
3 **산 三** Sān
4 **쓰 四** Sì
5 **우 五** Wǔ
6 **료 六** Liù
7 **치 七** Qī
8 **빠 八** Bā
9 **죠 九** Jiǔ
10 **스 十** Shí
20 **얼스 二十** Èrshí
30 **산스 三十** Sānshí
40 **쓰스 四十** Sìshí
100 **이빠이 一百** Yībǎi
(일본어처럼 사용하면
안되고 이를 길게 빼준다.)
200 **량빠이 兩百**Liǎng bǎi
(백단위부터 2의 경우
兩 량을 사용한다.)
1,000 **이치엔 一千** Yīqiān
2,000 **량치엔 兩千** Liǎng qiān
10,000 **이완 一萬** Yī wàn

기본 표현

안녕하세요.
니하오 你好 Nǐ hǎo
실례합니다.
부하오이스 不好意思 Bù hǎoyìsi

고맙습니다.
씨에씨에 謝謝 Xièxiè

천만에요.
부훼이 不會 Bù huì

죄송합니다.
뚜웨이부치 對不起 Duìbùqǐ

괜찮습니다.
메이꽌시 沒關係 Méiguānxì

네/아니요
하오/부하오 好/不好 Hǎo/ Bù hǎo

이것/저것
저거/너거 這個/那個 Zhège/Nàgè

괜찮아요. (필요없어요.)
부야오 不要 Bùyào

잘가요.
짜이찌엔 再見 Zàijiàn

저는 한국인이에요.
워스 한궈런 我是韓國人 Wǒ shì hánguó rén

중국어를 알아듣질 못해요.
워 팅부퉁 종원 我聽不懂中文

길을 물어볼 때

MRT 역에 어떻게 가나요?
지에윈짠 쩐머저우? 捷運站怎麼走?
Jié yùn zhàn zěnme zǒu

버스정류장
공처짠 公車站 Gōngchē zhàn

기차역
훠처짠 火車站 Huǒchē zhàn

택시
지천처 計程車 Jìchéngchē

MRT
지에윈 捷運 Jié yùn

버스
공처 公車 Gōngchē

은행
인항 銀行 Yínháng

ATM
티콴지 提款機 Tí kuǎn jī

화장실
화좡스 化妝室 Huàzhuāng shì

식당에서

어서 오세요.
환잉광린 歡迎光臨 Huānyíng guānglín
(가장 먼저 듣게 되는 말)

몇 분이세요?
지웨이? 幾位? Jǐ wèi (가장 먼저 물어보는 말)

두 명이에요.
량거런 兩個人 Liǎng gè rén (세 명 산 三, 네 명 쓰 四)

샹차이 빼주세요.
부야오 샹차이 不要香菜 Bùyào xiāngcài

저 ○○주세요.
워야오~ 我要~ Wǒ yào

맛있어요!
하오츠! 好吃 Hào chī

매워요/짜요
라/시엔 辣/鹹 Là/Xián

뜨거운 물
러쉐이 熱水 Rè shuǐ

차가운 물
렁쉐이 冷水 Lěngshuǐ

콜라
커러 可樂 Kělè

커피
카페이 咖啡 Kāfēi

맥주
피지오 啤酒 Píjiǔ (피이쟈- 또는 비루라고 하면 된다)

휴지
웨이셩즈 衛生紙 Wèishēngzhǐ

계산해 주세요.
지에짱 結帳 Jié zhàng

– 주 식재료 –

닭고기 **지러우 雞肉**Jīròu

돼지고기 **주러우 豬肉**Zhūròu

쇠고기 **뉴러우 牛肉** Niúròu

양고기 **양러우 羊肉** Yángròu

오리고기 **야러우 鴨肉** Yā ròu

거위고기 **어러우 鵝肉** É ròu

생선류 **위러우 魚(肉)** Yú(ròu)

채소류 **칭차이 青菜** Qīngcài

– 주 요리법 –

찜 요리 **증 蒸** Zhēng

삶은 요리 **주우 煮** Zhǔ

볶음 요리 **차오 炒** Chǎo

튀김 요리 **짜 炸** Zhà

조림 요리 **루 滷** Lǔ

*현지 식당 메뉴에는 대부분 쓰인 재료와 요리법이 이름에 들어가 있어 대충 어떤 요리인지 유추할 수 있다.

쇼핑할 때

얼마에요?
뚜어샤오치엔? 多少錢? Duōshǎo qián

카드 쓸 수 있나요?
커이 쇄카마? 可以刷卡嗎 Kěyǐ shuākǎ ma

현금
셴진 現金 Xiànjīn

신용카드
신용카 信用卡 Xìnyòngkǎ

13
208-MUL
MMZ-9181
535-KQK
637-KUS
719-MYZ
MD5-770
M85-636
168-EQW

茶茶 CHA CHA
LAB
開門請進

c'est si bon
小日子
協尋啟事
WINTER
SALE
50%

2017년 10월 16일 초판 발행
2019년 10월 28일 제2 개정판 1쇄 발행
2020년 2월 17일 제2 개정판 2쇄 발행

지은이 박웅
발행인 송민지
경영지원 한창수
기획 박혜주, 강제능
디자인 김영광, 김현숙
마케팅 오대진

제작지원 이현상

발행처 도서출판 피그마리온
서울시 영등포구 선유로 55길 11(4층)
전화 02-516-3923
팩스 02-516-3921
이메일 books@pygmalionbooks.com
www.pygmalionbooks.com

브랜드 EASY & BOOKS
EASY&BOOKS는 도서출판 피그마리온의 여행 출판 브랜드입니다.

등록번호 제313-2011-71호
등록일자 2009년 1월 9일

ISBN 979-11-85831-85-5
ISBN 979-11-85831-17-6(세트)
정가 16,000원

Since 2001, Travel Guide Books Series

<이지 시리즈>

여행에 대한 막연한 기대는 간절히 바라왔던 설렘으로, 혼란스럽기만 했던 일정과 동선은 머릿속에 간결히.
<이지 시리즈>와 함께 설렘 가득한 여행을 만나보세요.

EASY EUROPE

EASY SIBERIA

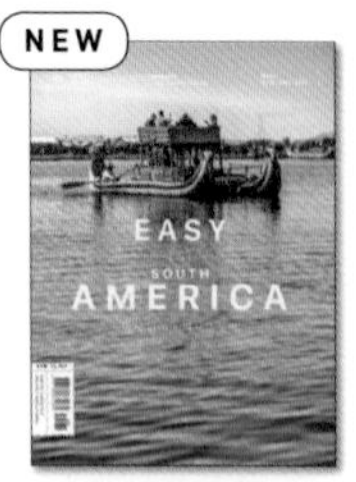

EASY SOUTH AMERICA

EASY SPAIN

EASY CUBA

EASY GEORGIA

EASY EUROPE SELECT5

EASY RUSSIA

EASY EASTERN EUROPE

EASY CITY TAIPEI

EASY CITY BANGKOK

EASY CITY DUBAI

EASY CITY TOKYO

EASY CITY GUAM

EASY CITY DANANG

Local Travel Guide Books

늘, 함께하는 여행책, <트립풀>
여행 순간순간의 낯선 즐거움이 당신의 삶에 영감으로 새겨지기를 바랍니다.
늘 당신 곁에서, 일상을 여행으로 가득 채워 줄 여행책 '트립풀'.

1 FUKUOKA

2 CHIANGMAI

3 VLADIVOSTOK
Out of print book

4 OKINAWA

5 KYOTO

6 PRAHA

7 LONDON

8 BERLIN

9 AMSTERDAM

10 ITOSHI

11 HAWAII

12 PARIS

13 VENEZI

14 HONG KO

15 VLADIVOS

16 HANOI

17 BANGKOK

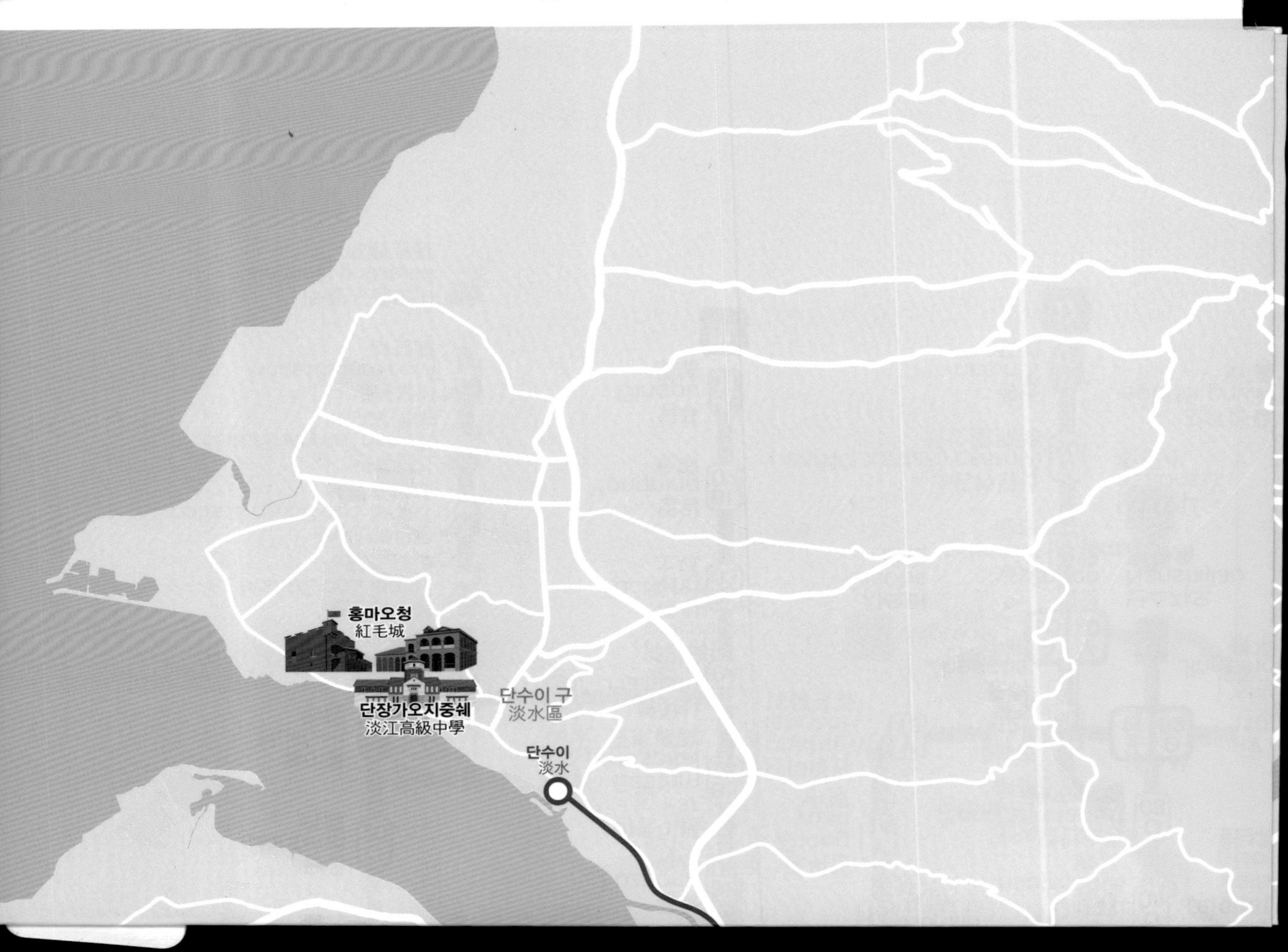
홍마오청
紅毛城
단장가오지중쉐
淡江高級中學
단수이 구
淡水區
단수이
淡水

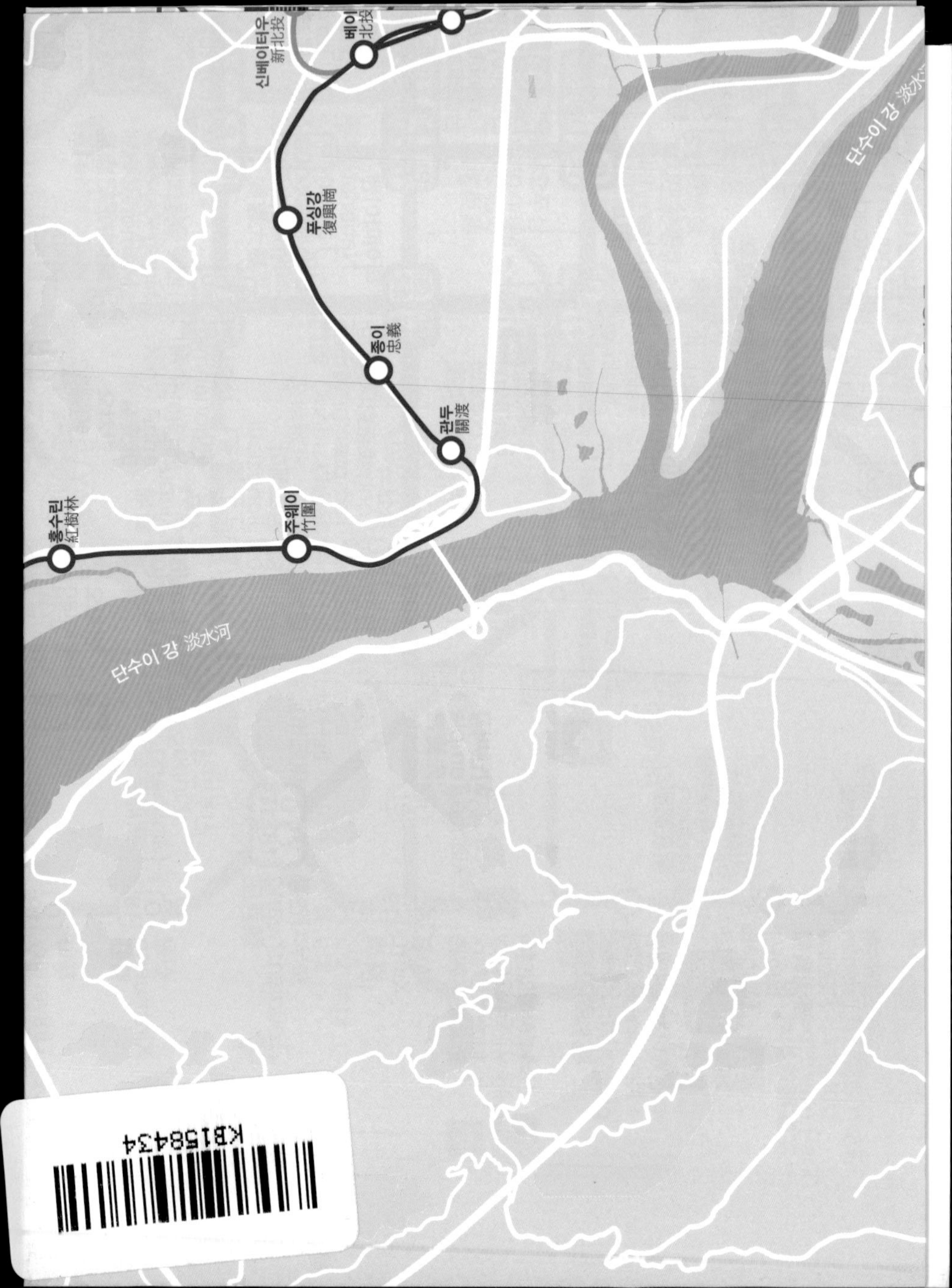
신베이터우 新北投
베이 北投
푸싱강 復興崗
중이 忠義
관두 關渡
주웨이 竹圍
훙수린 紅樹林
단수이 강 淡水河
단수이 강 淡水河